サツマイモの遍歴

野生種から近代品種まで

塩谷　格

法政大学出版局

はじめに

薩摩半島先端の揖宿《いぶすき》郡山川《やまがわ》町にはじめてサツマイモを日本にもたらした前田利右衛門の神社がある。そこを詣でたのは一九六〇年ごろのことである。同行の九州農業試験場指宿《いぶすき》試験地の宮崎司が「ここにきた人はサツマイモから離れられなくなる」といったが、そのとおりになった。

その頃、京都大学の西山市三教授がメキシコで採取した野生種をつかい、サツマイモの耐病性育種がすでに始まっていた。私たちは分担して野生種の倍数性を決定したり野生種とサツマイモの遺伝的関係を究明した。宮崎はある二倍体野生植物がどうも他の野生植物とは違うと気づいていた。その後、その植物はサツマイモの祖先となる基本種であることが分かった。世界でも最初のサツマイモの二倍体祖先種の発見であった。

先の耐病性育種は一九五八年の種間交雑から九年目の一九六六年に実を結んだ。ネコブセンチュウ抵抗性の多収品種ミナミユタカの育成である。これは現在も鹿児島ではデンプン原料として栽培が続いている。さらにこの品種はその後アメリカのバイオマス品種の母体また中国の高デンプン品種の母体となった。品種には国境はない。優れた特性はおのずとたくさんの地域でまた新たな品種に生まれ変わる。

この書物のなかで品種という用語を多くもちいている。わたしたち一人一人には誕生日があり、個性をもち、能力にもやはり差がある。品種はこの個人に当たる。ある時サツマイモ品種を授業で話題にした。翌朝一人の学生がきのう近くの店でその品種を見たという。学生はスーパーでたぶん新しい出会いをしたのであろう。育種は個性を親やその子の幼植物または栄養系に見つけだすことである。そのためにいろいろな試験をする。それはきびしい試験で、合格率は数万分の一、めでたく合格した一個体がやがて一品種となり店頭に並ぶ。

店頭には目をみはるほど食品があふれている。でも本当に豊かなのだろうか。地球上の私たちすべてを養ってきた基本的食糧源はつきつめればわずか二〇くらいの農作物である。こうした二〇の植物が多彩な加工や化粧をされ、または飼育動物の腹を通過して、たくさんの食品に化けているのである。来世紀もこれら植物の顔ぶれは変わらないだろう。むしろこれら少数の作物への依存をますます高めることになるだろう。サツマイモもこれら二〇の資源の一つである。

サツマイモの起源、それをとりまく微生物の世界、花から授かったという沖縄の品種、花とたねに秘められた自然の営み、明治、大正期の在来品種、世界に先駆けた日本の育種、「一〇年サイクル」の育種操作、窮乏時代のサツマイモ、近代化と遺伝資源の喪失、日本とアメリカ品種との近縁関係などをたどってみた。

目次

はじめに　iii

第一章　世界を養ってきた作物
1　世界の人口六五億を支える二〇の作物　1
2　サツマイモをつくる国　11

第二章　サツマイモをとりまく野生植物
3　イポモエア属の種多様性　19
4　サツマイモと野生植物　23
5　二倍体野生植物　31
6　自殖性植物、他殖性植物　35
7　トリフィーダ種の分布　40

8　人間との合唱　44
9　「コーヒーだおし」　47
10　相交わらない川　50

第三章　太る根、太らない根

11　二倍体トリフィーダの結藷性　57
12　地方集団の結藷性遺伝子頻度　62
13　結藷型のデンプン集積能力　69
14　ジャワ島のトリフィーダ植物　75

第四章　サツマイモの源流をさかのぼる

15　サツマイモの源流　81
16　三倍体植物の進化上の役割　88
17　サツマイモと野生種間の遺伝子交流　92

第五章　センチュウとサツマイモ

18 ネコブセンチュウ抵抗性の遺伝 97
19 ネコブセンチュウへの防御反応 107
20 サツマイモ栽培と安全指数 112
21 農林系サツマイモ品種のネコブセンチュウ抵抗性 118
22 熱安定型抵抗性 126
23 サツマイモの抵抗性遺伝子数の推定 130
24 二種のセンチュウへの複合抵抗性 135
25 強病原性ネコブセンチュウ 141
26 ネコブセンチュウと植物の相互関係 144
27 シーソーゲーム 149

第六章 土壌病原菌とサツマイモ

28 サツマイモの病気 155
29 土壌病原菌への抵抗性の遺伝 162
30 沖縄在来品種の耐病性 169

第七章　サツマイモの花
31　花からできた品種　175
32　沖縄交配　180
33　窮乏時代のサツマイモ育種　186
34　護国藷　194
第八章　在来品種がたどった道
35　伊勢、志摩の在来品種　201
36　サツマイモの在来品種　206
37　明治のサツマイモ　221
38　大正時代の在来品種　225
39　在来品種の喪失　236
40　品種交替期の農村の声　240
第九章　一つの品種ができるまで

41 サツマイモの「一〇年サイクル」育種 251
42 デンプン資源としてのサツマイモ 263
43 ある高デンプン品種の系譜 272
44 サツマイモの不和合性 279
45 サツマイモのたね 289

第十章 巨大な栄養系

46 巨大な栄養系――高系一四号 297
47 日本とアメリカのサツマイモ品種 309
48 アメリカのサツマイモ品種 314
49 ある品種の一生 330

参考文献 335
あとがき 357
索 引 (1)

第一章　世界を養ってきた作物

1　世界の人口六五億を支える二〇の作物

この地球上の人口六五億の食糧を支えている作物の種類はごくわずかである。日々店頭に並ぶ多彩な食料品を目にしている日本人には納得されないかも知れない。しかし、アジアの田舎には卵数個といもの葉だけの店もある。キャッサバの根とアブラヤシの果実のみで客をまつアフリカの路上の店もある。世界全体を見渡してみよう。国連食糧農業機関（FAO）からは毎年世界の農業生産に関する統計が出ている。

一九九四年統計(1)によると、世界の総生産量は表1－1の上部にあるように穀物、いも類、まめ類などにまとめられている。この表では生産量を可食部乾物重（EDM重）に換算した。穀物は脱穀や製粉などで直接食べられない部分がでてくる。いも類も調理には皮をむくことになる。実質食べられる部分の乾物重である。するとこの年の全植物性食糧は二〇億トンとなる。このなかには飼料となって家畜や鶏となる分も含まれている。EDM重ではやはり穀物が全体の大きな部分を占め、次いでいも類や油料種子、まめ類や野菜類となる。

表1-1　世界の食糧生産量　生産量を可食部乾物重(EDM重)に換算(単位100万トン，1994年FAO統計).

作物	生産量	換算率	EDM重
穀物	1,951	0.80	1,561
いも類	583	0.25	146
まめ類	59	0.90	53
野菜類	486	0.10	49
果物類	388	0.10	39
ナッツ類	5	0.80	6
油料種子類	88	1.00	88
砂糖	110	0.95	105
計			2,047
内訳(上位20)			
1　トウモロコシ	570	0.80	456
2　イネ	535	0.80	428
3　コムギ	527	0.80	422
4　オオムギ	161	0.80	129
5　ダイズ	138	0.90	123
6　バレイショ	265	0.25	66
7　サトウキビ	1,076	0.06	64
8　モロコシ	61	0.80	49
9　ビート	259	0.13	34
10　キャッサバ	152	0.25	38
11　サツマイモ	124	0.25	31
12　エンバク	34	0.80	27
13　ミレット	26	0.80	21
14　ライムギ	23	0.80	18
15　ワタ(綿実油用)	33	0.56	18
16　ピーナッツ(殻付)	28	0.60	17
17　ビーンズ	18	0.90	16
18　エンドウ	15	0.90	14
19　バナナ	81	0.16	13
20　ヒマワリ(子実用)	22	0.50	11
計			1,995 (全EDM重の98%)

作物別の統計は表の下部に、EDM重の順に掲げている。ここには二〇種類の作物があり、これらの乾物重を集計すると一九億九五〇〇万トン、総生産乾物重二〇億四七〇〇万トンの九七%になる。すなわち世界の基本的食糧の大部分をこれら二〇種類の作物がつくりだしていることになる。

過去にはもっと違った食糧源があったのではないか、という疑問もあろう。FAO統計は一九四八—

五二年から始まっている。この統計開始以後一〇年きざみで同様な表をつくり比較した（図1-1）。たしかにEDM重はこの間に二倍〜三倍くらいの伸びをみせるが、最下位の一、二のメンバーが年により入れ替えがある程度で、上位の作物にはほとんど変化がない。およそ半世紀、人類が共有する食糧リストは変わることはなかったのである。

では将来はどうであろうか。どれかの作物が脱落したり、今は誰も知らない魅力的な新作物が加わる

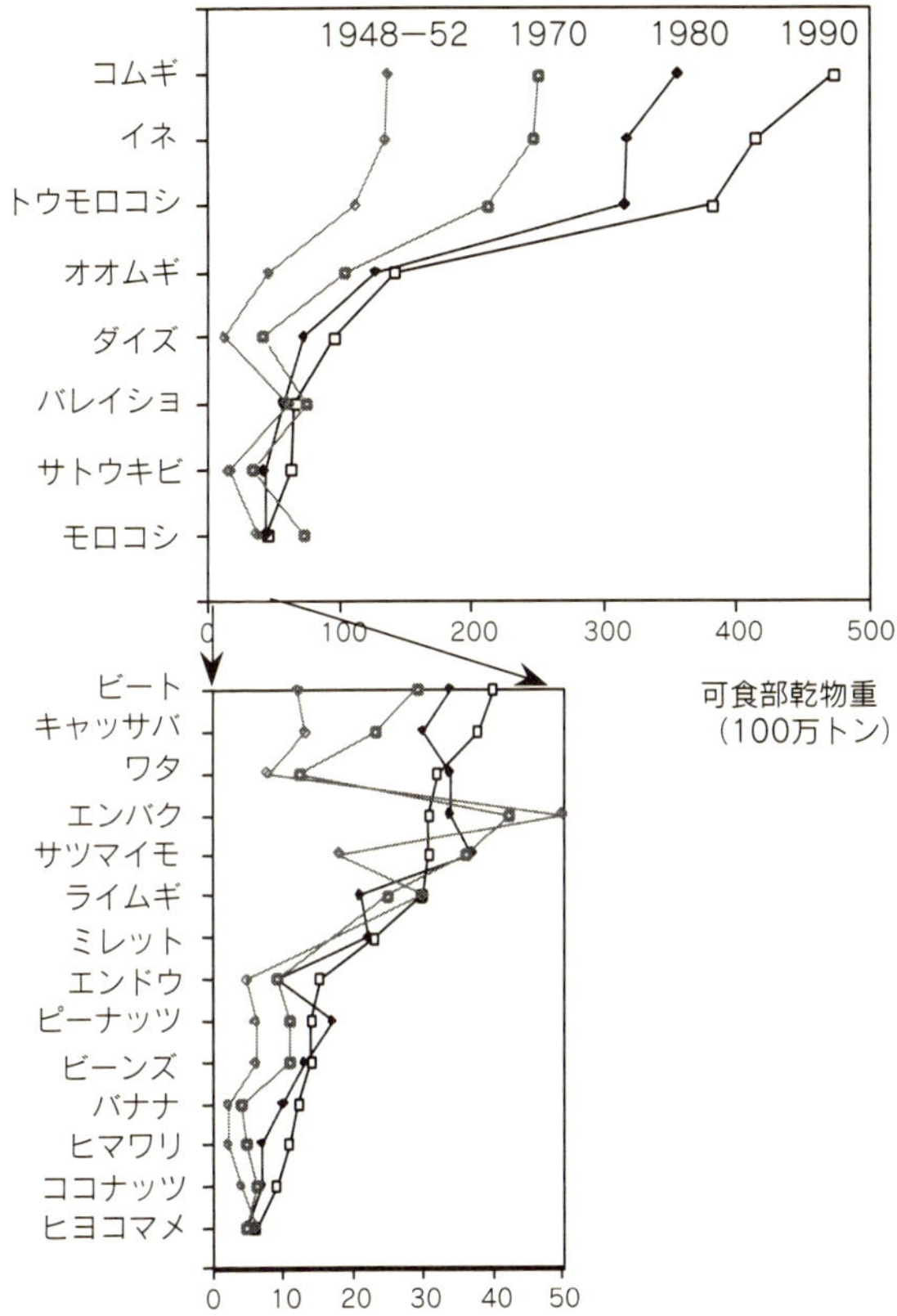

図1-1　過去50年の食糧生産の推移　1940年代末から今日まで世界の食糧（EDM重）は確実な伸びをみせているが，それを担う作物の種類はここに挙げた20種類である．

ということがあるのだろうか。かつて欧州では疫病で絶滅しかけたバレイショはこのリストの上位にあり見事に復活している。もともとは北米西部の荒野にあったヒマワリは開拓者のように逞しい。バナナの葉陰の小屋に住む人々が自分たちの衣食住へ多くを提供してくれるこの相棒を忘れることはないだろう。いっぽう、科学の進歩にかかわらず人類はまだ何一つ実用に値する作物を創造していない、といわれる。たしかにそうである。宇宙ステーションでサツマイモを育てるというNASAの構想があると聞く。新しい作物が誕生して生産に大きく寄与する可能性はほとんどないと覚悟せねばならない。これら二〇の作物は来世紀の食糧源を担うことであろう。

この表をつくるきっかけは、遺伝学者J・R・ハーラン（イリノイ大学）の「作物の進化」と題した名古屋大学での特別講義(2)である。ハーランは一九七七年FAO統計をもちいたEDM重のリストで、「この地球の人口を養う作物はわずか二〇種類である」と指摘した。その後、私もハーランを真似て折にふれ統計をつかいリストづくりをしてみたが、既に述べたように作物の顔ぶれにはほとんど変化はなかった。ハーランは人類の食糧資源の歴史を解説しながら、結びの中で「人口が増大すれば、ますますより少数の作物に依存するようになる」と警告している。人口は一年で約一億人増加している。

とすれば、これら二〇種類の作物それぞれの可能性を追求していくことがわれわれの二十一世紀の課題であろう。

次の節からはたくさんの学生や内外の機関の研究者たちとともに約三〇年間研究対象にしてきたサツマイモを取り上げることになる。この節では、二〇の作物がどのような役割を果たしているかの概観を付記する。

トウモロコシ

君はまだトウモロコシの穂に届かない、君はトウモロコシの房に届かない（マヤ、メキシコ）

表1－1のEDM重第一位のトウモロコシの主産地はアメリカ、そこでの利用は主に飼料次いでスターチ、アルコール、コーンオイルなどの原料である。アメリカのトウモロコシ生産は第二次大戦後、多収性ハイブリッドコーンと安価な窒素固定肥料の供給により大きな変貌をとげた。一九八〇年代からの高い生産性はヘクタール当たり収量約七トン、この値は他の国の追随をゆるさない。メキシコその他の諸国では主食、そうした食用トウモロコシの生産国での収量は約二トンである。

イネ

稲は土を引き上げ、女は男を引き上げ、竈《かまど》は薪を引き上げる（カンボジア）

統計にはジャポニカ、インディカ、ジャワニカの変種が含まれる。全栽培面積の約九〇％はアジアである。フィリピンにある国際イネ研究所（IRRI）の育種成果は「緑の革命、一九六五〜七〇」と呼ばれ、アジア諸国の生産性の向上に貢献したことでよく知られている。また一九七〇年代以降、各国での育種事業の推進もあり、現在アジア地域の収量は平均三トン／ヘクタールの水準に達している。いっぽう、日本や韓国での収量水準六トンは国立機関での長期育種計画、水田基盤整備、多肥料・多農薬、競合作物の欠如などの条件を反映した数値といわねばならない。

多くの穀物のなかでイネは粒食をする唯一の穀物である。そのため特に味覚にかかわる微妙な品質が尊重される。「おいしい米」は地域、集落、家族個々の食習慣によって異なるともいえよう。今日の日本での盲目的な「おいしさ」追求は、稲育種への理不尽な足かせ、適格な品種の普及の制約、ひいては生産性の向上をも停滞させている。

コムギ、オオムギ、ライムギ、エンバク

麦畑を耕した馬がその麦を食べるわけではない（オランダ）

統計上のコムギはパンコムギ、マカロニコムギ（別名エンマー）、またわずかではあるがスペルトコムギを含んでいる。一九九四年は規模の大きな異常気象のため、これまでの第一位から三位に転落した。全欧州、アメリカ大陸、オセアニア、アジア、アフリカなど生産国は温帯、亜熱帯、熱帯に及ぶ。一年中毎月、地球上のどこかでたね蒔きと収穫が行われている。単位面積当たりの生産量は地域間較差が大きい。デンマーク、UK、ドイツ、フランスなどの西欧諸国では五〜七トン、日本の水稲の収量水準に相当する卓越した収量を示している。それに反しその他の多くの国の収量は二トン内外と低迷する。

オオムギの主要な生産地は欧州と北米、そこでは主にビール原料用、一部は飼料とする。中国、ネパールなどヒマラヤ山岳地域では重要な食用穀物である。世界の生産量は一九七〇年以後の伸びが小さい。ライムギはとくに東欧諸国で多く、製パン用になる。エンバクの主な用途は飼料であるが、オートミールやクッキー、麵類として食用にもする。ライムギ、エンバク共に生産量の増加は停滞気味あるいは減少している。

モロコシ

どんなに雨が降ってもモロコシの茎は木の幹にはなれない（ブルキナファソ）

ソルガム、たかきび、高粱《こうりゃん》など世界各地にはそれぞれの作物名があり、古くから栽培された作物で

あったことがわかる。元来はアフリカ大陸乾燥地帯の穀物。トウモロコシに適さない乾燥地にも育つので、ラテンアメリカ諸国にも急速に広がっている。アメリカのソルガムはもっぱら家畜や家禽の飼料である。しかし、ナイジェリア、エチオピア、南アフリカなどでは主要な食用穀物である。中国やインドでも古くからの食用穀物であった。各地の収量は二〜四トンである。アメリカはハイブリッド・グレインソルガム（grain sorghum）を育成して、飛躍的な生産力をもつ飼料穀物に育て上げ、「貧者の穀物」の汚名を返上した。日本の畜産、酪農、養鶏はモロコシに支えられているといっても過言でない。

ミレット

狐は黍畑《きび》に来ても、尻尾で穂を揺するだけ（スペイン）

ミレットとは微細な子実をもつイネ科作物の総称である。FAO統計のミレットは次に挙げる穀物を含む。

（1）唐人稗《とうじんびえ》 Cattail millet (Pearl millet), *Pennisetum glaucum* or *P. typhoides*
（2）四国稗《しこくびえ》 Finger millet, *Eleusine coracana*
（3）黍《きび》 Bread millet, *Panicum miliaceum*
（4）粟《あわ》 Foxtail millet, *Setaria italica*
（5）稗《ひえ》 Barnyard millet (Japanese millet), *Echinochloa crus-galli*

統計はこれらを個別に扱っていない。トウジンビエはナイジェリアをはじめ西アフリカ諸国に、またその他のミレットの生産は中国、インド、東欧諸国に多い。収量水準は約〇・七〜〇・八トンときわめて低く、自然の地力でつくられ、伝統的な食生活のなかで活かされているようである。日本でもひえ飯、あわ餅、きび団子など郷土食があり、かつて重要な穀物であった名残を示している。

バレイショ、キャッサバ、サツマイモ

古い畑にはかならずサツマイモがある（ベネズエラ）

穀物に次ぐ生産量はいも類である。上記リストにはバレイショ、キャッサバ、サツマイモが挙がっている。ヤムイモ（ヤマノイモ類）、タロイモ（サトイモ類）は第二三～二五位で表には現れない。いも類の多くは台所と直結する家庭菜園にあって、かなりの量が年間を通じ自家消費される。これら自家消費量は統計に上がってこないので、統計はかならずしも現実を映し出しているとはいえない。

バレイショの収量レベルは欧州で高く一七トン、しかし、途上国でも一二トンとほぼ肩を並べており、穀物のように途上国の収量は二分の一、三分の一といった大きな格差はない。バレイショ生産の増加はここ数十年鈍化している。キャッサバの生産は確実に増加の一途をたどっており、熱帯圏での収量レベルは一〇トンに達している。サツマイモはこれに大きく依存する亜熱帯、熱帯圏諸国での平均収量は一四トン、もっとも依存度の高い、すなわち一人一年当たり消費量の大きいアフリカ諸国やニューギニアでは収量はかえって低く一〇トン以下となる。全体に生産の阻害要因がきわめて多いことを示唆している。世界全体ではサツマイモの生産は一九八〇年以降減少をみせている。

いも類と穀物を比較すると、いも類は一般に単位面積当たりの生産量が大きく、主な成分が多糖類であるため単位面積当たりのカロリー生産量が高く、また生育時間単位の生産量も大きい。栽培には穀物のように広く明るい平面を要しない。山間の傾斜地や谷間などの多様な立地条件でも育てられる。近年では森林と共存できる作物として注目されている。

ダイズなどまめ類

一粒のインゲン豆でも蒔《ま》けば袋をいっぱいにする（ギリシャ）

まめ類は一般に約二〇％のタンパク質、脂質一～二％であり、貴重なタンパク資源。多くの種類のまめ類のなかにあってダイズはタンパク質三五％、脂質一八％という特異な存在である。リストではダイズは四大穀類についで第五位の位置にある。一九五〇年代よりアメリカでの生産量は増加の一途をたどり、ついで南米諸国ブラジル、アルゼンチン、パラグアイの生産が急成長している。まめ作物の収量は穀物のそれに比較すると高くないのが普通である。ダイズでは約二トンが世界の平均収量である。原因は同化物の炭水化物をタンパク質にまで変換させるためとされている。

ビーンズやエンドウの項目には次のような種類が含まれている。ビーンズには *Phaseolus vulgaris*（インゲンマメ）、*P. lunatus*（ライマビーン）、*P. aureus*, *P. radiatus*（アズキ）、*P. mungo*, *P. angularis*。またエンドウには *Pisum sativum*（エンドウ）、*P. arvense*（アカエンドウ）である。

FAOの統計には下記のまめ類が出ているが、生産量は小さく先の表には出てこない。Broad beans（*Vicia fava*　ソラマメ）、Chick-peas（*Cicer arietium*　ヒヨコマメ）、Lentils（*Lens esculenta*　レンズマメ）、Pigion peas（*Cajanus* spp.）、Cow peas（*Vigna sinensis*　ササゲ）、Vetch（*Vicia sativa*）である。

野菜・果物類

皮をむいたバナナを欲しがる（インドネシア）

野菜と果物類ともにビタミン、無機塩類、繊維質を摂取するための必須の作物である。またときには消化酵素類の供給源でもある。全生産量はきわめて高いが、それを乾物に換算すると可食部乾物重は小さくなる。これら産物の統計は不完全である。理由は、統計データを欠く国々があること、また国によって統計の方法に違いがあるためである。さらに、すでにいも類で述べたように、家庭菜園で自家消費される量が計上されていない。そうした自家消費量は、主な調査対象である大産地やマーケット卸売り圃場からの数量に比して、決して小さくないとFAO年報で指摘されている。例えば、オーストリアでは全生産量の五〇%、西ドイツでは四五%、イタリアでは八%が自家消費されるとしている（一九七五年FAO統計）。都市周辺の家庭菜園はありふれた日本の風景である。そして同様な家庭菜園はアジア諸国に普遍的にみられるのである。熱帯果実についての統計も上記のような理由から不完全とされている。作物別生産量として大きいのはバナナで、この表のバナナにはデンプン質の調理用プランティンを含めた。

ワタ、ヒマワリなど油料種子類

脂質成分をとる作物の種類は多いが、生産量からみるとワタ（綿実油、第一五位）とヒマワリ（第二〇位）がリストに挙がってくる。ワタの生産量はここ二〇年かなり増加している。生産量の約四〇%は油用種子専用の栽培によるもので、残りは繰り綿の副産物である。このリストにないその他の重要な食用油はナタネ、ゴマ、アマ、ポピー、サフラワー（べニバナ）、オリーブからとられるが、個々の生産量は大きくない。日本では普通サラダ油といえばナタネ油とダイズ油の調合油である。

サトウキビ、ビート

サトウキビとビートはともに一〇位以内に入る大きな生産量を誇る。砂糖はカロリー源とはなるが、栄養源とはならないので、これを食糧とみるかどうかは問題がある。ビート生産の主要国は中欧諸国、ロシア、ウクライナである。またサトウキビはブラジル、インド、キューバ、中国など限られた国で、なかには人間の労働をふくめ生産コストを度外視したプランテイション農業で生産されているところもある。

まとめ——現在の地球の人口六五億を養っている作物の種類はごく限られている。食糧農業機関（FAO）の統計から全農業生産量、構成する主要な作物の生産量またそれを換算した可食部乾物重を挙げた。可食部乾物重の大きい上位二〇種類の作物で全生産量の九七％が占められる。トウモロコシからヒマワリまで二〇種類の顔ぶれはこの半世紀ほとんど変わらない。したがって、これはいまの地球の基本的食糧リストである。このリストは二十一世紀も変わることはないであろう。そして工業化や都市化、農業基盤の縮小、環境悪化によって耕す土地の拡大の望みはなく、むしろこれら少数の作物への依存がますます高くなるであろう。

2 サツマイモをつくる国

ベトナム農業食糧省、食糧作物研究所のM・H・ホアンは一九八七年の国際研究集会で次のように語った。「ながい戦火により、多くの有用資源、研究施設や器具、文献、書物を失ってしまった。いま食糧不足の解決に立ち上がったばかりであるが、私たちは耐病性、耐冷性、早期肥大性あるいは高いタンパク質含量をもつサツマイモを目指している」。この言葉はこの国に育種の始動があることを伝えてい

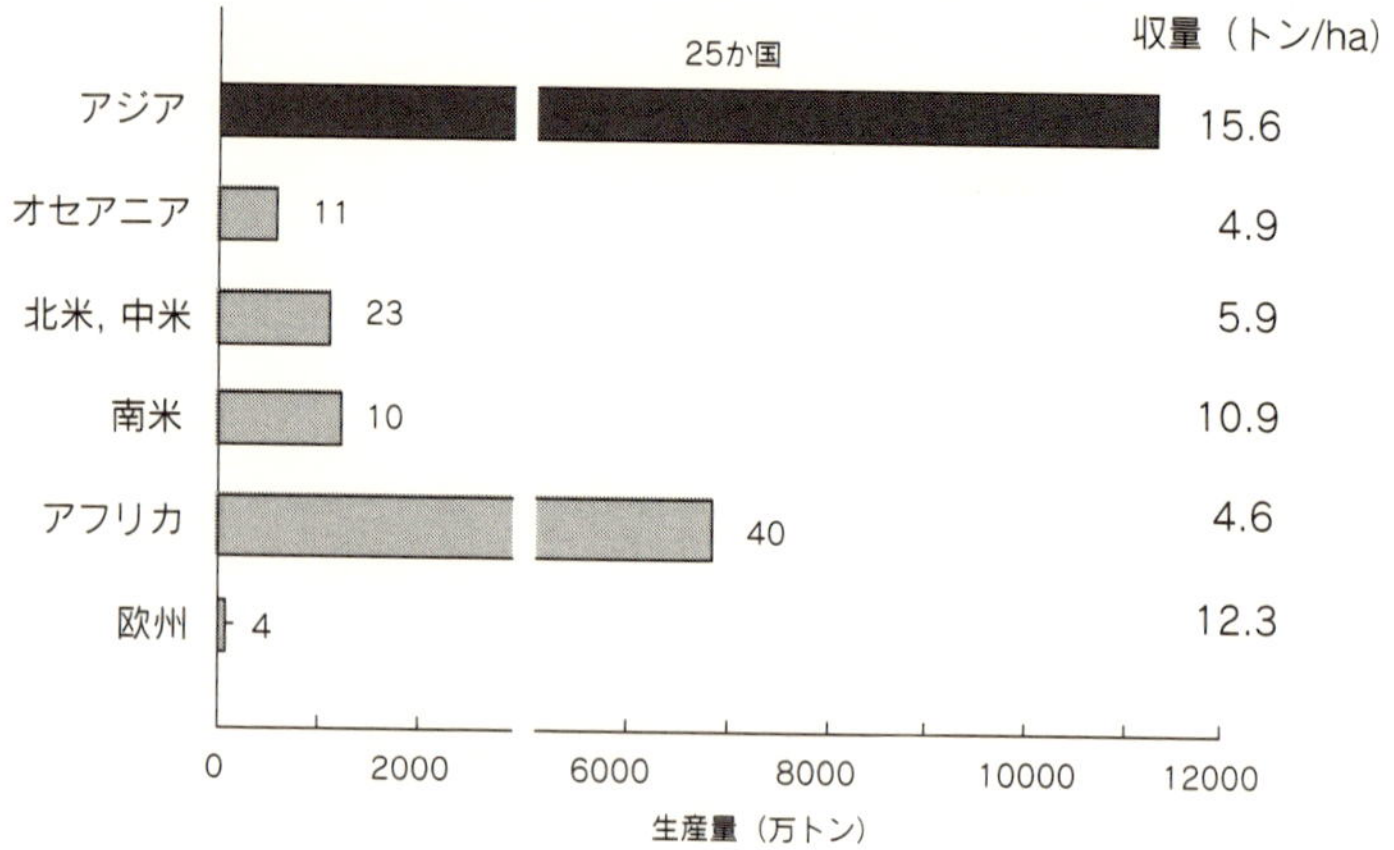

図2-1　世界のサツマイモ生産量と収量（1994年 FAO 統計）
サツマイモは世界の113か国でつくられる．アジアの生産量は１億1400万トン，全生産の90％以上を占める．また収量は15.6トンと比較的高い．栽培規模と生産性からいってサツマイモはアジアで重視されている食糧資源である．

る。

サツマイモをつくるほとんどの国は、日本とアメリカを除けば、政治、経済、社会に不安を抱える途上国である。恒常的な予算と数十年の年月をかける育種事業などはとうていできないのである。そこではサツマイモは零細農家が各家庭の菜園、空き地、水不足をかかえる痩地などでつくられる。新しく種子を買う必要もなく、隣りの畑のつる先を植え継げばよい。サツマイモは植えて三か月もすると台所を満たし、市場への出荷を約束してくれる。この間の手入れも草とりくらい。葉は日々の青野菜となる。どこの菜園でも常連の重要な作物である。

サツマイモは貧困が育てる作物である。前節の世界の食糧生産量のランクでは砂糖作物を除くとサツマイモは十本の指に入った。それは地球上になお貧困、災害、窮乏が満ちているというあかしである。図２-１にあるようにアジア、オセアニア、中南米、北米、アフリカと欧州の

表2-1　アジア諸国のサツマイモの統計（1994年 FAO 統計）　日本，韓国は高い収量水準にある．中国の生産量は全体の92%，近年の収量の向上もめざましい．収量の変化（%）は1961-65年収量に対する1994年収量の増減．

	収穫面積 (1000ha)	生産量 (1000トン)	収量 (トン/na)	収量の変化 (%)
日本	51	1,264	24.6	+23
韓国	15	300	20.0	+18
中国	6,511	105,180	16.1	+130
北朝鮮	36	504	14.2	0
マレーシア	4	51	12.1	−19
タイ	10	100	9.7	+39
バングラデシュ	45	427	9.5	+6
インドネシア	197	1,854	9.4	+57
パキスタン	1	7	9.3	−15
インド	138	1,150	8.3	+19
ラオス	15	119	7.7	+10
スリランカ	7	50	7.1	+78
ベトナム	393	2,541	6.5	+20
カンボジア	11	63	5.9	−41
ミャンマー	5	30	5.5	+10
フィリピン	148	700	4.7	−6
アジア（25か国）	7,584	114,347	15.6	+67
世界	9,380	124,339	13.3	+54

ha：ヘクタール（1万 m^2）

一部で栽培されているが、地域別にみるとアジアは総生産量の九〇％以上を占めている。また単位面積当たりの収量ではアフリカの四・六トンからアジアの一五・六トンと大きな較差がある①。

アジアを見てみよう。表2-1ではアジア諸国の状況を挙げているが、まず中国はなんといってもサツマイモ畑の大地主、生産量の大部分を占めている。アジアの生産はしたがって中国の動向に左右される。中国の収量は一六・一トン、一九六〇年以降この三〇年間の収量は飛躍的な向上をみせている。この背景は後に再びふれる。日本も韓国も生産量はこのところ減少傾向にあるが、それぞれ高い収量二四・六トン、二〇・〇トンを維持している。いっぽう、収量六トン以下はカンボジア、ミャンマー、フィリピンである。低収量の国は怠けているのではなく、むしろ多様な阻害要因と激しく闘っているといってもよいであろう。例えば、フィリピンは一九五〇年代から育種を始め、品種改良に多くの努力を注いできた。しかし、育種の成果と一般の農業との間の歯車が連動していないようにおもわれる。

元来亜熱帯、熱帯でのサツマイモの生産能力は潜在的にきわめて高いのではないか、とおもわれる節がある。その理由は各国の農業試験場が発表する成績と一般農家の成績（統計）との比較からきている。日本の沖縄の農業試験場では四〇〜五〇トンと高い収量をだすが、一般農家を対象にした統計の収量は二〇トン内外で半分またはそれ以下である。途上国では一般にこの差がさらにひらく。例えば、ベトナムの試験場では三〇トン水準なのにFAO統計では六・五トン、同様に、フィリピンの試験場の成績では三五トンなのに統計は四・七トン、インドでも試験成績三七トンに比べ統計は八・三トン。こうした差の原因は条件に違いがありすぎるので論ずることはむずかしい。しかし、試験場の収量水準をもってその地域の潜在的な収量水準とみるならば、表2-1にあげた国々の収量は五〇トン水準（日本の統計上の収量の二倍）に高まるのではないかとかんがえる。アジア各地がもっと安定した社会となり、政府が農業の推進に育種部門を置く余裕ができれば、この程度の収量は実現されると、おもわれる。豊かになった社会はサツマイモを忘れてしまうこともあろうが。

育種活動のあるなしが、どのような違いをもたらすのかを知るには中国がよい例であろう。中国の栽培面積、生産量は一九六〇年代から減少し続けている。しかし、表2-1にあるように収量は一九六〇年代の八トンから、現在はその二倍の一六・一トンになっている。わずか三〇年間のこの変化は農業生産では革命ともいえるほどの変化である。作物の収量が二倍となるといった変化は、数少ない事例しかないが、いずれの場合もほぼ一〇〇年を要しているのが普通である。中国の育種事業の開始は戦後の一九四九年北京解放以後である。この育種の前後を概観する。

育種以前。中国の育種担当者たちには鮮やかに記憶していることがある。それは次のことである。一九四〇年ころ日本から沖縄一〇〇号が導入され、以後の一〇年間、それはまたたくまに山東省や四川省などに広がった。当時の地元のサツマイモに比べると三〇〜五〇%の増収があった。いっぽう、四川省ではやはり一九四〇年代にはアメリカのナンシーホールやポートリコといった品種が導入され、地元の品種をさしおいて一般的な品種となった。一九四九年解放を祝う人々は沖縄一〇〇号をいつしか「勝利一〇〇号」と呼びかえた。全土が戦場と化していた一九四〇年代の統計資料はなく、詳細は不明だが、当時の収量は一九六〇年代の八トン水準より優ることはなかったであろう。

育種以後。育種の中心的機関である江蘇省の徐州甘薯研究所は一九六〇年以後数々の品種を世に出してきた。その一つに沖縄一〇〇号とナンシーホールの交雑により一九七六年に育成された多収性品種「徐薯一八号」がある。この品種は以来栽培地を拡大し、一九八〇年代のはじめには一四〇万ヘクタール(日本のサツマイモ栽培面積は六万ヘクタール)に達した。「この品種を超えよう」は現在育種にたずさわる多くの研究者の合い言葉である。今日では病気や害虫に対する抵抗性、高温乾燥、低温湿潤など逆境への耐性強化を基本として、地上も地下も高い収量をもつ飼料用品種、高いデンプン含量をもつ工業用品種、滋養にとむ食用品種の育成が育種の三本柱である。育種方法は日本でなされているような交雑育種、突然変異育種、そして優良品種がでるまでには約一〇年の選抜操作をしている。北京農業大学は育種の基礎研究のリーダー的存在である。ここでは育種方法の開発や基礎分野を担当、実際の育種はおもに徐州甘薯研究所、山東農業科学院、四川農業科学院、広東農業科学院が行う。国の科学技術委員会のいも類分科会は全体を統括する。この会は育種の方針の設定、育種方法の評価や開発、成果のモニター、予算の申請などを行い、さらに品種選定もする。選定委員は関係一五省の専門家で、毎年申請された二〇〜三〇の育成系統を約二〇か所以上で試作した成績をもちいて評価する。(2) 以上、統計上の数値収量一六トンの舞台裏である。

このように育種を始めた国、軌道に乗せた国がある。しかし、どうしても育種事業ができない国もある。その方がはるかに多い。そうした国の育種を代行し、有用な品種を提供しようとしている国際農業研究機関がある。ペルーのリマにある国際バレイショセンター(CIP;International Potato Center)である。砂丘の山を眺める簡素な明るい研究所には国籍を超えた研究者がアメリカ、欧州、日本などから集まる。従来の育種対象バレイショに加え、一九八六年からサツマイモ育種をうちだした。ここの合い言葉は「育種研究の成果と途上国の進歩を車の両輪に」である。

翌一九八七年、第一回の育種計画会議では世界の生産動向の分析、遺伝資源の有効利用法、遺伝資源の保全、育成品種の無毒化などの最新の研究報告を受けた後、今後の活動方針が討議された。(3) 育種の土台は遺伝資源である。すでにサツマイモ品種や野生種など約四四〇〇点が全世界から集められ、そこからセンチュウ、サツマイモゾウムシ、ウイルス病の抵抗性、また高塩性土壌、アルミニウム毒性土壌、乾燥など環境ストレスへの耐性、さらに乾物率、低糖性などの特性を五三六点で検出している。(4)

途上国の研究機関と共同でCIP育成系統や地元品種をもちいた試験を行っている。インドネシアでは痩地適応性、サツマイモゾウムシ抵抗性、縮芽病抵抗性の試験が継続されている。フィリピンでは、高地あるいは低地適応性、早期収量性、乾物率、センチュウ抵抗性、サツマイモゾウムシ抵抗性の選抜がなされている。同様の方法で、インドでは輪作体系に入る短い期間で収穫できる極早生型の選抜、貯蔵性の強化、乾物率の向上を目指している。さらにバングラデシュ、スリランカ、中国でもＣＩＰ提供の植物をもちいた選抜試験が予定されている。育種の足どりはゆるやかで一〇年単位の時間がかかるが、二一世紀には成果が続出するであろう。

一九九五年ＣＩＰのニュースによると、育種開始から九年後にペルーで最初の成果があった。[5] ポリクロスと循環選抜育種法によって、南部の海岸砂漠地帯の高塩性・高ホウ素土壌に耐性をもち、好収量を示す品種の育成に成功した。それは在来品種より一〇〇％増の二五〜三〇トンの収量を示している。砂漠の緑化にサツマイモが役立つ期待をもたせる朗報である。ＣＩＰの研究者はこのストレス耐性品種の後代種子を、同様な砂漠地帯をもつイラク、ネパール、フィリピンに配布している。

まとめ——世界ではサツマイモはアジア、オセアニア、アフリカ、中南米と北米、アフリカ、欧州の一部など、一一三の国でつくられている。日本とアメリカを除けばほとんどは途上国である。その意味ではサツマイモは貧困が育てる作物である。そうした国ではサツマイモは五本の指に数えられる重要な自給食糧源である。世界の生産量の九〇％以上はアジアが、またその大部分は中国が占める。アジア諸国の収量や過去三〇年間の収量の変化を比較した。収量の向上はその国の育種活動の有無と深い関係がある。その実例として近年飛躍的向上をみせる中国を取り上げた。いっぽう、育種を行えない途上国の生産性を高めるために新品種の供給を目指す国際バレイショセンター（ＣＩＰ）の動向とその最近の成果を紹介した。

第二章　サツマイモをとりまく野生植物

3　イポモエア属の種多様性

イポモエア属（*Ipomoea*　ひるがお科）は世界の熱帯、亜熱帯、また温帯暖地の約五〇〇種を含む巨大なグループである。しかし栽培種となるとその数は限られる。唯一サツマイモだけが世界的規模でつくられる栽培種である。その他はアサガオをはじめ二、三種の園芸植物、野菜のヨウサイ（蕹菜）、薬用植物が栽培されるにすぎない。

この属の植物はほとんどがつる性の草である。路傍の草、農作物、熱帯果樹や疎林にまといつく。切り開かれた熱帯林ではつるで覆われた木々がまるで緑の入道雲のようにそそり立つ。樹木の種類があり、サボテン林のなかで大形の白い紙細工のような花を咲かせる。ときには半砂漠の斜面を無数の小さな花で彩る。砂丘や海辺にしかみられない植物、沼沢の周辺を這いまわる植物もある。どれもこれも紫紅色、青紫色、桃色、白色のアサガオのようなロート状の花をつける。

地域フロラについての分類学上の文献からイポモエア属の種の数を数えあげた（図3-1）。複数の地域にまたがる種、熱帯圏全域に広がるコスモポリタンはそのまま重複して数えている。イポモエア種は

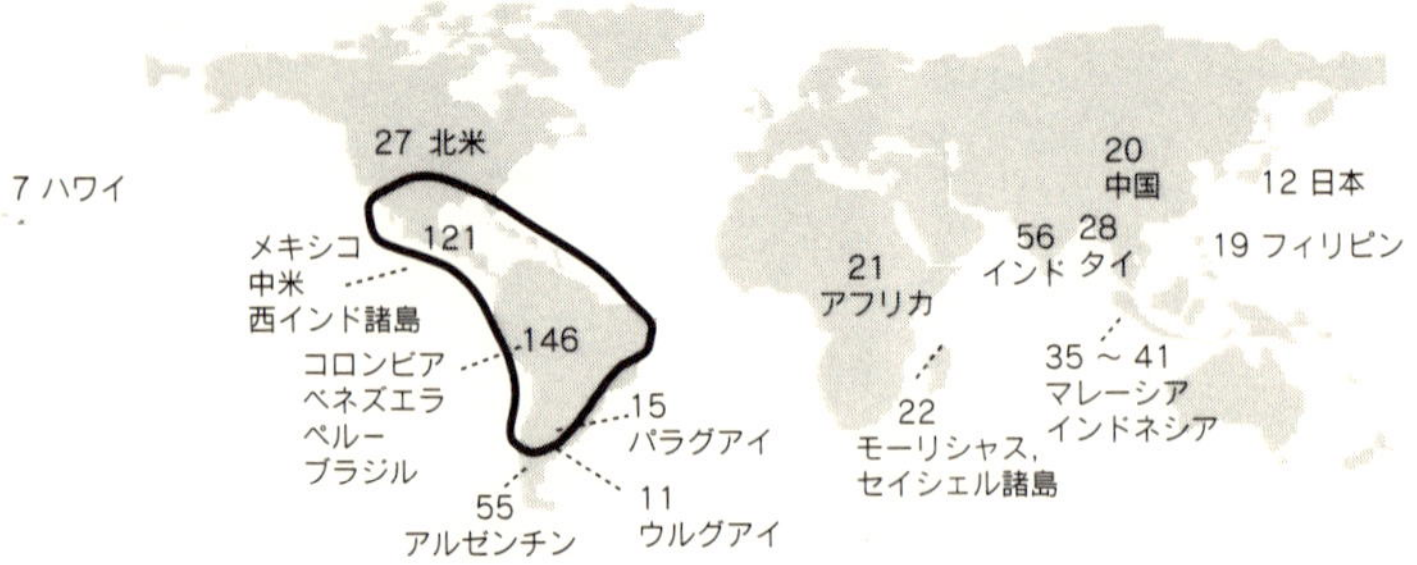

図3-1　イポモエア属の種多様性　イポモエア属植物は世界の熱帯，亜熱帯，温帯暖地に約500種があるとされている．その内，きわめて多数の種はアメリカ両大陸，それも北米南東部からブラジルまでの地域に集中，ここが種多様性の核地域をなしている．

地球上に一様に分布しているのではなく、明らかにアメリカ両大陸に集中分布している。それも主に北米南部から、メキシコやコロンビアを経てブラジルまで、この熱帯がイポモエア種多様性の核地域となっている。

時間を二〇〇〇万年前（古第三紀、中新世）にさかのぼる。その時代の地球はかなり温暖で、北米の半分と南米のほとんどは熱帯気候であったとされている。そして、この陸地にはすでに熱帯性の被子植物が出現しており、それらは今日の植物からは想像もできない姿をした祖先植物であったとおもわれるが、交配、受精、繁栄や消滅を間断なくくり返していたであろう。やがて人類の時代の幕開けの二〇〇万年前、地球は気象変動のはげしい氷河時代をむかえる。熱帯ベルトがしだいに現在のように赤道周辺に狭められると、遺伝的変貌に成功した植物のみがそこに押し込められ、生き延びてきた。約五〇〇種のイポモエア種はこうしてみると、少なくとも二〇〇〇万年を経てきた、したたかな植物群であり、その種分化のひのき舞台は熱帯アメリカであった。

種とはどのような単位であろう。自然界の植物集団を体系的に分類、整理、理解するのに種という単位がもちいられる。

その概念は生物分類学の祖C・フォン・リンネにより確立されたが、彼は著書*Species Plantarum*（一七五三年）の巻頭で「自然をよりよく知ることはよりよく分類することである」と言っている。分類方法はあくまで形態的類似性に基づいていて、この分類の単位はリンネ種ともいわれる。その後、生態学、遺伝学分野の見解を加えた種の概念がもちいられるようになった。今日、もっとも支持されているE・W・マイアの生物学的種によると、「実際にまたは潜在的に互いに交雑して遺伝子を交換し合うことができ、他の集団からは生殖的に隔離されている自然集団」である。マイアの概念は魅力的ではある。しかし、どのようにしてこの種を実証するのかという方法論を欠いている。生殖隔離の有無は個体間の交雑実験で容易に知ることができるが、集団間となると、どの集団をまた集団あたり何個体を選ぶのかの方法が問題となる。たとえ小さいサンプルサイズ（個体数）をもちいたとしても、実際に多数のイポモエア集団をもちい、集団間のすべての相互交雑をすることはまず不可能である。またサツマイモのように普通は花がなく無性繁殖をする植物もある。さらに、イポモエア化石が発見されても、化石相手の交雑はできない。そのため、ある地域の種多様性を論じたり、遺伝資源のストックを列挙したり、交雑実験の結果を報告するときは、マイアの種概念を念頭におきながらも、今日でも十八世紀中葉から検証、修正されてきた古典的なリンネ種に多くを頼ることになる。

ある自然集団または種は、先述のように、実感のともなわないような地質学的年代にわたり、花を咲かせ、まわりの個体同士で交配し、遺伝子の交換をし合いながら、たねをむすび、世代から世代へと遺伝子を伝えてきた。R・ドーキンスの近年の著書『遺伝子の川』(1)は生物種を川の流れに比喩して、「一つの種に属するすべての個体のもつ遺伝子が同じ川を流れており、一つの種のすべての遺伝子はたがいによき仲間になる用意がなければならない。すでにあった一つの種が二つに分かれると、新しい種が生まれる。遺伝子の川は時間がたてば分岐していく」としている。この短い文にはたくさんの内容がふくまれているが、要点は世代を経過しても種内では個体間生殖隔離のない状態が維持されること、また分岐するとは生殖隔離が発端となり異なる種が派生することである。例えば、サツマイモの遺伝子の川とアサガオの川とは決して相交わることはない。この二つの流れの間には交配、受精をはばむ強固な土手があり、この土手が生殖隔離の役割を果たしている。

イポモエアと呼ばれる泉があり、そこから湧きでた水は地球上では現在こうした約五〇〇の支流に分かれている。そのなかの一つの支流に人類はいつのまにか堰《せき》を築き、水（遺伝子）を導き、必要に応じてその水を汲み上げてきたのが栽培種サツマイモである。この作物の豊かさをもたらしたもともとの一筋の支流はいまもどこかに流れているのか、すでに涸れ上がってしまったのであろうか。または複数の支流が集まってサツマイモの川をつくりだしたのか。サツマイモの川の有限の水量や水質はどうしたら確保されるのか。次節以後このようなことを話題にする。

まとめ――サツマイモの属するイポモエア属は約五〇〇種を含む大きなグループである。その種はアメリカ大陸、とくに北米南東部からブラジルまでの熱帯地域に集中している。今後話題とする栽培種サツマイモの自然史や改良へのいろいろな問いかけの導入部として、被子植物の進化の概観、リンネ種、マイアの生物学的種、分子レベルの生物学を背景とした種概念「遺伝子の川」をもちい、この属の全体像を描いた。

4　サツマイモと野生植物

イポモエア属の五〇〇種はそれぞれが独立しているのではなく、互いに形態的に類似した近縁種が小グループをなしている。サツマイモとその近縁種を一群にまとめることは二十世紀初頭より分類学者によっていくたびか試みられてきた。しかし学者によってその取り扱いは大きく分かれた。その理由の一つはあまりに多岐にわたる種分化のためか、種間に顕著な形態的な違いがないためであろう。リンネのいう「ものをよりよく識別する目」がないためもある。近年になりアメリカの育種機関からの要望や生きた標本の提供もあり、分類学者D・F・オースチン（フロリダ・アトランティック大学）が本格的に再整理に着手、一九七八年と一九八八年にバタタス群（バタタス＝サツマイモの種名）を提案した[1・2]。オースチンのバタタス群について、構成種の花と果実の模式図（図4-1）およびその地理的分布（図4-2）を示した。ただし分布地については私たちが調べた地方誌などの文献で補足した。

図4-1にみるように、サツマイモおよびバタタス群野生種の花や果実は、大きさを別にすると、互いによく似ている。薄い桃色や白色の花、花をのぞき込むと奥が濃い赤紫色であることは種間で大きな違いはない。花筒部の太さや五枚のがく片の形や質には模式図では表せない微妙な差がある。

バタタス群の野生種は全部で一〇種、二雑種、一変種、計一三メンバーである。そのうち旧世界起源の一種を除くと残りはすべて新大陸起源のメンバーである。新大陸メンバーは地域別には、北米起源の四種、南米起源の五種、環カリビアン地域の三種である（図4-2）。

以下、各構成種の倍数性[*1]、生殖様式、一年生・多年生の生育型、主な生息地、その他の特色を記す。

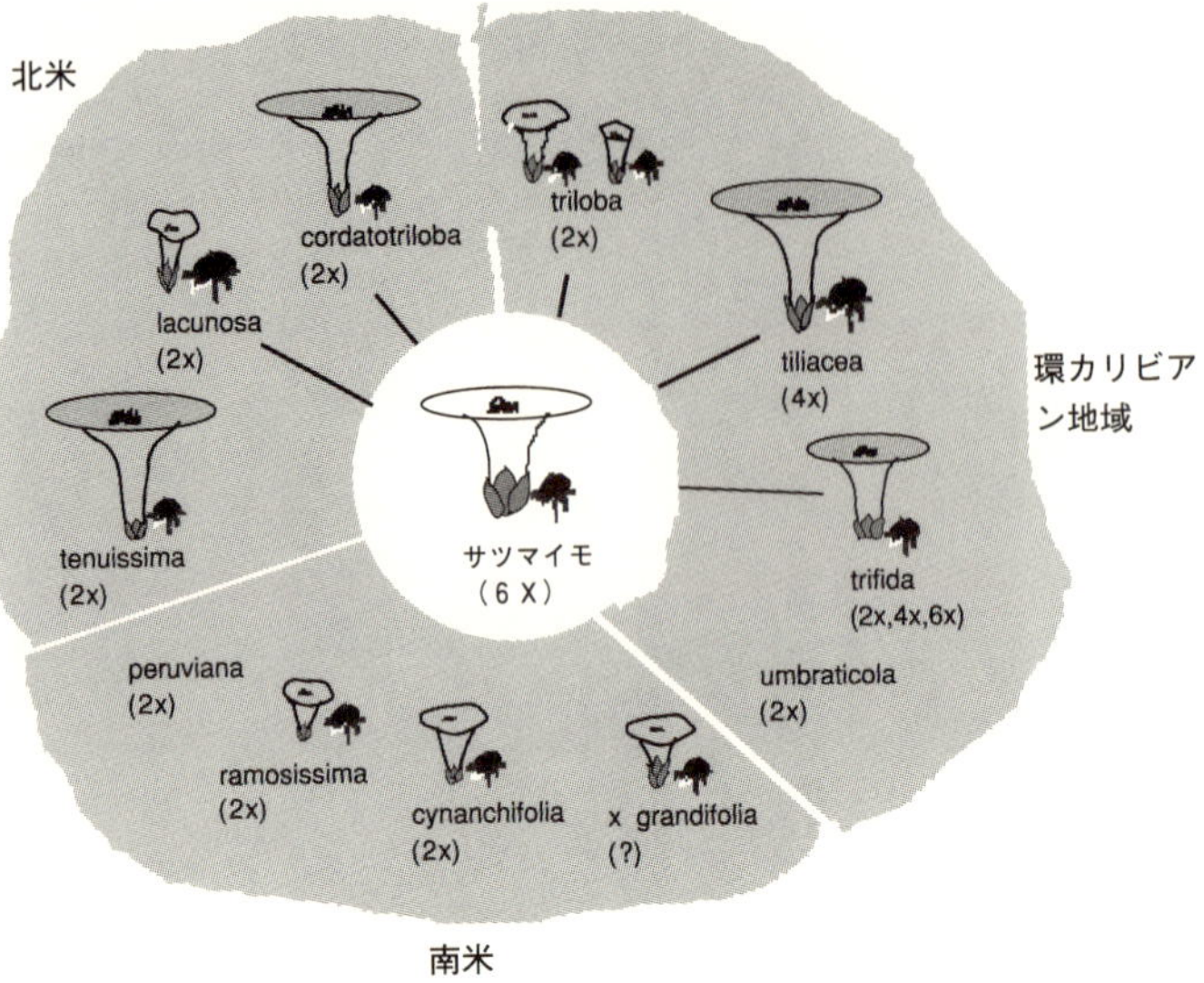

図4-1　サツマイモの近縁野生植物　サツマイモと形態的に類似したいくつかの野生種がある．サツマイモおよびそれら野生植物の花と果実の模式図．2x＝2倍体（染色体数は30），4x＝4倍体（染色体数60），6x＝6倍体（染色体数90）．サツマイモと線で結んだ野生種は今までに交雑実験がなされたもの．

（1）　ラクノーサ（*lacunosa*）　二倍体（2n＝30）。記号nは染色体数[*2]を示す。ここではnは一五本。自殖性（自家受精すること）の一年生つる植物。白花で小形。根の肥大はない。日本では帰化雑草となりマメアサガオという。北米のダイズ産地のやっかいな雑草でもあり、穀物随伴植物の一面をうかがわせる。北米中西部諸州、東部の南カロライナ、ペンシルバニア州からテキサス州までに分布。DNAマーカーの分析ではトリローバやコルダトトリローバとの近縁種、サツマイモとは近縁ではない。[3]

（2）　リューカンサ（x *leucantha*）　種名の前にある記号xは自然雑種であることを示す。二倍体（2n＝30）。自殖性の一年生つる植物。花は中形で白

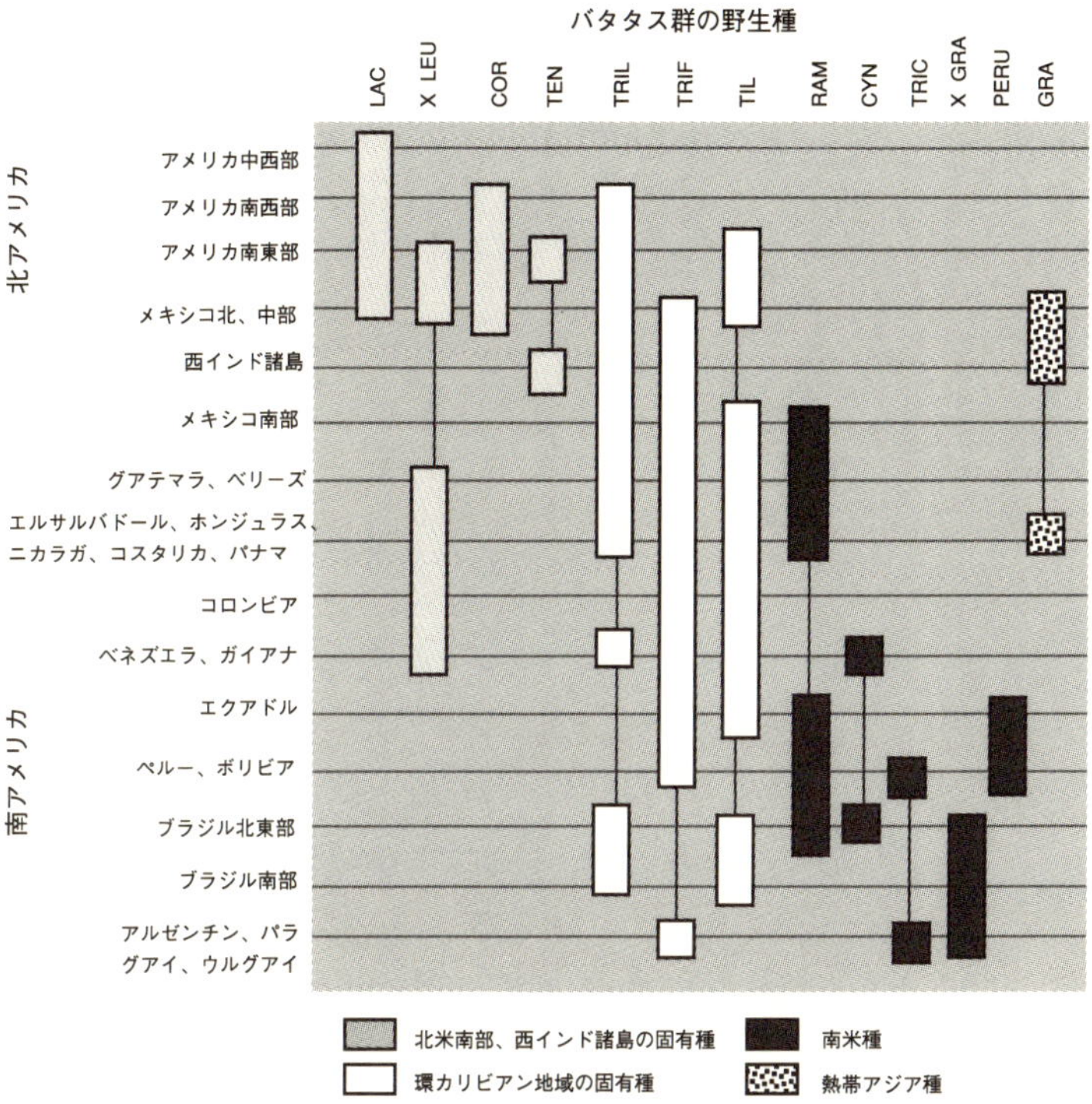

図4-2　サツマイモの近縁野生植物の分布　バタタス群の13メンバーは地理的分布により大きく三つに分かれる．北米南部や西インド諸島を主要な分布地とする3種と1雑種，環カリビアン地域に分布する3種，南米各地の3種と1雑種，1変種である．残りの1種はオーストラリア，太平洋諸島，アジア島嶼部に広く分布し熱帯アジアに起源する．

LAC (*lacunosa*), x LEU (x *leucantha*), COR (*cordatotriloba*), TEN (*tenuissima*), TRIL (*triloba*), TRIF (*trifida*), TIL (*tiliacea*), RAM (*ramosissima*), CYN (*cynanchifolia*), TRIC (*trichocarpa* var. *australis*), x GRA (x *grandifolia*), PERU (*peruviana*), GRA (*gracilis*).

または桃色、根は肥大しない。ラクノーサと次のコルダトトリローバの雑種集団で、北米南東部で両種が接触して交雑が起きたとされている。両種の中間的な形質をもつ多型種で、メキシコ、中米、南米北部、ハワイ、フィリピンに分布する。この広域分布は十五〜十七世紀のスペインのフロリダ植民、またメキシコ西部、南米南東部、フィリピン間をむすぶスペインやポルトガルの交易船の穀荷によるのではないかと憶測されている。

（3） コルダトトリローバ（*cordatotriloba*） 二倍体（2n＝30）。自殖性、一年生ときに多年生のつる草。薄い桃色のやや大形の花。根は肥大しない。北米の南東部諸州やテキサスからメキシコの北東部の湾岸地域まで、路傍や疎林周辺に生育する。南東部の集団はラクノーサとの異種間浸透（自然交雑により一方の種を特徴づける遺伝子が他種に移入されること）があるため西部の集団とは形態的な違いがあるという見解もある。

（4） テヌイッシマ（*tenuissima*） 二倍体（2n＝30）。自殖性。薄い桃色の花は大形。フロリダ南部の石灰岩地帯に局在、またキューバやプエルトリコにも記録がある。近年のDNAマーカーの比較分析によればこの種はラクノーサやコルダトトリローバに近縁な種であることが分かった[3]。

（5） トリローバ（*triloba*） 二倍体（2n＝30）。自殖性、一年生植物ときに多年生。小形または中形の桃色の花をつけるつる草。根は肥大しない。日本の暖地では雑草化してホシアサガオといわれる。熱帯、亜熱帯圏全域のコスモポリタン。路傍、空き地、耕地、牧草地、サバンナ林などに普通にみられる。ワタ、ソルガム、ゴマなどの雑草で、随伴する作物により種子の大きさが異なる傾向がある。北米南部、メキシコ、中米、ベネズエラ、西インド諸島の集団はとくに変異に富む。本来は環カリビアン地域の固有種とされている。DNAマーカーの分析ではサツマイモにはやや遠縁でラクノーサやコルダトトリローバにより近縁な種である[3]。

(6) トリフィーダ (*trifida*) 二倍体 (2n=30)、四倍体 (2n=60)、六倍体 (2n=90) (図4-3)。二倍体や倍数体はいずれも自家受精を阻害する生理遺伝学的機構を備えており、受精には他者の花粉を必要とする、すなわち他殖性植物である。多年生のつる草。花は中形で白または薄桃色。根は変異に富みときに肥大した貯蔵根をつける。分布はメキシコ北部の低地からメキシコ南部、さらに西インド諸島、中米、コロンビア、エクアドル、ベネズエラでトリフィーダは環カリビアンフロラの構成種である。最近ペルー北部でも発見された。パラグアイにも古い記録はあるが、再確認が必要であろう。

図4-3　サツマイモの近縁野生植物トリフィーダ　多年生のつる植物．花は白または薄桃色，2倍体，4倍体，6倍体があり，倍数体では花は少しずつ大きくなる．主にメキシコ北部から中米，西インド諸島，コロンビア，ベネズエラの環カリビアン海地域に分布．

　この種とサツマイモとの関係はいろいろな角度から調べられてきた。多数の形態的特徴をもちいた計量分類ではこの種の二倍体や倍数体植物はサツマイモと互いに近似しており、単一の分類単位を形成するとみる見解もある。[4] 核DNAおよび細胞質DNAマーカーの比較ではこの種の四倍体や六倍体とサツマイモの間には高い類似性があり、特に細胞質DNAに関しては六倍体とサツマイモ間には僅差しかないと指摘されている。[5] またバタタス群の他種と比べると、本種の二倍体、四倍体はともにサツマイモにもっとも近縁というDNAマーカーの分析結果が得られている。[3] さらにアイソザイムの比較ではトリフィーダ種（二倍体、四倍体、六倍体）にみる酵素系はすべてサツマイモにもあり、両者は共通の酵素遺伝子をもつことが知られている。[6] この種の倍数性および分布については第7節（四〇頁）で詳しく取り上げる。

（7）ティリアケア（*tiliacea*）四倍体（2n＝60）。他殖性、多年生のつる草。花は大形で薄い桃色または薄い赤紫色。根は肥大しないが繊維質の貯蔵根となる。前種と同様環カリビアンフロラの構成種であるが、前種の生息地が耕地、集落周辺など人為的環境に多いのに対し、この種は多湿の熱帯林周辺や一時滞水するような低地に多く生息する。分類学者H・D・ハウスは一九〇八年のイポモエアのモノグラフで、「サツマイモとは信じられないような違いがあるものの、サツマイモはこの種が栽培化されたものらしい」と述べている。[7] この推測はその後たびたび引用されて、ごく最近までこの種がサツマイモの祖先種であるとするむきもあった。ブラジル北東部では本種の三変種が記録されており、分布圏全域では多型種をなすとおもわれる。DNAマーカーの分析ではこの種とサツマイモは遠縁である。[3]

（8）ラモシッシマ（*ramosissima*）二倍体（2n＝30）。自殖性。花は小形で桃色または白。分類学分野には十八世紀末より登場する種である。ペルー、ボリビア、またまれにニカラグア、コスタリカにみられる、とされてきたが、その生育は確認されておらず、永らく幻の種であった。最近生きた植物がペルー、ボリビアで見つかり、DNAマーカーの研究からサツマイモとは遠縁であることが分かった[3]。南米種である。

(9) キナンチフォリア (*cynanchifolia*) 二倍体 (2n=30)。自殖性。花は小形で桃色または白桃色。分類学的記載と乾燥標本からブラジル東部やガイアナに局在することは知られていた。ブラジルフロラの記載によると、ブラジル南東部のミナスジェライス州では耕地雑草とされている。近年、生きた植物が得られ、倍数体が決定され、またDNAマーカーの分析ではトリローバに近縁であるとされた[3]。

(10) トリコカルパ 変種オーストラリス (*trichocarpa* var. *austolaris*) 倍数性未詳。トリコカルパはコルダトトリローバ種の旧名。花は大形で薄い桃色。この変種は北米種コルダトトリローバがアルゼンチン、パラグアイやボリビアに伝播した集団と考え、オースチンはコルダトトリローバに含めている。まだ充分な比較研究がなされていないので別扱いとした。

(11) グランディフォリア (x *grandifolia*) 倍数性未詳の自然雑種。花は小形で薄い桃色。分類学者は北米のコルダトトリローバ種と近縁あるいは北米から導入されたコルダトトリローバとある未知の自生種との雑種起源としている。主にブラジル各地、またパラグアイ、アルゼンチンに分布する。

(12) ペルヴィアナ (*peruviana*) 二倍体 (2n=30)。他殖性。ペルー、エクアドル産のこの種は一九四八年に記載されて以後注目されることなく、生存は未確認であった。一九八五年国際バレイショセンターのサツマイモ育種計画の発足とともに野生種を含めた遺伝資源の探索が行われた。この探索により一九九一年ペルー東部アマゾン河上流域地点で再発見された。生育地（四平方キロメートル）は焼き畑が営まれている耕地であった。[8] 今後の研究によりサツマイモとの関係が明らかになると期待された。しかしDNAマーカーの比較では、サツマイモとの近縁種ではないとされている。[3]

(13) グラキリス（*gracilis*）二倍体。他殖性。海浜に匍匐する多年生草本。花は大形で薄い桃色。根は肥大しない。ソコベニアサガオといい、沖縄の島々の砂浜に普通にみられる。一般に海浜植物は海流によって伝播し広域分布をすることがあるが、本種の分布もオーストラリア北部から東南アジア島嶼部、太平洋諸島、マダガスカルやセイシェル、さらにカリブ海沿岸にも達している。しかし、本来は熱帯アジアの固有種とみられる。DNAマーカーの比較では、サツマイモとの近縁関係は薄い。[3]

以上、これら一三メンバーのうち、ペルーで一九九一年に再発見されたペルヴィアナ種をはじめとして約半数のメンバーはまだサツマイモとの交雑実験は行われていない。近縁関係の解明にはDNA分析と交雑実験は併行してなされるべきであろう。さらに今後も熱帯アメリカでは新しい種が発見される可能性もあろう。自然のふところはあくまでも深い。現在では約五〇〇のイポモエア植物のなかで、サツマイモの祖先野生種は少なくともこれら一三メンバーに絞られてきた感がある。環カリビアン地域に生息するティリアケア種は本当に祖先であろうか。サツマイモは六倍体（2n＝90）である。すると複数の祖先が関与している可能性もある。

まとめ——サツマイモを含めたバタタス群は北米南部からブラジルとその周辺に分布する一三のイポモエア種（二自然雑種、一変種を含む）が主要メンバーである。その内の半数は比較的よく研究されてきたが、残りの半数は一九九〇年代になって生きた植物が再発見されたり、生存が未確認のものがある。以後の節は、そうした未知の世界をさまよいながらも、サツマイモの源流を訪ねる旅になる。

＊1　倍数体。植物界には倍数体がよく見られる。二倍体はゲノム二つをもつ。ゲノムとは一組の染色体をいう。(＊3) ゲノムがさらに重複した三倍体、四倍体、六倍体などを倍数体という。ある二倍体の染色体数を三〇とすると、この基本ゲノムの染色体数は一五、倍数体の染色体数は一五の三倍、四倍、六倍などとなる。

＊2　染色体。特定の色素で染まることから名付けられた。遺伝情報（遺伝子）を担う細胞核内のひも状の物体。高等植物では一本の染色体は長さ数ミクロン〜十数ミクロン。DNAとRNA、タンパク質からなる。染色体数は生物種によって固有である。例えば、エンドウ＝一四、イネ＝二四、ジャガイモ＝四八、サツマイモ＝九〇、ハツカネズミ＝四〇、ヒト＝四六など。

＊3　ゲノム。配偶子に含まれる染色体または遺伝子のすべてを総称する。木原均（一九三〇）は生物の生活機能の調和と基本をなす染色体一組をゲノムと定義した。ゲノム中の一本の染色体を欠いてもまたは増やしても、その生物の生存は不利となる。

5　二倍体野生植物

九州農業試験場、指宿試験地の宮崎司は一九五〇年代の研究を懐古して「野生種はどんな植物でどんな特性をもち、どのようにしてその有用遺伝子をサツマイモに取りいれるのか、……暗中模索の時代が続いた」としている。当時、農林省の育種関係者はサツマイモの改良に野生種をもちいる計画を立て、宮崎らは野生種の収集、選別につとめていた。そんなとき玉利幸次郎（鹿児島大学）からメキシコ、ア

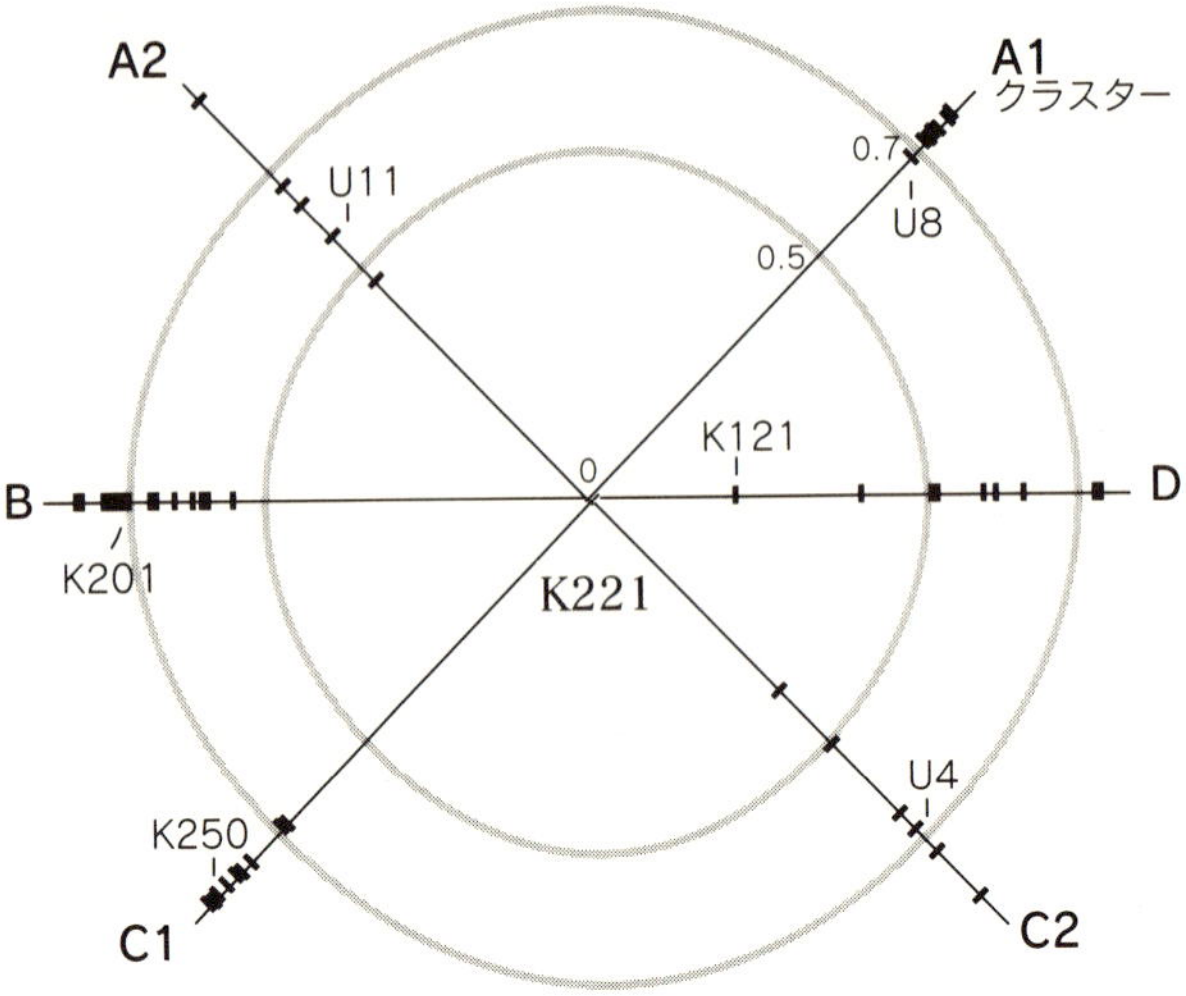

図5-1　バタタス群2倍体植物の計量分類　各地から集められたバタタス群2倍体植物51系統を41の計量形質や質的形質について調べた．その結果，系統は主に6クラスターに分類された．さらに各系統の主成分値を三次元空間の座標にとり，系統K221と他の系統間の類似度を二つの座標点間の距離で表した．系統K221にもっとも類似しているのはDクラスターの系統K121であった．

これら6クラスターに属する系統の主な産地と種名．A1：トリローバ（東南アジア，ハワイその他），A2：トリローバ（欧州，北米），B：トリローバ（メキシコ），C1：ラクノーサ（北米），C2：x リュカンサ（北米），D：コルダトトリローバ（北米，メキシコ）

カプルコ近郊で採集した一つの種子袋が届いた。この袋の種子から育った八つの二倍体植物に宮崎は注目した。二倍体とは染色体三〇本をもつ植物、ちなみにサツマイモは染色体九〇本なので六倍体である。

これら八個体は他殖性植物であった。それまで各地から届いた二倍体野生植物のすべては自殖性植物であった。他殖、自殖は次節で取り上げるが次代の子孫をつくる受精様式の違いである。これらはその後系統K221として、毎世代個体間の相互交雑をしながら維持されてきた。

サツマイモは六倍体他殖性植物である。倍数性は違うが同じ生殖方法をとるこの二倍体系統に宮崎

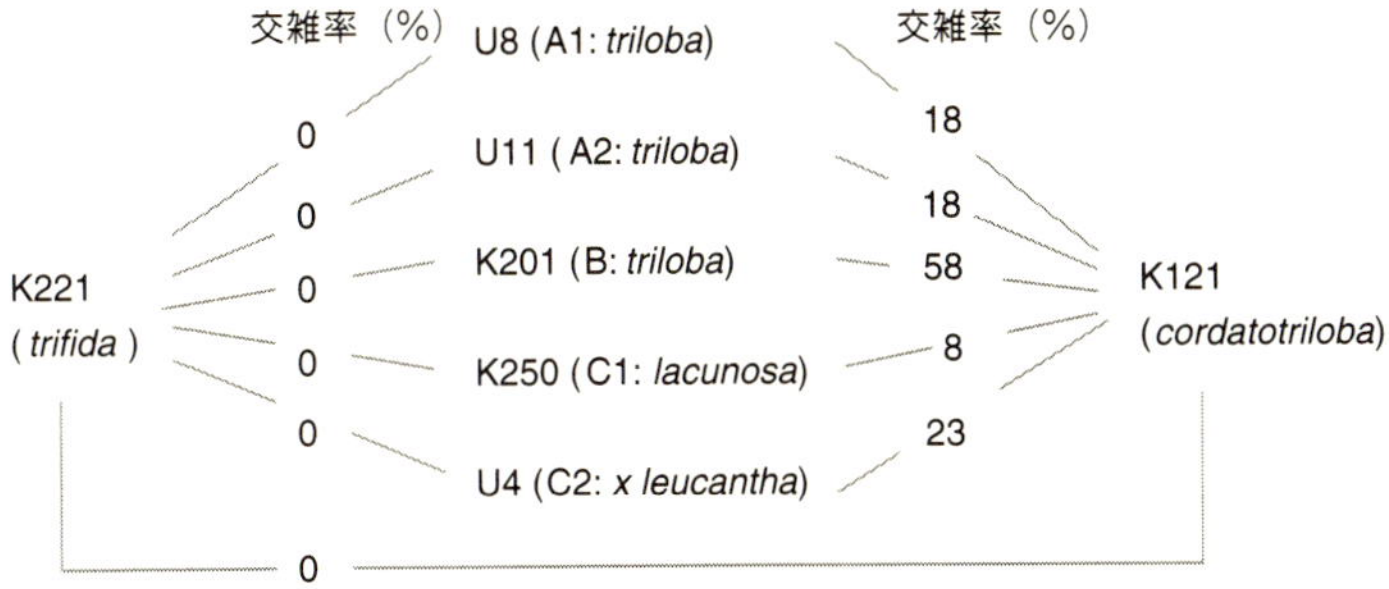

図5-2　系統K221は他系統とは雑種をつくらない　トリフィーダ（K221）と各クラスターの6系統とは交配しても雑種ができず，生殖隔離がみられた．コルダトトリローバ（K121）は5系統と交配すると8〜58%の交雑率で雑種ができ，生殖隔離はない．図中の交雑率は正逆交配の交雑率の平均である．

らはサツマイモとの見えない糸を感じたのであろう。系統K221の正体はなにか。

西山市三（京都大学）はサツマイモの起源についての研究のためみずからメキシコで多数の野生種を収集した。また野生種とサツマイモの遺伝的関係を研究していたアメリカのサツマイモ育種学者A・ジョーンズ（ジョージア大学、アメリカ農務省）からも豊富なコレクションが日本に提供されていた。系統K221はこうした野生植物とはどのような関係にあるのか。

これら収集品のなかには一見しただけでは、系統K221とよく類似した形態のものがたくさんあった。そうした系統とK221を含めた五一系統の葉、茎、花、根などの形態を調べ、当時の大型コンピューターで一連の多変量分析をした[1]。その結果、五一系統は主に六クラスターに分類された。系統K221をはじめ各系統を主成分値の三次元空間の座標点にとり、系統間の類似度を座標点間の距離として表した（図5-1）。この図ではK221（原点）からより近距離にある系統が形態的により類似していることを示している。系統K221にもっとも近距離にあるのはDクラスターに属するメキシコ産のK121であった。またこのクラスターにはK121以外ジョージア、ルイジアナ、テキサス州の系統が含まれ、すべてが自殖する植物である。系統K221の正体については交雑実験を待つことになった。

交雑実験の結果を図5-2に示す。系統K221はK121をはじめとするDクラスターのどの系統と交配しても雑種はまったくつくらなかった。さらに系統K221と他の各クラスターを代表する五つの系統との間も交雑率ゼロであった。

交雑率（%）とは交配花あたりの雑種種子数をいうが、これら植物の一花には四胚珠があるので、二五花（=一〇〇胚珠）当たりの雑種種子数に相当する。いっぽう、Dクラスター内の系統間（図5-2では省略）、またK121と他の五クラスターの代表系統との間ではすべての交配で雑種ができた。以上、系統K221は他のどの系統とも生殖的には隔離され孤立した存在であることが判明した。

交雑結果は九州農業試験場の研究結果とも一致した。系統K221と他の多くの二倍体系統とは、見かけはよく似ていても、互いに相交わることのない関係にあった。互いに「似て非なるもの」であった。こうして、ようやく宮崎司がこの系統に寄せる特別の関心を納得することができた。

当時、この野生植物の種名は未知であった。その後、オースチンの分類が一九七八年に報告され、また私たちの現地調査でメキシコからコロンビアの地域に系統K221と同様な植物がたくさん生育していることがわかり、ようやくこの植物を種名でもって呼ぶことができるようになった。系統K221はトリフィーダ、系統K121はコルダトトリローバと同定された。その他の系統の種名は図5-1、2に記した。

系統K221はその後サツマイモの基本的二倍体植物であることが明らかになるが、宮崎は一九六〇年代の初めすでにコンピューターに優る確かな目で多数の植物のなかから系統K221をとらえていた。

まとめ――たまたま日本の研究者の目を引いた他殖性二倍体 K221 の形態的分析や交雑実験をとおして、この系統が他種とは生殖隔離をもつ特異な存在であることが分かった。この系統はトリフィーダと同定された。トリフィーダは他の自殖性二倍体種とは、見かけはよく似ていても、互いに相交わることのない関係にある、「似て非なるもの」であった。いっぽう、自殖性二倍体種トリローバ、ラクノーサ、コルダトトリローバなどは自然界ではそれぞれ自家受精という閉鎖的な生殖様式で独立種をなしているものの、相互の種間交雑は可能でその隔離はさして強固ではないことも判明した。

6 自殖性植物、他殖性植物

植物界では自殖、他殖の生殖様式は花の構造や機能、個体の生活史、集団の遺伝的構造に深い関係をもつ。生殖様式が異なる二つの種トリローバとトリフィーダを対比させながら、それらの相違点を解説する。

トリローバ植物の花に訪れる昆虫はいない。開花しながら自律的に受粉、受精を完了する。ためしに柱頭に同じ花の花粉、あるいはその植物体上の他花の花粉をおくと花粉は問題なく発芽する。日の出の時刻に開花し午前一〇時頃には花はしぼんでしまう。このような植物を自殖するとか自家受粉する植物という。一般に花内の蜜腺は高濃度の糖類、いわゆる蜜を分泌し、昆虫を誘い込む。イポモエア植物ではこの蜜腺は子房基部をえり巻きのようにとりかこむ蜜盤となっている。しかし、トリローバの場合、蜜盤はほとんど無色、高さは子房の三分の一程度と貧弱である（図6-1）。

いっぽう、トリフィーダ植物の花にはイチモンジセセリ、ミツバチ、オオハナアブ、アシナガバチ、

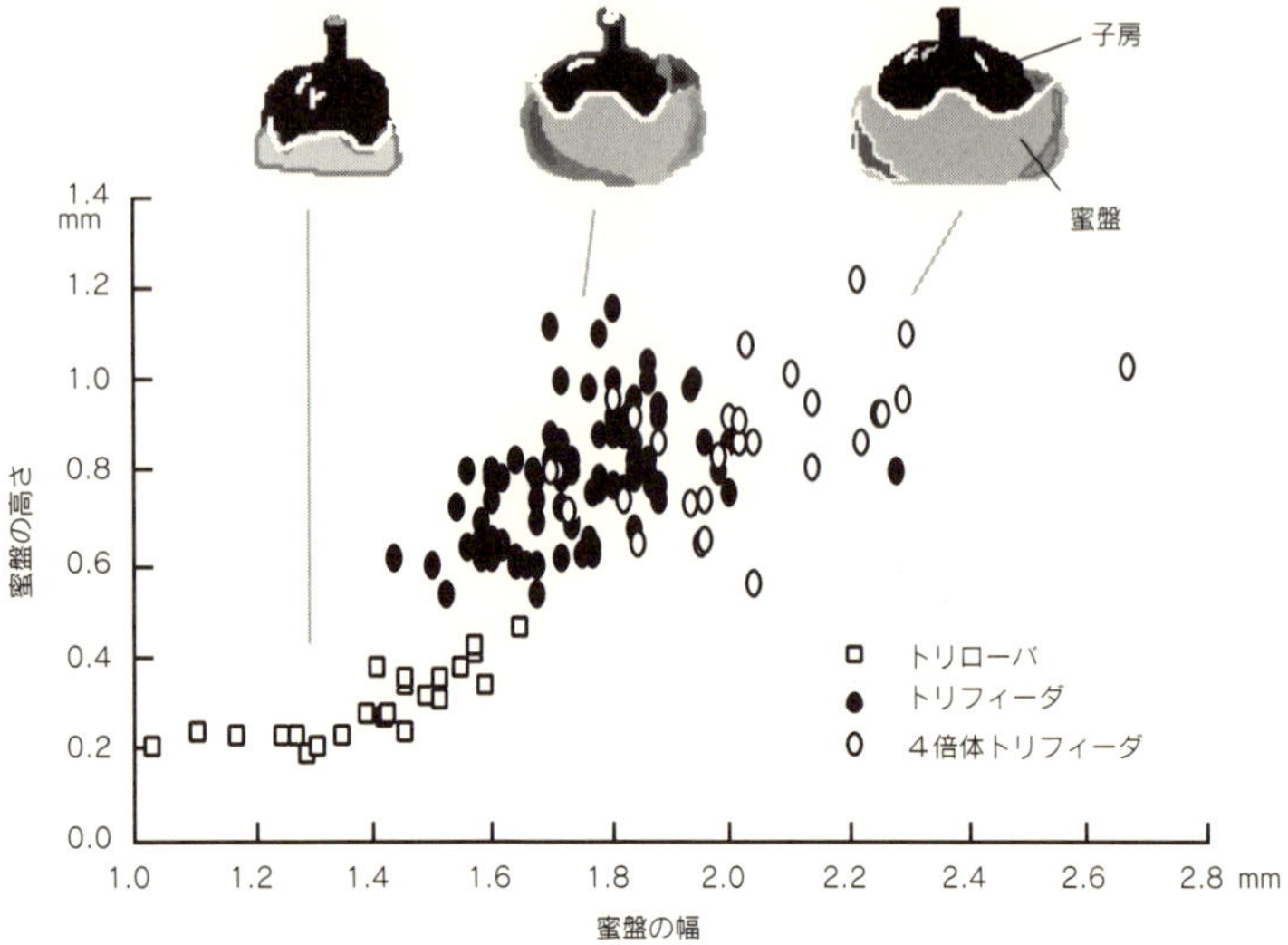

図6-1　トリローバ，トリフィーダと4倍体トリフィーダの蜜盤の比較　自殖性植物のトリローバの蜜盤は小形である．いっぽうトリフィーダは大形の蜜盤をもち，受粉を昆虫に頼る他殖性植物である．×10.

アリなどが盛んに出入りをする。すると、花冠の入口に伸びている、径一ミリの球が双球状をなす柱頭に花粉が付着する。もしトリローバのような方法で自己の花粉を受粉してやっても、花粉は柱頭上でまったく発芽しない。異なる個体からの花粉をもちいたときのみ花粉の発芽や結実がみられる。このような植物を他殖をする植物という。柱頭上で自己の花粉は発芽せず、結実がないこの現象を自家不和合という。開花はやはり日の出と同調しており、トリローバより遅くまで開花しているが、午後にはしぼむ。蜜盤は濃いオレンジ色で光沢があり、子房の三分の二をすっぽり包むほどに発達している(図6-1)。この器官の蜜の分泌量、蜜の成分など昆虫を誘引する物質には、もし調べれば、トリローバとの違いが歴然であろう。少なくとも小さな虫たちはそ

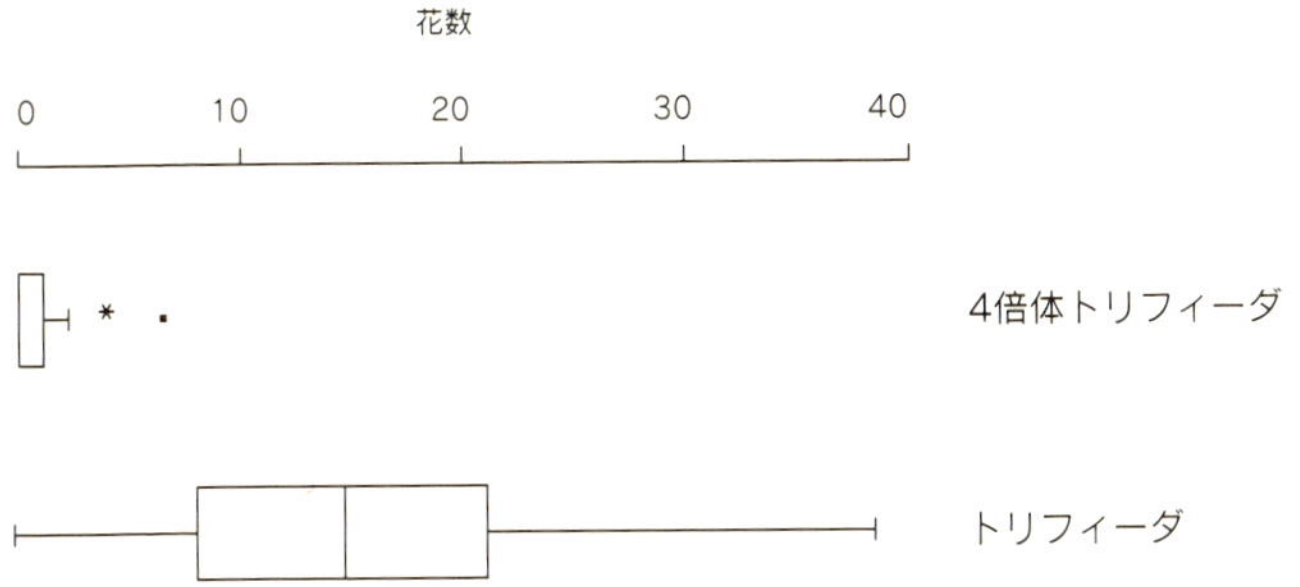

図6-2　トリフィーダと４倍体トリフィーダの１日当たり開花数／個体（鉢）
トリフィーダは１日当たり約10数花をつけたが，４倍体トリフィーダの多くの植物は花をつけないか，つけても１日当たり５花以下であった．

の違いをはっきり知ることができるはずである。

他殖性植物では突然変異により自殖変異体ができることがあるが、その逆、例えば、自殖性植物であるイネ、コムギ、トマトなどに他殖の変異体ができた事例はない。進化の道筋は他殖から自殖へ変化したといわれる。この変化についてはトリローバとトリフィーダの花粉に一つの証拠がある。両種とも頑健な、一〇分の一ミリほどの超ヘビー級の花粉粒をもち、昆虫の身に付着するための多数の突起をもつことに変わりない。自殖性植物トリローバがこのような花粉をなおもっているのは、この種の先祖が他殖する植物であったことを物語っている。

一年生、多年生という生活様式は一般に二つの生殖方法のいずれかと結びついている。多数の一年生植物は自殖性植物であり、多年生植物の多くは他殖性植物である。自殖性植物は媒介昆虫が少ないか不在というような地域でも種子繁殖に支障はないし、また乾燥や低温など不良環境による生育中断あるいは生育期間の極端な短縮があっても、子孫づくりは営まれる。一年生自殖性植物はこのため種子繁殖への戦略にたけている。トリローバ種はこのような植物である。

いっぽう、多年生他殖性植物は栄養繁殖と種子繁殖の二つを使い分ける。トリフィーダ種はこのような植物である。以上説明を簡単にしすぎたきらいはあるが大体の傾向である。実態はさらに複雑で、部分的に自殖と他殖をするもの、一年生で他殖する植物（ライムギ）、多年生で部分的自殖する植物（一部のいね科植物）などもある。

生殖様式、生活期間、繁殖方法にいろいろな組合せがあるのは、これら様式の遺伝的変異が互いに独立しているためであろう。さらに、それら組合せのなかで二つの組合せ（自殖・一年生・種子繁殖／他殖・多年生・栄養繁殖と種子繁殖）が優先していることは、その組合せがたまたまより有利な適応戦略をもつ結果とおもわれる。

自殖性植物は個体間の遺伝子交換が遮断された閉鎖系集団をつくる。いずれの個体も、幾代も種子繁殖を続けると、いつかは自己と同じ遺伝子型の子孫をつくりだすようになる。すると、仮に一個体から数千の子孫ができても、その子孫はみな親のコピーである。そのコピー子孫が環境変化に適応していけなければ、種の保存はおぼつかない。こうした低い適応力を補強するための戦略は大量の子孫の生産である。トリローバ種は毎年つくる大量の種子で全亜熱帯、熱帯に分布を広げた多型種（地方的変異がみられる種）である。

いっぽう、他殖集団は開放系集団である。異なる個体間の遺伝子交換で雑多な遺伝子型の子孫をつくりだしていく。遺伝子交換に際しては自己または自己と近似する個体同士のやりとりをたくみに回避する。この点については、後の第44節（二七九頁）「サツマイモの不和合性」でとりあげる。仮に二個体（両親）から数千の子孫ができても、その子孫は遺伝子型としては二つとして同じものはない。多年生植物では遺伝子交換は新旧の世代間でも自由である。旧世代の個体には時間のふるいにかけられた古強者のクローンもあろう。この集団は子孫の数的な優位性よりも、いろいろな可能性をもつ子孫をつくる戦略をもつ。トリフィーダ種はこのような多年生の集団である。主な生育地は環カリビアン地域に限られている。

最後に倍数体のことに触れる。野生植物トリフィーダの多くは二倍体（2n＝30）であるが、なかには染色体数をその二倍もつ四倍体（2n＝60）植物がある（図6-1と2）。四倍体の蜜盤は、概して二倍体のそれよりも大形で、濃いオレンジ色、子房の三分の二をつつんでいる。交配試験の結果、これら四倍体はすべて他殖性植物であった。図では四倍体が二倍体に比べて開花数がきわめて少ないことを示す。極端な比較をすれば、普通二倍体植物はシーズン中、個体あたり一〇〇〇花以上を咲かせるが、ある四倍体は開花ゼロであった。これら倍数体は二倍体より繁殖様式を地下の根や茎の栄養体に大きく頼り、もはや種子は補助的手段にすぎない。種子散布による新天地への進出はあまりできず、土着性の強い植物である。このように、トリフィーダ植物は他殖・多年生でさまざまな程度の栄養繁殖をする植物である。

まとめ――他殖か自殖かの生殖様式、一年生か多年生かの生活期間、種子繁殖か栄養繁殖かをトリローバ種とトリフィーダ種をあげて対比した。また自殖性植物と他殖性植物は遺伝子交換のしくみが異なり、それぞれ閉鎖系集団または開放系集団をつくりだすことを指摘した。さらにトリフィーダ種には他殖性四倍体集団があり、その繁殖方法は大きく栄養体依存へと傾くことを述べた。サツマイモはトリフィーダ型の蜜盤をもち、花粉を昆虫が媒介する他殖性植物であり、そしてよく知られているようにもっぱら栄養繁殖に依存するが、種子繁殖の機能をすべて失っているわけではない。

7　トリフィーダ種の分布

一九六〇年代のメキシコの分類学者松田英二の論文[1~3]やアルゼンチンの分類学者C・A・オードネルの論文[4]、その後一九八〇年代のアメリカのオースチンのバタタス群植物の分類学的論文[5・6]によって、ようやくトリフィーダ種の分布圏をくわしく描くことができるようになった。これら分類学者はイポモエア種を記述するに際して、各地の博物館に保存されている乾燥標本を検討して、標本リストを挙げている。そうした標本数を国別にまとめると、図7-1のようになる。

図にみるように、主な分布圏はメキシコ、グアテマラ、ニカラグア、パナマ、コロンビア、ベネズエラ、キューバとほぼカリブ海をとりまく地域である。この種の分布はすでに図4-2（二五頁）のとおりで、エクアドルとペルー（北部）とパラグアイ（中部）も加えられている。前二者は後述するような近年の遺伝資源導入の記録によって、後者は分類学者H・ハリヤーの『地方フロラ誌』（一八九九年）による。

分類学は長い年月を歩んできた。この野生植物の最初の記録は一八一九年にさかのぼる。フンボルト海流の名でも知られた近代地理学の父、A・フォン・フンボルト一行がこの植物をたまたまベネズエラのオリノコ河岸で採取し、*Convolvulus trifida* の名で公表した。以後この植物名は分類学の専門家には知られるようになった。しかし、この植物をサツマイモとの関連で注目したのは、日本の育種研究者であり、それも最初の記録から約一世紀半がたった一九六〇年代のことである。

サツマイモと同様な生殖様式もつ系統K221の発見前後、九州農業試験場の育種関係者はこの系統以

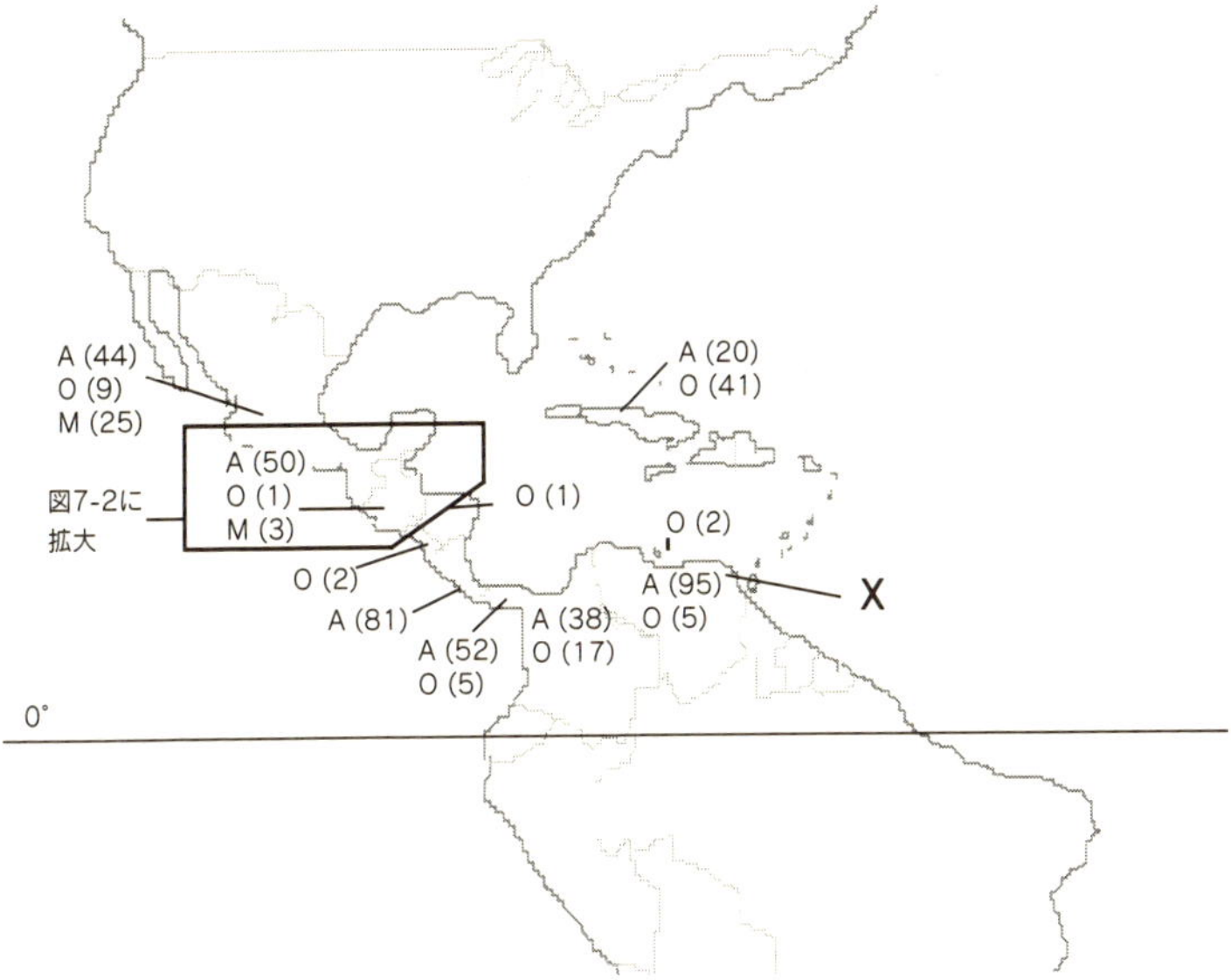

図7-1　博物館保存の標本から推定されたトリフィーダ種の分布　メキシコの松田英二（M），アルゼンチンのC.A. オードネル（O），アメリカのD.F. オースチン（A）はこの種を分類学的に記載するために，各地の博物館所蔵の標本を調べた．括弧内の数値はそれぞれの報告にでている国別の調査標本数を示す．この種はメキシコ，中米諸国，コロンビア，ベネズエラ，カリブ海諸島など主に環カリビアン地域に分布すると推定される．フンボルトらは1819年オリノコ河岸（X印）で採取したこの植物を *Convolvulus trifida* の名で公表した．

外にもたくさんの貴重な遺伝資源をメキシコから入手していた。系統K222（三倍体、アカプルコ、一九六〇年　玉利幸次郎・小林正芳採集）、系統K233（四倍体、ベラクルス、一九五九年　村松幹夫）、K123（六倍体、フォーチン、一九五五年　西山市三）、K177（六倍体、ハラッパ、一九五九年　村松幹夫）などである。いずれもサツマイモの遺伝構造の解明や遺伝的改良に欠かせない植物になっていた。とくに系統K123についてはこれを遺伝子供給源とするサツマイモ育種が一九五七年九州農業試験場で開始された。しかし、その頃の私たちは自生状態を

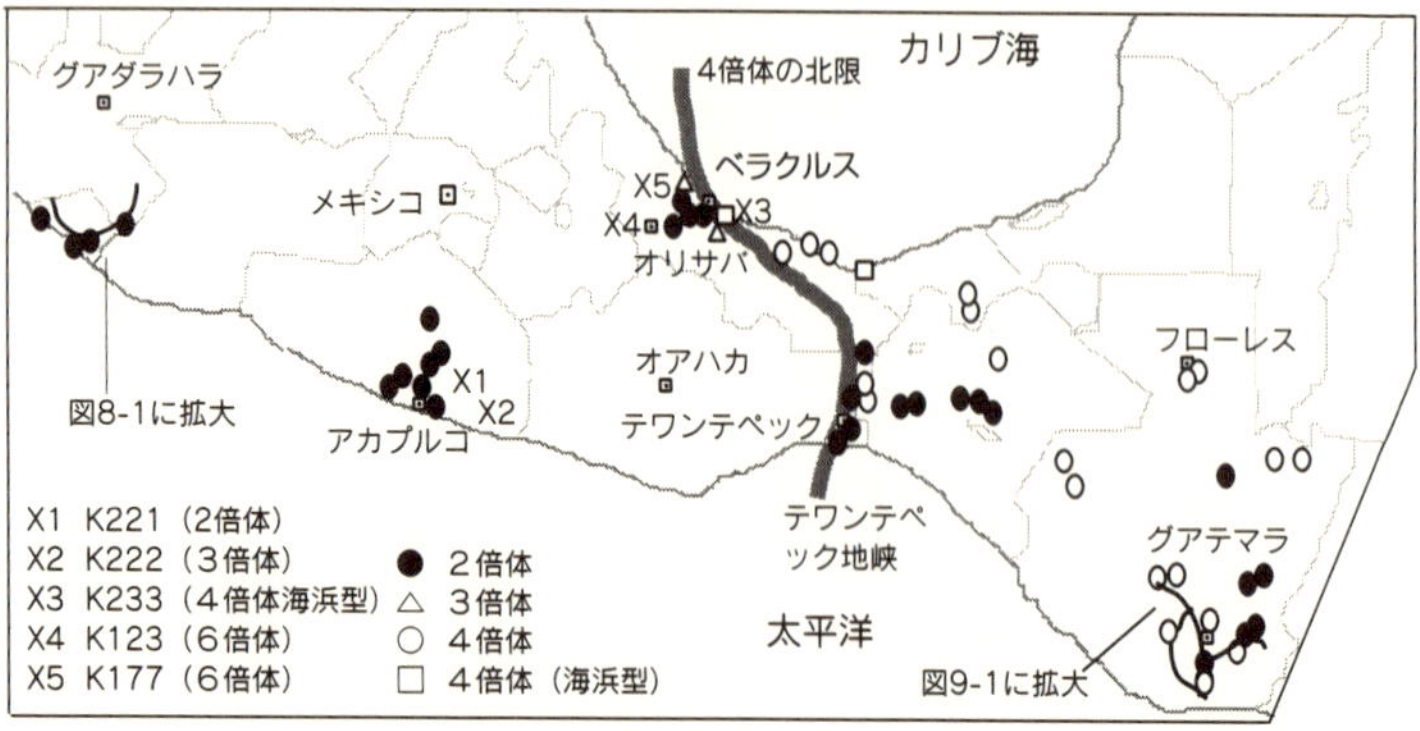

図7-2 メキシコ，グアテマラ地域のトリフィーダの生育地 第1回（1972-73年），第2回（1981-82年）遺伝資源探索調査ではこの地域にトリフィーダが広く分布していること，さらにこの植物には3倍体，4倍体，6倍体植物があり，4倍体の生育地の北限はテワンテペック地峡付近にあることが明らかになった．図中のX印は系統K221，K123などの採集地点，これらは1972年以前に日本に入り，サツマイモの起源に関する研究やサツマイモの遺伝的改良に不可欠な遺伝資源となっていた．

知らず、いずれも未知の世界からの、幸運な贈り物として受け止めるしかすべがなかった。そして現地の自然界にはもっと多くのサツマイモ近縁植物があるのかも知れない、と想像をふくらませていた。

一九七二～七三年、一九八一～八二年ともに一一月から翌一月まで、二回の中南米栽培植物の京都大学海外学術調査が行われ、ついに系統K221などかつての贈り物が育つ現地に立つことができた。第一回目はサツマイモ近縁の野生種を広く収集することに主眼をおき、第二回目は調査地を限定し、生育地の自然環境を調べることに力点をおいた。メキシコ、グアテマラ地域での調査では、調査地点は約二五〇、サツマイモ関連植物の標本、種子ロットやクローンなどは約一五〇〇点を採取した。とくにトリフィーダ植物二九六個体の倍数性を調べ、二二五個体が二倍体、一二個体が三倍体、五九個体が四倍体であった。

これらの結果からトリフィーダの主な生育地とこの種の四倍体の分布をまとめたのが図7-2である。

これら調査の成果は、(1) サツマイモと遺伝的関連が深いと推測される植物は、一二〇種以上もあるメキシコ産イポモエア種のなかで、トリフィーダ種に限定できる、(2) トリフィーダ系統K221に類似した植物のなかには四倍体があり、その四倍体の分布の北限地を推定できた、ことであった。この北限地は、ベラクルス中南部の海浜生態型の四倍体を含めて、メキシコ南部のテワンテペック地峡からベラクルス州のメキシコ湾岸である（図7-2）。この倍数体分布に北限があることは、サツマイモなど倍数体の起源に関連して第16節（八八頁）で再び述べる。

いっぽう、サツマイモ近縁野生植物の研究になみなみならぬ情熱を持つ同僚がいた。小林仁（元農業研究センター長）で、A・ジョーンズ（ジョージア大学）とのサツマイモ起源の共同研究を終えて帰国した後、九州農業試験場で育種にあたった。小林は一九七六、一九七九、また一九八〇年中南米でトリフィーダのフィールドワークを行っている。(7) これら三回の調査結果は次のように要約できよう。(1) トリフィーダの生育地がコスタリカ、パナマ、コロンビア、ベネズエラ、エクアドルで確認され、(2) その四倍体はコロンビアの海浜地サンタマルタからアンデス高地カリ周辺（標高一七〇〇メートル）に点在する。この調査から推定されるトリフィーダ種四倍体の分布の南限はコロンビア高地である。小林が一九七六年コロンビアのカリ近郊で採取した四倍体は系統K500としてその後の育種素材となった。最近CIP（国際バレイショセンター）からはペルー北部でトリフィーダのような植物を得たという報告を聞くが、その倍数性、生殖様式、交雑親和性などは未知である。以上、一九五〇年代から三〇年、未知の世界へ踏み入った幾多の人々の足跡から、現存するトリフィーダ種が主に環カリビアン地域に分布すると確認されるにいたった。

まとめ――トリフィーダ種の分布をまず分類学的記録に基づいて描いた。分布圏は環カリビアン地域、とくにメキシコ、中米、コロンビア、ベネズエラ、キューバに集中している。過去二回のメキシコ、グアテマラ地域での遺伝資源の海外学術調査では、それまで未知の世界からの貴重な贈り物であった植物の生育現場に立つことができた。その成果はサツマイモと遺伝的関連の深い植物がトリフィーダ種とその倍数体にしぼり込まれたことであった。同年代、小林仁はトリフィーダの生育地をコスタリカ、パナマ、コロンビア、ベネズエラ、エクアドルで確認している。

8 人間との合唱

人間の生活がまわりの空間にもろもろの変化を与え、そこに動物や植物がおしよせ、集まり、住みついて、いつしか人間との合唱を始める、飯沼二郎は家畜や作物の起源についてこのような情景を記述している(1)。グアテマラ探索行中、あるできごとに遭遇して、この記述を思い起こした。

グアテマラ北部のペテン地方、雨の熱帯雨林の中をまる三日走り、森林の中に隔絶されているような小さな村、古代マヤの古都フローレスに到着した。この間、目的のトリフィーダ植物に出会うことはなかった。フローレスをサツマイモ発祥地とする説があり、一度はここを訪れてみる必要があった。

雨あがりの暑い村でわれわれを迎えたのは、コチョ・デ・モンテ (cocho de monte　山豚) といういのししであった。小犬ほどのこの動物は村人の足下をうろつく。ある時私が集めた一抱えの植物めがけて二頭が寄ってきた。私は威嚇した。そのときである。激しい怒りで二頭は私への反撃態勢をとった。それはまさしく野生動物であった。

野生植物トリフィーダ群落はこの三日間熱帯雨林の山道では見つからなかった。しかし、村の近くのやぶや草むらに満開であった。野生の動物や植物の中には、人里に忍び寄り、あるいは住み着くものがある、という印象を強く受けた。このような体験はあったものの、サツマイモのフローレス起源説についてはとくにそれを支持するような証拠はなかった。

一九八一～八二年の第二回目の探索では、この人間と野生植物との出会いについて、ある実態調査を

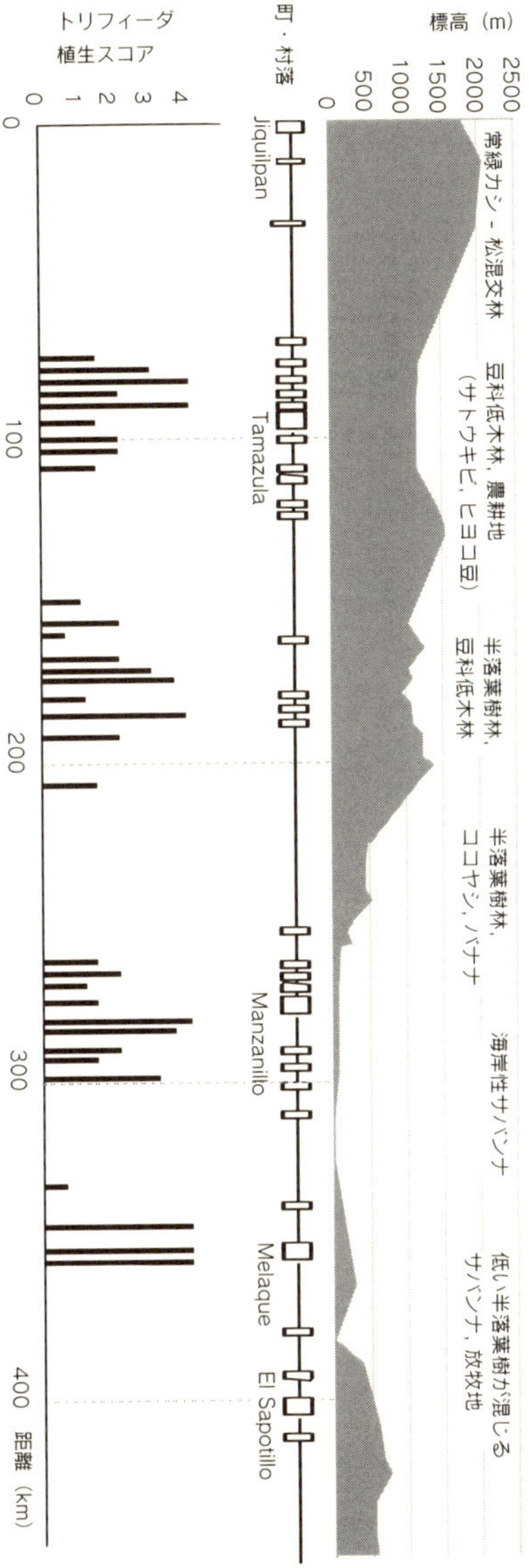

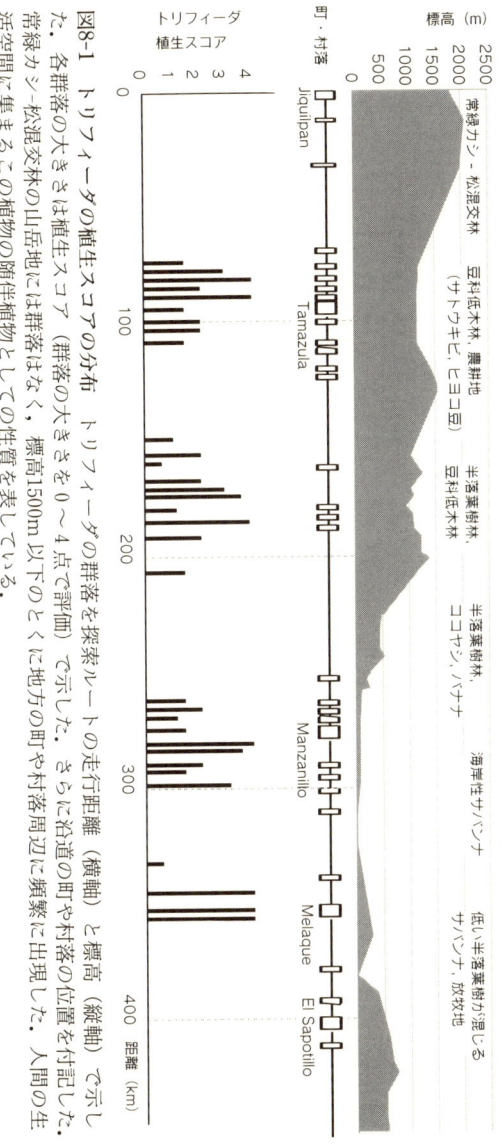

図8-1　トリフィーダの植生スコアの分布　トリフィーダの群落を探索ルートの走行距離（横軸）と標高（縦軸）で示した。各群落の大きさは植生スコア（群落の大きさを0～4点で評価）で示した。さらに沿道の町や村落の位置を付記した。常緑カシ-松混交林の山岳地には群落はなく，標高1500m以下のとくに地方の町や村落周辺に頻繁に出現した。人間の生活空間に集まるこの植物の随伴植物としての性質を表している。

試みた。(2) メキシコ中西部で道路沿いに数キロから数十キロの間隔で出現する地方都市や村落の位置、走行距離二キロごとの標高とその地点で視界に入るトリフィーダ群落の大きさ（植生スコア）を五段階評価で記録した（図8-1）。

トリフィーダの丸く白い花冠は遠くからでもよく目立つ。常緑樫《かし》と松の混交林はメキシコ高地、約二〇〇〇メートルに特有の樹林である。この高さにはトリフィーダはない。標高一五〇〇メートル以下海抜ゼロメートルまで、トリフィーダの花は沿道に突然出現する。とそれはまもなく村落があることの知らせでもある。やがて、前方に教会の屋根がみえる。人家や耕地そして往来する人をみかけると、低木や草むらに咲くこの白い花にも出会う。この花は人々の暮らしのなかで咲いているという印象を受けた。この図ではトリフィーダの野生群落は道路沿いに数十キロ間隔に離れている三〜四集団になるようである。

この植物はつる草、したがって乾いたつる先の果実は畑の収穫物、たきぎや飼料などに付着して知らず知らずのうちに移動するのであろう。移動の機会はまた村落間の距離にも関係するとおもわれる。トリフィーダ集団間にはそのような種子の移動は部分的にはあるが、全体としてはある程度独立した集団ができあがっているのであろう。図8-1は一本の道沿いの事例だが、谷間、山腹あるいは僻地など地図上にみる無数の村落を考えると、おびただしい数の独立したトリフィーダ集団がこの地域全体に点々と島状のパターンをなしているようにおもわれる。野生植物の変異を研究するにはこのような分布パターンをあらかじめよく調査することが必要であろう。

まとめ——飯沼二郎は人と野生動物また人と野生植物の接点に自然発生的にできる共同体を「人間と

合唱する」コミュニティと呼んでいる。そして野生動物のほうから人間に接近してきたのが家畜や家禽であり、野生植物のほうから押し寄せてきたのが穀物、野菜、果樹になったという。トリフィーダ植物も、遠い過去から今日まで、このような合唱に参加してきた野生植物であろう。

9 「コーヒーだおし」

グアテマラの五つのトリフィーダ生育地を取り上げる（図9-1）。生育地A、Bは四倍体トリフィーダであり、生育地Cは二倍体と四倍体がすみわけ、残り二つのD、Eは二倍体の生育地である。野生植物と人間との合唱の調べはつねに調和が保たれているとは限らない。ときには不協和音を発することがある。

生育地A　古都アンティグアは火山ボルカン・デ・アグア（標高三七五〇メートル）の北麓にあたる。せまい谷間にはかやぶきのインディオの家々が並ぶ。暗黒色の火山灰土壌の斜面に広がる疎林ではコーヒープランテイションをしている。コーヒーは本来肥沃な土壌を好む。四倍体トリフィーダはこのコーヒー樹園内、近くの耕地の石垣、民家の生け垣、路上にまでつるを伸ばす。開花・結実中。村人はこのトリフィーダ植物を「キエブラカフェート」（quiebra＝やっかいもの、cafeto＝コーヒーの木）というが、意訳して「コーヒーだおし」である。コーヒーの樹冠につるを広げる。深い根のため根絶やしはとてもむずかしいやっかいものである（Antigua　標高一五〇〇メートル、一九八一年一二月二〇日）。

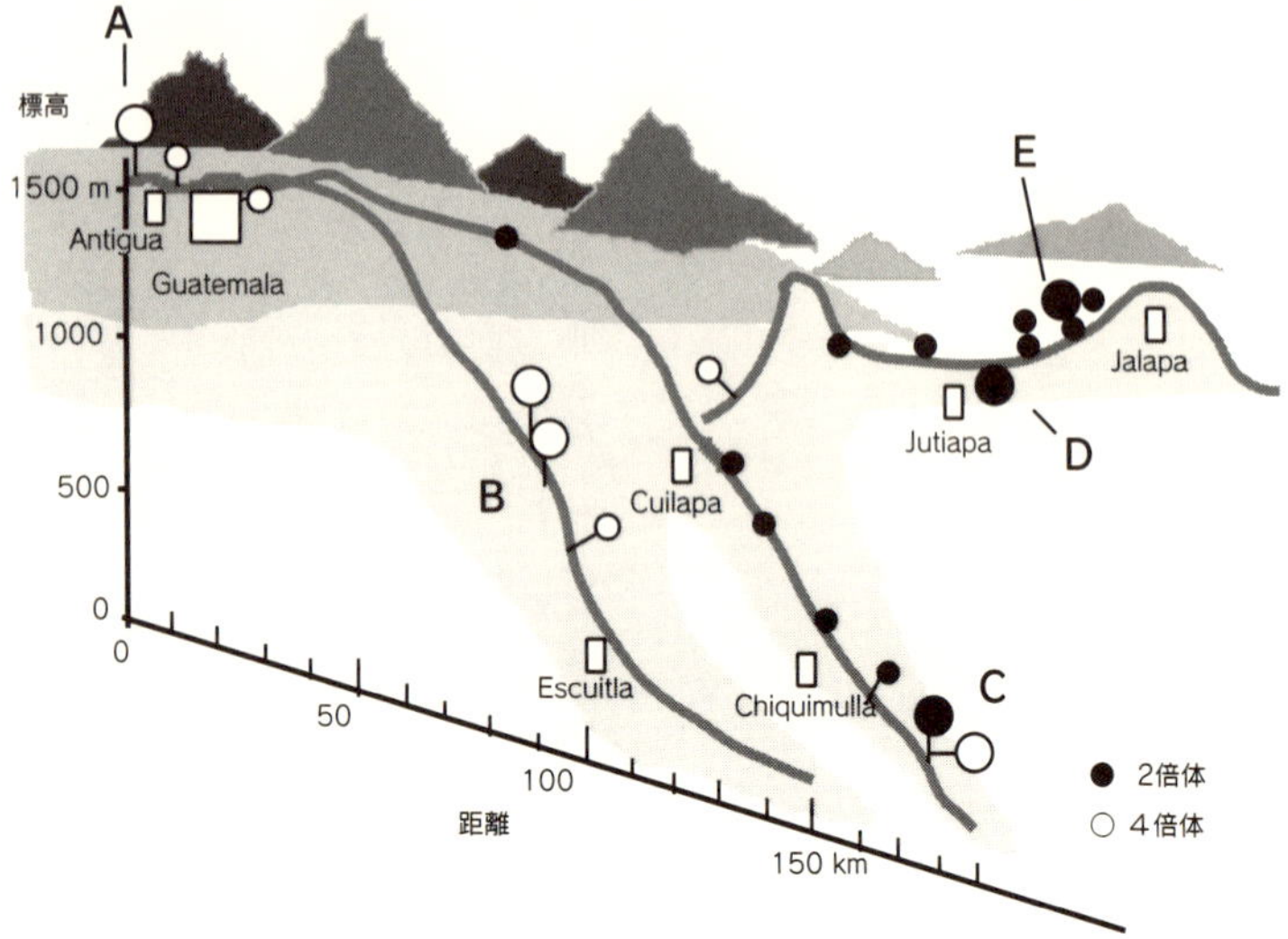

図9-1　グアテマラのトリフィーダ生育地　グアテマラ高地は3,700〜3,900m級の火山が連なる．２倍体，４倍体トリフィーダの五つの生育地（大きな丸印），グアテマラ高地（A），太平洋側斜面の峡谷（B），乾燥した低地（C），乾燥した高原（DとE）．２倍体は乾燥する低地や高原，４倍体は土壌水分が保たれる肥沃な土地に生育する．

生育地B　グアテマラ市から南下したこのあたりはミチャトヤ河が刻んだ深い渓谷、火山ボルカン・デ・アグアの南麓にあたる。常緑樹林縁のロードサイド、肥沃な堆積土壌の平地にトリフィーダ（たぶん倍数体）が緑のカーペットを敷き詰めている。対岸はコーヒープランテイションの斜面。開花・結実なし。高温多湿の林縁では、種子繁殖がなくても、旺盛に伸びる茎、茎からの発根、節々からの再生など無性繁殖の威力を発揮する（Escuitla 付近。標高八五〇メートル、一九八一年一二月二一日）。

生育地C　「雨季にも雨が少なく、土地は痩せている」、と村人はつぶやく。このような痩地は主食のトウモロコシには不向きで、その代替えとして近年飼料穀物のグレインソルガムが増加してきた。広い畑のソルガムはまるでトリフィーダの衣をまとって立っている。まさしくこれは耕地雑草、「キエブラソルガム」とでもいうべきか、コーヒーのような永年生作物には四倍体トリフィーダが、一年生作物ソルガムには二倍体がまといつく。開花・結実中。近くの民家と道路の間のくぼみには四倍体トリフィーダの小さな群落がある。こちらは開花・結実なし（Chiquimulla 付近　標高二七〇メートル、一九八一年一二月二一日）。

生育地D　乾燥地帯。木立のなかに民家、家々の間には石垣で囲んだ小さな耕地がある。耕地は収穫したあとのトウモロコシ畑。トウモロコシの収穫は普通まず乾いた子実をもぎとり、次いで飼料として乾いた植物体を引き抜く。この畑に残るのはトウモロコシ随伴雑草であったテオシント（トウモロコシの祖先植物）とトリフィーダのみ。ともに乾いた果実をつけたまま干し草となっている。耕地の中には普通は一年生植物のみが生育できる。トリフィーダのこの様子からみれば、「条件によっては一年生となりうる多年生植物」ともいえる。あるいはここでは多年生から一年生へと生活スタイルの分化を成し遂げているのかもしれない（Jutiapa　標高一〇一〇メートル、一九八一年一二月二二日）。

生育地E　高原の村ハラッパ（標高一四〇〇メートル）に向かう、乾燥した尾根筋ルート。植生は標高とともに豆科低木林―半落葉樹林―松・樫《かし》林へと変わる。高原はやや平坦で、乾いた放牧地が続く。トリフィーダは村落周辺や小川の岸辺、道路端にみられるが、すべて二倍体。開花・結実中。（Jalapa.　標高一三二〇～一四〇〇メートル、一九八一年一二月二三日）。

人とこの植物との合唱は今日でもかすかに聞こえてくる。ときにはのどかな響きで、ときに悲鳴に似て。ある農夫から聞いたトリフィーダの名はカモティーリャ（camotilla, camote＝サツマイモ、-lla＝「小さい」を表す接尾辞）、この呼び名「小さいサツマイモ」は花や葉は小さいがサツマイモに似ていることからきているのか。可愛らしい名である。またある老婆は、カモティーリャは「葉も茎も根も、これはみんな食べられる」という。でも、いったんこの植物を排除するとなると、やっかいで手強い相手。キエブラカフェートは悲鳴にも聞こえる。

まとめ――グアテマラのトリフィーダ植物の生育地を概観し、二倍体と四倍体の生態の違いを述べた。二倍体はその高い種子生産能力により、乾燥した荒野や耕地にも進出できるパイオニア的な植物である。いっぽう、四倍体はその無性繁殖の能力を生かし、より安定した土壌環境、肥沃で適度な水分をもつ土壌、この地域では火山灰土壌に定着する。四倍体のこうした保守的な性質は栽培植物サツマイモにも受け継がれているようである。

10 相交わらない川

サツマイモという遺伝子の川の源流をたどるには、サツマイモと相交わる、交雑する川を探さねばならない。栽培種はその源流を一本または数本の川に発しているのであろう。栽培種は野生種と見かけがいかに違っていても、それは人間がつくりだしてきた仮の姿にすぎない。栽培種と祖先野生種の二つの川にはいまも同じ水が流れているはずである。同じ水の流れならば交雑が可能であろう。ここはサツマ

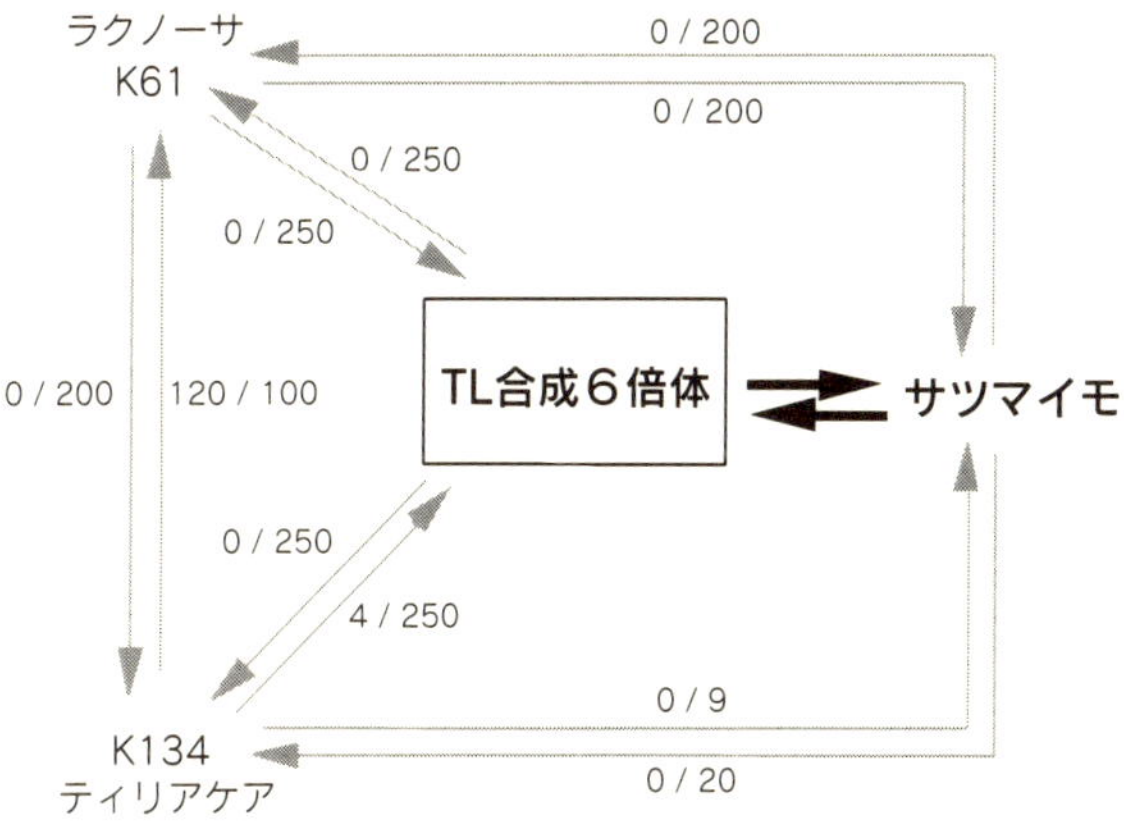

図10-1　TL合成6倍体を含む交配試験　系統K61やK134はサツマイモと交雑しない．これら二つの系統をもちいてTL合成6倍体をつくりサツマイモと交配した．矢印は交配の方向を示し，A→Bは，Bが柱頭親でAは花粉親．線上の数字は雑種種子数/交配花数．

イモとは相交わらなかったある川の話である。
一九六〇年代、九州農業試験場の四方俊一、宮崎司、京都大学の西山市三、寺村貞らはサツマイモと交雑できる野生植物を探していた。当時日本には一九五五年以後メキシコその他の地域から百数十の野生植物が集められていた。そのなかで、K61（ラクノーサ、二倍体、北米東南部より一九五六年導入）とK134（ティリアケア、四倍体、メキシコより一九五六年導入）をもちいて、サツマイモと同じ六倍体レベルの植物をつくった。系統K61とK134それぞれはサツマイモとの交配では雑種をつくらない。倍数体レベルをサツマイモと同じにすれば、活路が開けるかもしれないと考えた。この関係を一連の交配試験の結果①とともに、図10－1に示した。とくにティリアケア種（K134）はすでに記したように、数人の分類学者からは形態的にサツマイモの祖先種とされており、またサツマイモと同様に他殖性植物である。

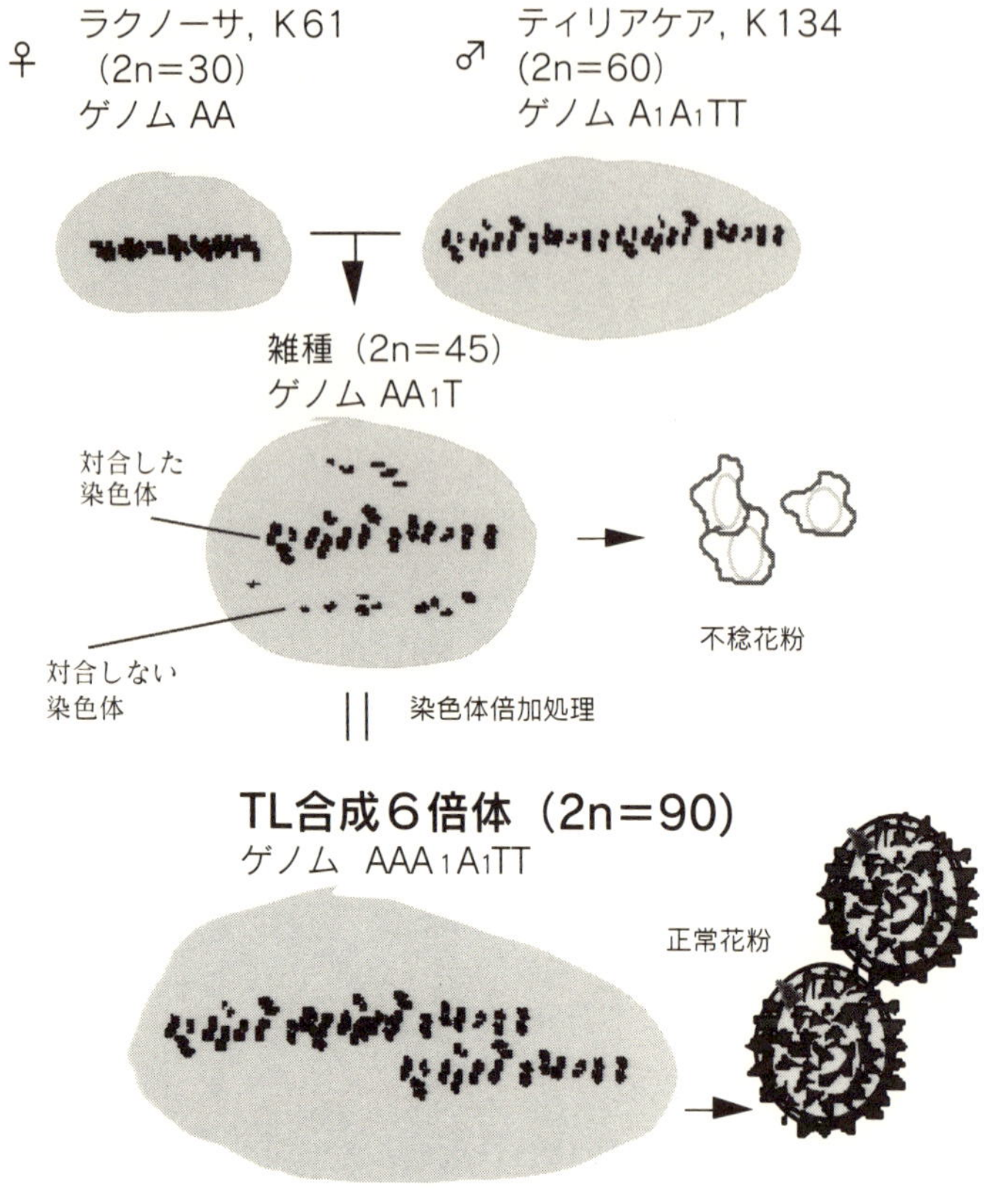

図10-2　TL 合成 6 倍体の正常な減数分裂と健全な花粉　TL 合成 6 倍体は相同染色体が対合した正常な成熟分裂をして花粉は正常であった．系統 K61は自殖植物，K134は他殖植物，TL 合成 6 倍体は自殖植物で，高い稔実性をもっていた．この TL 合成 6 倍体とサツマイモ間の交配がなされた．

系統K61を柱頭《ちゅうとう》親（母親）、K134を花粉親（父親）にしたときのみ雑種ができている。この雑種は三倍体で不稔なので、染色体を倍加した六倍体をつくった。これをTL合成六倍体とよぶ。図10-2では、両親、雑種とTL合成六倍体の減数分裂時の染色体行動とゲノム分析（＊1）結果を模式的に示した。これらの染色体行動から次のような結論が得られる。ラクノーサ（K61）のゲノムをAAで表すと、ティリアケア種（K134）はゲノムAとは相同性は高いがまったく同質ではないゲノムA_1と非相同ゲノム（＊3）Tをもつ異質四倍体（＊2）（A_1A_1TT）と考える(2)。そして、この植物は少数の一価染色体が出現するが全体として染色体は正常な対合を示すので、TL合成六倍体は十分な稔性をもつと期待される。

実際、TL合成六倍体は自家受粉により、結実率（＝交雑率）は三四・一％と高く、また合成六倍体間の交雑率でも平均四六・八％と高い交雑率を示し、染色体行動から予想されたように高い稔性をもっていた。

しかしながら、TL合成六倍体とサツマイモとの交配結果は、この六倍体を柱頭親、花粉親にもちいたきわめて多数の交配にかかわらず交雑率ゼロ、雑種はまったく得られなかった。野生種の二つの川を合流させた人工の流れ（TL合成六倍体）をもちいても、サツマイモの川と野生種の川は相交わることはなかった。この一連の実験結果はまたサツマイモ起源のティリアケア関与説は支持できないことを示している。

いろいろな種は生殖隔離によってその独自性が保存される。たまたま二つの種ラクノーサとティリアケア間にはその隔離が不完全であったことが、合成六倍体をつくることに幸いした。この六倍体は染色体行動からもまた両親との交雑関係からも異質倍数体の性質をもつ。多くの異質倍数体（ゲノム構成が異質ゲノムからなる倍数体、例えば、コムギ、ナタネ、タバコ、ワタなど）はその二倍体親との戻し交雑は普通困難とされているが、同様なことがこの事例でもみられた。この異質倍数体は両親種からも隔離された孤独な産物である。ラクノーサ、ティリアケアそれぞれとサツマイモとの隔絶は、このように合成倍数体をもってしても解消することはなかった。

種間の生殖隔離の機構は多様で複雑である。合成六倍体（♀）×サツマイモ（♂）、あるいはサツマイモ（♀）×合成六倍体（♂）の交配では、雌親の柱頭上での花粉は問題なく発芽しており、柱頭―花粉間の最初の拒絶反応はみられない。しかし結実はない。拒絶反応は花粉発芽から結実までのどこかの段階で起きているはず。それらは、(1) 柱頭や花柱内での花粉管の伸長、(2) 子房への花粉管侵入、(3) 受精、また (4) 受精後の胚発育などの段階である。これら段階の一つに拒否反応が起これば交雑は成功しない。異なる種の生殖質侵入に対し、幾重にもはりめぐらされた精巧な防御壁である。すでに種を遺伝子の川に比喩したときの堰とはこの幾重にもめぐらされた防御壁のことである。これらいくつかの防御壁に関する遺伝的研究はかならずしも多いとはいえないが、トマトやバレイショ関連種の研究があり、そこではさまざまな程度の隔離を示す変異体をもちいて隔離機構の解明が試みられている。それによると、防御機構の作動には上記の各段階に固有ないくつかの優性遺伝子またその発現を調整する微動遺伝子の関与があるとされている。

まとめ――二倍体野生種ラクノーサ、四倍体野生種ティリアケアはそれぞれサツマイモとは直接には交雑しない。これら二つの野生種それぞれはサツマイモと相交わることのない川である。そこでラクノーサとティリアケアを合成して六倍体（TL合成六倍体）をつくった。しかし、この合成六倍体も同じ六倍体であるサツマイモとは雑種をつくらなかった。野生種ティリアケアのサツマイモ起源説はその根拠を失った。生殖隔離は一般に受粉から生存可能な種子ができるまでの多くの段階にみられる異種生殖質侵入に対する遺伝的防御機構による。

＊1　ゲノム分析。植物のゲノム構成を明らかにすること。木原均はコムギの近縁二倍体種のゲノム構成AA、BB、DDを同定、マカロニコムギがAABB、パンコムギがAABBDDであることを明らかにした。

＊2　異質四倍体。複数の非相同ゲノム（染色体組）をもつ倍数体。例、マカロニコムギ（前出）、ナタネ（四倍体）、タバコ（四倍体）、ワタ（四倍体）など、これら植物のゲノム構成はよく研究されている。

＊3　非相同ゲノム。第一代雑種の減数分裂で両親からの染色体が対合せず、受精能を欠く異常配偶子しかつくられないときは両親は互いに非相同なゲノムまたは異質ゲノムをもつという。いっぽう、両親からの染色体が正常に染色体対合して、遺伝子組換えがあり、正常な配偶子がつくられるとき、両親は互いに相同ゲノムまたは同質ゲノムをもつという。相同ゲノムのみが重複した倍数体は同質倍数体という。例、バレイショ（四倍体）、アルファルファ（四倍体）、オーチャードグラス（四倍体）など。また自然二倍体の染色体倍加で人工的につくられた四倍体はすべて同質倍数体である。

第三章

太る根、太らない根

11　二倍体トリフィーダの結藷性

トリフィーダ二倍体植物を畑で栽培しても普通はいもをつけない。ときに繊維質のやや太いいわゆる「地しばり」根はあるが、ほとんどの根は細い。こうした植物を非結藷型とする。まれにいも状の貯蔵根をつけるが、これらを結藷《けっしょ》型と呼ぶ（図11‐1）。その貯蔵根の太さはせいぜい径二センチ、長さ三〇〜四〇センチである。貯蔵根は一般の根とは維管束の配列が異なり、それは根の断面で観察できる。普通、根には中心に一本の維管束（木部と篩部からなる組織）しかないが、貯蔵根では維管束内部に分裂組織が分化するため、維管束は柔組織のなかに点状に分散する。この分散配置はサツマイモの塊根にもみられる。貯蔵根の本数、肥大の程度、地下部全体に占める貯蔵根の重さの割合は個体によって大きな差があるが、ここでは貯蔵根が一本でもあれば結藷型とする。

　貯蔵根をもつことは遺伝的な性質か、を確かめるために、結藷型の二つの系統2288‐4と2288‐6（それぞれ4、6と略称）、非結藷型の系統2288‐2（2と略称）を交雑して、F_1世代植物の根系を調べた[1]。この結果を表11‐1に示す。交雑2×6およびこの逆交雑のF_1植物には非結藷型と結藷型があり、その分離

表11-1　トリフィーダ2倍体系統の結藷性の遺伝　2288-2（2と省略）は非結藷型，系統2288-4と2288-6（それぞれ4と6）は結藷型である．これら3系統間の交雑をして，F_1世代の個体の根系を調べた．交雑2×4とその逆交雑，交雑2×6とその逆交雑のF_1個体は非結藷型と結藷型に分離した．

交雑	F_1世代個体数	非結藷型	結藷型	メンデル比	χ^2値（確率）
2×4	114	68	46	1：1	4,245（0.039）*1
4×2	93	44	49	1：1	0.269（0.604）
2×6	110	56	54	1：1	0.036（0.849）
6×2	94	50	44	1：1	0.383（0.536）
4×6	68	(8)*2	60	0：1	
6×4	42	(1)*2	41	0：1	

*1　メンデル比1：1には適合しない．
*2　これら非結藷型個体は根重150g/株以下で，地下部の生育が悪いので，除外して考察．

比はメンデル比一対一に適合した。交雑4×2からのF_1植物の表現型(*1)も同様に分離比一対一に適合したが、交雑2×4の場合は理論比一対一とは言えず、非結藷型がより多く出現した。交雑4×6また6×4では大部分のF_1植物は結藷型であるが、いずれの場合も少数の非結藷型個体がでた。これら非結藷型個体の根重は一五〇グラム／株以下で根系の発育が悪く、本来の特徴を発揮できなかった個体とみた。同様なことは上記の交雑2×4のF_1についてもいえて、根重の比較的小さい個体が非結藷型になる傾向があった。

以上、一部の例外個体もあるが、実験結果より結藷性は単純に一対の対立遺伝子(*2)支配であると解釈できる。貯蔵根を発達させる性質は劣性遺伝子a、また貯蔵根を欠く性質は優性遺伝子(*3)Aにより決定されるとすると、非結藷型系統2288-2は遺伝子型(*4)Aa、二つの結藷型系統2288-4と2288-6はともに遺伝子型aaとなる。しかし、これはあくまで暫定的な結論にすぎない。非結藷型間の交雑また分離したF_1世代植物の検定交雑(*5)などをしてこの仮定を確かめる必要がある。

ただし問題がある。上記のような例外個体の出現である。

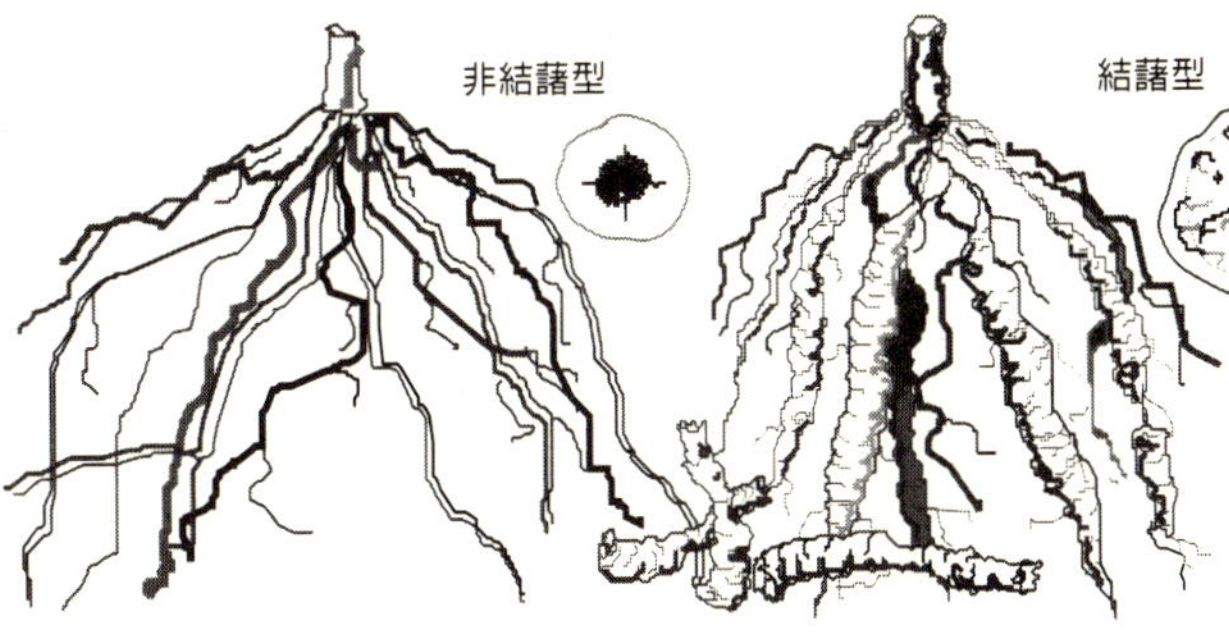

図11-1　野生植物トリフィーダ2倍体の地下部　トリフィーダ2倍体の多くの植物の根系は非結藷型で，ほとんどの根は細い．まれに結藷型の植物がある．この根系には径1 cmくらいの棒状の貯蔵根がある．貯蔵根はデンプンに富む．非結諸型の根の断面では一筋の維管束が根の中心にみられる．結諸型の貯蔵根では維管束は分裂組織間に散在し，肉眼では見えない．図左下は結藷型にみる種子根の肥大生長，発芽後1～2か月にみられる．非結藷型ではこの早期肥大生長はない．

例えば、結藷型を多数のクローン苗で育てると、その九三～九六％の株は貯蔵根を着けたが、残りは貯蔵根を発達させなかった。遺伝子型aaであっても本来の形質を示さないことがある。すなわちこの遺伝子の浸透度（環境の影響を受けず遺伝子の発現がなされる度合い）はやや低い。たぶん土壌病害虫、土壌の物理的要因、その他の生育阻害がこの遺伝子の発現に影響するためであろう。試験圃場は三年目から土壌病害虫が急激に増加する。このため連作を避け、実験に使用するまでに数年かけた周到な圃場の準備がこの実験に必要となる。

劣性遺伝子aを結藷性遺伝子とよぶ。結藷性遺伝子が根重におよぼす効果をみてみよう。四つの交雑からの子孫について、結藷型と非結藷型を比較すると、どの場合も結藷型の平均根重がより大きく、二つの型の間には統計学的に有意差がある（図11-2）。

光合成によりできた同化デンプンは一時葉緑体内に蓄えられるが、蔗糖となって移動し、やがて貯蔵デンプンとしては地下に蓄えられる。非結藷型の貯蔵デンプンは、ここにデータは示していないが、その細い根以外に地上の茎とくにその節々に蓄えられる。地下・地上全身にたくさんの小さな貯蔵倉庫をもっていることになる。いっぽう、結藷型は地下部が専用貯蔵庫である。

次に結藷型植物の幼植物の特徴を述べる。発芽後約二〇日、まだ双葉をつけたままの幼植物で二枚の本葉が開いた時期の胚軸（双葉の下方の茎）は非結藷型のそれより太い。また結藷型の芽生えは早くから根の肥大生長を開始する。すなわち、発芽後約五〇日、種子から伸びた一本の種子根（直根）はそのまま太り、多肉質の貯蔵根となる。このような種子根の早期肥大、早期のデンプン集積能力は非結藷型ではみられない（図11-1）。

結藷性遺伝子はこのように同化物質の貯蔵様式を変化させるが、自然界ではその他にどのような役割をもつのであろうか。貯蔵根は植物にとり繁殖器官でもある。その生存を地中の器官に託す性質は、不良環境への耐性の獲得とみることができよう。この点については次節で地方集団と結藷型の出現頻度との関係をとりあげる。

まとめ——トリフィーダ二倍体にはまれに太る根をもつ植物がある。この結藷性が遺伝的性質かどうかを知るため、非結藷型と結藷型、結藷型と結藷型の正逆交雑をして、F_1世代の貯蔵根の有無を調べた。結果は結藷型は単一の劣性遺伝子により決定される、と暫定的ではあるが、結論を得た。この劣性遺伝

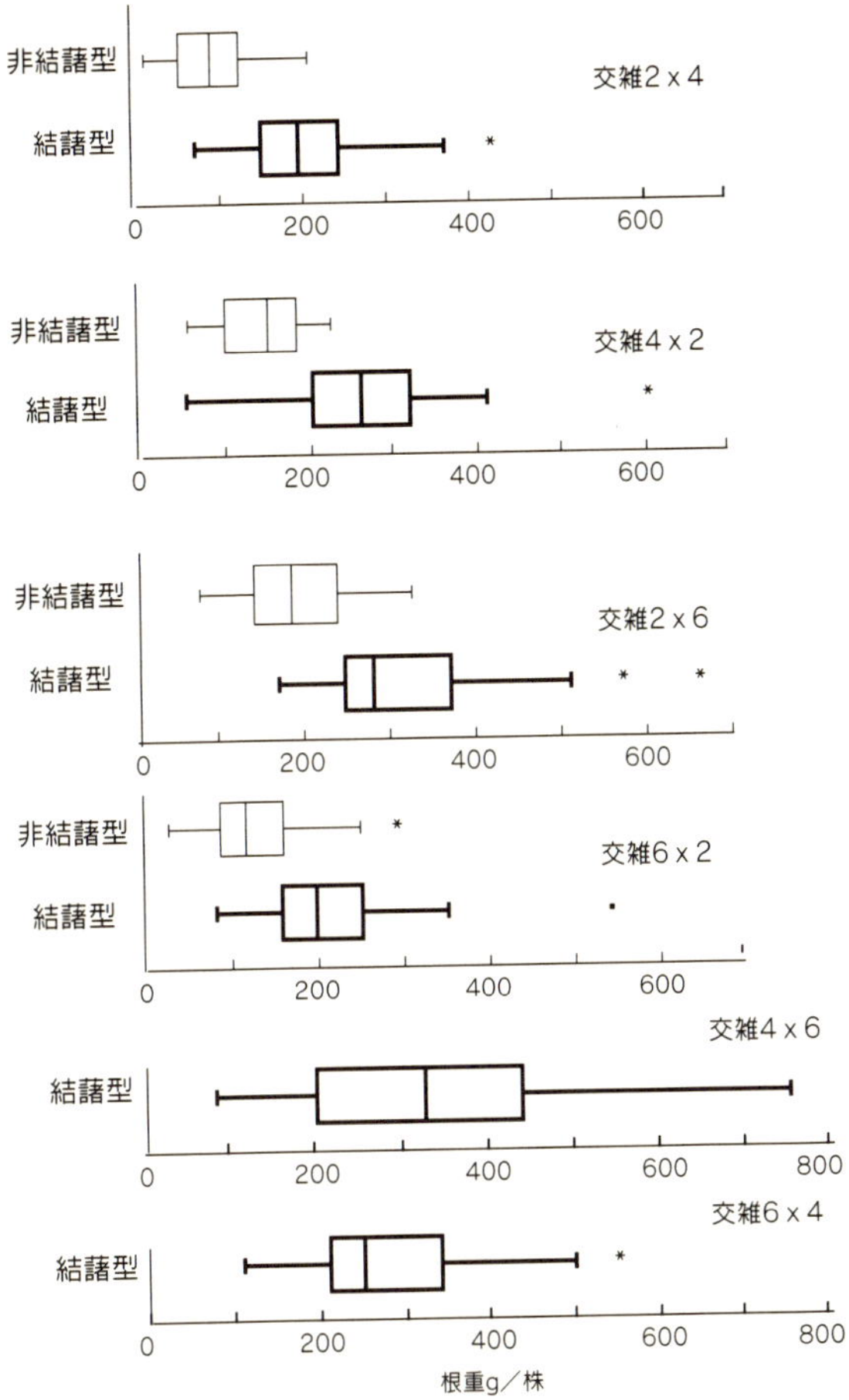

図11-2　F_1個体の根重の分布　交雑組合せ別にF_1個体の根重分布をボックスプロットで示す．ボックス内の縦線は中央値，両側の線は4分位値，また印・と＊は極端に大きい測定値を示す．測定値の大部分はボックスから左右にのびた横線の範囲に入る．分離家系では，いずれも結藷型群が非結藷型群より大きな根重を示す．根重500g以上/株の成績は同試験で用いた比較サツマイモ品種の塊根重に匹敵した．

子は同化物質の貯蔵様式を変化させるが、その発現はすでに幼植物期に始まる。熱帯の自然環境で野生集団のこの遺伝子の意義は何であろう。この点について次節で取り上げる。

（1）表現型。遺伝子が遺伝子間の相互作用や環境の影響を受けながらつくり出す性質。
（2）対立遺伝子。相同染色体上の同じ遺伝子座（または座位）にあり、どちらか一つが子供に伝達される関係にある遺伝子。なお、三つの関連用語を定義する。相同染色体（それぞれ両親からきた一対の染色体をいう。相対応する遺伝子座があり、減数分裂では互いに対合して遺伝子組換えが行われる）。遺伝子組換え（減数分裂の結果、配偶子は父親からの遺伝子と母親からの遺伝子を合わせ持つようになる。そうした配偶子の受精による子供は両親の遺伝子の新たな組合わせとなる）。減数分裂（花粉や卵細胞といった配偶子をつくるための二回の核分裂、この分裂により元の細胞の染色体数が半減する）。
（3）優性遺伝子。遺伝子一個で表現型を決めてしまう遺伝子。これに対し優性遺伝子によって隠されてしまう形質を支配する遺伝子を劣性遺伝子という。
（4）遺伝子型。個体の遺伝子組成。
（5）検定交雑。劣性遺伝子がホモ接合となっている個体（ホモ接合体）との交雑。後代の表現型の分離によって被検定植物の遺伝子型を決めることができる交雑。

12 地方集団の結藷性遺伝子頻度

二倍体トリフィーダの結藷型個体の出現頻度は地方集団によって大きく異なる。五つの地域で一一の小集団、計二〇九三個体を調査した（図12-1）。地方集団は地域ごとにまとめ、次のように呼ぶ。(1)マンサニーリョ集団（メキシコ中西部太平洋沿岸、二小集団）、(2)アカプルコ集団（中部太平洋沿岸、三小集団）、(3)テワンテペック集団（地峡の太平洋側斜面、三小集団）、(4)ベラクルス集団（カリブ海沿岸、一

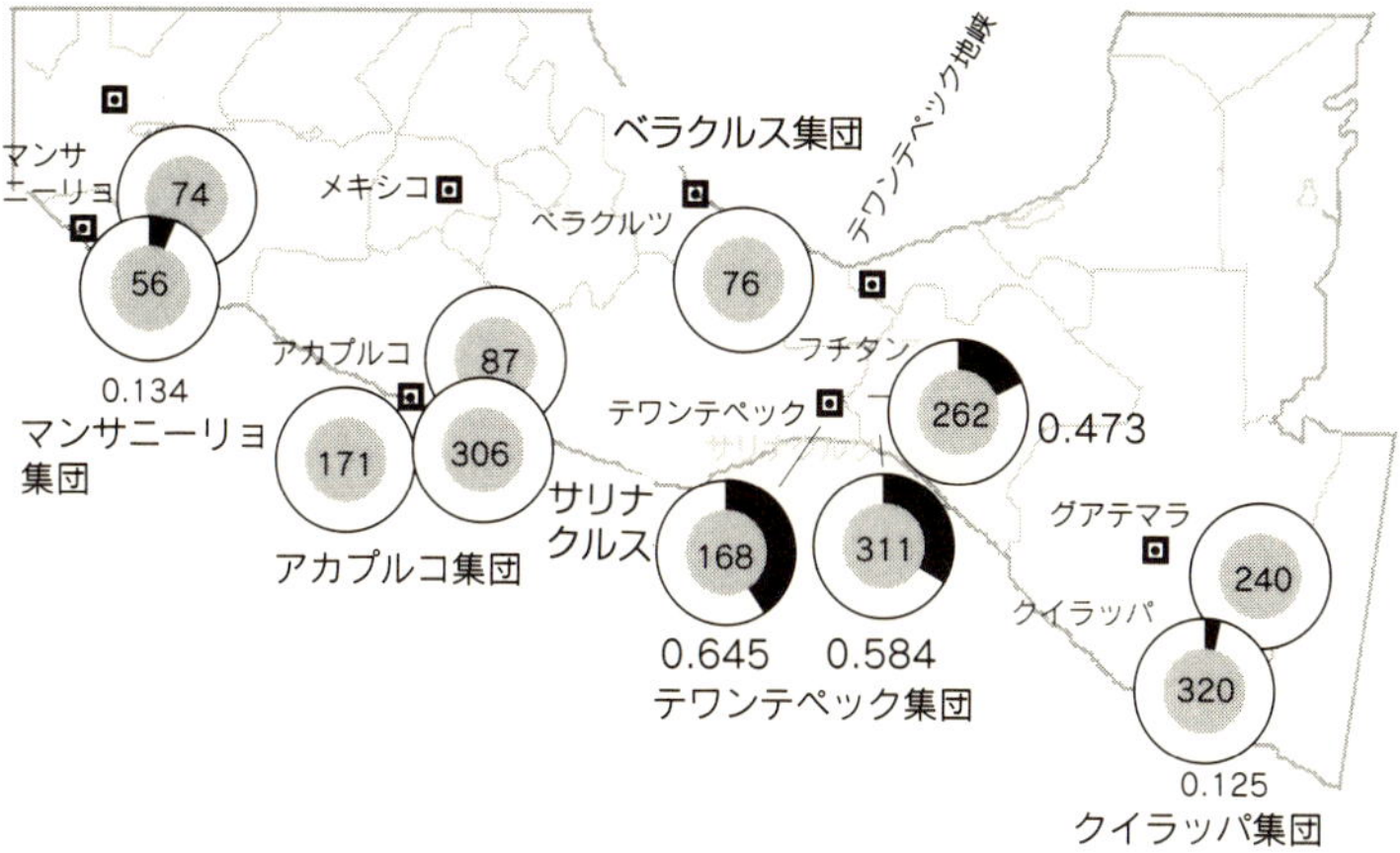

図12-1　2倍体トリフィーダの結諸性遺伝子の分布　マンサニーリョ，アカプルコ，ベラクルス，テワンテペック，クイラッパ集団について結諸型の頻度を調べた．テワンテペック集団からは結諸型が高頻度に出現した．その他の集団では頻度はきわめて低いかまたはゼロであった．結諸型の頻度（円グラフの黒色部）から劣性結諸性遺伝子の頻度を推定した．図の丸の中の数字は調査個体数，丸の下の数値は劣性結諸型遺伝子頻度を示す．

集団）、そして(5)クイラッパ集団（グアテマラの太平洋側斜面、二小集団）。

図に示したように、調査した地方集団のうちテワンテペック集団から高い頻度で結諸型が出現した。マンサニーリョ集団、クイラッパ集団からの出現もあったがその頻度はきわめて低い。その他の二つの集団での頻度はゼロであった。集団中の結諸型の頻度をPとすると、任意交配集団[*1]を仮定すれば、ハーディーワインベルグの法則[*2]より結諸性遺伝子頻度はPの平方根として推定される。図の円の中の数字は調査個体数、円の下の数値はこの遺伝子頻度である。テワンテペック集団の三つの小集団はそれぞれ北からフチタン（標高三八メートル）、テワンテペック（標高九九メートル）、サリナクルス（標高五六メートル）周辺で採集され、地峡の太平洋沿岸約五〇キロメートルの範囲内にある。各小集団の遺伝子頻度は〇・四七三（結諸型頻度二二・四％）、

○・五八四（三四・一％）、○・六四五（四一・七％）と圧倒的に他の地域の頻度より高く、結諸型遺伝子がこの地峡の南端に集中している。

これら実験の種子材料は乾季の始め一二月に採集された。この時期、地峡の太平洋側斜面のフチタンから地峡南端の町テワンテペックへと続く牧場（通称ランチョ）では草は枯れ果て、収穫をすませたトウモロコシ畑（通称ミルパ）も乾いた裸地と化している。トリフィーダ植物の多くはこれら耕地をとりまく有刺豆科低木の梢に無数の果実をつけたままかさかさに枯れ上がっていた。またサリナクルスでは焼きレンガのような固い地面に矮小な植物がわずかな緑の葉をつけていた。

この地域のどのような環境要因がこの遺伝子の頻度を高くしたのか。この疑問にはまずトリフィーダ植物の分布を制約している気象要因を考える必要があろう。乾燥の程度を表す値として、ケッペンの乾燥示数$K=R/2(T+14)$がある。ここで、Rは年降水量、Tは年平均気温である。一般に乾燥程度は降水量に比例するが同時に高い気温は地上からの蒸散を促すので、気温に反比例する。この示数は有効降水量とか降水量温度比ともよばれる。この示数が小さいほど乾燥の程度が高い。世界気候表[1]をもちいてこの示数を計算した。

メキシコ、グアテマラ周辺地域の気象観測地点の乾燥示数を図12-2に示す。図中の灰色部分がトリフィーダ分布地である。メキシコの気象区分によると、[2]メキシコ中央高地（図中の白い中央部）はティエラ・テンプラダ（tierra templada, 温暖地、標高一五〇〇〜三〇〇〇メートル、年平均気温一二〜一八℃）と呼ばれ、ここには低温（あるいは乾燥）が制限因子となりトリフィーダは分布しない。トリフィーダ分布圏はティエラ・カリエンテ（tierra caliente, 熱帯地、標高〇〜一〇〇〇メートル、年平均気温二二℃以上）およびその上層の中間地（年平均気温一八〜二二℃）を含む地域である。分布域内にみる乾燥示数は、

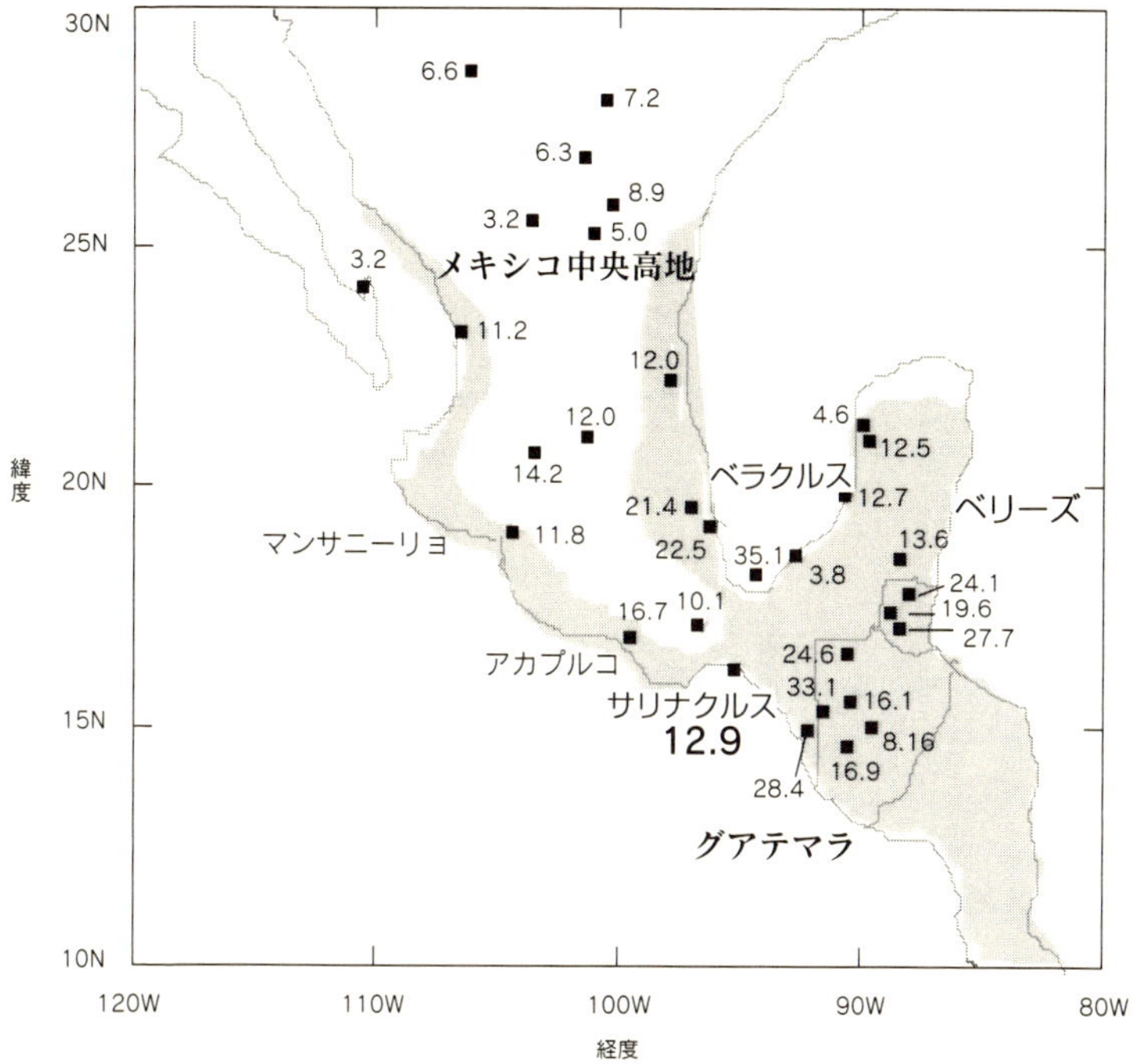

図12-2　メキシコ，グアテマラ各地の乾燥示数　ケッペンの乾燥示数Kの値が小さいほど乾燥がきびしい．図中の灰色部分はトリフィーダ分布地．乾燥示数10〜15がこの植物の生育限界値と推測された．

局地的に激しい乾燥を示す二地点を除けば、一一・二〜三五・一の範囲である。以上、年平均気温一八℃以上で乾燥示数一〇以上の地域が分布域である。乾燥示数一〇〜一五付近の地域がこの植物にとって生育の限界地あるいは辺境の地であると考えられる。結藷性遺伝子が高頻度であったテワンテペック集団もまさにこのような辺境の地からの集団であった。

　グアテマラのクイラッパ地区の気象データを入手できなかったので、以下の考察はマンサニーリョ、アカプルコ、テワンテペック、ベラクルス集団に限る。これら四つの地

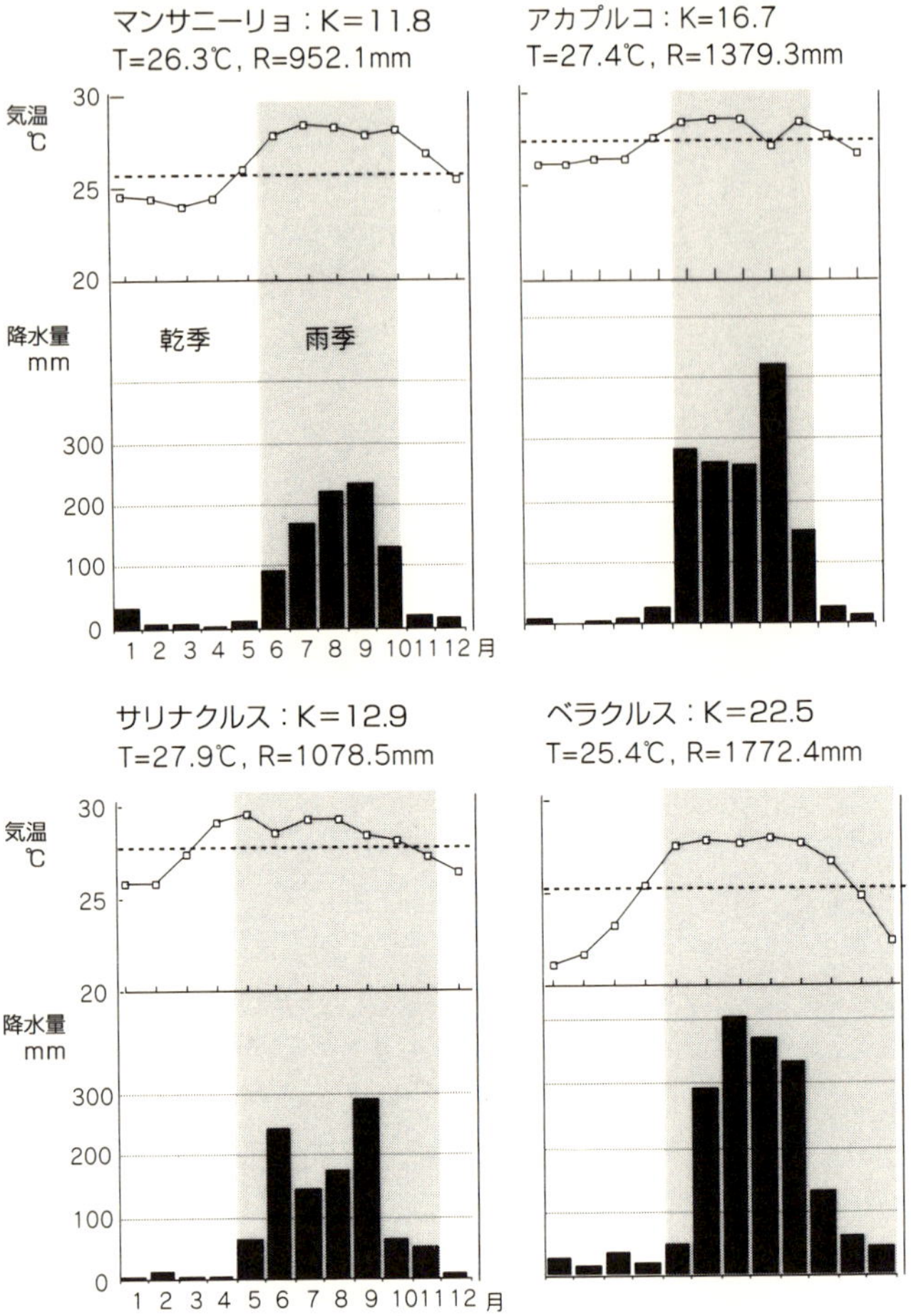

図12-3　メキシコの 4 地点の気象　マンサニーリョ，アカプルコ，テワンテペック（観測地点サリナクルス），ベラクルスの月別気温，月別降水量，乾季・雨季を示す．テワンテペック集団の高い結蕭性遺伝子頻度はこの地域の乾燥によると推測された．しかしマンサニーリョ集団は低い頻度（0〜0.134）を示した．乾燥示数のより大きいその他二つの地域アカプルコ，ベラクルスの頻度はゼロであった．

域の月降水量、月平均気温を比較した（図12-3）。ただし、テワンテペックとサリナクルス地方都市は隣接しており、テワンテペックの気象はサリナクルスの観測データで代表させた。四地域の月平均気温は二五～二八℃の範囲にあり、いわゆる雨季（tiempo de aguas）と乾季（tiempo de secas）のはっきりした季節交替がある。雨季はやや高温湿潤、乾季はやや冷涼である。

D・R・ハリス(3)は生態系から農業の起源を論じているが、そのなかで熱帯の塊茎・塊根植物が地下貯蔵器官を発達させた背景をこの季節変化に対する一種の適応反応とみている。乾季が二・五か月より短いときは熱帯降雨林となり、乾季が七か月より長いときは砂漠となる。ハリスは乾季がその中間、(1)二・五～五か月、また(2)五～七か月の地域を塊茎・塊根作物の起源地と推理している。

四つの地域の乾季（降水量五〇ミリ以下の月）はマンサニーリョで七か月、アカプルコ七か月、テワンテペック五か月、ベラクルス四か月である。いずれもハリスのいう中間的な乾季をもつ地域に該当する。マンサニーリョとテワンテペック地区を比較すると、年降水量はほぼ同じで乾季はマンサニーリョの方が二か月長い。この違いがマンサニーリョ集団の結藷型の低頻度に結びついていると推察される。

一般に降水量は大きな年次間変動をとり、したがって乾燥示数も年次変動が大きいであろう。すると平均的な乾燥示数ではなく、その年次変動や最低値をもって気象上の制約とすべきかもしれない。そのためにはかなり長期間の気象データを必要とするが、いま手元にはそのようなデータがない。

すでに提起した疑問、どのような環境要因がこの遺伝子頻度を高くしたのか、まだ十分な答えは得られていない。しかし、第一の要因は乾燥、具体的には植物の生活史を制約する乾季の長さ、また乾燥示数やその変動などで表される乾燥程度である。さらに検討すべきは土壌要因、地形や植生の影響をうける生育地点の微気象であろう。生育限界の辺境ではこれら諸条件の差が植物集団の遺伝子組成に大きな変化を与えることが考えられる。

環カリビアン全域をみる。テワンテペック（気象観測地点サリナクルス）と同様な局地的な乾燥地はメキシコを含めこの地域のどこにあるだろうか。環カリビアン地域（メキシコ、中米や南米北部の諸国）での年平均気温一八℃以上の一四五気象観測地点の乾燥示数と年平均温度を調べてみた。すると乾燥示数は〇〜六三と幅の広い変異を示すが、示数一〇〜一五を示すのはそのうちの三〇地点であった。それらは主に、(1) メキシコの太平洋沿岸とカリブ海沿岸（一〇地点）、(2) 西インド諸島（七地点）、(3) コロンビアやベネズエラのカリブ海沿岸と内陸部（九地点）、その他の四地点であった。主要なこれら三つの地域は、すでに述べたように、トリフィーダの分布地でもある。今後、再びサツマイモ近縁種の遺伝資源の探索がなされるとしたら、これらの地点こそ最重点地域となるであろう。そこでは多様な気象条件や土壌環境の下で、それぞれ特異な結藷型の遺伝子の自然選択が演じられている可能性がある。

まとめ――メキシコの太平洋沿岸、メキシコ湾岸、グアテマラ太平洋側斜面の五地域の地方集団の結藷型の頻度は集団間で大きく異なっていた。結藷型個体の頻度の平方根をとり劣性結藷性遺伝子の頻度とした。とりわけ地峡の南端テワンテペック地域（フチタン、テワンテペック、サリナクルスの地方都市を含む）の集団は高い遺伝子頻度を示した。気象データによるとこの地域は乾季が五か月、乾燥示数は一二・九とトリフィーダ分布の生育限界値一〇に近い。こうした気象要因が結藷性遺伝子の選択に働いていると推測した。テワンテペックと同程度に乾燥する地域は、(1) メキシコの太平洋沿岸とカリブ海沿岸、(2) 西インド諸島、(3) コロンビアやベネズエラのカリブ海沿岸と内陸部にみられ、いずれにもこの種が分布している。

＊1　任意交配。集団中の母本と父本の個体間でランダムに交配が行われること。母本はどの父本とも等しい確率で交配される。

＊2　ハーディ－ワインベルグの法則。遺伝子頻度、遺伝子型をもちいて生物集団を特徴づけるときこの法則が用いられる。対立遺伝子Aとaの頻度をそれぞれQとPとすると、Q＋P＝1である。集団が任意交配をするならば、遺伝子型AA　Aa　aaの頻度はそれぞれQ^2、2PQ、P^2となる。遺伝子型の頻度が未知でもホモ接合体aaの頻度P^2さえ分かれば、その平方根が遺伝子aの頻度と推定できる。

13　結藷型のデンプン集積能力

二倍体トリフィーダの結藷型は非結藷型と比べると地下により大きい貯蔵庫をもつことをすでに述べた。ここでは結藷型のデンプン集積能力をサツマイモのそれと比較する。また野生植物の結藷型でもクローン（個体）によりその能力の違いがあることを指摘する。この試験のスタートとなった一二クローン系統（2288系統由来、4F08～4F38）は九州農業試験場でK450の系統番号をつけられ、サツマイモの育種の研究にも利用されてきた。

これら一二クローン系統の貯蔵根は冬の間サツマイモの塊根のように保管して、春は床に伏せ込み、翌春萌芽させて、細い苗を植え付けることができる。試験は三ブロックのランドマイズト・ブロック法によった。秋の収穫時に根重（貯蔵根と細根）、貯蔵根の太さや数、デンプン含量を測定した。いずれの測定値も系統の平均値間には統計学的に有意性が認められ、地下部の発達や充実には系統間に違いがあった。図13－1には根重とデンプン含量を示している。さらに結藷型のより卓越した結藷型個体を得るため、これら系統からの子孫を得た。一般に有性生殖から生じた新世代には特性をよりよく発揮する子

親クローン

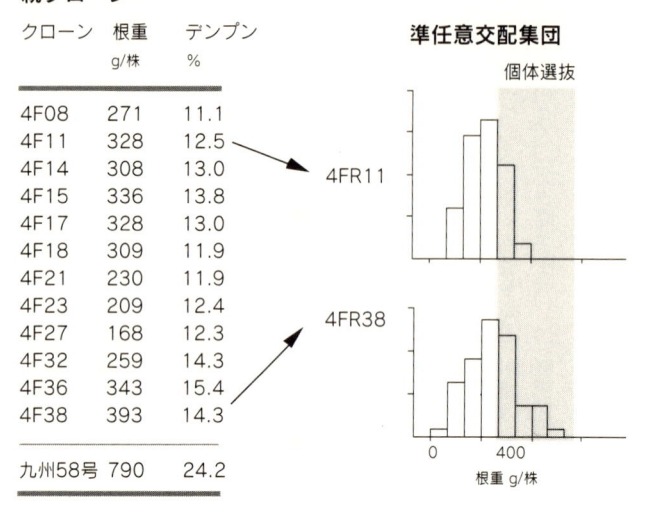

クローン	根重 g/株	デンプン %
4F08	271	11.1
4F11	328	12.5
4F14	308	13.0
4F15	336	13.8
4F17	328	13.0
4F18	309	11.9
4F21	230	11.9
4F23	209	12.4
4F27	168	12.3
4F32	259	14.3
4F36	343	15.4
4F38	393	14.3
九州58号	790	24.2

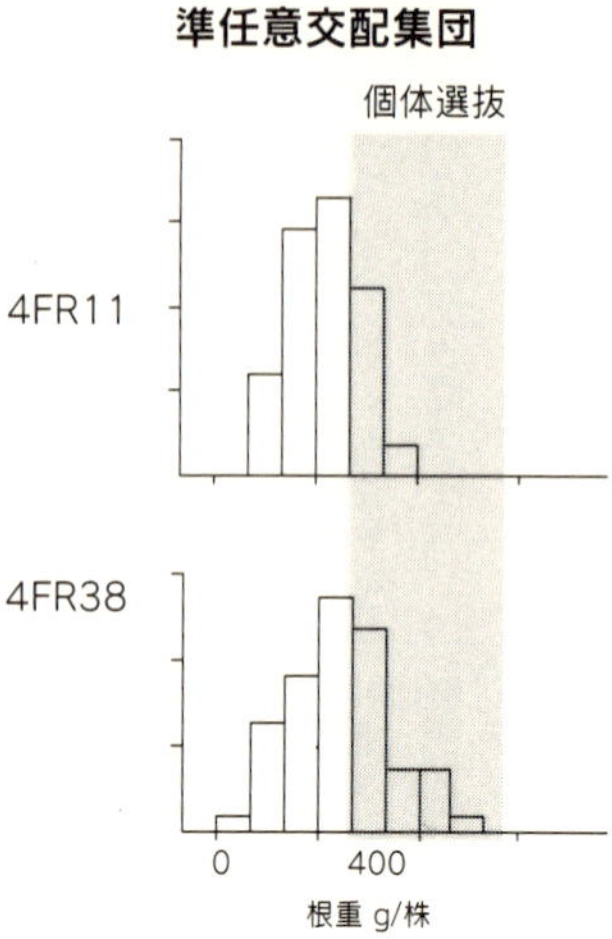

図13-1　結藷型クローンの根重とデンプン含量　結藷型12クローン系統の収量試験（3反復，1試験区10株）では，クローンの間に株当たり根重やデンプン含量に統計学的に有意な違いがみられた（図の左）．これら特性は全体としてサツマイモ（九州58号）のそれよりはるかに低水準である．さらにクローン間の任意交配をして，親別に次代の12集団をつくり，それらの収量を調べた．そのうち2集団の根重分布を図の右側に示した．各集団より根重400g 以上で卓越した結藷性をもつ個体を選抜した．

孫の出現が期待されるためである。

このため一二系統を隔離し、それら系統の間で自由に交配をさせた。ただし、後の節で取り上げるが、トリフィーダ植物には交配不和合という現象があり、任意の二つのクローン間すべてに交雑が行われるという保障はないので、ここでは準任意交配集団と呼んだ。各一二系統親から由来する集団（4FR08~4FR38，一集団は約六〇個体）の特性を調べると、どの集団も根重について広い範囲の変異を呈した。そのうちの二集団についての根重分布を図13

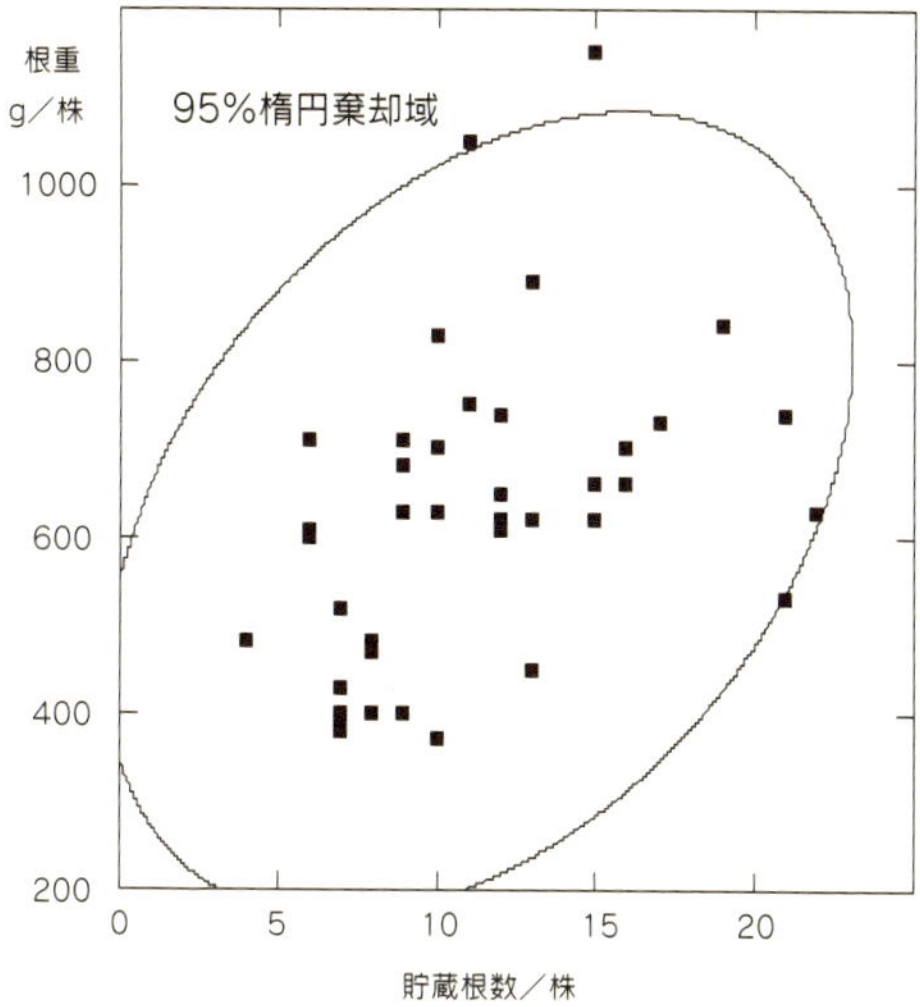

図13-2　選抜個体の根重と貯蔵根数　任意交配集団より選抜された39個体の株当たり貯蔵根数は5～20で，当然ながら貯蔵根の数の増加は根重の増加となる傾向がある．95%楕円棄却域内の相関係数 r＝0.44［p＝0.01］．

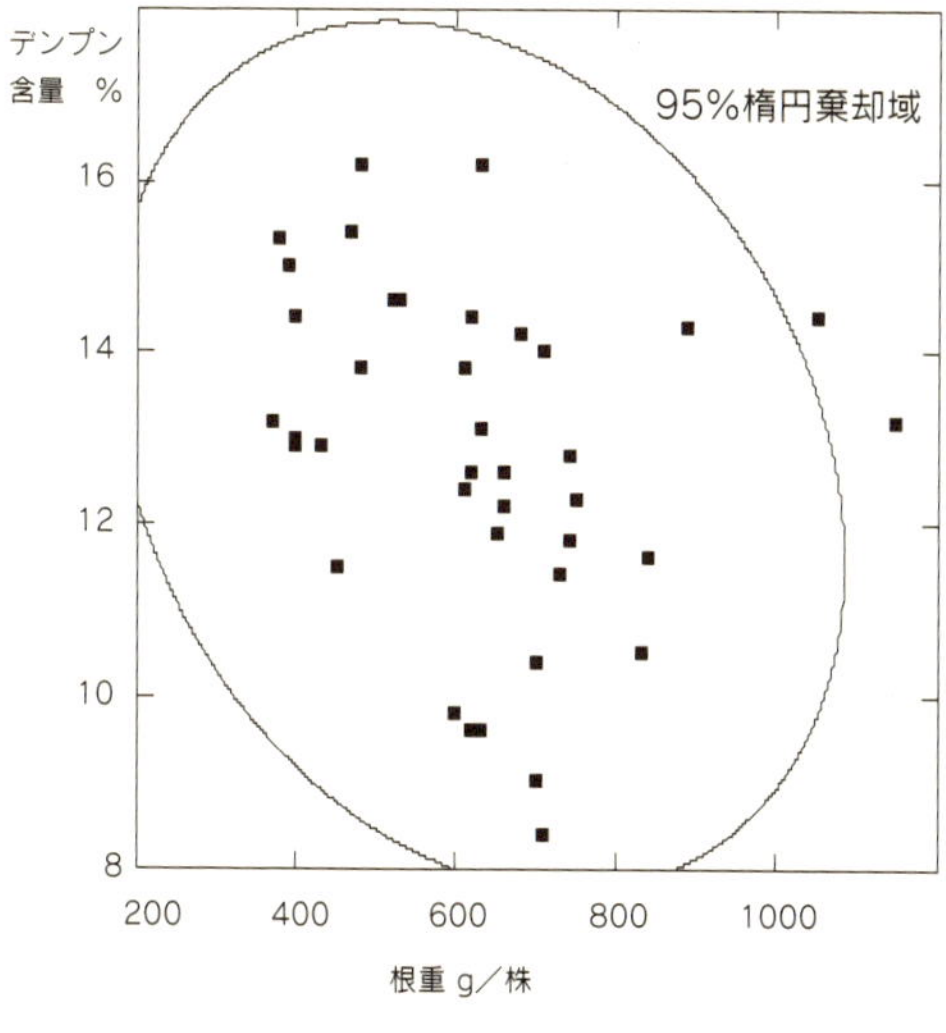

図13-3　選抜個体の根重とデンプン含量　任意交配集団より選抜された39個体のデンプン含量は8.4～16.2%と広い変異を示した．95%楕円棄却域内での相関係数 r＝－0.42［p＝0.01］．
対照のサツマイモ品種（九州58号）のデンプン含量は24.8%，塊根重は1004g/株である．

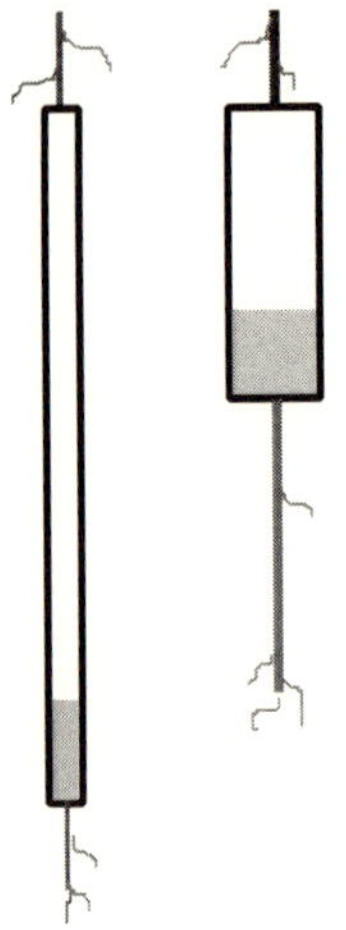

	結藷型２倍体	サツマイモ
根数　株	11.0	3.5
根重　g/株	627	1004
根重　kg/a	261	418
デンプン含量　%	12.8	24.8
デンプン重　kg/a	33	103
根長　cm	37.8	15.8
根径　cm	1.7	5.5

結藷型の39選抜個体の平均.
サツマイモ（九州58号）40株の平均.

図13-4　結藷型２倍体とサツマイモの収量特性の比較　結藷型２倍体の貯蔵根とサツマイモ塊根を貯蔵容器とみなし，その大きさを径と長さのボックスで表した．ボックスの灰色部分の大きさはデンプン含量に比例している．結藷型はサツマイモに比べると，貯蔵根数では約３倍，そして根重は62%，デンプン含量52%，デンプン重（根重×デンプン含量）32%と小さい．しかし，デンプン生産能力についてはサツマイモにもこのような低い水準の品種があり，これら結藷型は野生植物として異例の高い生産力をもつといえる．

－1に示した。各集団より根重四〇〇グラム／株以上でかつ貯蔵根の太さや数からみてより大きい個体を選抜した。このようにして全調査個体六七八のなかから三九個体が選抜された。

選抜三九個体の根重と貯蔵根数の関係（図13－2）では、貯蔵根の数は五～二〇の範囲で、根重は当然ながら貯蔵根数の増加とともに大きくなる。次いで、根重とデンプン含量の関係（図13－3）をみると、大きな根重は必ずしも高いデンプン含量とは結びついていない。二つの例外値を除くと、これら二つの性質の間には有意な負の相関がある。このような負の相関関係はサツマイモの試験結果でもしばしばみられることであり、二つの性質を同時に改善することの困難な事例として育種分野ではよく話題にされてきた。広い変異幅をみせるデンプン含量であるが、その最大値は一六・二%と親クローンでの最高含量を約一%上回った。

この選抜試験の結果から二倍体結藷型および対照としたサツマイモ品種九州五八号の貯蔵庫の全体像をまとめたのが図13-4である。貯蔵根や塊根を一種の容器とみなし、その大きさを径と長さのボックスで表した。結藷型の単一の貯蔵容器（貯蔵根）は細長く、このような細長い貯蔵根が一株には約一〇個着くことになる。いっぽう、サツマイモの一株の地下は太く短い塊根三〜四個からなる。そして結藷型の株あたり根重は六二七グラム、単位栽培面積当たりの根重は二六一キログラムで、サツマイモの約六二%と小さい。ボックスの灰色部分はデンプン含量に比例した大きさで表してある。結藷型のデンプン含量は一二・八%、サツマイモのそれに比べると約二分の一である。またデンプン集積能力すなわち単位面積当たりデンプン重（根重×デンプン含量）は三三キログラムで、サツマイモの値の約三分の一である。

以上、結藷型のデンプン集積能力は、たしかにサツマイモ対照品種よりはるかに低い。しかし、過去の多くの試験成績を見渡すと、サツマイモでも品種によってまたその栽培方法によって、これら二倍体結藷型と同程度の低い集積能力しか出さなかった事例をたくさん見いだすことができる。このことを考慮すると、人為選抜を初体験した二倍体野生種のこの成績は野生植物といえどもデンプン集積の高い潜在能力をもつと判断するには十分である。

結藷性遺伝子は同化物質の貯蔵様式を地下部主導型に変化させる遺伝子と考えられる。しかし、この一遺伝子のみで野生植物がサツマイモのような栽培型に急変するのではない。たぶんこの遺伝子が引き金のような働きをして、それを支援、または共働するたくさんの遺伝子が貯蔵様式の発達に関与しているのではなかろうか。その局面としては、貯蔵容器の大型化または根の局部的な肥大生長、地下への同化物質の転流の加速、また細胞内でのデンプン生成系の発達があろう。

いまデンプンの生成系に限ると、中谷誠ら（農業研究センター）はサツマイモの高デンプン品種をもちいた研究のなかで、グルコース供与体となるＡＤＰ-グルコースの供給段階がデンプン合成を制御している、としている。[1] 野生二倍体の結藷性遺伝子は、後節で述べるサツマイモの進化の道筋からみて、サツマイモのなかに取り込まれているに違いない。デンプン集積機能の核心に近づこうとする上記の中谷らの生理学的研究には、サツマイモよりは二倍体系統のほうが適しているようにおもわれる。二倍体では遺伝子型既知の個体を比較できるからである。二倍体トリフィーダの結藷性遺伝子の構造や発現の解明が、「サツマイモはなぜ太るのか」の疑問を解くかぎとなるであろう。

まとめ——トリフィーダ二倍体の結藷型植物のデンプン集積能力を取り上げた。サツマイモの収量試験と同様の方法をもちい、クローン系統や選抜個体の根重、貯蔵根の太さや数、デンプン含量を調べると、これら特性はクローンあるいは個体間に量的差異がみられた。このことは貯蔵根の発達には、結藷性遺伝子以外の多数の量的遺伝子が関与している可能性を示している。結藷型のデンプン集積能力はサツマイモ対照品種と比較すると約三分の一と小さい。しかし、野生植物としては異例といえるほどの高い潜在能力をもっているといえよう。たまたま野生植物で見つけられたこの結藷性遺伝子はたぶんサツマイモにも含まれているであろう。もしくはこの遺伝子があったからこそ栽培型としてのサツマイモができたとも考えられる。

14 ジャワ島のトリフィーダ植物

ジャワ島には野生植物トリフィーダが分布している。環カリビアン地域を本拠をするこの植物がなぜアジアのこの一角に生えているのかは分からない。観賞用に移入されたものが野生化したとする説もある。インドネシア、ボゴール植物園のG・G・ハンバリは一九八八年「西部ジャワ、シタターの二倍体トリフィーダ植物の結藷性」と題してその植生を報告している[1]。私たちはハンバリから種子サンプルを得て、それがトリフィーダ種の二倍体であること、また調査した数十個体は例外なく自家不和合性であることを確認した。自家不和合性とは一植物の雌しべに同じ個体の花粉がついても受精がない現象で、トリフィーダ種の一つの特徴である。以下はハンバリが述べる貯蔵根をもつ植物を見つけるまでの経緯と選抜の結果である。

野外でそれぞれ異なるとおもわれた七個体の茎を現地シタターから持ち帰り、育ててみると、そのなかの一株が心持ちふくらんだ根をつけた。これが結藷性への関心のきっかけとなった。その後現地で約一〇〇株の地下を調べてまわると、ほとんどは細い根ばかりであるが、貯蔵根をつけた五株を見つけた。さらに、現地で大量の種子を集め、約四万個体を育てた。その中からほどほどの貯蔵根をもつ九個体を選び出すことができた。その後、より大形の貯蔵根をめざして三世代にわたり選抜をくり返す。

報告にある三世代目の選抜個体の写真をみると、二か月半栽培したその若い植物はみごとに肥大した貯蔵根をつけている。肥大部の直径約二センチ（最大三・五センチ）ほど、長さは約一〇センチ、形は長紡錘形、皮は白色である。この肥大した貯蔵根は種子から伸びた一本の種子根あるいは直根である。

図14-1　ジャワ島のトリフィーダの生育地　ジャワ島にはトリフィーダが生育している．生育地1～6はウストストルム論文にある標本採取地点，(1)スマラン郊外；バンジャランの山林（1919年採集），(2)マラン近郊（1912），(3)マラン近郊（1927），(4)レバク・ロト；スメル山の南麓（1930），(5)ブリタル；アルジェナ火山の南麓，(6)クディリ；アルジェナ山の西側の山林，コエタレジョの火山灰土壌地（1918）である．生育地7はバンドン西方のシタター地区，石灰岩山地に囲まれた比較的乾燥するこの地の2倍体トリフィーダはG.G. ハンバリにより1988年に報告された．

メキシコ産トリフィーダの結藷型のところで述べたが、直根の肥大は結藷型植物の生育初期の特徴でもある（第11節、図11-1）。したがって、シタター産のこれらも既述の結藷型の範疇にはいるであろう。その後、ハンバリから、選抜植物の中には径六センチに達する貯蔵根をもつものがあった、と言ってきた。このサイズではもはやサツマイモの塊根と区別はむずかしいのではないか。ハンバリはさらにこの塊根の食味はサツマイモのそれと変わらないという。またシタターの現地の人々のあいだでもこれが食べられることはよく知られており、「サツマイモのような」を意味する「フヒアン」（huhuian, スンダ語）の名でこの植物を呼ぶという。

　ジャワ島にトリフィーダが生えていることはかなり以前から指摘されていた。分類学者S・J・ファン・ウストストルムは一九四〇年の論文[2]で、このイポモエアをコムタータ種

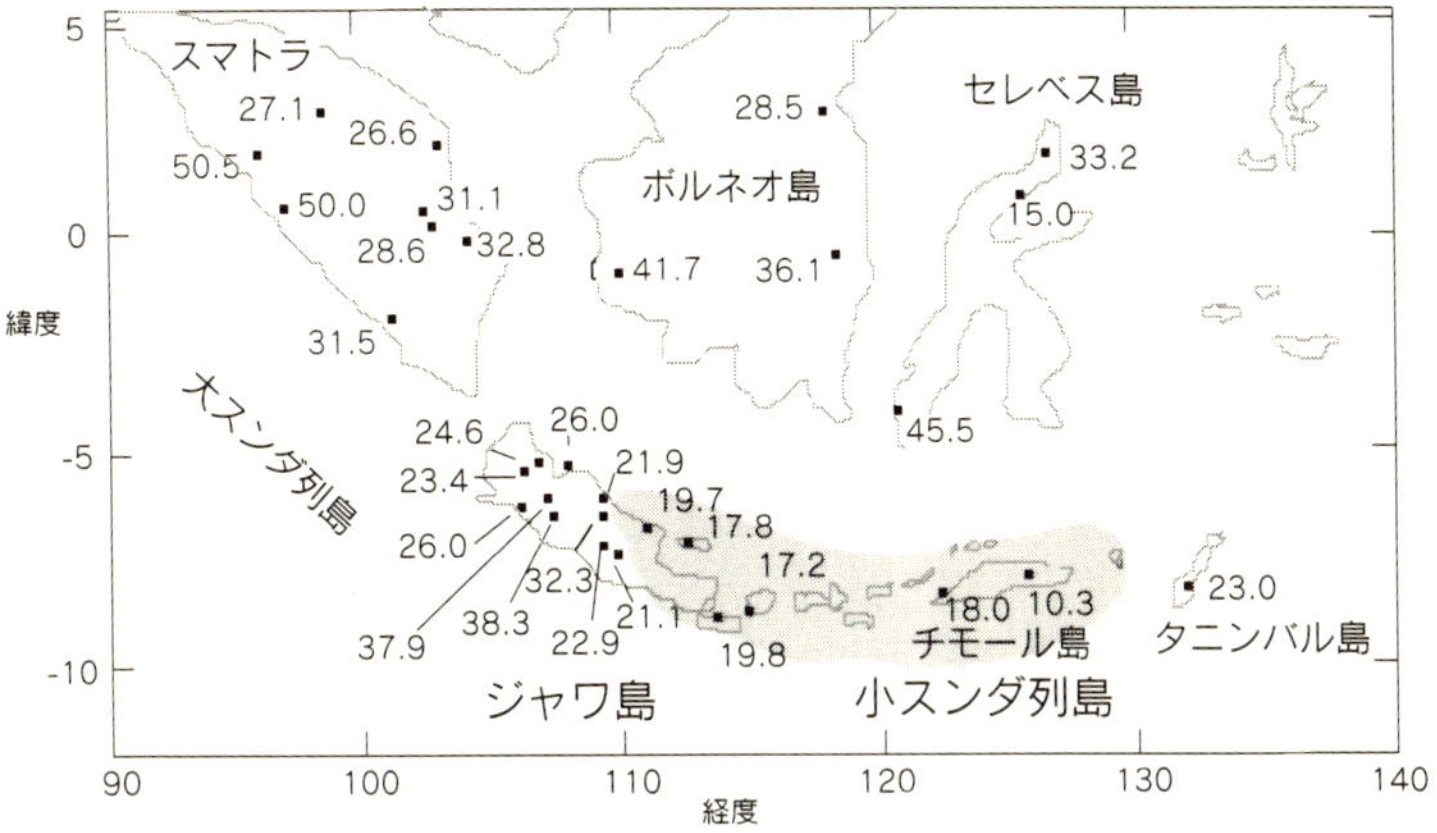

図14-2　ジャワ島および周辺の乾燥示数とトリフィーダ結藷型が期待される地域（灰色）　ジャワ島では西部，中部，東部にトリフィーダが生育しており，西ジャワからは2倍体結藷型が報告されている．結藷型の出現と気象要因との関係を前提にすると（第12節参考），乾燥示数20以下の乾燥地域は主にジャワ島東部およびその東方に連なる小スンダ列島であり，ここには2倍体結藷型集団があると期待できる．

(*commutata*) と記した。その一三年後の著書[3]ではコムタータ種を、南米産のトリフィーダと同定して、トリフィーダに変更している。これがアジアでトリフィーダの存在を知らせる最初の記録となった。この記録がなければジャワのこの植物にハンバリをはじめサツマイモ育種関係者が関心をもつことはまずなかったであろう。図14-1にはウストストルムが調査した乾燥標本の採取地およびシタター地区を示した。

　ジャワ島は日本本州の半分くらいの火山島である。西部、中部、東部で気候は大きく異なる。西部ジャワは乾季はなく年間降水量二〇〇〇ミリの湿潤な気候である。しかし、西部ジャワにあってシタターは比較的乾燥する地区で、トリフィーダはその周辺を石灰岩山地で囲まれた約五万平方メートルの限られた場所に散在するとされている。採取地点のすべては中部や東部に集中している。そこは乾季とモンスーンの雨季の交替があり、乾燥月の雨量は数十ミリから数ミリしかなく、とくに東部の乾燥はきびしい。これら東部では、ハンバリによると、トリフィーダ種はより頻繁にみられるという。

メキシコ、グアテマラ地域では乾燥示数一〇付近がこの植物の生育限界値で、結藷型は高頻度にこのようなところでみられることを述べた。気象要因と結藷型とのこの関係からみると、比較的小さい乾燥示数を示す中部や東部ジャワでの集団でより多くの結藷型が見つけられる可能性がある（図14-2）。いまだトリフィーダ種分布の報告はないが、ジャワ島東方のバリ島、ロンボック島さらに連なるチモール島までの地域は乾燥示数二〇以下で、もしこの種が分布しておれば結藷型が期待される環境条件を十分満たしている地域である。

ボゴール農業大学（Bogor Agricultural University）ではこの地域で二倍体トリフィーダとサツマイモとの自然雑種の探索に着手し、いっぽう選抜二倍体クローン系統とサツマイモ間の交雑により四倍体種間雑種をつくることにも成功している。ハンバリ自身の構想は次のようである。倍数体よりも二倍体では有性生殖で特定遺伝子を消去あるいは添加するなど遺伝子型の編集が容易である。また二倍体ならばこの編集のため必要な大量の種子も簡単に得られる。こうして選ばれた個性をもつ二倍体を土台として、六倍体「フヒアン」を構築する。この構想はかつてカナダの育種学者S・S・チェイスが倍数体育種の有力な方法として提唱した分析育種の考え方と相通ずる。

まとめ――アジアの一角ジャワ島には二倍体トリフィーダが生育している。ボゴール植物園のG・G・ハンバリは西部ジャワのシタター地区ではまれに貯蔵根をつけることに気づき、多数の個体から結諸型を選抜した。すると、その貯蔵根の太さは約二センチ（最大三・五センチ）ときに六センチとサツマイモに匹敵するくらいの肥大を示した。これら二倍体系統の実用化についてのハンバリの構想を述べた。中部、東部ジャワには野生状態で生育するトリフィーダ種の古い記録がある。とくに乾燥のきびしい東部ジャワ、あるいはその東方の小スンダ列島では結藷性についてさらに強い自然選択を受けたトリフィーダ集団がみつかる可能性がある。

第四章　サツマイモの源流をさかのぼる

15　サツマイモの源流

この源流を探るには、サツマイモとは生殖隔離のないまた同じような遺伝構造をもつ野生植物を探し出すことが求められる。生殖隔離の有無はサツマイモとの交雑を試みることで知ることができる。ここでいう遺伝構造とは個々の染色体または遺伝子の構造ではなく、生殖細胞に含まれる染色体の一組（ゲノム）全体の構造である。二種の遺伝構造が同じであるとは、厳密にいうならば、それらがたがいに相同ゲノムをもつことである。

遺伝構造の違いをどのように識別するか。相同ゲノムをもつ種間雑種第一代では両親から受けついだ染色体それぞれが減数分裂時に対合、遺伝子組換えをして、できた雑種はまた次世代をつくる。これに反し、個々の染色体の対合がなく、生殖細胞（花粉や卵子）致死をもたらすような不規則な染色体分離があるときは、雑種は不稔となり次世代をつくりえない。このようなとき両親のゲノムはたがいに非相同という。このため遺伝構造の識別には、(1)雑種をつくる、(2)雑種の減数分裂時の染色体行動を分析する、(3)雑種の花粉や卵子が正常な機能をもつかたしかめる。これらの方法は一九三〇年木原均によりゲノム分析法として確立された。木原の古典的ゲノム概念から今日DNA塩基配列から解明されようとするゲノム概念への発展は分子生物学者小関治男により分かりやすく解説されている[1]。

減数分裂時に一本の染色体は、たくさんの染色体のなかから、自己と相同なもう一本の染色体を見いだし対合する。これは不思議なことであるが正確におこなわれる。この一対の相同染色体にはそれぞれ対立遺伝子が同じ順序で配置されており、遺伝子組換えが行われる。いっぽう非相同染色体の間には対合はおこらない。全染色体の対合の状態を示す特性値としてはいろいろあるが、ここでは対合量と多価対合量をもちいる。普通、二倍体は相同染色体を二本ずつもつので減数分裂では二価染色体が普通である。この場合、対合量（二価染色体数／［全染色体数×1/2］）は一〇〇％である。

相同ゲノムが重複する倍数体、例えば同質四倍体では四本の相同染色体があるので、相同染色体四本が対合した四価染色体がみられる。四価染色体は計算上では二価染色体二個と換算し、対合量を計算する。また三〜六価などの多価染色体の頻度は全染色体数のうちの多価染色体に関与した染色体数の割合で多価対合量（％）として表す（図15-1）。

第5節「二倍体野生植物」のなかでメキシコ、アカプルコ近郊で採集されたトリフィーダの二倍体系統K221（玉利幸次郎・小林正芳、一九六一年）について述べた（三一頁）。九州農業試験場の宮崎司がすでに唯一の他殖性二倍体として注目していた系統である。またメキシコの西海岸ベラクルスで一九五九年村松幹夫により採取されたトリフィーダの四倍体系統K233についても触れた（四一頁）。このK233はサツマイモと交配して雑種ができる唯一の四倍体であった。しかし、二倍体のK221とサツマイモの交雑は不成功であった。これら二つの系統の遺伝構造を合わせもつ六倍体をつくると、それはサツマイモと交雑するであろうか。もしサツマイモとの雑種ができれば雑種の遺伝構造を分析することにより、サツマイモの遺伝構造を解明する手がかりとなろう。このような目的で、トリフィーダ（K221）と四倍体トリフィーダ（K233）をもちいたＴＴ合成六倍体（２ｎ＝90）がつくられた（図15-1）。作成の方法はすでに述べたＴＬ合成六倍体と同様である。

ＴＴ合成六倍体はサツマイモと容易に交雑した。サツマイモ×ＴＴ合成六倍体の雑種の減数分裂での染色体はほぼ完全な対合（対合量九七・四％）で、この合成六倍体はサツマイモとは同じ遺伝構造をもつとされた。またこの合成六倍体は約四〇％の染色体が多価染色体をつくり、サツマイモもこの点について同様で、ともにその遺伝構造には相同ゲノムが少なくとも四個重複している可能性を示した。いっぽう、四倍体の親系統K233はその染色体対合の様式から同質四倍体と考えられた。この時点でゲノム構成を暫定的に表示すると、系統K221にB_1B_1、系統K233に$B_2B_2B_2B_2$、またＴＴ合成六倍体およびサツマイモについては$B_1B_1B_2B_2B_2B_2$となる。この結果、サツマイモの有力な祖先野生植物の候補として野生種トリフィーダの二倍体と四倍体が浮上した。[2・3]

手持ちの六倍体野生植物には系統K222（三倍体、アカプルコ、一九六〇年　玉利幸次郎・小林正芳採集）の相互交配から生じた六倍体系統IB63003、またK123（六倍体、フォーチン、一九五五年　西山市三）があった。その後これら二つの六倍体もＴＴ合成六倍体とは容易に交雑した。雑種の減数分裂時の染色体分析により、これら二つの六倍体系統は合成六倍体と同じ構造をもつことが分かった。

既述のサツマイモの遺伝構造の暫定式には二つのゲノムB_1とB_2が含まれている。これら二つのゲノムの相同性についてまだ若干の実験が必要であった。この課題を解くため、六倍体系統IB63003を二倍体と交雑して四倍体雑種をつくり、この雑種をさらに四倍体系統K233と交雑した。以上の経過と結果は図15-2にまとめた。最終的に得られたIBTT雑種は完全対合を示したので、二つのゲノムB_1とB_2は互

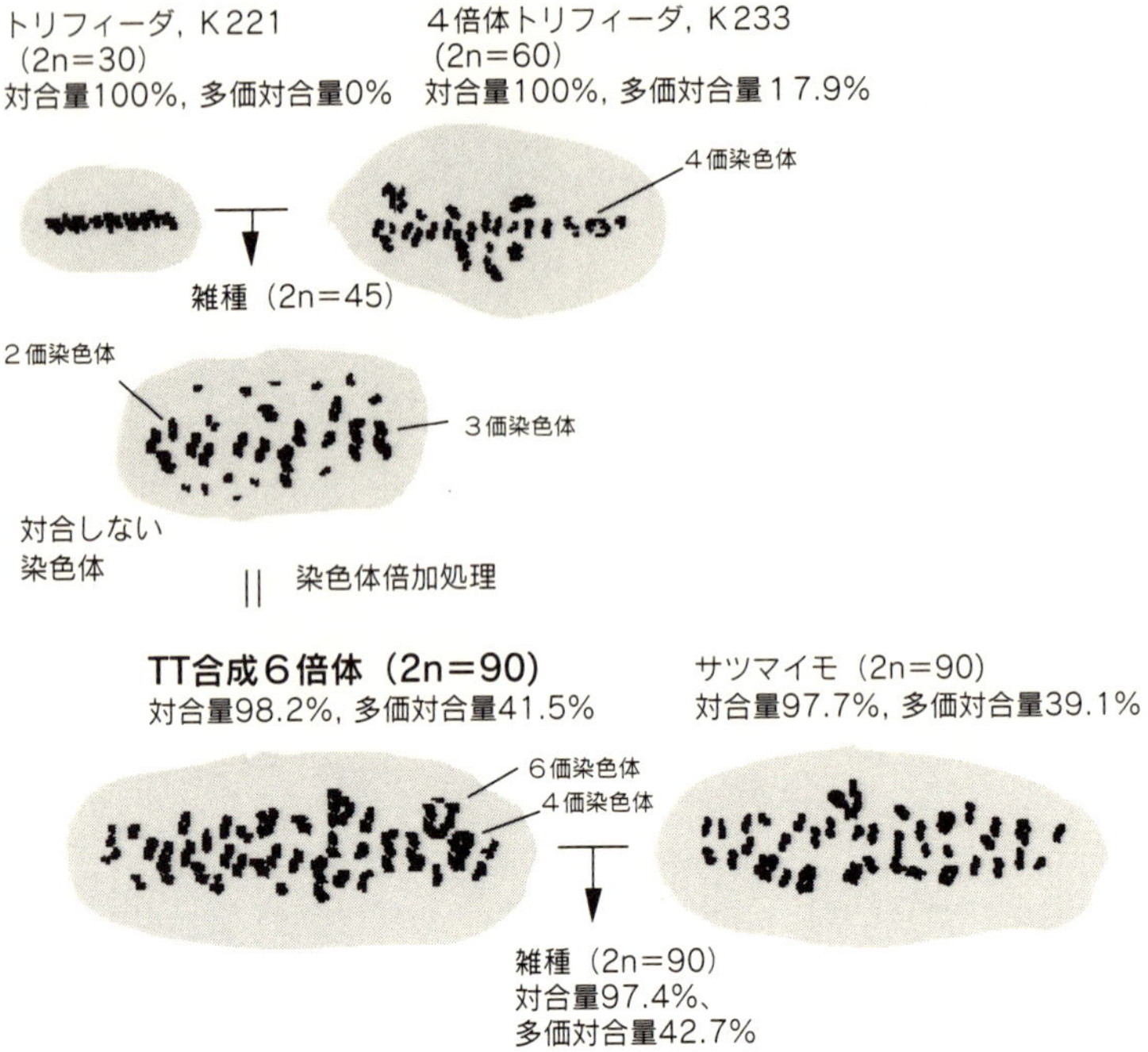

図15-1　TT 合成 6 倍体はサツマイモと交雑する　トリフィーダと 4 倍体トリフィーダをもちい TT 合成 6 倍体をつくった．この 6 倍体はサツマイモと容易に雑種をつくった．雑種の減数分裂時の染色体は完全対合（対合量97.4%）し，また雑種は高い稔実性をもちサツマイモへの戻し交雑も可能であった．両親や雑種はほぼ同様な多価対合量を示し，ゲノムの重複を示唆している．この段階では，ゲノム構成を，系統 K221に B_1B_1，系統 K233に $B_2B_2B_2B_2$，また TT 合成 6 倍体およびサツマイモについては $B_1B_1B_2B_2B_2B_2$ を与えていた．ここにサツマイモの有力な祖先種候補として野生種トリフィーダの 2 倍体と 4 倍体が浮上した．

6倍体トリフィーダ, IB 63003 (2n=90)
ゲノム $B_1 B_1 B_2 B_2 B_2 B_2$

トリフィーダ, K221 (2n=30)
ゲノム $B_1 B_1$

IBT雑種 (2n=60)
$B_1 B_1 B_2 B_2$

4倍体トリフィーダ K233 (2n=60)
$B_2 B_2 B_2 B_2$

IBTT雑種 (2n=60)
$B_1 B_2 B_2 B_2$

$B_1 = B_2 = B$

4価染色体

図15-2 二つのゲノム B_1 と B_2 は相同か サツマイモには二つのゲノム B_1 と B_2 があるとする暫定案（図15-1）には，これら二つのゲノムの相同性を決める課題を残していた．そのためサツマイモと同じゲノム構成をもつ野生6倍体植物（IB63003）をもちい，トリフィーダとの交雑でIBT雑種をつくった．暫定案ではこの雑種のゲノム構成は $B_1B_1B_2B_2$ となり，またこの雑種と4倍体トリフィーダとの雑種IBTTのゲノム構成は $B_1B_2B_2B_2$ となる．もし二つのゲノム B_1 と B_2 が互いに非相同ゲノムならば，IBTT雑種の減数分裂では少なくとも15の対合できない染色体をみるであろう．しかし，実際はそのようなことはなく，この雑種では両親と同様完全対合がみられた．そして，雑種は高い稔実性があり，サツマイモとの交配で容易に雑種をつくった．以上の結果，二つのゲノム B_1 と B_2 は互いに相同なゲノムであることが明らかになった．こうしたゲノム分析の結果サツマイモは同質6倍体（BBBBBB）であるという結論に達した．

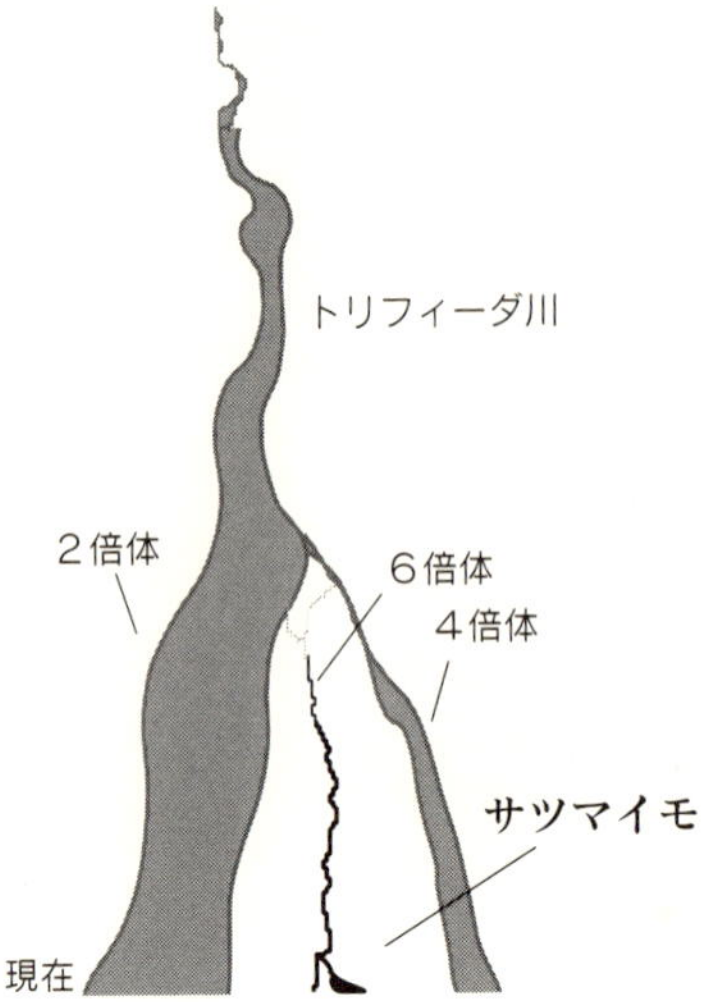

図15-3　サツマイモの源流
トリフィーダ川には2倍体の本流と4倍体の支流がある．それぞれの一部が合流して6倍体の川をつくったらしい．サツマイモはこの川の水（遺伝子）がつくった小さなよどみ．したがって，サツマイモの源流をさかのぼると2倍体のトリフィーダ川となる．

いに相同ゲノムであるという結論に達した。IBTT雑種は高い稔性をもち、サツマイモとの交配で容易に雑種をつくった。以上の結果から、サツマイモは二倍体トリフィーダのゲノム（B）を重複させた同質六倍体（BBBBBB）であるという結論に達した。[4]

以上は減数分裂時の染色体を顕微鏡で追うという細胞遺伝学的方法によった結果である。最近は酵素やDNAの分子マーカーをもちいて種間関係を解明する方法がとられている。サツマイモとトリフィーダ（二倍体、四倍体、六倍体）のイソ酵素多型の分析では、二倍体トリフィーダの二四の対立遺伝子がサツマイモを含むすべての倍数体にも存在し、両種のきわめて近縁な関係を裏付けている。[5]またR・L・ジャレットら（USDA、ジョージア州）は制限酵素断片長の多型分析からトリフィーダ（二倍体）とメキシコ産K233（四倍体、ここでは四倍体トリフィーダ）がサツマイモのもっとも有力な祖先であることを示した。[6]

ジャレットの報告には第4節で解説したバタタス

群近縁種以外にメキシコ産の新種タバスカナ種（2n＝60）が含まれているが、この新種はトリフィーダと同様にサツマイモと近縁関係があると指摘されている。ジャレットらが指摘しているように、今後はさらに広い範囲の野生種をより多くのＤＮＡマーカーによって比較分析することで、より鮮明な種間関係が浮かび上がってくるであろう。

今日ではたくさんのＤＮＡマーカーを対立遺伝子のようにもちいて後代での分離様式、連鎖関係を調べることができる。最近のそうしたＤＮＡマーカーを駆使した連鎖地図の構築の研究から、サツマイモが同質六倍数体であることが確認されている[7・8]。

私たちがたどり着いたサツマイモの源流は野生植物トリフィーダの川であった（図15-3）。このトリフィーダの川には四倍体の支流がある。この支流は二倍体から偶発的な倍数体化によってできたのであろう。しかし、いったんできた四倍体はそれ自体とぎれることなく今日なおも海岸砂丘、原野、耕地に流れ続いている。二倍体と四倍体支流の間の堰は低く、二つは合流し六倍体トリフィーダの流れができた。ここには植物界ではまれではない非還元性の生殖細胞が関与したことを示唆する証拠がある。この自然の倍数体化メカニズムについては次節で取り上げる。六倍体の流れはいまのところ二倍体や四倍体のように大きな川ではないようである。自然界での六倍体は上記のメキシコの東側斜面のごく限られた地点以外では確認されていないからである。したがって、それはせせらぎあるいはときに吹き出す間欠泉かもしれない。そして想像する。この六倍体トリフィーダの水辺にふと足を止めた人がいた。そして水（遺伝子）を汲み取る人がいた。そのひとすくいの水を人々は世代から世代へと受け継いだ。そして人々の手のなかで少しずつサツマイモが育ってきた。

まとめ――トリフィーダ‐サツマイモ雑種の染色体行動の分析結果を要約した。これは従来ゲノム分析といわれてきた方法である。二倍体と四倍体トリフィーダから実験的につくられた合成六倍体はサツマイモと同じ遺伝構造をもつことが確かめられた。さらにサツマイモを構成する三つのゲノムが互いに相同ゲノムであることも確かめられた。したがってサツマイモの遺伝構造は野生種トリフィーダの二倍体の遺伝構造を重複した同質六倍体であるという結論に達した。一つの種を遺伝子の川にたとえるならば、サツマイモの源流はトリフィーダの流れにたどりつく。そして、この川には四倍体や六倍体の支流があり、この六倍体の水（＝遺伝子）を汲み上げたものが今日のサツマイモである。

16　三倍体植物の進化上の役割

進化には異端者がときに重要な役割を演ずる。この異端者は一九六一年九州農業試験場にメキシコ、アカプルコ郊外で採られた一つの種子袋で届けられた。そのなかには一〇粒の種子が入っていた。そこから八個体の植物（系統K222）が生育した。宮崎司（九州農業試験場）は当時のことを次のようにいう。「これら種子はとても小さかった。しかし、育ててみると植物体は六倍体トリフィーダと似ていた。なんとも言えないが、ひょっとすると四倍体種ではないか」。そのころ共同研究者からこれら八個体の染色体は六〇本、四倍体であるという決定がなされた。四倍体ならば種子増殖もできるし、サツマイモとの交雑の見通しも明るい。宮崎らはこれらにサツマイモ改良の新素材としての望みを託した。そしてこの系統を中心にサツマイモやその近縁植物との交配を開始した。

普通、サツマイモやその近縁植物の花は、アサガオのように日の出とともに咲き始め昼すぎにはしぼ

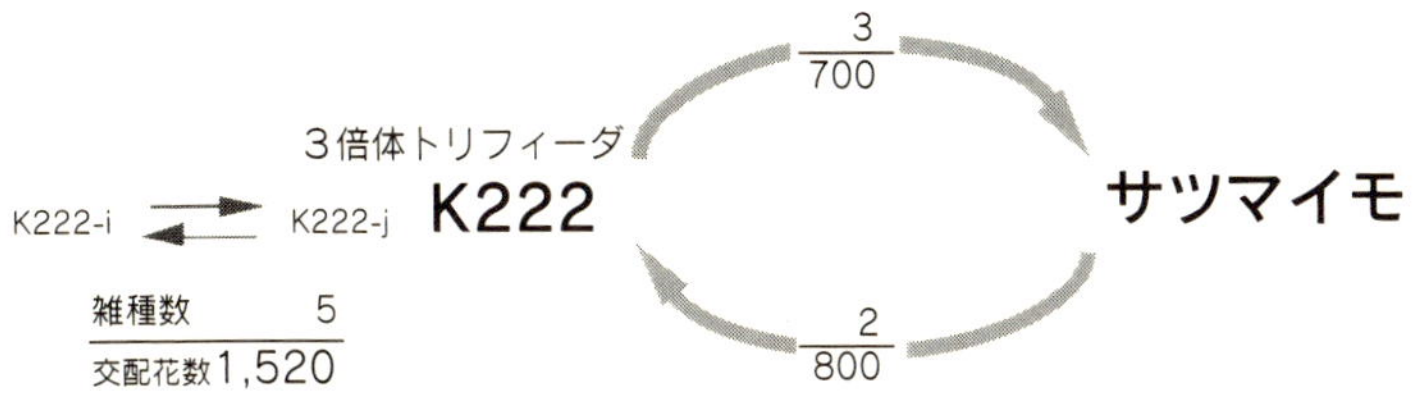

図16-1　3倍体トリフィーダ植物は6倍体を生み出す　系統K222の8個体はみなほぼ完全な不稔の3倍体である．これら不稔植物の相互交配では1520花を交配して5粒の種子を得た．それらはすべて6倍体であった．またK222をサツマイモと交配すると数粒の種子ができ，そのなかには6倍体があった．生じた6倍体は稔性をもちサツマイモとは自由に交雑した．矢印は花粉親から柱頭親への交配方向を，K222-i，-jとはこの系統の任意個体を示す．

む。そのため交配は早朝から始める。自家受精をしないので交配に先立ち雄しべを取り除く操作は不要、咲いた花の柱頭一つ一つに交配相手の花粉をつけてやる。そして交配の完了した花には名札をつけておく。交配作業は訪花昆虫を防ぐため網室のなかで二か月くらい毎朝続けられる。この年の系統K222の交配は総計五七〇〇花におよんだ。その中のK222個体間の交配、またK222とサツマイモとの交配結果を図16-1に示した。K222個体間では一五二〇花が交配されて五粒の種子が実った。サツマイモとの交配でも一五〇〇花から五粒の種子ができた。サツマイモ親品種ペリカンプロセッサー、カペラ、護国藷である。

この交配から二年後のことになる。系統K222の八個体の染色体数はすべて四五、すなわち三倍体と訂正された。またK222個体間交配からの五つの後代植物はみな六倍体、サツマイモを母親にした場合の二つの雑種植物は六倍体、サツマイモを父親にした場合の雑種植物は六倍体（一個体）と五倍体（二個体）であることが分かった。

もし、はじめから系統K222が三倍体と分かっていたら、あたまから不稔植物と片づけられて、このように厖大な労力をつかう交配試験はまずは行われなかったであろう。するとこれから述べる不稔三倍体のもつ重要な役割にも気づくことはなかったにちがいない。まさに怪我の功名である。

サツマイモは六倍体である。この六倍体は自然界でどのようにしてできたのか。この答えを上記の交配結果が暗示している。すなわち、自然三倍体からはその相互交雑により六倍体が生み出されることがある。さらに三倍体の野生植物は、もしその近傍にサツマイモが咲いておれば、サツマイモとの雑種をつくる可能性がある。以上を別の言葉でいうならば、前者は自然界での六倍体構築のメカニズム、後者は野生植物から栽培植物へと倍数性の障壁を飛び越えた遺伝子の移行である。ともにこの作物の成立や進化を考える上で大切な手がかりとなる。前節ではこうした六倍体の構築を背景にサツマイモの源流を描いてみた。野生植物と栽培植物間の遺伝子の交流については次節で述べる。

系統K222同士の交配から由来した六倍体はすべて高い稔性をもちサツマイモと自由に交雑した。これら六倍体の一つが前節にゲノム式とともに登場した六倍体トリフィーダIB63003（八三頁）である。また、K222×サツマイモの交配からの子孫のうち六倍体雑種は正常な稔性があり、その後のサツマイモ育種の交配親としてもちいられてきた。

なぜ不稔の三倍体（2n＝45）がこのような雑種をつくったのか、について述べる。この三倍体植物の減数分裂は前節の図15－1に例示した三倍体雑種とほとんど同様で、葯《やく》（花粉を包む袋状器官）は大部分がいびつな花粉、内容物のない花粉で占められている。しかし少数の大形花粉がある。それらは非還元性の三倍体花粉（n＝45）で受精能力をもっていたのである。また子房側にもそうした非還元性の卵子が用意されていたことになる。そして非還元性の卵子と花粉が受精して六倍体ができたに違いない。非還元とは減数分裂異常で母細胞の染色体数が半減せず、母細胞と同じ染色体数をもつ卵子や花粉ができることである。自然界の倍数体もこのような卵子、花粉の受精に起源しているのであろう。

たしかにこの実験データでは六倍体が誕生する確率はきわめて低い。しかし、原野の片隅には毎朝数千、数万の花が咲き乱れ、たくさんの昆虫が訪れる。この試験の交配花数ならばミツバチ数頭にとって朝飯前の仕事であろう。そのように考えると、自然界での六倍体誕生の頻度は決して無視できるほど小さくないようにおもわれる。

では六倍体植物の誕生はすぐに六倍体トリフィーダがこの地上に定着することにつながるであろうか。前節でいう六倍体トリフィーダ川の水源になるのであろうか。水源となるには多くの条件が必要であろう。例えば、(1)その六倍体が多数の六倍体子孫を増やせること、(2)異なる遺伝子型の母体から次々と新しい六倍体仲間の参加があること、(3)環境適応のために豊かな遺伝的変異をもつ集団となることなどである。このような理由から前節では六倍体をときには涸れ上がり、またときに流れ出す小川にたとえた。

私たちの別の調査では二倍体と四倍体トリフィーダとが一緒に生育するような場所では三倍体自然雑種がよく得られている。二倍体は四倍体より小さい種子をもつ。「元の種子は小さかった」という宮崎の記憶からすればこの自然雑種は二倍体（♀）×四倍体（♂）の交雑によるとおもわれる。不稔三倍体は花は咲かせても子孫をつくらず、種の保存にはなんの役割を果たさない異端者とみられがちであるが、この異端者は起死回生の生殖能力を秘めている。そして倍数体の構築など進化の舞台での重要な役割を果たす。次節では三倍体が「遺伝子交流」の要路として登場する。

まとめ――自然三倍体系統K222についての大規模な交配試験の結果にもとづき、この不稔植物が自然界では六倍体誕生の母体となりうることを述べた。この試験結果のいま一つの示唆は、栽培種サツマイモの水たまりは完全に自然から隔離されておらず、野生植物の遺伝子がサツマイモの池に飛び込み、そこに遺伝子拡散のゆるやかな波紋をひろげることの可能性である。自然三倍体は野生植物の進化のみならず人の手の中だけで育てられる作物の進化にも大きな役割をもってきたとおもわれる。

17 サツマイモと野生種間の遺伝子交流

野生種の病害虫抵抗性など有用形質をサツマイモに移入する目的の育種は、一九五七年ころから九州農業試験場で着手された。そして一九六〇〜一九八〇年代、いろいろな交配試験は延べ数百の交配組合せで数十万の花が交配された。その結果、野生種の倍数体間あるいは野生種とサツマイモ間には遺伝子が往来できる有機的なつながりがあることがわかった[1]。有性生殖にあずかる配偶子、ときには非還元配偶子によって親の遺伝子は次世代に伝えられる。二倍体の親からサツマイモなど高次倍数体へ、またサツマイモから低次倍数体へと遺伝子は流れる。その概要を図17-1にまとめた。

この図には遺伝子プールという用語がある。このプールとはある植物集団を遺伝子集合体とみたてたもので、遺伝子の「水たまり」と受け取ってもよい。トリフィーダ二倍体集団は一つの遺伝子プール、多くのサツマイモ品種もまとめて一つの遺伝子プールとみる。四倍体や六倍体の遺伝子プールには、説明を簡単にするため、各倍数体レベルの野生植物集団およびサツマイモ-トリフィーダ雑種集団を含めた。遺伝子の流れの大きさは実験で得られた一〇〇交配花当たりの雑種種子数をもちいた。この値は理論的には最高四〇〇(一花は四胚珠もつので)であるが、実際には〇・一〜二〇〇の範囲である。またこの値は交配する系統や環境条件にも左右されるので、あくまで遺伝子の流れの難易の目安にすぎない。

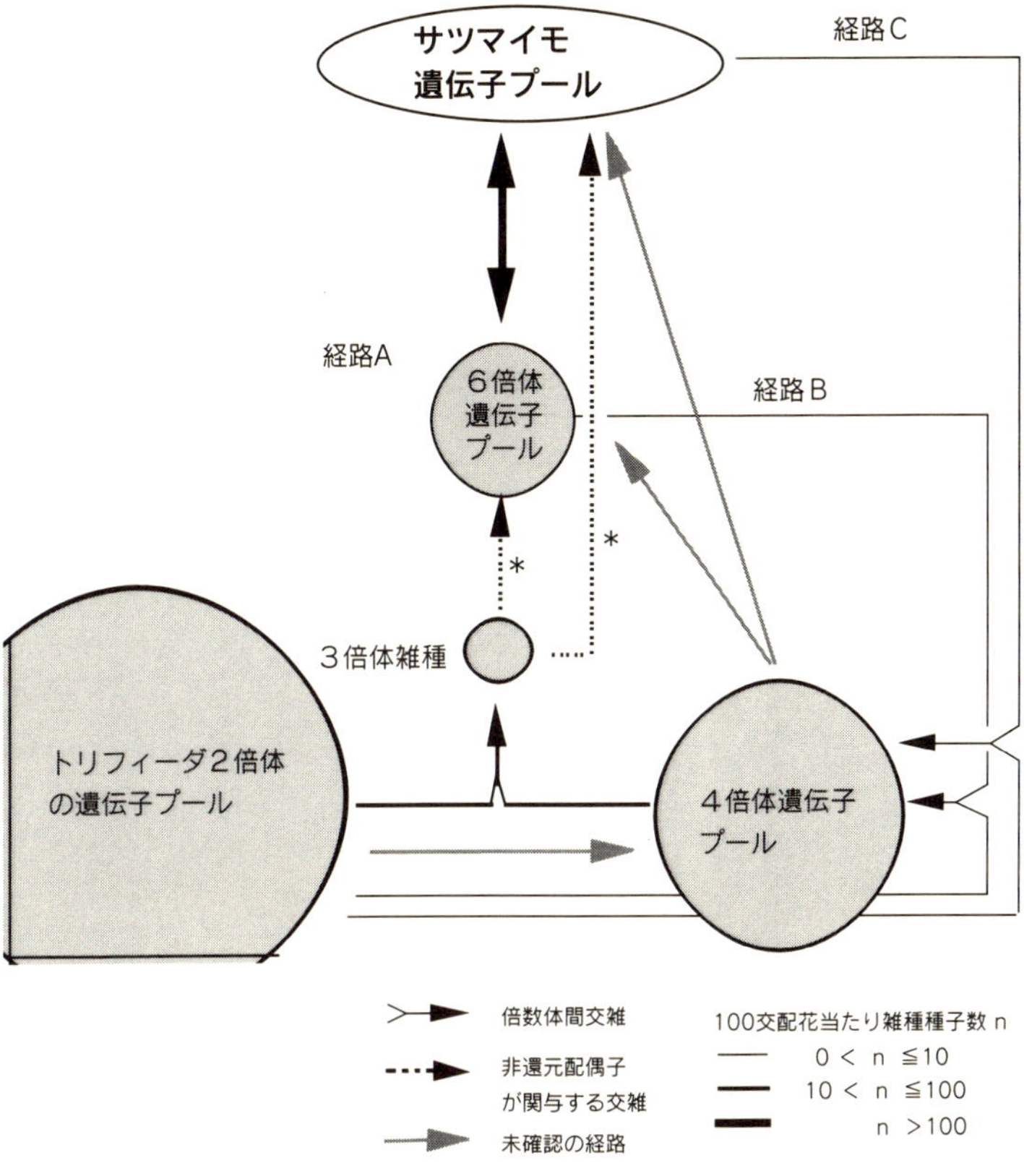

図17-1　遺伝子は各倍数体の遺伝子プールのあいだを循環する　サツマイモと野生種トリフィーダの間には遺伝子が循環する．トリフィーダ 2 倍体や 4 倍体プールの遺伝子は 3 倍体を介して 6 倍体に流れ込み（経路 A），また 6 倍体の遺伝子は 4 倍体を経由して（経路 B，C），再び 6 倍体プールに環流する．実線は次世代が通常の配偶子により，破線は次世代が非還元配偶子によってできる場合を示す．遺伝子の流れの難易の程度は100交配花当たりの雑種種子数に対応した線の太さで示した．＊印は図15-1で表された経路である．この遺伝子の循環系を自然界に投影してみると，各倍数体遺伝子プールの変異の増大，また栽培種サツマイモの多様化に働いたと推理される．2 倍体プールへ向かう流路はなく，これはあくまですべての遺伝子プールの水源である．

一般に両親の倍数性の違いが大きいほどこの値は小さく、流れは細くなる。

遺伝子は野生種倍数体間を循環する。すでに前節の自然三倍体で述べたが、二倍体がもつ遺伝子は四倍体の遺伝子とともに三倍体雑種の非還元配偶子を介して六倍体遺伝子プールに流れこむ（図中の経路A）。さらに六倍体プールの遺伝子は再び六倍体×二倍体の交雑により四倍体遺伝子プールへ（経路B）、そして図中央の矢印の経路Aをへて六倍体遺伝子プールに環流する。この間、野生種六倍体プールとサツマイモプールとの間の遺伝子交流は自由である。同様に、サツマイモ遺伝子プールを経由する循環系がある（経路C）。こうした循環系が成り立つ理由はすべての倍数体が同質倍数体であるためである。もし異質倍数体ならばどこかの交雑で雑種不稔が生じて、流れは中断され、循環しない。

図には三つの未確認の経路がある。一つは二倍体の非還元配偶子による四倍体構築の経路である。これは自然界におけるトリフィーダ四倍体の起源についての疑問にも関係する点で重要である。近年、二倍体にはたくさんの非還元配偶子（花粉）をつくる系統のあることが報告されている[2]。この経路が実験的に確認されるのもそう遠くはないであろう。例えば、バレイショは同質四倍体であるが、その成立は二倍体栽培種の非還元配偶子による倍数体化であることが遺伝分析により指摘されている[3・4]。残り二つの経路は四倍体の非還元配偶子が関与した四倍体から六倍体への経路である。四倍体トリフィーダには非還元花粉をつくる系統があることまでは確認されているが[5・6]、現実に六倍体後代を得るにはいたっていない。

この循環系でもう一つ指摘されることは倍数体から二倍体遺伝子プールへの還流がないことである。これは次のような実験結果による。サツマイモの遺伝子をもつ二倍体をつくるため、サツマイモ×二倍体の交雑から生じた四倍体雑種、さらにこの四倍体雑種×二倍体交雑から生じた三倍体雑種、そして、この三倍体雑種と二倍体を交配すると低率ながら二倍体子孫が期待される。しかし、三倍体雑種×二倍体の多数の交配組合せから生じたごく少数の子孫は二倍体ではなく、すべて三倍体であった。野生種二倍体の遺伝子プールへの流入路は閉ざされていると考えざるをえない。したがって、二倍体遺伝子プールはつねに倍数体へ向けて遺伝子を供給する水源である。

この遺伝子循環系は育種操作のマニュアルでもあり、育種担当者はこの図面を手に自由な構想をねることができよう。例えば、ある病気の抵抗性遺伝子をもつ二倍体を探し出す。いっぽう、サツマイモの生産特性を持ち込んだ四倍体をつくる。それらをもちいて抵抗性遺伝子と高い生産性をもつ六倍体を組み立てる。その倍数体組立ての効率をあげるためには非還元配偶子をたくさんつくる二倍体や四倍体を育成することをもくろんでもよい。

このような野生植物の利用は今日では作物改良の一方法となっている。閉塞してよどむ遺伝子プールではもはや遺伝的改良に限界があり、野生種の遺伝子プールにその活性化や強化を求めているのである。例えばトマトやバレイショでは一九四〇年代より近縁野生植物の遺伝子をもちいた病害虫抵抗性の強化や特異な適応能力、特定の成分の生産能力を与えることがなされてきた。これら二つの作物では品種近代化はもはや野生種なしでは成り立たないとさえいわれている。これらの作物を口にするとき野生種由来の目にはみえない遺伝子をも食べているのである。

次にこの遺伝子循環系をサツマイモの自然史に投影してみる。栽培種と野生種の間の遺伝子交流は栽培植物と野生植物集団相互に少なからぬ影響を与えあってきたに違いない。栽培種の遺伝子の流出先はまず野生種の六倍体や四倍体であろう。それらの野生集団では栽培種固有の性質、例えばコンパクトな植物体、柔らかい葉や茎、肥満した塊根、株もとに塊根が密集する根系などの性質は、いちはやく自然淘汰でかき消されることであろう。ときには耕地によりよく適合した「サツマイモに似た性質をもつ」雑草ができることもあろう。反対に、栽培種へ流入した野生植物の遺伝子はどうであろうか。これは野生植物による栽培種への生殖的侵略ともいえる。この侵略は栽培種という人工の小さな遺伝子プールに再び混沌を引き起こし、雑多な異分子を生み出す。しかし、それは遺伝的多様性の温床となり、また新しい栽培型を生み出す創造の過程といえないだろうか。

トリフィーダ六倍体は野生化したサツマイモではないか、という問題提起がある。[7] また私たちがトリフィーダ四倍体としているのは、サツマイモと未知の二倍体との自然雑種であるという見解もある。[8] ともに一九六〇年代の重要な指摘であるが、まだその答えはない。遺伝子循環系がつくりだす多様な変異を注意深く研究していくことでしか答えは得られないであろう。

まとめ――野生植物トリフィーダの耐病害虫性などをサツマイモに導入することを目的に、サツマイモ、野生種を中心に過去約二〇年間多数の交雑が行われた。それらの結果から、野生種倍数体の遺伝子プール間や野生種とサツマイモ遺伝子プール間には互いに遺伝子交流が可能であり、またそれは各遺伝子プールをめぐる循環系をなすことが分かった。この遺伝子循環系は野生種利用育種のマニュアルであると同時に、栽培種と野生植物との共進化についていくつかの重要な示唆を与えている。

第五章　センチュウとサツマイモ

18　ネコブセンチュウ抵抗性の遺伝

センチュウ（線虫）は昆虫ではなく線形動物に属する土壌のなかの生物である。自由生活者もおれば動物、植物に寄生をするものもいる。英名ではネマトーダ（ネマ「νεμα」＝ギリシャ語で「糸」を意味する）といい通常は肉眼では見えない糸状の生物で、多様な種類がある。

サツマイモに程度の差はあれ被害が報告されている種類を注にまとめた。

このうちサツマイモネコブセンチュウ（*Meloidogyne incognita*, 以下ネコブセンチュウと略す）は次の三点からもっとも重要な有害動物である。まず、サツマイモの減収や品質の低下をもたらす。サツマイモに限らずきわめて多くの、数千ともいわれる種類の野菜、果樹、雑草にも寄生するので一度増殖を許したら次にその土地で安全に育つ作物がなくなる。そして世界に広く分布していて食糧生産の重要な阻害要因となっている。

サツマイモの耐病性育種の一つの柱はこのセンチュウに対する抵抗性品種をつくることである。サツマイモは、しかし、同質六倍体なので遺伝様式を分析することはきわめてむずかしい。ここでは二倍体トリフィーダの抵抗性の遺伝について述べる。センチュウは身近な微細動物ではあるが一般には知られていないので、実験の方法などやや細部についても触れる。

ネコブセンチュウの寄生に対する反応を調べる。一定量のネコブセンチュウの卵嚢を幼植物の根元に埋めて接種し、一か月の生育後に根を調べるとたくさんの大小のこぶ状の「ゴール」ができている。ネコブの「コブ」とはこれらゴールを指している。ゴール内部には一～三頭の白く丸い雌成虫がおり、雌親はゴールの表面に白い卵嚢を生み出す。成虫や卵嚢は肉眼でも見える。一卵嚢には約五〇〇～一〇〇〇の卵が入っている。このようにセンチュウの繁殖を許してしまうクローンまたは個体は感受性であるという。いっぽう、抵抗性個体の根にはゴールなど病徴はなく、まったく健全である。このように、種子から育てた三〇日齢の幼植物や茎先で育てたクローンからできる若い植物をもちいて、ネコブセンチュウへの反応を調べることができる。私たちの接種試験では根全体のゴールや卵嚢数を調べ、根の生重一グラム当たりの数に換算した値をもちいて、ゴール数が〇～三未満で卵嚢数ゼロの場合は抵抗性、ゴール数三以上（実際の測定値は四〇～三〇〇）で卵嚢ができている場合は感受性と区別した。[1]

抵抗性はどのような遺伝様式をとるのかを調査するため、抵抗性と感受性クローンをもちいて、抵抗性×抵抗性、抵抗性×感受性、感受性×感受性の交雑をした。そして得られた後代各個体のネコブセンチュウへの反応を調べた。その結果が表18－1である。感受性同士の交雑でできた後代は、例外の一個体を除き、すべて感受性であった。この例外はその後の再試験でも抵抗性と判定されたが、遺伝子型決定は果たせなかった。抵抗性×感受性の交雑でできた後代では、すべてが抵抗性個体のみの場合と二つの表現型（抵抗性と感受性）が分離する場合に分かれた。このことは抵抗性は優性遺伝子に支配され、抵抗性親でもそれぞれ遺伝子型が異なることを示している。同様なことは、抵抗性同士の交雑結果につ

表18-1　2倍体トリフィーダのサツマイモネコブセンチュウ抵抗性の遺伝様式　交雑組合せとその後代の抵抗性と感受性個体の頻度，三つの後代の表現型分離とメンデル比の適合性検定.

交雑（クローン番号）	調査個体数	個体数 抵抗性	個体数 感受性	メンデル比	χ^2 (P)
抵抗性×抵抗性（1303×1510）	117	117	0		
抵抗性×抵抗性（4FR15×4FR18）	100	91	9	15：1	1.29 (0.26)
感受性×抵抗性（1902×1303）	117	117	0		
感受性×抵抗性（1902×1510）	107	107	0		
抵抗性×感受性（4FR15×1911）	81	59	22	3：1	0.20 (0.67)
抵抗性×感受性（4FR18×1911）	91	74	17	3：1	1.94 (0.17)
感受性×感受性（1902×1911）	115	(1)*	114		

* 例外個体，再度センチュウを接種して抵抗性と判定.

いても言える。また、感受性は劣性遺伝子に支配されているようである。

表18-1でみるように、F_1（雑種第一代）世代で抵抗性、感受性の表現型の分離が起きているが、この点について補足する。遺伝学の教科書にはエンドウをもちいたメンデルの実験結果が載っている。しかし、実験に着手するまでにメンデルが行ったことは省略されている。メンデルは実験に先立ち実験材料に選んだエンドウの市販品種を数年育てて、その品種の特徴となる形質が毎世代変化しないことを確かめている。またこの確認は実験の期間中も続けられた。この実験準備は論文の冒頭に書かれている。

どの世代も形質が不変なのは、元の親がホモ接合体であるためである。例えば、いまある形質に関与する対立遺伝子をA、aとすると、親がホモ接合体AAあるいはaaならばその親からできた子供はすべてがAAまたはaaとなり、親と同じ形質をもつことになる。ただし、これはエンドウのように自殖（自家受精）により子供ができる植物に限られる。メンデルは市販品種が完全に自家受精をするかを確かめていたのである。要約すると、自殖性植物では両親はホモ接合体なので、AA×aaの交雑でできたF_1植物はみな同じ遺伝子型Aaである。このF_1植物の自殖によって生じたF_2世代ではじめて異なる表現型の個体が出現する。

しかし、他殖植物の場合は親はかならずしもホモ接合体とは限らない。親がヘテロ接合体Aaの場合もある。このような親同士が交雑すると、F_1世代でも、優性形質をもつ個体（遺伝子型AAとAa）と劣性形質をもつ個体（遺伝子型aa）が分離する。他殖植物では分離はいつの世代でも起こりうる。

抵抗性×抵抗性（4FR15×4FR18）の後代一〇〇個体は抵抗性九一、感受性は九個体、この比率は一〇・一対一である。いま、これら二つの表現型の比率について二遺伝子座モデルのメンデル比一五対一であるいう仮説を立てれば、検定値χ^2（カイ二乗、観測と理論頻度の食い違いの程度を表す指数）が一・二九より大きくなる確率は〇・二六なので、この仮説は棄却されない。確率が〇・〇一、〇・〇五などとあまりに小さいと上記の仮説「メンデル比一五対一に適合する」は棄却されることになる。抵抗性×感受性の二つの交雑の事例では抵抗性、感受性が五九対二二（比率二・七対一）、七四対一七（四・四対一）であったが、同様の統計的検定の結果、ともにメンデル比三対一に適合した。このため、以後、二遺伝子座モデルを前提として分析を進めた。

二つの遺伝子座の対立遺伝子をR_1、r_1またR_2、r_2で表す。ただし、R_1またはR_2は優性の抵抗性遺伝子で、それぞれr_1またはr_2に対し優性である。抵抗性×抵抗性（4FR15×4FR18）の場合は両親の遺伝子型はともに二重ヘテロで$R_1r_1R_2r_2$と推測される。また、この交雑から生じた抵抗性分離体はR_1-R_2-（記号「-」はR_1またはr_1、R_2またはr_2を表す）、感受性分離体は二重劣性ホモ$r_1r_1r_2r_2$と推測される。

この推測を確かめるためには、さらに各抵抗性分離体（F_1で分離してきた抵抗性個体）の遺伝子型を決定することが求められる。そのため、抵抗性分離体を個別に検定交雑する。ここで検定交雑とは抵抗性

家系	調査個体数	個体数		χ^2 (p)
		抵抗性	感受性	
分離　3：1				
N13	60	45	15	0.00 (1.00)
N16	70	56	14	0.93 (0.33)
N46	62	47	15	0.02 (0.88)
N102	86	62	24	0.39 (0.53)
N110	44	30	14	1.09 (0.30)
N114	68	52	16	0.08 (0.78)
N115	50	31	19	2.88 (0.09)
N117	80	57	23	0.60 (0.44)
N126	42	29	13	0.79 (0.37)
N131	45	36	9	0.60 (0.44)
N132	50	34	16	1.31 (0.25)
N136	65	48	17	0.05 (0.83)
N146	50	35	15	0.67 (0.41)
N148	38	32	6	1.72 (0.19)
N150	49	38	11	0.17 (0.68)
N151	45	35	10	0.19 (0.67)
N152	64	55	9	4.10 (0.04) *1
N154	50	41	9	1.31 (0.25)
N157	37	28	9	0.01 (0.92)
N158	55	46	9	2.19 (0.14)
N161	53	40	13	0.01 (0.94)
分離　1：1				
N5	63	37	26	1.92 (0.17)
N33	62	29	33	0.26 (0.61)
N35	70	41	29	2.06 (0.15)
N43	63	34	29	0.40 (0.53)
N108	50	26	24	0.08 (0.78)
N112	49	26	23	0.18 (0.67)
N139	48	22	26	0.33 (0.56)
N143	46	26	20	0.78 (0.38)
N163	52	21	31	1.92 (0.17)
非分離（すべて抵抗性）				
N27	52	52	0	
N32	63	63	0	
N45	63	63	0	
N109	86	85	(1) *2	
N119	61	61	0	
N130	50	50	0	
N133	48	48	0	
N134	50	50	0	
N142	48	48	0	
N145	55	55	0	
N159	49	49	0	

表18-2　抵抗性分離体の検定交雑　抵抗性×抵抗性（4FR15×4FR18）の後代に分離した抵抗性個体を個別に検定交雑する．41家系は，2例（N152，N109）を除き，抵抗性と感受性が3：1または1：1のメンデル比をとり，残りの家系ではすべてが抵抗性で非分離であった．

＊1　観測頻度は3：1からかけ離れている．
＊2　例外個体．

表現型個体と二重劣性ホモを交雑してその後代で表現型の分離を調べるための交雑である。抵抗性×抵抗性（4FR15×4FR18）からの四一抵抗性分離体（N番号シリーズ）の検定交雑の結果を表18－2に示した。

検定交雑からの家系では、二例を除き、一〇家系はすべて抵抗性の非分離、二〇家系は抵抗性と感受性が三対一に、また九家系は一対一に分離した。例外は家系N152で比較的多くの抵抗性個体の出現、また家系N109の例外的な感受性分離体の出現であった。これらの原因は不明である。

両親とも二重ヘテロ（$R_1r_1R_2r_2$）の場合、その後代で分離する抵抗性個体の遺伝子型、またそれら抵抗性個体を検定交雑したとき期待される表現型分離とメンデル比は次のとおりである。

		検定交雑	家系の理論比率
（1）	遺伝子型　$R_1R_1R_2R_2$	非分離	7
（2）	遺伝子型　$R_1R_1R_2r_2$　または　$R_1r_1R_2R_2$	非分離	
（3）	遺伝子型　$R_1R_1r_2r_2$　または　$r_1r_1R_2R_2$	非分離	
（4）	遺伝子型　$R_1r_1R_2r_2$	3：1	4
（5）	遺伝子型　$R_1r_1r_2r_2$　または　$r_1r_1R_2r_2$	1：1	4

表18－2で示すように検定交雑の家系では非分離、二種類の分離比三対一と一対一がみられた。このことは上記の期待どおりであった。しかし、家系の比率となると非分離、分離（三対一）、分離（一対一）は七対四対四の比率からは大きくかけ離れていた。これは調査した家系の数が少ないためとおもわれる。実験では二重劣性ホモと感受性分離体との交雑をしてその後代も調べたが、予想どおり全調査個

体は感受性であった。以上の結果から、二つの抵抗性親 4FR15 および 4FR18 は二重ヘテロ $R_1r_1R_2r_2$ であると確認した。

抵抗性クローン 1303 や 1510 の遺伝子型決定には今一つの実験が必要である。上記のような方法のみでは、例えば、「この抵抗性クローンは一遺伝子座について抵抗性遺伝子がヘテロ、すなわち $R_1r_1r_2r_2$ または $r_1r_1R_2r_2$ いずれかである」という結果にとどまり、どちらの遺伝子座に抵抗性遺伝子があるのか区別できない。

以下は分析結果の概要のみを示すが、この区別のためには、抵抗性クローン間の交雑、その子孫から任意に選んだ抵抗性分離個体の検定交雑をすることが必要となる。このような方法をもちいて、抵抗性クローン 1303 の遺伝子型は $R_1R_1R_2r_2$、また抵抗性 1501 の遺伝子型は $r_1r_1R_2R_2$ と決定された。

以上、遺伝子分析全体に関して、二、三のことを付記する。

（1） 検定交雑にもちいる二重劣性ホモ植物は、近親交配にならぬような植物を選択しなければならない。近親交配は幼植物の発育に顕著な弱勢効果をもたらし、貧弱な根部ではしばしば接種試験での判定を誤る原因となる。

（2） 両親あるいは片親の遺伝子型の決定には少なくとも二～三世代の後代検定を要する。一世代の調査には交雑に一年と後代検定に一年の計二年かかる。親の遺伝子型の最終決定ができた数年後に親クローンがウイルス病などで消失ということも起こりうる。そのためには親クローンの無病化、無菌培養など格別の保存方法を併行させる。

（3） トリフィーダ種の抵抗性遺伝子はサツマイモの抵抗性品種の改良、抵抗性遺伝子の発現機構の解明などにもちいることができよう。そのためには、二倍体で抵抗性遺伝子のホモ接合体を選び、そのホモ個体間交雑からの種子を保管して、随時耐病性育種にもちいることが望ましい。

(4) トリフィーダの二重劣性ホモ接合体はサツマイモの抵抗性品種の遺伝子分析にもちいることができる。この方法については第23節「抵抗性遺伝子数の推定」(一三〇頁)で取り上げる。

結論は下記のようである。他殖性トリフィーダ二倍体植物では、サツマイモネコブセンチュウに対する抵抗性は二つの優性遺伝子に制御されている。これらの抵抗性遺伝子は *Rm₁* および *Rm₂* (resistant to *Meloidogyne* の略)と命名された。二遺伝子座それぞれの対立遺伝子のうち少なくとも一つが優性遺伝子であれば、その植物はネコブセンチュウに抵抗性を示す。感受性植物は二重劣性ホモである。

従来、いくつかの植物でネコブセンチュウ抵抗性の遺伝子分析がなされている。そのなかでもっともよく知られているのはトマトの事例であろう。トマトの抵抗性遺伝子 *Mi* (*Meloidogyne incognita* の略)は本来トマトの近縁野生種 (*Lycopersicon peruvianum*) の遺伝子であり、約五〇年前アメリカで種間交雑によりトマトに導入されたが、以来ネコブセンチュウ抵抗性の実用品種のすべてに受け継がれてきている。[2] インゲンマメの抵抗性遺伝子 (*Me1*：*Meloidogyne incognita* race 1 の略) は強力でネコブセンチュウとまた別の重要なメロイドギネ属のセンチュウ種に対しても抵抗性を発揮する[3](その他のセンチュウ種は注を参考)。栽培種トウガラシと交雑可能な三つの近縁野生種の抵抗性はネコブセンチュウ種によって、単一優性遺伝子、二つの補足優性遺伝子あるいは二つの重複優性遺伝子と遺伝的システムが異なる。[4] さらに、ササゲ[5]、タバコ[6]、コムギの祖先種エギロプス・スカロッサ (*Aegilops sqarrosa*)[7]、モモ[8]ではそれぞれ単一優性遺伝子が抵抗性を決定する。以上、一般にセンチュウ抵抗性は優性遺伝子が関与する場合が多い。いっぽう、バレイショ[9]やトウモロコシ[10]での抵抗性は微動遺伝子(ポリジーン)による量的遺伝をとるとされている。サツマイモにおける抵抗性の量的遺伝については第24節(一三五頁)で述べる。

まとめ——他殖性トリフィーダ二倍体植物ではサツマイモネコブセンチュウに対する抵抗性は二つの優性遺伝子に制御されている。二遺伝子座それぞれの対立遺伝子のうち少なくとも一つが優性遺伝子であれば、その植物はネコブセンチュウの寄生を許さず、抵抗性反応を示す。しかし、二つの抵抗性遺伝子がそれぞれ抵抗性反応にどのような違いを示すのかという課題は解明されていない。この実験全体では終始特定のネコブセンチュウ集団がもちいられた。この集団はトリフィーダ植物の場合と同様に、サツマイモの抵抗性品種には寄生せず、感受性品種には強度の寄生性を発揮する。サツマイモネコブセンチュウ抵抗性の遺伝についてトマトなど他植物の研究結果を要約した。

［注］　サツマイモに寄生するセンチュウ類

メロイドギネ属

（1）　アレナリアネコブセンチュウ（Arenaria root-knot nematode, *Meloidogyne arenaria*）多犯性、雌成虫は内部寄生。別名ピーナッツネコブセンチュウ。亜熱帯から温帯南部に分布。

（2）　キタネコブセンチュウ（Northern root-knot nematode, *M. hapla*）多犯性、雌成虫は内部寄生。北方型線虫で日本では主に中部地方以北に生息。国内ではサツマイモに加害しないとされているが、アメリカではサツマイモの被害が報告されている。近年は九州の平地での増殖、被害もでており、今後拡大の恐れありとされている。

（3）　サツマイモネコブセンチュウ（Southern root-knot nematode, *M. incognita, M. incognita acrita*）きわめて多犯性、雌成虫は内部寄生。各地で安定した増殖をして、大きな経済的被害を与える。本属のなかでサツマイモにとってもっとも主要なセンチュウである。

（4）　ジャワネコブセンチュウ（*M. javanica*）多犯性、雌成虫は内部寄生。九州、四国の太平洋沿岸の暖地に分布。沖縄全域でイネ科、マメ科また野菜類に被害を与える。サツマイモで全生活史を過ごすのではないが、サツマイモ栽培により分布域を広めている。最近国内の本種とアレナリアネコブセンチュウの同定には再検討の必要性が指摘されている。

ディティレンクス属

（5） イモネグサレセンチュウ（Stem nematode, *Ditylenchus destructor*）多犯性。茎の基部に内部寄生。欧州、アメリカではバレイショ、テンサイの主要線虫、日本にはアイリス球根により導入された。中国ではサツマイモの主要な病害センチュウで、抵抗性品種の育成が重要課題となっている。

パラトロフルス属

（6） リュウキュウイシュクセンチュウ（*Paratrophurus* sp.）幼虫期、成虫期とも外部寄生。奄美諸島、沖縄全域のサトウキビ、イネ科、マメ科植物に多く検出されるが、またヒルガオ科植物にも検出されるのでサツマイモ寄生の可能性もある。

プラティレンクス属

（7） ミナミネグサレセンチュウ（Root-lesion nematode, *Pratylenchus coffeae*）多犯性、内部寄生。九州には普遍的に分布、サツマイモ、バレイショ、サトイモの連作で被害の主因となる。サツマイモの減収は強抵抗性品種で一〇%、弱抵抗性品種で三〇%程度。ネコブセンチュウのように塊根にも寄生するため、感染植物体の移動により容易に伝播する。

（8） キタネグサレセンチュウ（*P. penetrans*）関東以北に主に分布、しかし関東以西でも根菜類の被害甚大。

（9） ムギネグサレセンチュウ（*P. neglectus*）関東以北で主にムギ類やコンニャクに被害。

ロティレンクルス属

（10） ニセフクロセンチュウ（Reniform nematode, *Rotylenchulus reniformis*）多犯性、半内部寄生で雌成虫の体はほとんどまたは一部が露出。ネコブセンチュウのようなゴールはつくらない。南方型。九州ではサツマイモ、ゴボウで検出。ネコブセンチュウに抵抗性の農林二号はこのセンチュウに罹りやすい。塊根の裂開症をともなう。アメリカでは近年このセンチュウの被害がクローズアップされている。

19　ネコブセンチュウへの防御反応

寄生性センチュウへの抵抗性、感受性の違いは、侵入、成長、増殖に対し植物がなんらかの有効な防御反応をもつか否かにある。すでに先の遺伝の実験で述べたように、抵抗性植物はゴール形成や卵嚢がごくまれかあるいはまったくみられなかったが、しかし、これはあくまでサツマイモネコブセンチュウ（以後、ネコブセンチュウ）に対する植物が示した寄生拒否の結果にすぎない。ここでは寄生拒否に関わる一連の防御反応について記述する。トリフィーダ二倍体の二つの抵抗性遺伝子はたぶんそうした反応のどこかに関わっているのであろう。

ネコブセンチュウの生活史を表19－1に要約した。植物病理学者R・A・ロード[1]（マサチューセッツ大学）がネコブセンチュウ類一般（*Meloigogyne* spp.）と宿主《しゅくしゅ》の関係を図示しているが、その図に宿主にみられる三つの防御反応を書き加えた。

幼虫の移動と侵入まで

卵から出てくる幼虫は、卵のなかで一回脱皮をするので、二期幼虫とよばれる。この幼虫こそ土中を移動する重要な寄生源である。体長〇・四ミリ程度、蛇行しながら動く、糸くずのような小動物である。宿主の根圏での行動は誘引、忌避物質に左右されるようであるが、その実態はまだ詳しく分かっていない。幼虫の口内には鋭い針があり、そこから分解酵素類をだし、根の細胞間層を溶かしながら内部に侵入する。根冠の背後が主な侵入部位で、そこは根の生長がもっとも盛んなところでもある。この段階で

表19-1　サツマイモネコブセンチュウの寄生生活史と各段階にみる抵抗性植物の防御反応　防御反応は幼虫侵入への抵抗性，侵入直後に起きる過敏感反応による抵抗性，またセンチュウ発育不全をもたらす感染後の抵抗性に大別される．

サツマイモネコブセンチュウ	日	宿主	抵抗性植物にみる防御反応
誘引・忌避：２期幼虫は根からの誘引，忌避物質に反応して土中を移動（？）	−5		侵入抵抗性
根への侵入：皮層部への侵入と内部移動	0	感染初期：２期幼虫は生長盛んな，若い根を選び感染する	過敏反応による抵抗性
寄生部位に定着：２期幼虫の肥大と栄養摂取部位への定着	5		
２期幼虫の成長： 第２回脱皮，３期幼虫 第３回脱皮，４期幼虫 第４回脱皮，成虫	10	ゴール形成：幼虫口部付近の細胞の異常肥大と異常増殖	発育不全抵抗性 栄養供給阻害，巨大細胞の不完全な発達，脱皮阻害，発育遅延，性成熟阻害，産卵不能
	15	巨大細胞群の発達と充実：多核倍数体細胞群の形成，ゴールの大きさは最大に達する	
	20		
卵嚢排出：雌成虫は直腸腺からゴールの表面に卵嚢を生み出す，２期幼虫の土中への放出，移動	25		
	30	巨大細胞群は崩壊を始める	

幼虫の侵入を阻止あるいはきびしく制約するような積極的な対応があれば、それを侵入抵抗性という。

　トリフィーダ種とネコブセンチュウの寄生関係を調べると、抵抗性また感受性クローンの間には、(1)初期侵入をうけた根の割合、(2)侵入を受けた根当たりの幼虫数に違いはみられなかった。したがってこのような侵入抵抗性の存在は認められない。サツマイモの抵抗性品種についても、しばしば侵入抵抗性の存在が論議されているが、明確な侵入抵抗性を支持するような報告は今のところない。

根内の幼虫の移動

　侵入した幼虫はその細い体で細胞間層をかなり自由に移動する。未分化状態の通導組織、分裂組織、柔《じゅう》組織のなかを多数の幼虫はいっせいに根の上部に向かって移動する。この移動時期に植物側は過敏感反応といわれる特徴的な反応を示す。過敏感反応は一般に植物がウイルス、細菌、菌類など病原体に示す一つの防御反応で、病原体を取り込んだいくつかの細胞は速やかに死ぬ。このためネクローシス反応（ネクロ「νεκρο」＝死、死体、ギリシャ語）ともいう。

幼虫へのネクローシス反応は侵入後数日後におきる。幼虫に接した植物細胞には褐変物質の元となる過酸化酵素、β-グルコシダーゼ、クロロゲン酸など酸化フェノール類が急速に蓄積される。褐変、壊《え》死《し》した細胞群が一頭の幼虫の頭部あるいは全体をとりまき墓標のような病斑をつくる。幼虫は直接有毒物質で死ぬかあるいは餓死するとされている。以上、侵入幼虫は突然死をおこした植物細胞によって捕獲、隔離されてしまうかのように観察される。このような防御反応をここでは過敏感反応による抵抗性とする。

トリフィーダ二倍体の抵抗性クローンの根は一見正常である。これは過敏感反応により侵入幼虫が死滅するためである。侵入した幼虫は数日後にはその七〇％内外が、また三〇日後には九五％以上がネクローシス病斑の中でみつかる。いっぽう、感受性クローンではゴール形成また柔細胞の異常分裂や肥大など寄生関係が成立し、幼虫の大部分は発育、脱皮し、雌成体となる。

過敏感反応によってできるネクローシス病斑は抵抗性の有無を知る一つの手がかりである。しかし、ときにサツマイモやトリフィーダ倍数体の抵抗性クローンでは、発育過程のセンチュウは見つからず、過敏感反応がおきているとは予想されるが、褐変病斑は観察されないことがある。このような場合、過敏感反応の有無は、例えば、ニューブルー（New Blue R）などの生体染色法をもちい、組織内の幼虫の生死を直接観察する方法を開発する必要があろう。

寄生部位への定着と卵嚢の着生

幼虫は頭部を通導組織付近におき、尾部を皮層組織の方に向けて定着する。このとき幼虫体内の背部食道腺には分泌物質として顆粒状の糖タンパク質が大量につくられるが、それらは寄生生活に関わる物質と推察されているもののまだ同定されていない。この定着部位でネコブセンチュウは一生を過ごす。幼虫は定着部位にできた後述するような特殊な宿主細胞群から栄養摂取をして、三回の脱皮を経て成虫となる。やがて、体長〇・五ミリほどの丸々とした雌成虫に成熟すると、直腸腺から卵塊を排出する。寒天質に包まれた白い卵塊は普通ゴール表面に露出するので肉眼でもみえる。

いっぽう、宿主の疾患部にも変化がある。幼虫の口部にある数細胞はシンシチウム細胞または巨大細胞となる。これらは原形質の分裂がともなわず、核のみが分裂を重ねてできた多核性倍数体細胞である。幼虫はこの特殊細胞を介して栄養をとる。大形化した柔細胞、変則的に発達した通導組織が集まり、疾患部はこぶ状になる。このこぶはゴールと呼ばれる。こうした細胞の異常肥大や異常増殖は幼虫定着後二〇日前後の短期間に進行、完結する。卵嚢の排出とともに巨大細胞群は崩壊する。貧栄養下に置かれた宿主では性転換により雄成虫をみることがあるが、普通、雄成虫の出現はまれである。

雌成虫は受精、減数分裂なしで有糸分裂型単為生殖により卵をつくる。したがって、一頭の雌から生じた次世代の娘たち、すなわち娘家系はすべて同じ遺伝子型であり、この娘家系を同祖雌系統（アイソフィーメイル系統）という。(2) 同祖雌系統はまたその雌親とも遺伝子型は同じである。したがって実験では一個の卵嚢（一頭の雌成虫が産み出す）を取り出し、孵化してくる幼虫を増殖すると遺伝的に均一なネコブセンチュウ集団をつくることができる。

以上は幼虫の栄養摂取、脱皮、卵嚢形成の経過と宿主の病徴、また単為生殖の概要である。このように寄生関係は宿主の体質によってさまざまな影響を受けることが想定される。寄生生活の確立には巨大細胞群の形成が必須条件とされているが、この細胞群の発達程度は宿主の遺伝子型により異なるとされている。顕著なゴール形成にもかかわらず、雌成虫による卵嚢形成が行われない事例もしばしばみられ、脱皮、性的成熟などの局面に働く宿主側の防御要因があることも充分推測される。また、感受性クローンにあっても、卵嚢の大きさや卵数、孵化率には大きな差があるのは普通である。いずれも、寄生者の正常な発育を妨げるこれらの要因は、発育不全型抵抗性と総称できよう。このような抵抗性にはまた多くの遺伝要因および環境要因が関与しているであろう。

トリフィーダ二倍体では多数のゴールをもちながらも卵嚢を欠く個体が特定の交雑組合せの子孫に多発する事例があった。詳しい遺伝分析はできなかったが、発育不全型抵抗性の範疇に入る抵抗性の存在を仮定すれば、それは劣性遺伝子の関与によるのではないかと推測された。

まとめ――寄生性センチュウへの抵抗性は、センチュウ侵入、成長、増殖の各段階でなんらかの有効な防御反応がとられることである。ここではサツマイモネコブセンチュウに対する植物の防御反応を述べた。ネコブセンチュウの一世代の生活史は大きく次の三つの時期に分かれる。(1)幼虫の誘引と侵入、(2)根内での幼虫の移動、(3)寄生部位の定着と卵嚢排出までである。防御反応はそれぞれの時期にあり、(1)侵入抵抗性、(2)過敏感反応による抵抗性、また(3)センチュウの発育不全型抵抗性とした。それら抵抗性反応の一般的な特徴とトリフィーダ種での観察結果を要約した。

20 サツマイモ栽培と安全指数

農林省の千葉県海上《かいじょう》試験地に昭和一七（一九四二）年赴任した近藤鶴彦は当時を回顧して、「昭和一五年ごろから各地でサツマイモの収量が半減から皆無になるような事態がでて、農家の間では大きな話題となっていた。そして根にできたこぶの中の白いツブツブを見つけ、これが原因だ、と農家は言っていた」と述べている。それはサツマイモネコブセンチュウ（以下、ネコブセンチュウ）の雌成虫であった。第二次大戦下サツマイモは食糧源として、またそれ以上にガソリン代替えの液体燃料の原料として増産が図られていた。しかし産地では今日では想像を絶するような被害がでていた。近藤鶴彦は以来この微小寄生動物の生態、防除の研究に専心した。

以下、近藤鶴彦が晩年にまとめた試験地時代の成果の一部である。(1) 抵抗性を判別するため、毎年この病気に罹りやすい品種を植え付けてセンチュウが均一に増殖した圃場を用意した。この方法は今日の育種操作ではセンチュウ抵抗性の圃場検定として受け継がれている。ネコブセンチュウの被害診断にはSmithとTailorのゴール指数その他をもちいた。ゴール指数は根系全体のゴール数をゼロから四点までの五段階スコアで評価したあと、スコアの平均を四で割った値（％）である。ゴール指数はゼロから一〇〇までの値をとり、ゼロは抵抗性を表す（第24節参考）。土中の茎、細根、やや太い非肥大根、塊根の先端（尾部）にもネコブセンチュウは寄生するが、これら局部の寄生の程度には互いに高い相関関係があり、ゴール指数がこれら疾患のよい代表値であることを示した。例えば、抵抗性の品種は農林二号（ゴール指数〇）、太白（〇）、病気に罹る品種では沖縄一〇〇号（四〇）、農林一号（八八）などである。

さらに近藤らは昭和二八（一九五三）年まで、たくさんの品種を継続して調べているが、注目されることはゴール指数の年次間の相関係数が〇・九五三〜〇・九九九ときわめて高いことである。これは抵抗性が環境条件にあまり左右されず、安定した遺伝的性質であることを示すものである。

全栽培面積のうちどれほど抵抗性品種が栽培されているかは、生産がどれほど安全に行われているかの疫学的指標であろう。そこで、抵抗性品種のスコアを一、中間性品種は〇・五、感受性品種は〇として、各品種の栽培面積を加味したスコアの平均を安全指数とした。対象がネコブセンチュウなので、ネコブセンチュウ安全指数というべきであろうが、以下安全指数という。

昭和二八年の農林省統計(2)によると、当時の抵抗性品種の栽培面積割合は一七・三％、中間性品種のそれは一六・六％なので安全指数は〇・二六となる。約七〇％の栽培地は潜在的にこの病気を抱えていた。戦後数年は毎日「おいも」の食事に悲鳴をあげた時期であるが、生産の現場もまた多難で別の悲鳴をあげていたことを示している。

時間をさかのぼり、冒頭に引用した戦前の昭和一五年頃はまだ抵抗性の農林系品種はなかった。当時の千葉県の主要品種は沖縄一〇〇号（ゴール指数四〇）、それに抵抗性品種太白《たいはく》があるのみであった。全国的にみると安全指数は〇・一一である。千葉県のような被害は全国で普通に起きていたのではないかと推察される。

これから半世紀たった今日、栽培される品種の顔ぶれも大きく変わった。その間、抵抗性品種の普及など漸進的な改善がみられたのであろうか。平成八（一九九六）年統計(2)では全栽培面積五万七五五ヘクタール、抵抗性品種の栽培面積は六六五四ヘクタール、中間性品種のそれは一万六九二七ヘクタールなので、安全指数は〇・三〇となる。昭和二八年の安全指数よりわずかに高くなったとはいえ、大きな改善はない。

この指数をサツマイモ栽培地二〇〇ヘクタール以上の二五県でみると（図20‐1）、高い価はせいぜい〇・四（群馬、埼玉、千葉）でほとんどはそれ以下、安全指数ゼロの四国四県もある。サツマイモは決して安全な作物とは言えない状況である。用途別でみると、青果用ではベニオトメ（抵抗性）とベニアズマ（中間性）があるのみで栽培地の安全指数は〇・二七、加工・原料用の栽培地南九州にはデンプン原料用の抵抗性品種（農林二号、ミナミユタカ、シロユタカ、シロサツマ）があるため指数は〇・四四とやや高くなる。

なぜ安全指数ゼロの生産地から、私たちが日頃目にするようなあの見事なサツマイモが出回っているのであろうか。産地によっては被害を回避するため、連作を避ける、センチュウを減らす対抗作物を一年挿入する、水田を畑状態にして栽培する、あるいは農地の病土を取り除き客土する、などさまざまな工夫がなされていると聞く。しかし、やはり広く行われているのは確実で速効性のある薬剤防除であろう。揮発性の高い殺センチュウ剤で問答無用とばかりに土中の小動物や微生物を全滅させる。死の土をつくるのである。

日本で使用される薬剤は使用量の順にD‐D剤（ジクロロプロペン）、臭化メチル、クロロピクリンである。(3) いずれも毒性の強い物質で、クロロピクリンは第一次大戦時のドイツの化学兵器であった。これらはサツマイモ以外に多くの露地やハウス栽培の野菜にも使われる。作物別の使用量の統計はないので、ここではあえて青果用サツマイモ栽培との関連を検討してみた。図20‐2は平成四年の全国の薬剤消費量である。

都市市場向きの特産地では品質の高さを確保するため、薬剤防除などより徹底的な対策がとられてい

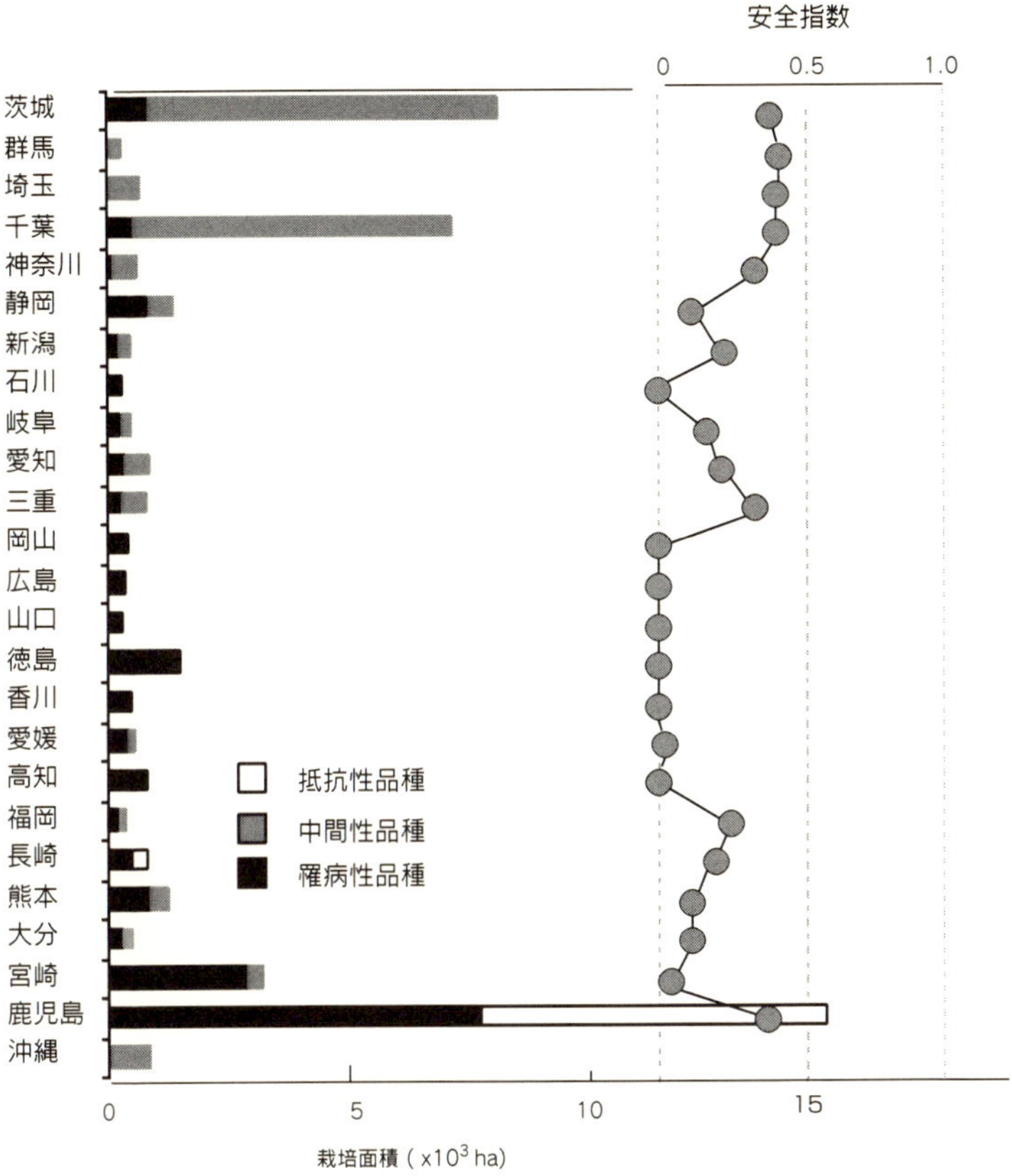

図20-1　ネコブセンチュウ抵抗性品種の栽培面積からみた安全指数　サツマイモ栽培面積200ha 以上の25県についての安全指数．安全指数は品種の抵抗性のスコア1，中間性は0.5，感受性は 0 として，栽培面積を加重した平均である．全国の平均安全指数は0.30（平成 6 年度統計）．

るのであろう。東京、名古屋、大阪の三大青果市場向けの出荷が多いのは茨城、千葉、徳島、香川、高知、熊本、大分、宮崎、鹿児島の九県である。[4] ちなみにこれら九県の殺センチュウ剤の合計は国内薬剤消費量の約五〇%を占める。

図20－2から次のように推測した。(1)茨城、千葉での大量の薬剤使用は青果用サツマイモの大きな生産と関連があろう。(2)鹿児島、宮崎ではこの図にはない加工用サツマイモの生産があり、そこにも薬剤が多用されている可能性がある。(3)高知のサツマイモ出荷量は比較的小さく、サツマイモ以外の野菜類栽培に集中して使用されている可能性が高い。(4)ブランド品種鳴門金時を出荷する徳島の産地はそここの出荷量があるにもかかわらず薬剤使用量の少ないことが注目される。以上、地域差はあるが全体としてみるとサツマイモの生産活動は薬剤防除に大きく依存していると推察される。

日本のこれら薬剤の使用量は一か国としては世界最高であり、西欧諸国が使用する全量に匹敵しているといわれている。[5] 一九八〇年代の後半から欧米諸国ではきびしい殺センチュウ剤の使用規制や禁止がとられてきた。アメリカでは一九八六年以来D－D剤中の不純成分の発ガン性が問題となり、これを多用する果樹王国カリフォルニアでは禁止措置がとられた。しかし日本ではそのような危険性の喚起もなく使用されている。臭化メチルはオゾン層破壊物質として近年注目を浴び、すでに欧米では早くからこの薬剤の使用禁止あるいは使用量制限をとる動きがある。近い将来殺センチュウ剤の最大消費国日本でも当然問題となるであろうし、それに依存する農業には厳しい目が向けられるであろう。

生産物の評価は市場での出荷品の容姿、ブランド名、またその背景にある消費者の移り気な好みによって決められてしまう。どのようにリスクの大きい品種であってもその生産を余儀なくされる現場では、安全指数ゼロの赤信号はなかなか消えないのである。

育種機関や地方試験場は品種特性についての科学的情報を提供する。それに基づき生産者は安心して育つ品種を自主的に選択する。各地域にふさわしい独自の栽培法を工夫する。出荷物には少なくとも産地、品種名、収穫期、病気や害虫防除に使用した薬剤名などの情報を表示する。消費者は値段と安全性と各自の「おいしさ」基準で買い物をする。このようなごく自然な一体感のある物流ができないものか。安全指数の大きい生産基盤を築くには、いまのような市場物流は変わらなければならないし、また同時に抵抗性品種の育成と普及がさらに推進されねばならない。

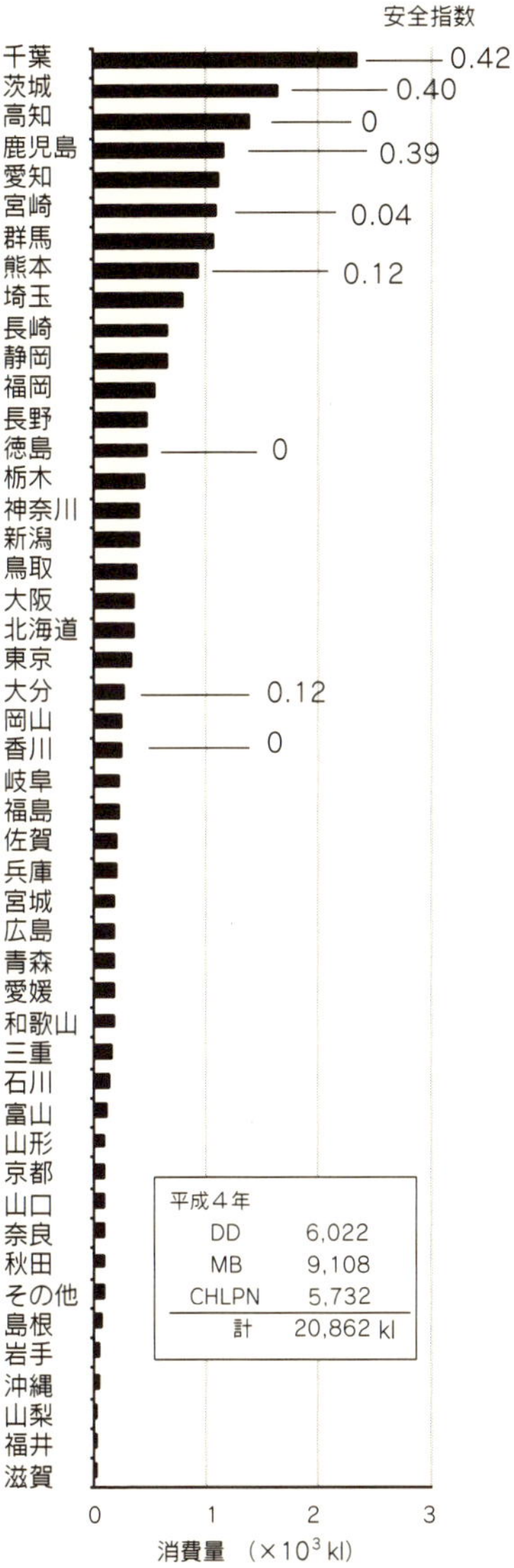

図20-2　殺センチュウ剤の消費量（単位 kl）と安全指数　土壌病害への対策には主に三つの農薬が使用される．D-D，臭化メチル（MB），クロロピクリン（CHLPN）で，このグラフはそれら農薬の使用量の合計である．とくに千葉，茨城，鹿児島など市場へのサツマイモ出荷が大きい９県について安全指数を示した．これらの県での農薬消費は全国の合計の約50％を占める（平成４年度農薬統計）．

まとめ――全栽培面積のなかでネコブセンチュウ抵抗性品種が占める面積の割合をネコブセンチュウ安全指数と呼んだ。昭和一五年の安全指数は〇・一一、昭和二八年は抵抗性の農林系品種の台頭もあり〇・二六とやや高まった。その後約四〇数年を経た平成六年、栽培される品種もすっかり交替したが、生産現場の安全指数は〇・三〇と低迷している。とくに青果用サツマイモ栽培に限ると安全指数は〇・二七、すなわち七〇%の栽培地はこの病気が蔓延する危険をはらんでいる。今日の店頭にみる容姿美しく整ったサツマイモはこのようなリスクの大きい産地でつくられている。世界の農薬統計では日本は殺センチュウ剤の最大の消費国である。国内の青果用サツマイモの出荷量と殺センチュウ剤使用量の統計をもちい、安全指数ゼロの生産現場が薬剤依存への袋小路に追いつめられている現状を述べた。(後記――一九八五年ウイーン条約と八七年モントリオール議定書を締結したわが国は、オゾン層の破壊物質である臭化メチルを二〇〇五年までに全廃することになった)

21 農林系サツマイモ品種のネコブセンチュウ抵抗性

一九四二(昭和一七)年に登場した農林一号、農林二号以来、一九九〇(平成二)年までの四八年間に四三の農林系品種が育成された。年平均一品種くらいで農林系品種が世に送り出されている。これら農林系品種のサツマイモネコブセンチュウ(以下ネコブセンチュウ)への抵抗性は、一九七二年近藤鶴彦ら[1]による先駆的な研究、また育種選抜時の年次成績を集約した一九八一年志賀敏夫ら[2]、一九八六年坂本敏[3]の報告がある。しかしなかには、ごく少数であるが育成時の検定結果がなく未知の品種もある。これらの結果すべてを表21-1(A、B、C欄)にまとめた。

多年の事業から生まれた農林系品種は貴重な遺伝資源であり、そうした資源の抵抗性の特性を一定の方法で比較して、再現性のあるデータで記録しておくことは、将来のこの特性の育種計画あるいは遺伝的分析に役立つであろうと考えた。そのため全四三品種のネコブセンチュウへの反応を試験[4]した。山川理が九州農業試験場（九農試と略）で圃場検定を、また三重大学の私たちが室内の接種試験を分担した。こうした組織的な試験ははじめてのことである。

まず感染源とするネコブセンチュウ集団の病原性を比較のため、三重県農業技術センターの集団（A、単一卵嚢由来の同祖雌系統）、農業研究センターの検定圃場集団（K）、また九農試からの二集団（N2, N18, それぞれ同祖雌系統）を抵抗性、感受性数品種に接種した（データは省略）。品種間ではゴール数や卵嚢数には統計的有意性がなく、これら集団には病原性程度について大差はないと判断されたので、本実験は集団Aをもちいた。

室内接種試験の判定結果を表21-1（E欄）にまとめた。ゴール数／根重、卵嚢数／根重はともに幅広い連続的な変異を示した。これら二つの測定値をもちいたK-平均分割法（K-means splitting method）により、四三品種を五つのグループに分けた。この分割法は各変数につき群間分散と群内分散の比がもっとも大きくなるように品種をグループ分けする方法である。各グループをそれぞれ抵抗性（R、一九品種）、やや抵抗性（MR、一二）、中間（M、二）、やや感受性（MS、八）、感受性（S、二）とした。

各グループにつき、品種、ゴール数と卵嚢数の平均を図21-1に示したが、抵抗性品種のゴール数や卵嚢数はすべて一以下である。中間の二品種ではゴール数は比較的大きいが、卵嚢数が一以下という特徴がある。二つの感受性品種はそれぞれ病状についてきわめて高い値を示した。これら二つの測定値に

1. 抵抗性 [ゴール数 0.19, 卵嚢数 0.03]

(2) 農林2号, (3) 農林3号, (5) 農林5号, (6) 農林6号, (7) 農林7号, (9) 農林9号
(19) ベニセンガン, (24) ゴコクマサリ, (25) サツマアカ, (29) ベニユタカ,
(30) セトヨシ, (34) ミナミユタカ, (35) ツルセンガン, (37) ベニハヤト, (38) シロユタカ
(39) シロサツマ (41) ハイスターチ, (42) フサベニ, (43) ベニオトメ

2. やや抵抗性 [3.62, 1.36]

(8) 農林8号, (11) クロシラズ, (12) チハヤ, (13) シロセンガン, (15) アジヨシ
(16) フクワセ, (18) ヤケシラズ, (21) クリマサリ, (22) タマユタカ, (27) コナセンガン
(36) ベニアズマ, (40) サツマヒカリ

3. 中間 [13.80, 0.78]

(26) アリアケイモ, (28) ツクモアカ

4. やや感受性 [9.58, 2.36]

(4) 農林4号, (10) 農林10号, (14) オキマサリ, (17) ナカムラサキ, (20) セトアカ
(23) ベニワセ, (31) コガネセンガン, (32) ナエシラズ

5. 感受性 [29.89, 11.96]

(1) 農林1号, (33) ベニコマチ

図21-1　農林系品種のネコブセンチュウ抵抗性　過去48年（昭和17年から平成2年）農林水産省の育種機関で育成された43品種のネコブセンチュウに対する反応．接種試験での根重1 g当たりのゴール数と卵嚢数をもちい，k-平均分割法（k-means splitting method）により，43品種は抵抗性群から感受性群の5群に分けられた．[　] は各群の1g根重当たりゴール数，卵嚢数の平均．(　) 内は農林品種番号．

←

1) 判定表示：HR，高度抵抗性；R，抵抗性；MR，やや抵抗性；M，中間；MS，やや感受性；S，感受性；VS，高度感受性．(　) 内は評点．
2) 各試験での判定を0～4に評点化して五つの試験結果の一致の度合いを，フリードマン検定で調べた．フリードマン統計値（FTS）と検定結果は次のとおり．
   試験EとD，FTS＝5.233*
   試験DとC，FTS＝0.112 ns
   試験DとB，FTS＝2.000 ns
   試験DとA，FTS＝0.053 ns
   ＊5％有意性，ns 有意性なし．
3) #印は従来の判定とは異なる結果（本文に説明）．太字は図21-1に示した抵抗性品種．

表21-1　農林系43品種のサツマイモネコブセンチュウへの反応

農林番号	品種	A 近藤ら (1972)	B 志賀ら (1981)	C 坂本 (1986)	D 圃場検定	E 接種試験
1	農林1号	VS (4)	VS (4)	S (4)	S (4)	S (4)
2	農林2号	HR (0)	HR (0)	R (0)	**R (0)**	**R (0)**
3	農林3号	HR (0)	HR (0)	R (0)	**M (2)**	**R (0)**
4	農林4号	MS (3)	—	M (2)	MR (1)	MS (3)
5	農林5号	HR (0)	HR (0)	R (0)	**R (0)**	**R (0)**
6	農林6号	VS (4)	VS (4)	S (4)	**MR (1)**	**R (0)** #
7	農林7号	R (1)	R (1)	MR (1)	**MR (1)**	**R (0)**
8	農林8号	S (4)	S (4)	MS (3)	S (4)	MR (1)
9	農林9号	HR (0)	HR (0)	R (0)	**R (0)**	**R (0)**
10	農林10号	HR (0)	HR (0)	R (0)	M (2)	MS (3) #
11	クロシラズ	VS (4)	VS (4)	S (4)	MS (3)	MR (1)
12	チハヤ	VS (4)	VS (4)	S (4)	S (4)	MR (1)
13	シロセンガン	MS (3)	M-S (2.5)	MS (3)	S (4)	MR (1)
14	オキマサリ	R (1)	M-R (1.5)	MR (1)	S (4)	MS (3)
15	アジヨシ	MS (3)	MS (3)	M (2)	MS (3)	MR (1)
16	フクワセ	MS (3)	MS (3)	M (2)	M (2)	MR (1)
17	ナカムラサキ	MS (3)	MS (3)	M (2)	M (2)	MS (3)
18	ヤケシラズ	S (4)	M-VS (3)	MS (3)	S (4)	MR (1)
19	ベニセンガン	—	R (1)	R (0)	**R (0)**	**R (0)**
20	セトアカ	S (4)	VS (4)	S (4)	S (4)	MS (3)
21	クリマサリ	—	VS (4)	S (4)	M (2)	MR (1)
22	タマユタカ	—	MS (3)	M (2)	MS (3)	MR (1)
23	ベニワセ	—	HR (0)	R (0)	MS (3)	MS (3) #
24	ゴコクマサリ	—	—	—	**MR (1)**	**R (0)**
25	サツマアカ	—	R (1)	MR (1)	**R (0)**	**R (0)**
26	アリアケイモ	—	MS (3)	M (2)	M (2)	M (2)
27	コナセンガン	—	MS (3)	M (2)	MR (1)	MR (1)
28	ツクモアカ	—	MS (3)	M (2)	M (2)	M (2)
29	ベニユタカ	—	—	—	**MR (1)**	**R (0)**
30	セトヨシ	—	—	—	**R (0)**	**R (0)**
31	コガネセンガン	—	S (4)	MS (3)	S (4)	MS (3)
32	ナエシラズ	—	S (4)	MS (3)	M (2)	MS (3)
33	ベニコマチ	—	VS (4)	S (4)	MS (3)	S (4)
34	ミナミユタカ	—	R (1)	MR (1)	**R (0)**	**R (0)**
35	ツルセンガン	—	R (1)	MR (1)	**R (0)**	**R (0)**
36	ベニアズマ	—	—	M (2)	S (4)	MR (1)
37	ベニハヤト	—	—	R (0)	**MR (1)**	**R (0)**
38	シロユタカ	—	—	R (0)	**R (0)**	**R (0)**
39	シロサツマ	—	—	R (0)	**R (0)**	**R (0)**
40	サツマヒカリ	—	—	—	MR (1)	MR (1)
41	ハイスターチ	—	—	—	**R (0)**	**R (0)**
42	フサベニ	—	—	—	**R (0)**	**R (0)**
43	ベニオトメ	—	—	—	**MR (1)**	**R (0)**

ついてはグループ間では高い有意性が認められた。

九農試の圃場検定でのネコブセンチュウへの反応はゴール指数（前節）で表されたが、表21－1（D欄）に判定結果を示した。この検定方法は育種では慣例的に行われている。この圃場と室内試験の判定は微妙に食い違っており、概して室内試験の判定はより抵抗性へと偏る傾向がみられた。二つの判定結果の一致性を統計学的に検討するため、各判定を評点化してフリードマン検定をした（表21－1、脚注）。フリードマン統計値（FTS）は大きく、五％水準有意性で両判定は不一致と結論された。いっぽう、今回の圃場検定の判定は過去の近藤ら（一九七二）、志賀ら（一九八一）、坂本（一九八六）の判定とはおおむね一致していた。

以上、今回の二つの試験結果と従来の判定結果を総合すると次のような問題点が残された。
（1）農林三号は九農試の圃場検定では中間と判定された。しかし、室内試験では後述するようにこの品種はネクローシス反応、根内センチュウの発育阻害の状況から明らかに抵抗性と判定された。
（2）過去の試験結果では農林一〇号の高度抵抗性〜抵抗性は明確である。しかし、今回この品種は、いずれの試験でもはっきり寄生をうけており、やや感受性（接種試験）または中間（圃場検定）とみなされた。同様に過去の判定との食い違いは品種ベニワセにもある。この逆の例は従来感受性品種とされた農林六号を抵抗性とする今回の判定である。したがって、これら農林一〇号、ベニワセ、農林六号についての判定は今後再検討されるまでは留保される。
抵抗性と判定された一九品種（留保の農林六号を含む）ではあるが、それらのネコブセンチュウへの反応は実は一様ではない。表21－2には接種後七日目のネクローシス反応（％）、ゴール数、および寄生を受けた根におけるセンチュウの発育段階別頻度（％）を挙げた。以下、表21－2についての考察を列記する。

（1）ネクローシス反応は各二期幼虫をとりまく褐色すじ状病斑として観察されるが、この反応の程度は全侵入幼虫に対する病斑数の割合（％）をもちいた。この欄にゼロ（％）の品種があることは褐変化をともなわないネクローシス反応があることを示唆している。ただし感受性品種農林一号がゼロなのはネクローシス反応がなかったためである。

（2）発育途上のセンチュウ頻度は根の内部環境がどれほどセンチュウの発育、成熟に適しているかを知る目安となろう。品種によっては、すべての幼虫が侵入期の二期段階にとどまるか、あるいは三、四期（この二つ段階の幼虫は形態的に区別が困難）には進むが雌成虫にはなりがたい、といった発育遅延または阻害がみられる。いっぽう、接種後三〇日目（ネコブセンチュウの一世代の経過時間は約三〇日）、農林一号ではすべてが三、四期あるいは雌成虫となり、卵嚢もできることから、ここではネコブセンチュウは順調な発育、成熟をみせている。

以上、一九の抵抗性品種のなかで、ネクローシスの多発、侵入幼虫のほぼ完璧な発育阻止をみせる農林三号、五号と九号は特異な抵抗性をもつのではないかと推察された。これら三品種の抵抗性が他品種のそれとどのように違うのか、再び次の節でとりあげる。

ネコブセンチュウの接種試験に関し二、三の事項を述べる。今回の接種試験と圃場検定の判定の違いは次のような要因が考えられる。(1)抵抗性基準の差。室内接種試験では病徴や増殖体である卵嚢の直接の測定値にもとづく判定であり、圃場検定では病徴の外観診断による判定による、(2)接種期間の差。根系が寄生体にさらされている期間は前者が一か月、後者は三か月、(3)ネコブセンチュウの病原性の差。根

表21-2　抵抗性19品種のネクローシス反応，ゴール数，発育段階別センチュウの頻度

農林番号	品種	接種後7日 ネクローシス(%)	接種後30日 ゴール数/g	2期幼虫(%)	3，4期幼虫(%)	雌成虫(%)
抵抗性						
2	農林2号	48	0.21	60	30	10
3	農林3号	**83**	0.09	**94**	**6**	**0**
5	農林5号	**100**	0.16	**100**	**0**	**0**
6	農林6号#	37	0.32	57	37	7
7	農林7号	29	0.14	67	23	10
9	農林9号	**93**	0.04	**100**	**0**	**0**
19	ベニセンガン	15	0.07	nt	nt	nt
24	ゴコクマサリ	nt	0.07	nt	nt	nt
25	サツマアカ	0	0	nt	nt	nt
29	ベニユタカ	0	0.29	47	43	10
30	セトヨシ	0	0.49	nt	nt	nt
34	ミナミユタカ	30	0.13	69	31	0
35	ツルセンガン	0	0.11	17	73	10
37	ベニハヤト	50	0.46	68	32	0
38	シロユタカ	30	0.04	87	13	0
39	シロサツマ	30	0.11	59	34	6
41	ハイスターチ	30	0.14	45	47	8
42	フサベニ	26	0.18	86	14	0
43	ベニオトメ	0	0.09	14	76	10
感受性						
1	農林1号	0	28.50	0	12	88

#　農林6号の判定については留保．nt は未調査．
太字は特異な抵抗性を示す農林3号，5号，9号．

その後、九農試の検定圃場の土壌から単離した二つの同祖雌系統をもちいた試験では、一系統は系統Aとほぼ同程度の病原性を、いま一つは系統Aの約三倍の強度の病原性を示した。

今後はより簡潔な室内接種試験方法を開発して、育種方法の一つに採用することが望ましい。その理由は、(1)室内、短期(30日)の試験なので、制御した環境での、例えば一定の土壌温度、反応が比較できる、(2)病原性の異なるネコブセンチュウ集団あるいはレース別に抵抗性の判定ができる。これらは抵抗性の多角的な評価をもたらし、またより確実な選抜方法につながる。ただし短所は環境制御できるスペースは限度があり、一度に大量の材料が検定できないことである。

まとめ――昭和一七年育成の農林一号、二号から平成二年の育成品種べニオトメまで、四三の農林系品種が世にでた。これら全品種のセンチュウに対する反応を室内の接種試験で比較して、抵抗性をもつ一九品種を確認した。これら品種は併行して行われた九州農業試験場の山川理による圃場検定でも、農林三号を除き、抵抗性、やや抵抗性と判定された。過去の判定とは大きな食い違いを示した三品種(農林六号、農林一〇号、べニワセ)の判定は留保された。ゴール形成がほとんどみられない一九抵抗性品種でも、感染初期のネクローシス反応、感染後三〇日の根内センチュウの発育程度については大きな違いをみせている。とくに農林三号、五号、九号ではネクローシス病斑の高い頻度と発育阻止がみられ、特異な強固な抵抗性をもつと推察した。サツマイモ育種に適切な室内接種試験法を加えると、抵抗性の多角的評価ができ、また選抜に有効な手段となるであろうことを述べた。

22 熱安定型抵抗性

地温が高くなるとネコブセンチュウ抵抗性発現が抑制されることは、サツマイモをはじめ数種の作物でよく知られている。品種ネマゴールドはその名にネマ（ネマトーダ）があるように、アメリカの代表的な抵抗性品種である。この品種は高温下（三二℃）では抵抗性を喪失して、幼虫の侵入増加、発育の促進、そして低温（二五℃）ではみられない卵嚢形成がおきる。[1] トマトの遺伝子 *Mi* による抵抗性は二八度で抑制を受け、寄生を許すようになるが、遺伝子 *Mi* とは非対立関係の遺伝子 *Mi-2* は高温でも影響を受けず、熱安定型の抵抗性である。[2] インゲンマメでは抵抗性に関与する優性遺伝子（Me_1, Me_2）や劣性遺伝子（me_3）の発現はすべて温度に依存する。[3] このように生育適温以上の地温では抵抗性の低下、喪失がおきることがあり、それはまた遺伝的素因による。

前節の試験で抵抗性とされたサツマイモ農林系の六品種の反応を低温（二五℃）と高温（三二℃）のもとで調査した[4]（表22-1）。これら六品種の内訳は強固な抵抗性をもつと推測された農林三号、五号、九号、抵抗性発現に環境の影響を受けやすいのではないかとみられたナカムラサキ、および代表的な抵抗性品種とされている農林二号とミナミユタカである。ミナミユタカは野生種トリフィーダの抵抗性を導入してつくられた品種である。対照として感受性品種の農林一号を用いた。

表にみるように、高温区でも農林三号、五号、九号のゴール数、卵嚢数の増加はほとんどみられない。しかしながら、農林二号、ナカムラサキ、ミナミユタカではこれらの数は高温区で増大し、抵抗性の低下または喪失がみられた。感受性の農林一号では高温の下でより激しい寄生症状を呈した。この試験結

表22-1　低温と高温区での6品種のネコブセンチュウ抵抗性反応

品種	低温（25℃）		高温（32℃）		分散分析―温度効果のF値[1]	
	ゴール数	卵嚢数	ゴール数	卵嚢数	ゴール数	卵嚢数
熱安定型						
農林3号	0.00	0.00	0.03	0.03		
農林5号	0.00	0.00	0.40	0.42	0.395NS	0.362NS
農林9号	0.00	0.00	0.25	0.25		
熱不安定型						
農林2号	0.00	0.00	0.89	0.87		
ナカムラサキ	0.78	0.78	6.53	5.55	31.702**	26.804**
ミナミユタカ	0.02	0.02	10.07	8.15		
感受性						
農林1号	12.09	7.94	33.75	38.50	4.536**	7.724**

1）ゴール数，卵嚢数はそれぞれ二つの温度条件によって統計学的な有意差の有無を示し，NSは有意差なし．＊＊は1％水準の有意差あり．

果（一〇反復）を分散分析して温度効果をみると、先の三品種については温度区間にゴール数、卵嚢数には有意差なし、後の三品種については有意差（一％）あり、と示された。以上、農林三号、五号、九号の三品種は温度変化にかかわらず抵抗性を維持できる熱安定型抵抗性をもつ品種であるとみなされる。前節ではこれら三品種をネクロシス反応の強さ、センチュウ発育阻止の抵抗性という見方から、「強固な」抵抗性品種と呼んだが、ここではさらに「熱安定型の強固な」抵抗性品種であると定義できる。

今回の試験は温度制御装置のスペースから六品種に限られた。しかし、熱安定型か不安定型かは、温度制御なしの室内でなされた先の接種試験結果からも推測できるようにおもわれる。つまり前節の表21-2にみるように、農林二号、ナカムラサキ、ミナミユタカでは根内センチュウの三〇％以上は三、四期幼虫と雌成虫である。同様な傾向は農林六号、七号、ベニユタカ、ツルセンガン、ベニハヤト、シロサツマ、ハイスターチ、ベニオトメにもみられるので、これらすべては熱不安定型抵抗性である可能性が高い。ただフサベニとシロサツマの抵抗性は熱安定型である可能性がある。

農林三号、五号、九号の系譜をみると（図22-1）、農林三号、五号は片親が在来品種吉田であり、農林九号も二代前の片親が吉田である。吉田は抵抗性であるという古い記録がある。したがって、熱安定型抵抗性はこの在来品種に由来している可能性が濃厚である。はたして吉田の抵抗性が熱安定型か、この確認は今後の課題として残された。さいわい吉田は数点が現在農水省農業研究センターで保存されているのでこの確認は可能である。

吉田は愛知、三重で明治年間栽培された品種であること以外詳しいことは知られていない。サツマイモ育種の草分け小野田正利によれば、吉田は太白の地方名（三重県）で太白と同一品種としている。(5)しかしこの見解には疑問があり、第36節「サツマイモの在来品種」で触れる。結論としては、二つは異なる品種と考えられる。図22-1の下には農林三号、五号、九号の栽培小史を小野田正利と井浦徳両名の(6)品種解説および農林統計から転載した。これら品種特性にはネコブセンチュウへの抵抗性の項目があり、そこには農林五号の「きわめて大」という評価もある。農林三号、五号、九号いずれも過去の品種である。しかし、これらの特異な抵抗性はいつかは要望されるときがくるようにおもわれる。

その理由はマルチ栽培である。最近のサツマイモは広くマルチ栽培されている。プラスチックフィルムを敷き詰め地温を上げると、収穫を初夏七月に早めることができる。ハウスのなかのトンネル、トンネルのなかのマルチと、二重三重のフィルムで温度を確保すると、五月から初夏まで収穫ができる。このように暖地では地面を温めて五月から一一月の間のどの月もどこかでいも掘りをしている。

マルチ栽培ではセンチュウをもマルチ増殖している可能性がある。鹿児島の一般的なマルチ栽培では

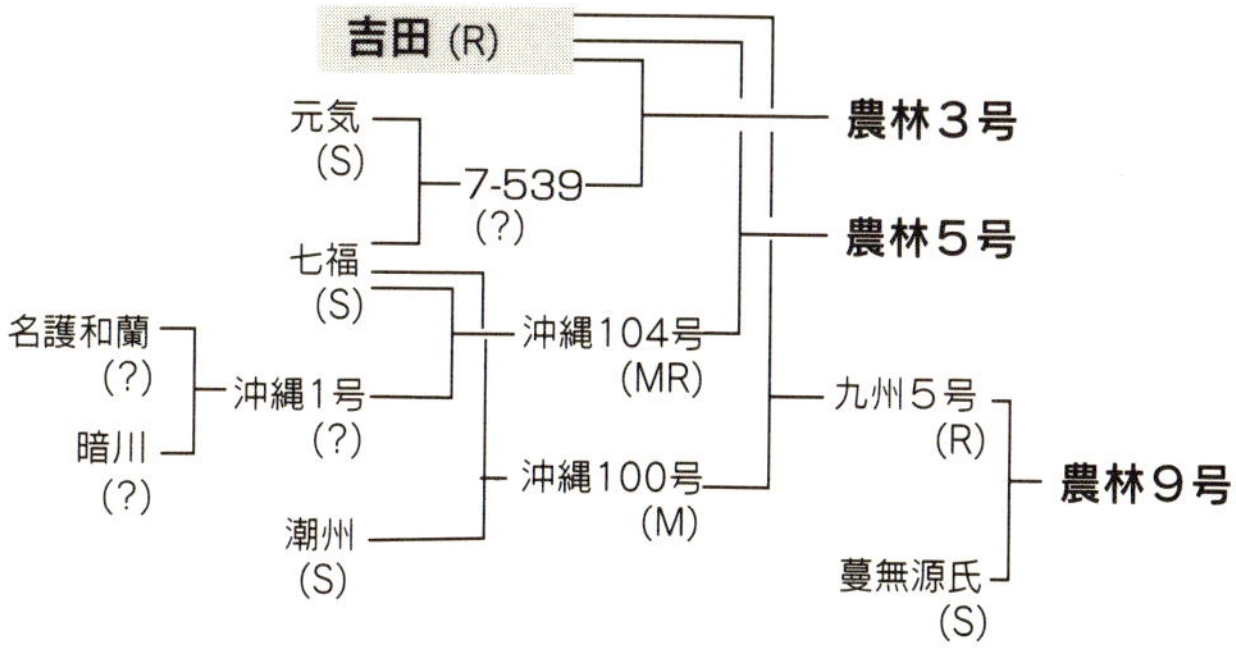

図22-1　熱安定型抵抗性をもつ農林3号，5号，9号の系譜　農林3号，5号，9号の親または祖先はネコブセンチュウ抵抗性をもつ在来品種吉田である．これら3品種の熱安定型抵抗性は吉田に由来している可能性が高い．R（抵抗性），MR（やや抵抗性），M（中間），S（感受性），？（未詳）．

農林3号，5号，9号の栽培小史

農林3号：昭和12年沖縄交配．同18年鹿児島農試で育成．茎は太い．外皮は黄白色，紡錘形．肉色は淡黄色．ネコブセンチュウに抵抗性，黒斑病に弱い． 栽培地：宮崎，鹿児島，広島，愛媛，香川 最大栽培面積9,700ha，同割合3.7%（昭和41年） 在野期間　34年（昭和20～53年）
農林5号：昭和15年沖縄交配，同20年千葉農試で育成．外皮は美麗な紫紅色，整った紡錘形，白い肉色，やせ地や乾燥地向き，早生型．黒斑病には極度に弱いがネコブセンチュウに抵抗性きわめて大． 栽培地：関東，東北，東海 最大栽培面積2,500ha，同割合0.8%（昭和28年） 在野期間　20年（昭和22～41年）
農林9号：昭和17年沖縄交配．同23年鹿児島農試で育成．節間短い．下ぶくれ紡錘型でよく整う．外皮は淡い黄赤色．収量は沖縄100号に優る極多収性品種．つるはあまり伸びず繁茂型で，暴風にも強い．ネグサレセンチュウとネコブセンチュウに抵抗性．黒斑病には中位． 栽培地：宮崎，鹿児島，福岡 最大栽培面積3,800ha，同割合1.2%（昭和37年） 在野期間　27年（昭和23～49年）

生育初期の一か月半、うね内の最高温度は三〇～三五℃に上昇する。とくにこの時期は苗の幼い根にネコブセンチュウの幼虫が密集し侵入するときにあたる。高温下でも感染から身を守れるのは熱安定型抵抗性品種しかない。

現在（平成六年）鹿児島で栽培されている抵抗性品種はその占有率の大きい順に、シロユタカ、シロサツマ、ミナミユタカ、農林二号である。熱安定型の抵抗性をもつ可能性が示唆されたシロユタカを除き、すべての品種は高温下では抵抗性を発揮できない品種である。

まとめ――生育適温以上の温度ではネコブセンチュウ抵抗性発現は抑制を受けることがある。サツマイモでは農林三号、五号、九号が高い地温（三二℃）でも抵抗性を維持できる熱安定型の抵抗性品種である。この熱安定型はこれら三品種の系譜からみて、在来品種吉田から遺伝しているようである。いっぽう、一般に抵抗性品種としてよく知られる農林二号やミナミユタカは高温では抵抗性の低下あるいは喪失がおきるため熱不安定型の抵抗性品種と呼ぶ。今日広く普及しているマルチ栽培では生育初期に三〇℃以上の地温がつづくので、感受性品種ではその被害がさらに増大するし、また通常の抵抗性品種でもけっして安全ではないと警告した。

23 サツマイモの抵抗性遺伝子数の推定

サツマイモは同質六倍体である。二倍体は一対の対立遺伝子をもつが、同質六倍体は六個の対立遺伝子をもつ。このため通常の分離パターンの分析から遺伝様式を決めることは困難である。不可能ではないが困難である。将来はこの高次倍数体でも分子遺伝学的方法で抵抗性遺伝子がＤＮＡとして抽出され、その遺伝子の座位、その重複数また個々遺伝子の抵抗性発現時の差異を知ることができるときがくるであろう。

難攻不落のサツマイモの一角にとりつき、ある程度は可能な遺伝分析法を述べる。二倍体トリフィーダ種（以下、二倍体と省略）の抵抗性遺伝子についてはすでに述べたが、その知見を六倍体に延長する。すなわち、サツマイモは二倍体トリフィーダの遺伝物質を単純に三倍もつと考える。これはおおむね妥当とおもわれる。以下、この前提でサツマイモの保有する抵抗性遺伝子数の推定方法についての試案である。

はじめに二倍体の抵抗性、感受性の遺伝子型を図示した（図23-1）。第18節（九七頁）で述べたように二つの座位にはそれぞれ対立遺伝子があり、そのうちの一つが優性遺伝子であれば表現型は抵抗性となる。いっぽう、二つの座位とも劣性遺伝子が対をなしている二重劣性ホモの状態では、表現型は感受性となりネコブセンチュウの寄生を受けるようになる。

サツマイモにもやはり二つの座位があるだろうし、上記の前提から各座位にはそれぞれ六個の対立遺伝子が、そして全部で一二個の遺伝子があるとする（図23-2）。したがって優性遺伝子の数は〇〜一二の範囲をとる。各座位六個の遺伝子のうち任意の三個が配偶子に分配されるが、この分配は六染色体的配分をとる。サツマイモ（柱頭親）と二重劣性ホモの二倍体（花粉親）を交雑して四倍体雑種をつくる。この雑種家系のなかの感受性個体の割合でもってサツマイモ親のもつ抵抗性遺伝子数を推定することができる。ただし、この推定法には、さらに二つの前提がある、(1)各座位の六個の遺伝子は染色体型分離(*1)の遺伝様式をとる、(2)また対立遺伝子の数量効果(*2)はないことである。

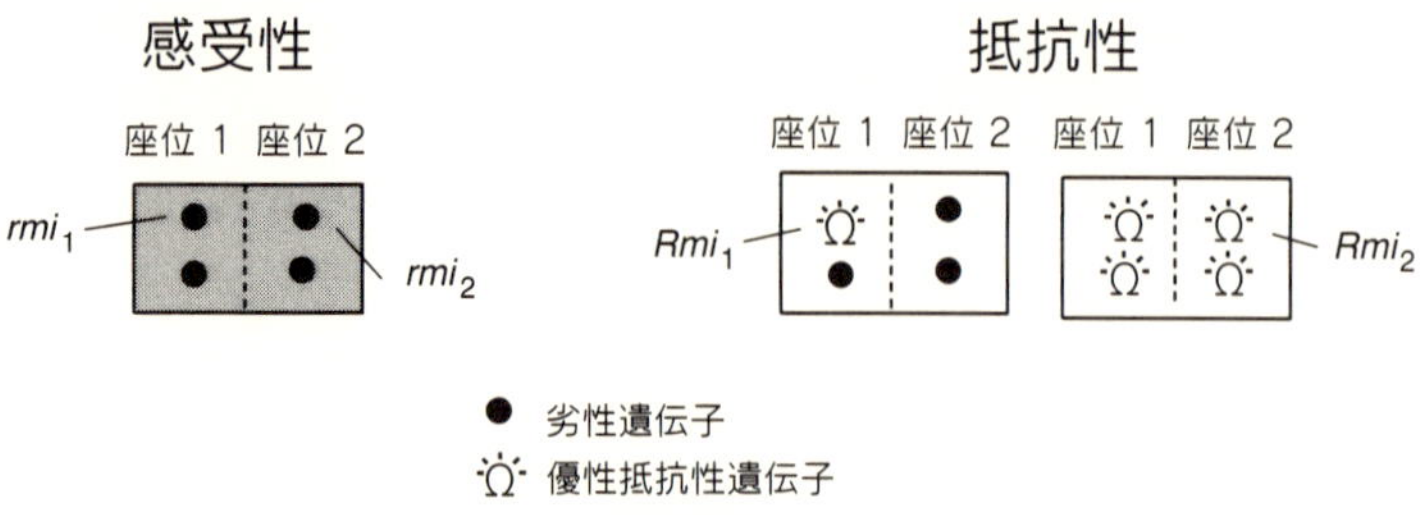

図23-1　2倍体のネコブセンチュウ抵抗性と感受性の遺伝子型　2倍体の二つの座位にはそれぞれ二つの対立遺伝子（*Rmi*，*rmi*）がある．両方の座位とも劣性遺伝子ならばネコブセンチュウの寄生を受ける．右上段の2例のように優性抵抗性遺伝子が少なくとも一つあれば，その個体の表現型は抵抗性である．

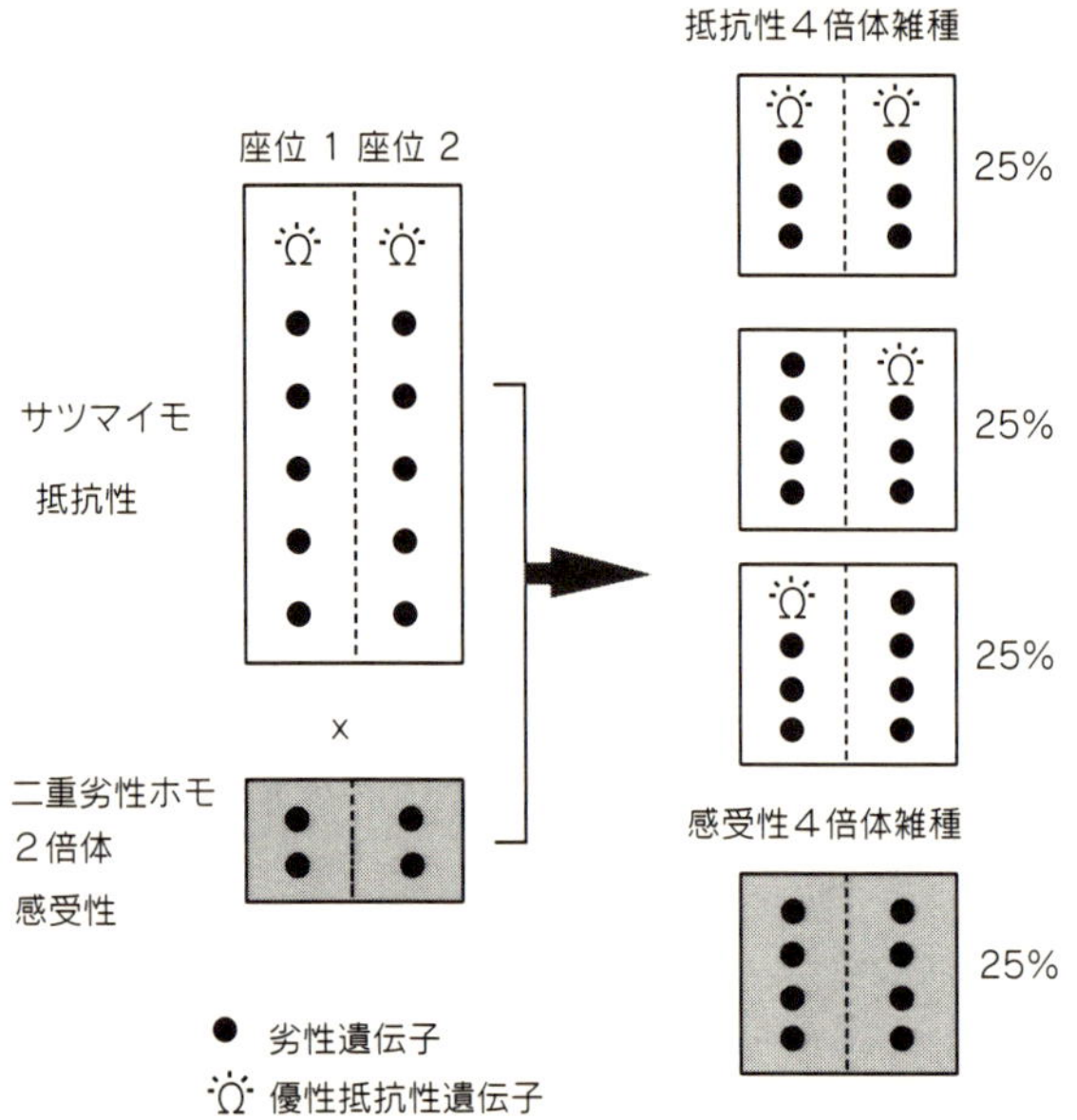

図23-2　サツマイモ×二重劣性ホモ2倍体の交雑と4倍体雑種の遺伝子型　サツマイモの各座位には6個の対立遺伝子がある．ここではそのうち各座位の1個が抵抗性遺伝子をもつ場合を例示した．4倍体雑種の遺伝子型は4種類，そのうち感受性（灰色）の割合は25%である．

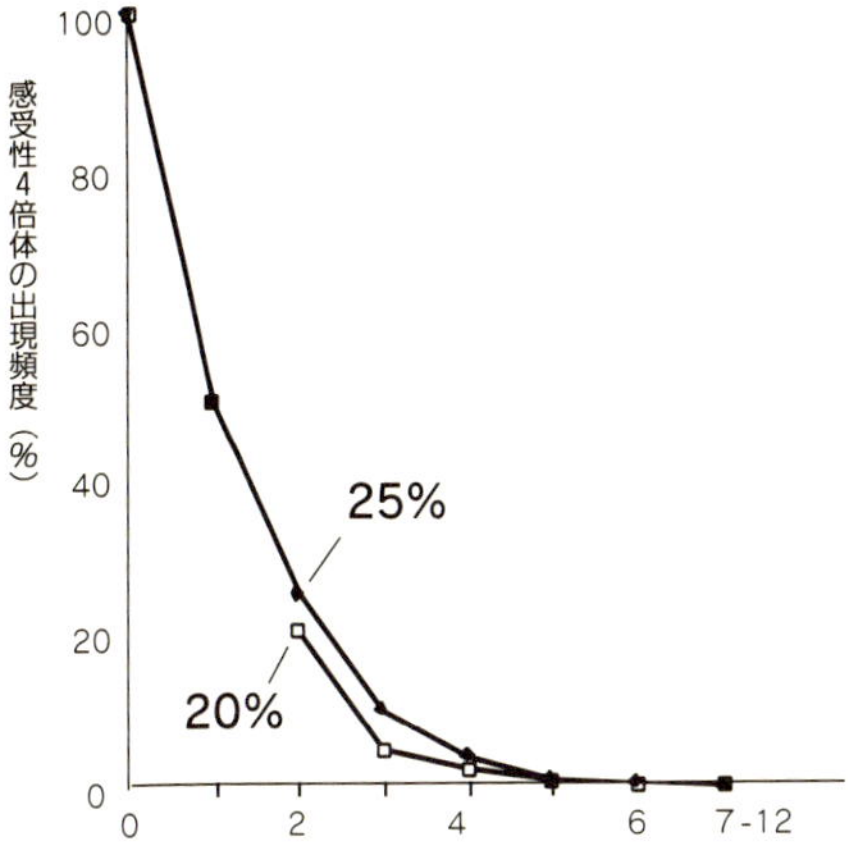

図23-3　サツマイモの保有抵抗性遺伝子数を推定する

感受性４倍体雑種の分離の割合が25％ならば，サツマイモ親の抵抗性遺伝子数は２個と推定される．分離割合が20％ならば，抵抗性遺伝子２個ともいずれか一つの座位に属している．下の折れ線は複数の抵抗性遺伝子が一方の座位にのみある場合．

図23－2では、一例として、二つの抵抗性遺伝子をもつサツマイモに二重劣性ホモの二倍体を交雑した場合を示した。サツマイモ親がつくる配偶子は、二つの抵抗性遺伝子を含むもの、いずれか一つの抵抗性遺伝子を含むもの、抵抗性遺伝子を欠いたもので、それぞれの割合は二五％である。生じた四倍体雑種の二五％は感受性である。もしサツマイモの二抵抗性遺伝子が一座位のみに遍在している場合は感受性四倍体の出現割合は二〇％となる。こうした感受性四倍体の割合とサツマイモ保有の抵抗性遺伝子数の関係を表したのが図23－3である。

サツマイモ親の保有抵抗性遺伝子数がゼロならば、感受性四倍体雑種の出現割合は一〇〇％、一個ならば五〇％、三個ならば一〇％（二座位に計三個）あるいは五％（一座位のみに三個）、四個ならば四％（二座位に計四個）あるいは〇％（一座位に四個）となり、五個以上のときは近似的に〇％となる。このため、抵抗性遺伝子数が四または五以上のサツマイモについては、この方法では保有遺伝子数の推定は不能である。冒頭に「ある程度は可能な遺伝分析法」としたのはこのためである。

以上が推定法の概略とその限界である。なお二、三の関連事項を補足する。この六倍体×二倍体から四倍体雑種を大量につくるには胚培養などの方法をとる必要があろう。前提「対立遺伝子の数量効果なし」は二倍体ではみられたが、倍数体でははたして正しい前提となりうるか、疑問がともなう。倍数体では抵抗性の程度は、既述のサツマイモ品種のように連続的に変異した。このような連続変異は優性の抵抗性遺伝子の数量効果、遺伝子によって抵抗性反応の程度が異なることなどが原因である可能性がある。後者の課題、個々の優性遺伝子を取り出し対センチュウ反応を比較するには、ここで述べた方法はとくに威力を発揮するだろう。

推定可能な遺伝子数には限界があるが、この推定方法は単に遺伝分析の結果に終わるのではなく、その副産物は育種への展開につなげることができる。すなわち、得られた抵抗性四倍体雑種と抵抗性二倍体の三倍体雑種、その抵抗性三倍体雑種の染色体倍加からできた六倍体は、サツマイモの抵抗性強化をめざす有力な育種素材となりうるからである。

まとめ――トリフィーダ二倍体の二座位モデル、抵抗性を支配する二つの重複遺伝子をそのまま同質倍数体のサツマイモに拡張すると、サツマイモは各座位に六個の遺伝子、計一二個の遺伝子があると想定される。倍数体の六染色体的遺伝様式、優性効果について前提をおくならば、サツマイモ×二重劣性ホモ二倍体の交雑で四倍体雑種をつくり、その家系内の抵抗性、感受性分離を調べることにより、サツマイモの保有する抵抗性遺伝子数が推定可能である。ただしこの方法には応用の限界がある。サツマイモの抵抗性遺伝子数が一～三（ときに四）のときのみ推定ができる。

＊1　同質倍数体の遺伝様式は二倍体のそれに比べてはるかに複雑である。同質四倍体ならば相同染色体は四本、染

色分体は八本である。これら染色体または染色分体が配偶子に分配される。これらの分配の仕方によって遺伝様式が決まる。

＊2 対立遺伝子の数量効果（ドース・エフェクト）。同質四倍体の場合、遺伝子型Aaaa、AAaa、AAAa、AAAAが優性遺伝子の数によって表現型に量的な差を呈すること。

24 二種のセンチュウへの複合抵抗性

今日では多くの主要作物や野菜の育種は複合抵抗性をもつ品種をつくることを目指している。二つ以上の病気に対して抵抗性があることを複合抵抗性という。これまでサツマイモネコブセンチュウ（ネコブセンチュウと略）についで述べてきたが、サツマイモはミナミネグサレセンチュウ（ネグサレセンチュウと略）の寄生をも受ける。関東以西、四国、九州一円のネコブセンチュウ被害に対し、ネグサレセンチュウの被害は九州南部に集中する。幼虫また成虫が若い根に侵入し病巣をつくり増殖する。その名のように「根腐れ」をおこすので、生育は貧弱になり、大きな減収をまねく。

これら二つのセンチュウに対し複合抵抗性をもつことは一つの理想であるが、なかなかその実現はむずかしい。なぜむずかしいのか、ここではそうした問題を取り上げよう。これら二つのセンチュウに関しては、抵抗性育種の基礎となった先駆的な基礎研究が一九六三〜六五年にわたり九州農業試験場の菊川誠士と坂井健吉によってなされている[1]。以下、この研究結果にもとづき、抵抗性の遺伝率また複合抵抗性獲得を目指す育種方法を再び考えたい。

ある形質が、例えば抵抗性と感受性のように二つに区別できず、個体により抵抗性程度が連続的に変異することがある。その形質に多数の遺伝子が関与していたり、その遺伝子発現がさまざまな環境の影響を受けるためである。このような量的形質がどのくらい確実に次世代に遺伝するかを予測することは、品種改良の計画に重要なことである。そのための方法として遺伝率を推定して、選抜対象とする個体数の大きさ、選抜方法などの指針とする。

いま、ある個体（クローン）がたまたま強度の抵抗性を表した。しかし、その抵抗性は個体の遺伝的要因と環境要因（生物的要因を含む）によって決められたものであろう。子供へ伝えられるのは遺伝的要因のみである。この遺伝的効果の相対的な大きさを表すのに遺伝率がもちいられる。一般的に遺伝率は子供たちの測定値の平均と片親あるいは両親の平均（両親中間値）との関係が回帰直線で表されるならば、回帰係数から遺伝率が計算される。二つの品種を交雑して子供を得たときは、両親中間値-子供平均値の回帰をとると、その回帰係数は遺伝率そのものに、数品種を任意交配をして品種別に子供を得たときは、片親（母親）-子供平均の回帰係数の二倍が遺伝率になる。(2) サツマイモのいろいろな形質についてもこれら方法で遺伝率が報告されている。しかし、実は上記の遺伝率の推定には、植物が二倍体であることが前提である。同質六倍数体であるサツマイモでは、この方法で求められた値は、あくまで遺伝率の近似値であり、理論上は、たくさんの遺伝子の複雑な交互作用のためやや高めに推定される。(3)

遺伝率は〇〜一の範囲の値をとるが、遺伝率が一ならば抵抗性の両親の間の子供はみな抵抗性となり、遺伝率ゼロならば抵抗性の両親の間の子供でも感受性から抵抗性までのいろいろな性質を示すであろう。このような一とかゼロのような極端な値は実際はまれであるが、遺伝率は複雑な実用形質が親から次世代にどの程度伝えられるかの一つの目安を与えてくれる。

菊川らは抵抗性から感受性までの二三品種を組合わせた一七交雑より子供をつくり、両親および子供のネコブセンチュウとネグサレセンチュウへの反応を調べた。親クローン三〇植物、子供は九〇個体の試験規模で、ネコブセンチュウの寄生程度はゴール指数、ネグサレセンチュウのそれは病斑指数で表した。両指数とも各個体の症状を六段階評点（0, 1… 5）にして、次式で表される。ただし、式では各段階の判定値をとる個体数を $n_i\ (i=0\sim5)$ とする。

$$\text{ゴールまたは病斑指数}=\frac{0n_0+1n_1+2n_2+3n_3+4n_4+5n_5}{5\sum_{i=0}^{5}n_i}\times100$$

この指数は〇〜一〇〇の値をとり、ゼロは寄生病徴が認められないことを示す。

図24-1はネコブセンチュウのゴール指数について両親-子供の回帰とその回帰係数すなわち遺伝率〇・五九を、またネグサレセンチュウの病斑指数の両親-子供の回帰では遺伝率〇・七九であったことを示す。アメリカのサツマイモ育種学者A・ジョーンズ[4]が同様な方法で推定したネコブセンチュウ抵抗性の遺伝率は〇・五七、またジャワネコブセンチュウ抵抗性の遺伝率は〇・六九である。菊川らの二つの推定値はほぼ妥当な値であろう。このほか害虫に対する抵抗性の回帰分析による遺伝率としては、WDS複合体（wire worm-diabrotica-system, ヤスデなど七種の土壌昆虫の複合被害）への抵抗性が〇・四五、[5]またヒサゴトビハムシ類（sweet potato flea beetle, 害虫については第48節注（三二九頁）を参照）抵抗性が〇・四〇[5]と推定されている。これら害虫への抵抗性と比べるとセンチュウ抵抗性の遺伝率はやや高い。

二つのセンチュウ抵抗性の遺伝率が比較的高かったことから、菊川らは育種方法として次のような提案をしている。(1)まず交雑には両親に抵抗性クローンを選ぶこと、(2)あらかじめセンチュウを増殖した苗床でたねから幼植物を育てて、抵抗性個体を選抜する、(3)たまたま感染を免れて抵抗性と誤認された

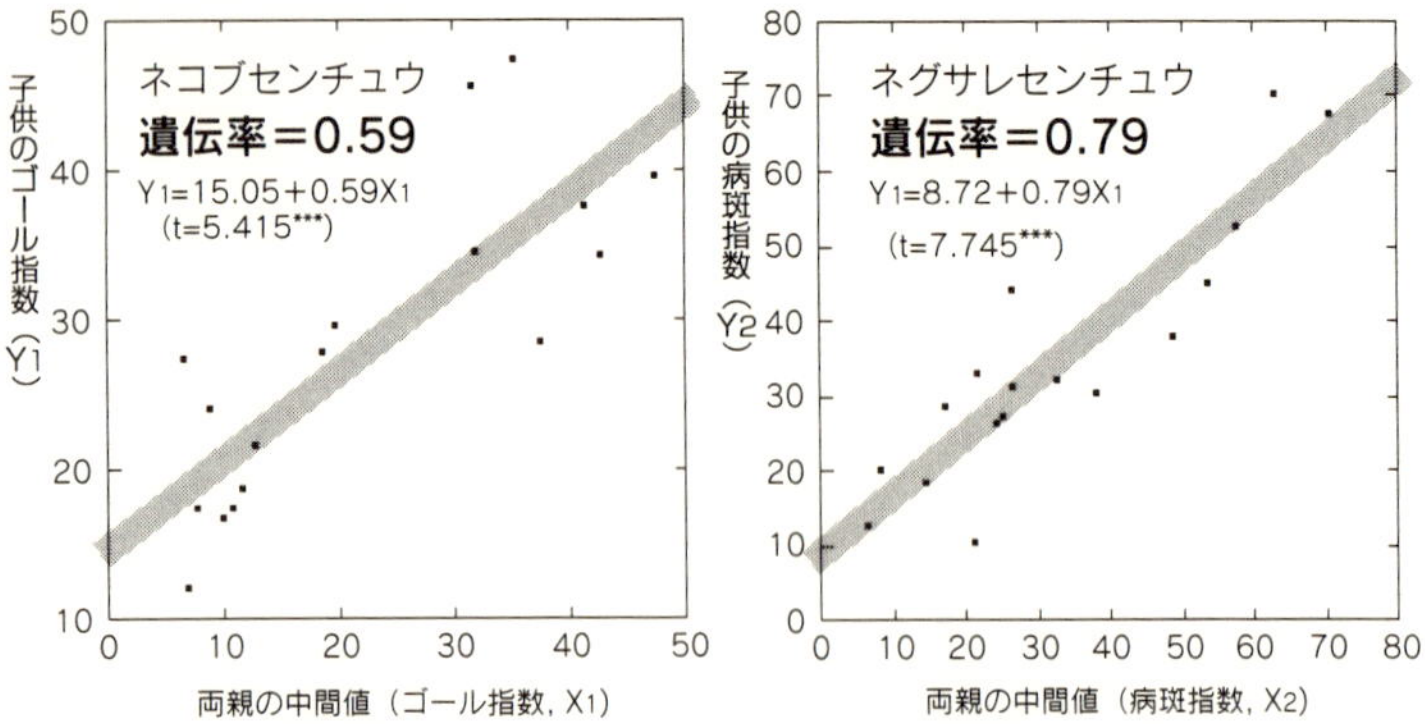

図24-1　ネコブセンチュウ，ネグサレセンチュウ抵抗性の遺伝率　ネコブセンチュウのゴール指数とネグサレセンチュウの病斑指数について，両親の中間値と子供の平均の関係を示す．直線の親子回帰係数は遺伝率を表すが，これらセンチュウ抵抗性はともに比較的高い遺伝率を示した(1)．t 値の＊＊＊は回帰係数の検定統計値で0.01%有意性があることを示す．

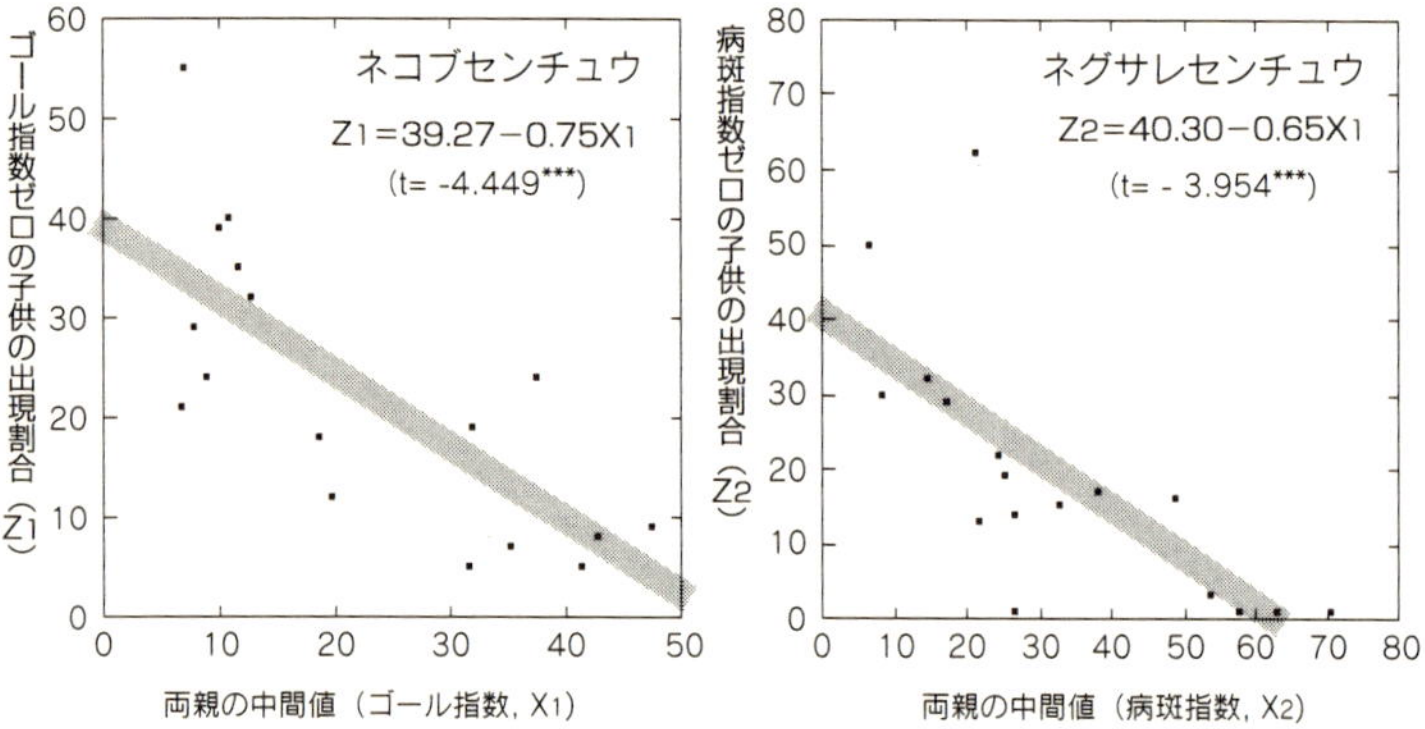

図24-2　ネコブセンチュウ，ネグサレセンチュウ抵抗性の子供の出現率（%）
ゴール指数ゼロの子供の出現率（左），また病斑指数ゼロの子供の出現率を両親の中間値から推定する直線式を示した(1)．t 値の＊＊＊は回帰係数の検定統計値で0.01%有意性があることを示す．

個体があるかも知れないから、翌年、再び栄養系をセンチュウ検定圃場で五〜一〇反復して検定する。この方法で抵抗性を確実につかむことができるとしている。これらは今日の育種の現場で実行されている方法である。

図24－2は各センチュウについて、両親中間値と指数ゼロの抵抗性をもつ子供の出現率（％）の関係を示した。もし両親とも指数ゼロならば、指数ゼロの子供の割合はネコブセンチュウでは約三九％、ネグサレセンチュウでは約四〇％である。抵抗性両親でもこのように抵抗性の子供の出現は全体の半分以下にすぎない。いずれのセンチュウについても、もし両親の指数平均が五〇以上と高い病状を示すときには、抵抗性の子供の出現はまったく期待されないことになる。

複合抵抗性の子供の出現率を考えよう。二つのセンチュウに対する抵抗性は互いに独立した性質であるとみてよいとされている。したがって、両センチュウにつき指数ゼロの親同士の交雑から、複合抵抗性の子供の出現率は〇・一六（＝0.39×0.40）。この数値は、複合抵抗性の実用品種を目指す計画立案にとってたいへん示唆に富む値である。

現在、わが国で年間に一育種機関が取り扱う子供の数は約二万、そのなかから収量、品質（塊根の形状、皮色や肉色、各種栄養成分、味）など実用形質に優れた一個体（品種）が選び出されている。すると、仮にこれら優れた実用形質と複合抵抗性を合わせ持つ個体を選び出すには、複合抵抗性親同士の交雑から生じた少なくとも一二・五万（＝20000×1/0.16）の子供を相手にした育種操作が必要となる。現行の育種規模（研究者数、試験圃場の広さ、労力、予算など）を六〜七倍拡大しなければならない。

今一つの観点を述べる。複合抵抗性品種をつくるもっとも確実な方法は、両親にそのような性質をもつものを選ぶことであろう。しかし、そのような素材はきわめてまれな存在と予想される。以下、そのまれな頻度を調べてみた。九州農業試験場の育種研究の一環として、国内外から導入されるサツマイモについて特性調査がなされている[6]。その最近の結果によると、主にインドネシア、マレーシア、一部南西諸島の在来品種一五六には両センチュウに抵抗性をもつ品種は皆無である。範囲を「やや抵抗性」まで下げた準複合抵抗性を含めると七品種（四・五％）がある。これらは育種素材として希少価値がある。

国内の主要品種の抵抗性については育種に長年たずさわった坂本敏（九州農業試験場）の報告[7]がある。その報告に前節で述べたネコブセンチュウ抵抗性の研究結果や近年の農林系品種の成績を追加して検討してみた。すると、昭和一七年育成の農林一号から平成八年の農林四八号（エレガントサマー）まで計四八品種のうち四〇品種は両センチュウへの反応が調べられている。

このうち、複合抵抗性品種は農林九号とミナミユタカ、ほかは準複合抵抗性品種で、ベニセンガン（R＝ネコブ抵抗性、MR＝ややネグサレ抵抗性）、タマユタカ（MR・R）、サツマアカ（MR・R）、シロユタカ（R・MR）、ジョイホワイト（R・MR）である。前の在来品種集団の頻度に比べると、四〇品種中の七品種（一七・五％）で約四倍高い。これは、かならずしも複合抵抗性をつくるという育種上の意図があったわけではないが、長年の選抜により単独抵抗性をもつ育種素材が多くなり、それらがたまたま組合わさって生じたのであろう。もちろんこれら七品種も将来の有力な育種素材となる。

まとめ――量的遺伝をする形質が親から子孫へどれだけ確実に伝えられるかの度合いは、遺伝率という尺度で表される。ネコブセンチュウとネグサレセンチュウ抵抗性の遺伝分析では、遺伝率はいずれも高く、単独の抵抗性は比較的容易に選抜することができるようである。この根拠および選抜法につき菊川誠士・坂井健吉の提案を紹介した。しかし、単独では強い遺伝性をもつこれら抵抗性でも、二つの抵抗性を合わせ持つ複合抵抗性品種の育成となると、簡単ではない。その育成を実現するためには、まず考えつくことは現状の育種規模の拡大である。複合抵抗性品種の普及は生産地の安全、消費者の健康、環境の保全へと直接、間接の波及効果があり、その経済的効果ははかり知れない。アジアの在来品種のうち準複合抵抗性品種の頻度は四・五％、農林品種では一七・五％であった。強度の複合抵抗性をもつ実用品種の育成にはこれらを両親とする交雑計画からはじまる。

25 強病原性ネコブセンチュウ

耐病性育種は自然と農業生産の間に「悪循環」をつくる、といわれる。育種の成果としてある耐病性品種をつくりだしても、やがて、病原体はその抵抗性を克服するような遺伝的態勢をととのえて感染し被害を与えるようになる。この新しい病原体に対し再び育種の挑戦がはじまる。植物と病原性細菌、植物と病原性菌類の間のこのような悪循環の事例はよく指摘されていることである。育種は自然と果てしない「シーソーゲーム」をすることに似ている(第27節参照)。

西沢務(農林省農事試験場)はサツマイモネコブセンチュウ(以下、ネコブセンチュウ)発生地の病土で農林二号を一〇年間ポット栽培していたが、あるときこの抵抗性品種にネコブセンチュウ特有のゴールがたくさんできているのに気づいた。このネコブセンチュウ集団(N-2)は農林二号のほか抵抗性品種である農林五号、太白にも多数のゴールや卵嚢をみせ、その寄生状態は感受性品種の高系一四号や農林一号と同じ様相を呈した。(1) 長い期間、抵抗性品種に接触してきたセンチュウが、ついに抵抗性の障壁を打破して、そこで増殖可能となったのであろう。このように通常は寄生関係をもてない植物に感染できるようになった集団をここでは強病原性センチュウと呼ぶ。

強病原性センチュウ集団（N-2）は、その後、九州農業試験場の調査で近年育成された抵抗性品種シロユタカ、ミナミユタカにも寄生することが確認された。しかし、野生種トリフィーダ系統（K123-11）とサツマイモとの種間雑種から生まれた六派生系統（＝クローン）にはまったく寄生できないことも分かった[2]。この強病原性センチュウ集団にこれら派生系統は不可侵の障壁として立ちはだかったことになるが、センチュウと植物のシーソーゲームを想定すれば、この障壁も決してオールマイティではありえないであろう。でも明日に備える唯一の頼もしい砦である。

西沢が強病原性センチュウ集団（N-2）を見つけたころ、一九七三年アメリカでも同様なことがあった。それまでは抵抗性とされていた系統L4-73などに寄生増殖する強力なネコブセンチュウ集団の発見である。これを育種関係者は抵抗性打破集団と呼び、育種の前途を危ぶむ声もでるほどであった。しかし、その五年後の一九七八年、この集団や従来の集団にも抵抗性をもつサツマイモ系統W51を育成した（第47節参照）。ネコブセンチュウが強病原性を獲得する事例はトマト、タバコ、ダイズなどでも多くの報告がある[4]。

ネマトーダ学者A・C・トリアンタフィロー（ノースカロライナ大学）の報告によれば、ネコブセンチュウには二倍体（2n＝32-36）と三倍体（2n＝40-46）があり、アメリカ大陸と欧州は三倍体、日本を含めアジア、太平洋諸島、西アフリカには二倍体が生息する。そして二倍体、三倍体とも有糸《ゆうし》分裂型単為生殖をする[3]。有性生殖、減数分裂がなければ、生物の変異をつくる自律的な働きである遺伝子組換えはおこりえない。単為生殖のもとでは、ネコブセンチュウの同祖雌系統は遺伝的に均一な集団、雌親の遺伝子型のコピー集団である。しかしながら、上記の事例にもあるように、この生物は新しい変異をつくる底力をもつのである。以下、この点につき一つの実験例を示す。

自然集団にはどのような病原性変異がかくされているのか、についてのフランスの生物学者らの報告がある。自然集団から多数の同祖雌集団をつくり、各系統について雌親世代と娘世代の集団を Mi 抵抗性トマト品種（Mi は抵抗性遺伝子）に接種した。

するとまったく寄生できない系統から幅広い変異がみられた。また親世代集団の病原性程度はそのまま娘世代にも引き継がれ、遺伝していることが明らかになった。さらに、今一つの実験では三一の同祖雌系統を上記の抵抗性品種で四世代飼育した。それらはこの抵抗性品種にごくまれに卵囊をつけたので、卵囊をあつめては継代飼育を続けた。すると、二九系統の病原性には変化がなかったが、世代毎に卵囊数の増加をみせた二系統は四世代目にははっきり強病原性を発揮するようになった。

以上の結果は次の三つを示唆している。(1)自然集団には潜在的に病原性の異なるセンチュウが混在している、(2)また病原性はセンチュウの親から子に伝えられる性質である、さらに、(3)前記の二系統のように、病原性を強化して宿主の抵抗性という障壁を乗り越えてしまうものがある、ことである。

報告にはこの第三番目の病原性強化の機構として遺伝子増幅（培養細胞やガン細胞で特定遺伝子の数が一時的に増加する現象）を仮説としてあげている。センチュウの場合いったん獲得した強病原性は一時的な性質なのか、恒常的な性質なのかは議論のあるところである。あるトマトの事例では選抜実験で得たネコブセンチュウの強病原性系統は、一八世代を経過しても元の弱病原性に復帰することはなかったとしている。

絶対単為生殖をするこの生物は意外にも変異性に富み、臨機応変に強病原性を獲得する。絶えず植物の抵抗性という淘汰圧を受ける環境では、センチュウは生殖様式を単為生殖から有性生殖にシフトさせて、新しい遺伝子型系統をつくる可能性も無視できないのではないか、とも考えられる。しかし三倍体型ならば正常な有性生殖は起こりえず、また異なる機構がなければならない。いずれにしてもこの微小動物の病原性変化の機構は未知である。

まとめ――抵抗性品種のみに接触させながら数代飼育すると、ネコブセンチュウは植物の抵抗性を打破して、そこで増殖可能となることがある。通常では寄生関係をもてない抵抗性植物にも感染できるようになった集団を強病原性系統と呼んだ。このことは農業上では抵抗性品種を連作しているといつかその品種を犯す集団ができてくることを示唆している。ネコブセンチュウは単為生殖による無性繁殖をするといわれているが、そのような生物は自律的に遺伝的変異をつくる機能を欠いているはずである。しかし、自然集団の中で異なる病原性をもつ小集団の存在、強病原性の獲得などの事例からすると、豊富な遺伝的変異をつくる機構をもっているといわざるをえない。この機構についてはまったく未知である。

26 ネコブセンチュウと植物の相互関係

植物の防衛網をかいくぐって、センチュウが侵入、栄養摂取、繁殖に成功するにはなんらかのセンチュウ自体の素質を必要とするであろう。そうした素質を病原性という。普通センチュウが病原性を示すのは一定の範囲の宿主植物に限られている。以下、サツマイモネコブセンチュウ（以下、ネコブセンチュウ）と植物間の相互関係をみる。

幼虫、雌成虫、雄成虫に形態的な違いや主要タンパク質など生化学的な差はほとんどみられなくても、集団によって増殖可能な宿主が異なっていることがある。このような集団はレースと呼ばれる。レースはもともとは人種という意味である。人種は生物学的には単一の種に属しながら、たくさんの地方集団に分かれ、言語や生活習慣などが異なる。ネコブセンチュウのレースも単一種に属しながら病原性や寄生生活の場（宿主）が異なる。

ノースカロライナ州立大学の植物病理学者J・N・サッサーらが主宰する国際メロイドギネ・プロジェクト（International Meloidogyne Project, IMP）では、世界各地（中米、南米、近東、インド、東南アジア）から集めたネコブセンチュウの二九八集団の病原性を、特定の判別植物をもちいて調べた（表26-1）。結果として、ネコブセンチュウ種の場合は、判別植物ワタ（品種デルタパイン一六）とタバコ（品種NC95）への反応に要約される四つのレースが区別された。両判別植物に寄生しないレース一（頻度六七％）、タバコにのみ寄生するレース三（一一％）、ワタ、タバコともに寄生するレース二（一八％）、ワタのみに寄生するレース四（四％）である。その後の研究で、アジア−アフリカの二倍体型とアメリカ−欧州の三倍体型が明らかになったが、二倍体、三倍体とも同じく四レースがもっとも普通で、次いでレース二と三、そしてレース四がもっとも低頻度であった。このようにレース分化は倍数体化以前に起こり、これら倍数体化とレース分化とはまったく関係がないようである。レースの成立、倍数体化の過程はいまだ解分化型はごく短期間に世界中に伝播したとも考えられるが、レース分化については荒城雅昭（九州農業試験場）が詳しく述べているが、日本のレース分化の存在が確認され、もっとも普通なのはレース一とされている。

これらすべての四レース判別にワタとタバコという異なる植物種がもちいられてきた。しかし、同じ作物の品種レベル

表26-1　サツマイモネコブセンチュウの4レースと判別植物の反応および各レースの出現頻度

	判別植物						出現頻度[1)]	
	ワタ	タバコ	ピーナッツ	ピーマン	スイカ	トマト	2倍体型	3倍体型
レース1	−	−	−	＋	＋	＋	65	52
レース2	−	＋	−	＋	＋	＋	21	27
レース3	＋	−	−	＋	＋	＋	13	29
レース4	＋	＋	−	＋	＋	＋	4	6

ワタ（Deltapine 16），タバコ（NC95），ピーナッツ（Florrunner），ピーマン（California Wonder），スイカ（Charleston Gray），トマト（Rutgers）；「＋，−」は寄生の有無を示す．1)世界各地からの217集団の内訳(2)．

の再検討が必要となろう。そうした検討こそ寄生性分化の解明に結びつき、その知見は各作物の育種に役立つからである。判別植物を品種レベルに設定すると、各レースはさらに細分されて、いくつかのサブレースに区分されることになる。

この点については、抵抗性の遺伝様式が比較的よく研究されているインゲンマメの例を挙げることができる。(4・5)レース一に属する四集団（A、B、C、D）のうち、集団A、Bはインゲンマメ抵抗性品種Xに寄生できず、別の抵抗性品種Yには寄生する。集団C、Dは品種Xに寄生するが、品種Yには寄生できない。この場合、レース一はそれぞれ二集団からなる二つのサブレースに分かれる。さらに各サブレースに対応してインゲンマメ品種には異なる遺伝的システムが働いている。すなわち、品種Xの抵抗性は単一優性遺伝子によるが、品種Yの抵抗性はまた別の優性抵抗性遺伝子と劣性遺伝子の共同効果による。サブレースはこの遺伝子または遺伝子群の違いに対応しているようである。したがって、もし二つの遺伝システムを装備した新品種をつくれば、これら四集団のすべてに抵抗性をもたせることができる。

ネコブセンチュウの病原性と宿主との関係につき今一つの事例を述べる。その前に用語について触れておく。前節では抵抗性植物によって選抜された強病原性センチュウ集団を系統と呼んだ。実験により人

表26-2　サツマイモネコブセンチュウの3種類の強病原性系統

抵抗性植物	元の弱病原性系統	強病原性系統（選抜にもちいた抵抗性植物）		
		サツマイモ	トマト	タバコ
サツマイモ	−	＋	−	−
トマト	−	−	＋	−
タバコ	−	−	−	＋

サツマイモ（農林2号），トマト（強力五光），タバコ（NC95），いずれも抵抗性品種；「＋，−」は寄生の有無を示す(6).

為的にできた集団なので系統と呼び、自然集団のレースと区別した。しかし、系統とレースとは病原性の変異体集団という意味では本質的には同じである。両者は病原性の意味を強調してパソタイプ（patho＝病気）とか、二つの生物相互関係から識別されるということでバイオタイプとも呼ぶこともある。

岡本好一（農業技術研究所）はサツマイモ、トマト、タバコの抵抗性植物をもちい、各宿主環境で強制的に継代飼育をして、ネコブセンチュウ自然集団から抵抗性植物上でも増殖できる強病原性系統（R系統、原著の記号）を選抜した[6]（表26-2）。すると、例えば、抵抗性サツマイモから出現したR系統は抵抗性トマトや抵抗性タバコを犯すことはなかった。すなわち、サツマイモに固有な病原性を獲得したのである。他の二つのR系統についても同様で、それぞれトマト、タバコ固有の病原性強化であった。抵抗性植物に接触させていない元の弱病原性系統（S系統）はどの抵抗性植物にも寄生することはなかった。この実験の重要な指摘は病原性強化は同時に宿主を識別する性質をともなっていることである。

では、このネコブセンチュウは宿主としてサツマイモ、トマトあるいはタバコという作物種を識別したのか、たまたまもちいた抵抗性品種の遺伝子型であったのか。この疑問を解くには、誘導された強病原性が同じ作物の他の抵抗性品種にも有効であるかを調べる必要があろう。植物側に普遍的な抵抗性がないように、センチュウが獲得した強病原性も普遍的なものでなく、一定の品種の範囲に限られるものであろうと憶測されるからである。

ネコブセンチュウの病原性そのものの物質的基礎がいまだはっきりしないので、多くのことは言えないが、センチュウが寄生関係をまっとうできる能力あるいは宿主からの抑制作用を回避できる能力を新たに獲得することが病原性強化であろう。細菌とファージの間では、宿主細胞内で病原体ファージは自己増殖できるように遺伝構造を変化（修飾）させる宿主依存性修飾が知られている。植物とこの寄生性動物の間にもそれに似たあるいはさらに複雑な対処の仕方があるのではなかろうか。

病原性の変異、宿主識別はともに遺伝的要因に集約される。例えば、有性生殖をするバレイショシストセンチュウ (*Globodera rostochiensis*) ではセンチュウ側の交雑実験によって病原性を支配する単一の劣性遺伝子が同定されている。この遺伝子はバレイショの特定の抵抗性遺伝子の働きを無効にする。またそのような働きをする劣性病原性遺伝子はセンチュウ集団によって異なることも知られている。このような遺伝子対遺伝子の対応にまで踏み込んだ研究はネコブセンチュウについてはまだない。センチュウ側のレースと植物側の抵抗性遺伝子との相互関係で把握されているのが現状である。ムギシストセンチュウ (*Heterodera avenae*) とエンバクまたはオオムギ、ダイズシストセンチュウ (*Heterodera glycines*)[7, 8] とダイズではレース・抵抗性遺伝子の相互関係が少しずつ明らかにされつつある。

まとめ——世界にひろく棲息するサツマイモネコブセンチュウは二つの判別植物の品種（＝遺伝子型）によって、異なる病原性の集スに分けられる。さらにこれらレースは各判別植物の品種団（＝サブレース）に細分される。その一例としてインゲンマメ抵抗性品種の研究を挙げた。また抵抗性植物によって誘導された強病原性はその植物に限って寄生できる特殊な病原性であることを示す実験例を挙げた。この寄生動物と植物の相互関係は、究極には寄生者と宿主の遺伝子または遺伝システムの対応に帰されることであろう。育種の面からは少なくともレースと品種、またはレースと抵抗性遺伝子の相互関係までの追究が望まれる。

27 シーソーゲーム

世界の農業生産の主要な病害の一つは植物寄生性センチュウ、それも主にネコブセンチュウ類（メロイドギネ属、第18節注を参照）であるとされている。その世界的な分布、広範な植物種への寄生、さらにカビ類、細菌、ウイルスとの複合感染をもたらすためである。

J・N・サッサーら（ノースカロライナ大学）は世界各地の農業地域の土壌をもちいてネコブセンチュウ類五五八集団を調べ、全部で一一種のネコブセンチュウ類を検出した。そのうちサツマイモネコブセンチュウ（*Meloidogyne incognita*, SRK と略）、ジャワネコブセンチュウ（*M. javanica*, JRK と略）、キタネコブセンチュウ（*M. hapla*, NRK と略）、アレナリアネコブセンチュウ（*M. arenaria*, ARK と略）の四種が全集団の九八％を占めた。サッサーらはこのことから農業生産ではこれら四種が最重要な有害センチュウであるとした。そのなかでもっとも高い頻度を示したのはSRKの五四％であった。(1)

いずれも広い宿主範囲をもつが、とくにSRKは多犯性で、吉田睦浩（農業環境技術研究所）によれば、日本では宿主は二〇〇種（五五科、六〇属）におよぶという。(2) そのなかで身近な農作物を列記する。被害が顕著なのは収穫物が地下部であるいも類、サツマイモ、バレイショ、コンニャク、ナガイモ（ヤマノイモ）、またニンジン、ゴボウ、ダイコン、カブなどの根菜類である。さらに果菜類ではトマト、ナス、ピーマン、トウガラシ、メロン、スイカ、キュウリ、カボチャ、ニガウリ、オクラなど、葉菜類ではハクサイ、ホウレンソウ、レタス、ネギ、セロリとほとんどの日常の野菜、まめ類ではエンドウ、ソラマメ、インゲンマメ、ササゲ、シカクマメ、その他タバコ、トウモロコシがある。また沖縄のサトウキビ、パイナップル。果樹ではモモやブドウが挙げられる。宿主が二〇〇種なので、実際はここに挙げた作物数の一〇倍くらいの種類が日本では宿主植物となる。

品種の区別がないかまたあっても普段重視されていない野菜、例えば、オクラ、トウガラシ、シソなどは個体毎に被害の程度に差がみられることがある。市販種子には複数の遺伝子型が含まれているためであろう。種苗会社が販売している野菜の品種では、自殖性植物やクローン植物ならば抵抗性の品種間差が明確にあるはずだが、トマト、サツマイモ、ジャガイモなど一部を除いて、抵抗性に関する情報は一般には提供されていない。適切な検査や評価がなされていないためとおもわれる。例外的に抵抗性変異が乏しい作物がある。うり類はすべて感受性とされているし、反対にピーナッツ、イチゴは品種差はなく高い抵抗性をもつことが知られている。またトウモロコシや牧草などいね科作物は宿主とはなったとしても、この寄生動物を極端に増殖させる宿主ではないようである。

このようにきわめて広い宿主範囲にかかわらず、うり類など少数の例外を除いて、個々の作物種にはかならず高度抵抗性から感受性までの変異がある。前節では抵抗性植物に遭遇したこの寄生動物が数世代はその植物上でかろうじて生存しながら、やがてその抵抗性を克服する現象を述べたが、仮にあるSRK集団がその永い世代の間に二〇〇種の抵抗性植物に遭遇すれば、少なくとも二〇〇種類の特異なレースを発達させることになろう。さらに、上記の宿主は比較的短命の農作物もあれば永年性の果樹などもあるが、そうした宿主の生活リズムに調和した生活史をもつSRK集団もできる可能性がある。

したがって、一つのSRK集団といっても、それは多種多様なレース（＝遺伝子型）の混成集団であり、農地の主役が代わってもただちに応対できる集団と考えられる。病原体を回避する耐病性育種とその成果をすぐに無効にする病原体との果てしないシーソーゲームも、実はこのような病原体集団を相手にすることに原因がある。

植物と動物が互いに影響しあって進化をすることを共進化という。抵抗性を制御する遺伝的仕組みは主導的な抵抗性遺伝子および微動効果をもつ遺伝子により築かれている。また病原性も、くわしいことは未知であるが、やはり遺伝子の絶妙な制御下にあるだろう。生存をかけて寄生を挑む一つの動物とそれを防御しようとする植物との共進化である。共進化をシーソーゲームに例えたが、農地という公園に二〇〇台のシーソーがあり、それぞれの片側に宿主、片側にSRKが乗って、上下動をしているのである。

宿主植物二〇〇種の防衛機構には共通部分とその植物に固有な部分があるのではないかと推測される。同様なことが寄生者の病原性についても言えよう。将来、抵抗性遺伝子や病原性遺伝子がDNAとして試験管に取り出され、分子構造を植物間、センチュウ間で比較して、この共進化の物質的な実態が解明される日がくるであろう。

以下、サツマイモと四種のネコブセンチュウに言及する。サッサーらのリストにはアメリカのサツマイモの栽培品種や育成系統三五についてこれら四種のネコブセンチュウへの抵抗性が記載されている(1)。それによると、日本にも導入され、品種改良の素材となっている品種ネマゴールドは四種のネコブセンチュウ種（SRK、JRK、NRK、ARK）に高度の抵抗性をもつ。また、抵抗性品種ジュエルを加害するSRKの一レースに対しては、高度抵抗性の系統W-51が育成されたが、このサツマイモ系統はSRK、JRK、NRK対しても抵抗性を発揮する。北米、中南米で古くから親しまれている品種ポートリコはJRKに抵抗性であるが、SRKには無力である。このようにアメリカの育種では四種のネコブセンチュウへの抵抗性を問題にしている。いっぽう、日本の育種では、主な病害はSRKに限定されるとして、この一種への特性しか注目していないが、本当にそれでよいのであろうか。

国内ではSRK、JRK、ARKは沖縄から本州までほぼ同じ地域に生息しており、とくに関東地域ではこれら三種と北海道、東北から南下するNRKの生息圏が重なり合っている。[3] 日本列島のサツマイモ栽培は高緯度から低緯度までネコブセンチュウ四種の分布圏で行われている。関東ではサツマイモのJRKの被害も無視できないという警告もある。[4] また、日本ではNRKはサツマイモには寄生しないという報告もあるが、[5] 西日本とほぼ同緯度にあるアメリカ東南部ではNRKの被害も無視できず、抵抗性品種へ深い関心が払われている。日本では農業との関連ではSRK以外のネコブセンチュウ種についての育種研究はまったく進んでいないのが現状である。まず被害の実態を、単独のネコブセンチュウ種ではなく、これら数種の共犯によると疑ってみることが必要であろう。したがって、ことサツマイモに限ってみても、ネコブセンチュウ四種を相手とすれば、小さなサツマイモ畑には四台のシーソーが動いていることになる。

まとめ――世界各地の農業生産を阻害しているセンチュウ類でもっとも重要なのはネコブセンチュウ類とされている。そのなかでも最重要なのはサツマイモネコブセンチュウ（SRK）である。それは多くの野菜、特用作物、牧草、果樹など広い宿主範囲をもつ。各宿主植物が備えた防衛機構を打ち破る変異体レースの出現、またその変異体レースを退ける抵抗性植物の出現、それを打ち破る新手の登場、こうした共進化を互いに浮上しては沈下するシーソーゲームにたとえた。シーソー台の乗り手は宿主となる作物種とそれらに寄生するネコブセンチュウ種である。そしてシーソー台の一つ一つが今後の研究課題でもある。

第六章 土壌病原菌とサツマイモ

28 サツマイモの病気

普段はサツマイモはいたって丈夫に育つ。しかし、どんな作物でも軽い病気、重たい病気を抱えている。サツマイモにもいくつかの大病がある。ここでは黒斑病、つる割れ病、立枯れ病についてふれる。これら病原体は糸状菌（黒斑病、つる割れ病）あるいは細菌の一種放線菌（立枯れ病）であるが、いずれも土中に生き残り、土を経由して伝染する。

一般に土の中の病原体は防除がきわめて困難である。薬剤が土壌粒子に吸着されてしまうし、また作物の根が伸びる広い範囲に薬剤を均一に分散させることがむずかしい。唯一の方法は毒ガスのような強力な揮発性薬剤で土壌微生物をせん滅することである。これでは「死の土」をつくる毒ガス農業となってしまう。さもなくば、病原菌で汚染されてしまった耕地からこの作物を数年遠ざけることである。しかし産地では現実にそれは案外むずかしく、あくまで病土での生産を強いられている。以下、三つの病気の概略を述べる。

サツマイモ黒斑病《こくはん》（black rot, *Ceratocystis fimbriata* 子嚢《しのう》菌類）。昭和初期に日本に侵入してきた病害とされ、いまではサツマイモの慢性的な病害となっている。塊根に黒い大きな乾性の病斑や苗の下部に黒い潰瘍をつくる。病名はこの黒ずんだ病斑の特徴からきている。この病斑の表面には無性生殖による分生子、また有性生殖の子嚢胞子がつくられる。皮層部の丸い病斑はしだいに塊根の内層に進み、そこから独特の強い刺激臭を放つ。病気は主に種いもから苗に、苗から次代の種いもへと伝染する。病菌は主に苗の切り口より侵入、塊根では昆虫の食害部から侵入する。病原体は菌糸、胞子として土のなかで越冬する。病気にかかった塊根は有毒で、青果物としてはもとより、干しいも、スナック、ワイン、ペースト、ジュース用などの原料としてもまったく使用できない。家畜にも生理障害をもたらす。菌株により病原性程度の違いはあるが、レースと区別できるほどの分化はない。黒斑病抵抗性品種クロシラズ（クロ＝黒斑病）といえども激発時は安全ということはない。

サツマイモつる割れ病（stem rot, *Fusarium oxysporum* f. sp. *batatas*、不完全菌類）。アメリカでは病原菌の名をとりフザリュウム・ウィルト（＝萎凋）と呼ばれ、重要な病害である。日本では一九一五年に最初の発生の記録があるが、大きな被害が注目されだしたのは一九七五年以後で比較的新しい病気である。この菌は学名に forma specialis（分化型）とあるように、特定の植物種を宿主とする分化型が知られている。サツマイモつる割れ病菌はサツマイモのほか主にイポモエア属植物（例 *Ipomoea hederacea*）にのみ発病がある分化型である。不完全菌で土壌感染はもっぱら菌糸と分生胞子によるが、耐久性のある厚膜胞子をつくり、土の中でも長年生き延びる。主に苗の切り口その他の傷から侵入、育苗床や定植直後の植物に発病がみられる。菌はやがて通導組織に繁殖し、いわゆる導管《どうかん》病をおこす。茎の壊死《えし》部に亀裂ができ、やがてそこに切り裂かれたような傷が残るのが、「つる割れ」の病名の由来である。葉はしおれ、黄変し、感受性品種では枯死することがある。

サツマイモ立枯れ病（soil rot, *Streptomyces ipomoea* 放線菌）。潰瘍《かいよう》症状、立枯れ症状などとも呼ばれる。抗生物質ストレプトマイシンで知られている菌と同属の放線菌が病原体である。アメリカでは一九三〇年代から南部や東部諸州の産地で大きな被害をもたらしている。日本の最初の記録は長崎県での発生で一九五六〜六四年、一九七三年には香川、徳島の産地で多発が報告された。しかし、この五年後からは年により大発生をみるようになる。前のつる割れ病と同様これも比較的新しい病気である。鈴木孝仁（農業環境技術研究所）による全国の農業研究機関へのアンケート調査では、茨城、栃木、埼玉、千葉、神奈川、静岡、富山、石川、大阪、徳島、長崎、宮崎、鹿児島の一三府県で発生が認められている。病原体は楕円形の細胞で、それらが糸状に連なる。細根から感染し、やがて貯蔵根に達するが、塊根生長の初期に感染した部位は肥大しないため、塊根は大小にくびれる。黒変した細根は腐敗、地表下の茎の節間には潰瘍状の病斑ができ、植物は矮化、全身がしおれて枯死、いわゆる「立枯れ」症状となる。収穫時でも地下部は未発達のため、株はそのまま手で引き抜けてしまい、そこには塊根はほとんどない。この病気は高い地温、乾燥、またpH五・二より高い土壌条件で進行する。酸性土壌では感染は抑制されるが、病原体が死滅することはない。

表28-1は過去の代表的な栽培品種、まだ知名度はないが近年登録された新品種について、上記三つの病気に対する抵抗性を示した。品種特性表としても利用できるように、二つの寄生センチュウへの抵抗性をも付記した。過去を大きく五つに時代区分して、各時代で栽培実績のあった主な品種を取り上げた。各品種の抵抗性反応の中間（M）から感受性（S）までのランキングは、要注意の性質として太字で強調した。以下は各時代の品種とその耐病性についての概観である。

表28-1　サツマイモがたどった時代，代表的品種の耐病性
病気：RKN，サツマイモネコブセンチュウ；RLN，ミナミネグサレセンチュウ；BR，黒斑病；STR，つる割れ病；SR，立枯れ病.

時代区分	代表的な栽培品種	RKN[1]	RLN	BR	STR	SR
～1940	七福	**S**	MR	MR-R	**S**	—
	おいらん	**M**	—	**M**	—	—
救荒対策と自給	源氏	**S**	—	R	—	—
	太白	R	—	**MS**	R	—
	紅赤	**M**	**MS**	**S-M**	**S**	—
1941～55						
戦時，戦後の主食	沖縄100号	**M**	MR	**MS**	**MS-M**	—
代替え	護国藷	**S**	MR	**S**	**S**	—
1956～75	農林１号	**S**	R	MR	**MS**	R
食糧難の緩和とデ	農林２号	R	**S**	**S**	R	**S**
ンプン需要増大	タマユタカ	MR	R	R	R	MR
1976～85	**青果用**					
	高系14号	**S**	M-R	**S**	**MS-M**	**MS**
産地別ブランドと	ベニコマチ	**S**	MR	**S**	**S**	**S**
高品質化	**加工・原料用**					
	コガネセンガン	**S**	**MS**	**MS**	**MS**	**MS**
	ミナミユタカ	R	R	MR	MR	—
1986～現在	**青果用**					
	ベニアズマ	MR	**MS**	**S**	**MS**	R
	ベニハヤト	R	**M**	M-MR	—	—
	フサベニ	R	—	**M**	**MS**	MR
	ベニオトメ	R	MR	—	—	—
	加工・原料用					
デンプン自由化と	シロユタカ	R	MR	R	—	—
新需要の開拓	シロサツマ	R	M-MR	R	**MS**	M-MR
	ヘルシーレッド	**M**	—	**M**	R	**M**
	サツマヒカリ	R	**MS**	**M**	—	—
	ハイスターチ	R	**S**	**MS**	MR	**M**
	サツマスターチ	**S-MS**	—	**S**	**MS-M**	—
	ジョイホワイト	R	MR	**M**	—	—
	アヤムラサキ	MR	**M**	**M**	—	—
	エレガントサマー	MR-R	—	**MS**	R	**MS**

1)　農林１号～ベニオトメまでは表21-1のＥと同じ．在来品種は坂本(1)，ジョイホワイト以下３品種は農業研究センターと九州農業試験場の試験成績書による．
R，抵抗性；MR，やや抵抗性；M，中間；MS，やや感受性；S，感受性，またS-MSは感受性～やや感受性を表す．M（中間）からＳ（感受性）までの評価を太字で示した．

（1）　一九四〇年まで。近代育種以前は飢饉に備えたり自給生活を満たすための時代であった。代表格の五つの在来品種のうち源氏の黒斑病抵抗性、太白のつる割れ病抵抗性はこれらを祖先とする今日の品種にも受け継がれているとおもわれる。その高い品質で人気のある紅赤は今日でも関東、東海、中国、九州各地で栽培されているが、この品種は黒斑病やつる割れ病に罹りやすい弱点をもつ。

（2）　一九四一〜五五年。戦時色濃くなった一九四一年以後、食糧難、エネルギー窮乏時代の救世主は沖縄一〇〇号、護国藷であった。主食としてまた航空機のアルコール燃料の原料として全国的につくられた。これら二品種の耐病性は感受性から中間で、とうていそうした高い生産に耐えられなかったであろう。ともに黒斑病には弱く、黒斑病を全国に普及させたともいわれている。[1]

（3）　一九五六〜七五年。戦後はやがて量より質への時代に移った。近代育種の初仕事である農林一号と農林二号は急速に全国に広がった。農林一号は主に関東、農林二号は九州と住み分けた。農林一号は黒斑病にやや強、立枯れ病に強、しかし農林二号はともに弱である。五つの病気については皮肉にもこれら二つは互いに長所と短所を補完するようなかたちをとっている。多くの品種のなかでタマユタカは複合抵抗性の理想に近い唯一の品種である。食糧難の緩和につれてサツマイモをデンプン資源とする要望が高まった。そのデンプン原料用として登場したタマユタカであるが、今日では茨城特産「蒸し切干し」のために栽培されている。このタマユタカでさえ産地は連作による諸病害の発生に苦慮している。

（4）　一九七六〜八五年。高品質への志向、産地ブランド志向が強まる時代となる。終戦の年に高知県の試験場で育成、当時はまったく注目されなかった高系一四号（一九四五年育成）であったが、青果用サツマイモとして発掘され全国的に普及した。高系一四号を凌ぐとされたベニコマチ（一九七五年育成）も外観が美しく、きめ細かい肉質と食味は消費者に大いに歓迎された。しかし、これら二つの品種はともに病気にほとんど無力である。ベニコマチが育成されたころわが国にはまだつる割れ病が問題となっておらず、この病気への特性検定もなかった。この感受性品種の普及はつる割れ病発生の一助をなしたとも指摘されている。農作物の病気の蔓延や大発生はほとんどの場合人為的な要素が大きいのであろう。コガネセンガンは高いデンプン含量、豊産性、また青果、加工用にも適していることから、「奇跡のサツマイモ」とも言われた、その反面、五つの大病を抱え込むひ弱な体質をもつ。ミナミユタカは野生種トリフィーダの抵抗性を取り入れた最初のデンプン原料用品種で、四つの病気に対し準複合抵抗性もっている。

（5）一九八六～現在。ウルグアイ合意によるデンプン自由化でサツマイモ生産の現場は危機にひんしている。今後の緊急対策として、現在はサツマイモが秘める特性を見つけ新需要を開拓することに力が注がれている。ここに挙げたのは代表的品種ではなく、今後を担うであろう品種である。いずれの品種も一つから三つの病気に対し抵抗性またはやや抵抗性を備えている。とくに立枯れ病抵抗性をもつ青果用品種ベニアズマの登場（一九八四年）は、ここ二〇年この病気に脅かされてきた生産者に大きな福音となった。この品種が近い将来高系一四号に置き換わる趨勢にあることを作物統計が示している。フサベニ、ベニオトメのネコブセンチュウ抵抗性についてはすでに述べた。加工・原料用はみな新しい用途を模索する育種関係者たちの野心的な作品である。一九七〇年代初頭（第三番目の時代区分）の一つの育種目標であった国内デンプン資源の確保は三〇年後のいま高デンプン品種（シロユタカ、シロサツマ、ハイスターチ、サツマスターチ）となって実現した。しかしシロユタカ、シロサツマ以外は耐病性という観点からはまだ改良の余地をたくさん残している。

品種としての理想は、高く安定した収量、高品質、特殊な用途向きの高い成分含量、育て易さ、貯蔵に耐える性質そしてここに挙げた土壌伝染性病害に強いものである。人で言うならば、容姿美しく、秀でた頭脳をもち、さらに健康な肉体の持ち主を望むようなものである。高望みであるが、やはり理想像であることに変わりない。もしそのうちの一つがかなえられるとなるとどうだろう。やはり健康を選ぶ人が断然多いのではなかろうか。作物も同じである。病気に抵抗性をもつことはもっとも望ましく、病身ではその他の優れた特性、高い収量、良質、不良環境への耐性などは十分に発揮されない。

三つの病気それぞれへの抵抗性について品種差があることは明瞭である。これらの抵抗性はどのように親から子に伝わるのであろうか。このことについては次節で述べる。

まとめ——サツマイモには五つの主要な病気がある。そのうち三つの病気、黒斑病、つる割れ病および立枯れ病につき、病原菌、発生状況、病徴を概説した。また二つの寄生センチュウへの抵抗性を含め、五つの病気への抵抗性をまとめた品種特性を掲げた。そこでは現在までを五つの時代に分け、各時代に栽培実績のあった品種と最近の登録品種を取り上げた。病気に罹りやすい品種の普及は病原菌の普及という結果を招いてしまう。いままではとくに問題にされなかった二つの病気——つる割れ病、立枯れ病の問題が一九七〇年代後半から急浮上したのもそうしたことが原因と考えられる。このことは単一の品種が広い地域に栽培されやすい今日ではとくに注意を要することである。

29 土壌病原菌への抵抗性の遺伝

黒斑病については、育種試験を多年経験してきた坂本敏（農業研究センター）が「親の抵抗性は後代に遺伝する」としている[1]。しかしその程度や遺伝様式を明らかにするまでにいたっていない。同様に、立枯れ病抵抗性の遺伝も今後の課題として手つかずのままである。つる割れ病については次の三つの重要な報告がある。

まず、農業研究センターで育種をしている石川博美らの一九八四年の報告[2]である。抵抗性から感受性まで広い範囲の反応を示す八品種、それらを両親に組合わせた四八相互交雑の子供八一七五個体をもちいた、大規模な試験の結果である。各品種が関与した交雑群ごとに推定した遺伝率の多くは〇・六以上と高い価を示している。この報告の全データから私が試算した親子回帰式は、Y＝2.473＋0.722X（ただし、Y＝子供平均の予測値、X＝両親平均）、遺伝率はこの回帰係数で〇・七二となった。例えば、抵抗性の両親がともにスコア三（病気にかかりにくい）とすると、この式にX＝3を入れて、Y＝4.639をうる。子供の予測値は約四・六で、抵抗性スコアはやや高い方（＝病気にかかりやすい）に偏ってしまう。人にたとえると、優れた両親の子供たちは平均して親ほどに優れない、ということになる。この病気への抵抗性の強化は、したがって、少しでも高い抵抗性程度を示す子供を選び、再び相互に交雑をくり返す。階段を上るようにして抵抗性を強めるという長期のプログラムが必要になる。

次いで、つる割れ病抵抗性の育種に早くから取り組んできたアメリカの研究である。サツマイモの遺伝、育種学の基礎を築いたジョージア大学・同農業試験場のA・ジョーンズは、任意交配集団をもちいて抵抗性の遺伝の研究を一九六九年に報告した。[3] 実験規模は一二〇〇個体（親の四〇クローン、三反復、試験期間二年）、親と子供世代の共分散分析より遺伝率は〇・八六と推定している。さらに元の集団から抵抗性親のみを選び、それら親集団の任意交配から得た子供集団の抵抗性がどれだけ向上するかを論じている。このように実際の選抜がどれほど有効であったかを示す値は実現遺伝率ともよばれるが、その値は、報告されたデータからの私の試算によると、〇・五八であった。目標とする抵抗性程度の約六〇％の向上が達成されたことになる。

最後に、ノースカロライナ州立大学・同農業試験場の研究である。ここは今日でも広く栽培されているつる割れ病抵抗性・多収品種ジュエル（Jewel）を作り出した実績をもっている。W・W・コリンズは病理学者でありまた育種学者でもある。コリンズは一九七七年、八品種の総当たり相互交雑（この形式をダイアレル交雑という）から二四家系をつくり、両親から子供へのつる割れ病抵抗性の遺伝を調べた。[4] 統計的計算方法を変えて数種の遺伝率をだしているが、家系平均をもちいた共分散分析での遺伝率は〇・八九、ダイアレル分析での個体単位の遺伝率は〇・七一、また親子回帰分析では遺伝率〇・五〇であった。結論として、遺伝率がもっとも高かった家系選抜すなわち二親間交雑からの子供の平均をもって選抜することが、抵抗性強化のもっとも有効な方法と推奨している。この選抜方法では家系内には抵抗性以外の有用性質について遺伝的多様性が保持されるので、高い抵抗性と他の優良形質が結びついた個体（クローン）をうることができる。また人にたとえるが、一家の子供の中でただ一人図抜けた子供を選ぶのではなく、子供たち全員が平均して優れている家族に目を向け、その家族からの子を選択対象にせよ、ということである。一理あることである。

以上、三つの報告にふれたが、次のように要約できよう。

（1）いずれの報告も二倍体モデルの理論をそのまま同質六倍体のサツマイモに応用して遺伝率を求めていることに留意すべきであろう。この点はジョーンズも言及している。同質倍数体での遺伝率の理論的展開はいまだなされていない。実際の遺伝率はもっと低い可能性がある。この問題点はジョーンズの研究がよい例で、つる割れ病抵抗性の実現遺伝率〇・五八は遺伝率の推定値〇・八六よりかなり低い。したがって、遺伝率はおおよそ〇・五～〇・六、この抵抗性の五〇～六〇％は遺伝的要因に帰し、残りは環境要因の影響を受ける。

（2）日本のサツマイモ育種では伝統的に二親間交雑の方式をとっている。同様な交雑方法からの集団の遺伝分析をして到達したコリンズの選抜方法の提言はわが国の育種にも十分参考となるであろう。

（3）この土壌病害への抵抗性程度の強化には、作物の収量を高めるといったほどの困難はないにしても、少なくとも数世代を継続させた選抜が必要であろう。

病気への抵抗性は病原菌側の遺伝的変異との対応によって、特異的抵抗性と非特異的抵抗性に分けられる。特異抵抗性とは特定の品種（遺伝子型）が病原菌のある特定レース（遺伝子型）のみに抵抗性を示す場合をいう。この場合は抵抗性遺伝子（群）が関与している。いっぽう、非特異的抵抗性は特定の病原菌レースに対する抵抗性ではなく、その病原体全般に抵抗性を示す場合をいう。また病原体の側にもレースという分化がないか、あっても変異は小さい。一般に土壌病害に対しては非特異的抵抗性が働いている場合が多いとされている。[5] これまで取り上げてきた三つの病気についても例外ではない。

非特異的抵抗性（あるいは普遍的抵抗性ともいえよう）は、その抵抗性のメカニズムとなると、形態的また機能的な多岐にわたる素因があり、それらが相互に関係し合っていて、全体像がつかみづらいのである。

以下、三つの病気への抵抗性に関与するであろう要因を述べる。これらの病気を人の病気にたとえ、破傷風とする。破傷風菌はふだんは土中にいるが、怪我した傷口から侵入する。問題とする黒斑病とつる割れ病の病原体の侵入路はもっぱら傷口である。したがって、根を食害する昆虫、根に侵入・加害するセンチュウ類への抵抗性もこれら病気の抵抗性とは無関係ではありえない。立枯れ病菌は根の表皮から直接侵入することでユニークである。侵入段階での感染予防としては、傷を受けにくい外皮の細胞壁の構造、また傷を受けて誘導されるさまざまな変化、ポリフェノールの生成、傷を治すためのリグニン蓄積や周皮（茎、根の表皮下の保護組織）の修復能、傷をふさぐラテックス（植物乳液）の役割が挙げられよう。これら予防機能と抵抗性との関係はサツマイモの場合まだ十分に解明されていない。

破傷風菌侵入に対しては人体の血液はただちに防御態勢に入る。植物にも防御態勢がとられる。黒斑病の感染をうけたときの一連の防御反応について、瓜谷郁三およびその後継者（名古屋大学）による防御物質の代謝経路の解明など生化学的研究がなされている。それらの研究によれば、病傷や隣接組織から抗菌性物質イポメアマロンが生成される[6]（図29-1）。イポメアマロンは菌の発育・増殖に抵抗するために植物がつくる物質という意味でフィトアレキシン（フィト＝植物、アレキシン＝殺菌因子）ともいわれる。ディスク状に切断した塊根試料に黒斑病菌を接種して、フィトアレキシンの生成量を比較すると、農林一号（抵抗性）で多く、高系一四号（感受性）では少ない、また菌糸の発育も農林一号ではより阻害される。フィトアレキシンの生成量と抵抗性との関係をさらに多数の異なる抵抗性程度を示す品種をもちいて調べることは今後の課題である。中国の育種ではイポメアマロン量を測定する抵抗性判定法が

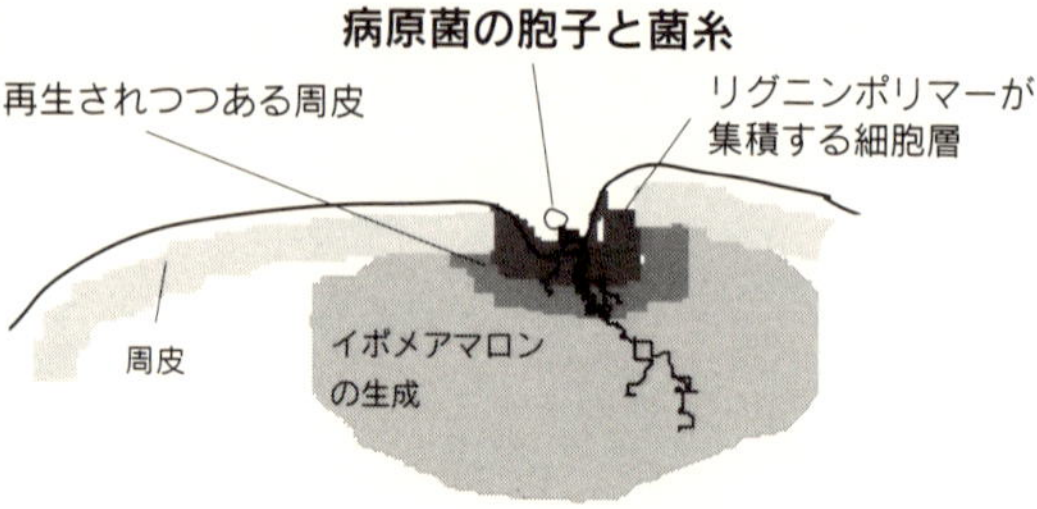

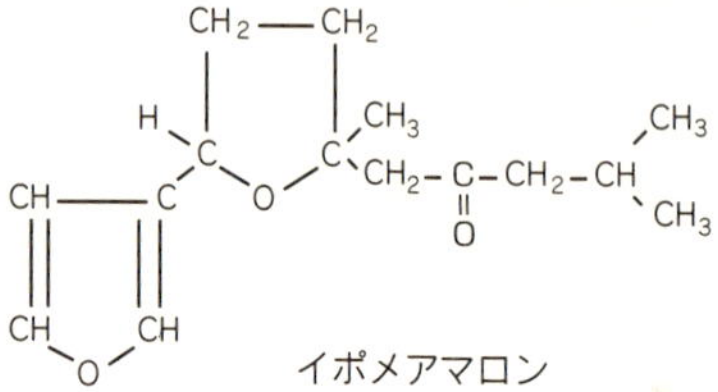

イポメアマロン

図29-1　傷口から感染した黒斑病の病原菌　傷口には最初にリグニンポリマーが集積する層（4～5細胞層）ができ，続いてその下には周皮と同じような成分をもつ3～7列の細胞層ができる．胞子から発芽して伸びる菌糸はこれらの防御組織形成を阻止しながら進攻する．傷害部の周辺の健全細胞は抗菌性物質イポメアマロンをつくり，病原菌に抵抗する．

採用されている。

イポメアマロン生成は黒斑病のほか、貯蔵塊根の病原菌であるサツマイモジャワ黒斑病（*Diploidia gossypina* 不完全菌類）、白絹《しらきぬ》病（*Sclerotium rolfsii* 坦《たん》子《し》菌《きん》類）、*Plenodomus destruens*（不完全菌類）などでもみられるので、[7] この抗菌性物質に着目するとさらに多くの病気に対する抵抗性を視野にいれることになる。ジャワ黒斑病や白絹病では塊根の病斑の大きさとイポメアマロン量とは負の相関関係がある。[8] このフィトアレキシンの黒斑病菌阻害作用は、上記のような一群の病原菌にも働き、そのような意味では非特異的（または普遍的）である。このことはサツマイモの黒斑病への抵抗力が「体質的な素因」によることと無関係ではないようである。

つる割れ病菌の母種 *Fusarium oxisporum* にはサツマイモその他に病原性をもたない菌株があり、この非病原性菌にいったん感染したベニコマチ（感受性品種）はつる割れ病に対し強い抵抗性を獲得することが室内実験また圃場試験でも確かめられている。[9] この非病原性菌がベニコマチにフィトアレキシンを誘発させ、防御反応を完成させるのではないか、と推察されている。しかし、この間の三者の応答を媒介する諸物質は未同定である。

破傷風毒素は特定の神経細胞を標的にしてその機能を破壊し、しばしば人命をも奪う。黒斑病や立枯れ病菌の毒素はいまだ同定されていないが、つる割れ病菌の母種は植物体を萎凋させる毒素フザリン酸が知られている。これら土壌病原菌の標的は茎や根の生きた細胞すべてのようである。しかし病状は同一品種でも器官により異なることがあるとされている。たとえば黒斑病、つる割れ病では茎と塊根では病原菌の発育程度が異なる。また同様に、立枯れ病では細根と塊根とで感染・発育の程度が異なり、各器官の抵抗性反応は独立して遺伝するとする見解もあるほどである。同じ病気でも患者個々（品種）によって、発症の部位やそこでの病状の進みが異なることは当然ありうる。以上のことはこれらの病気への品種の抵抗性の判定をむずかしくしている。最終判定は結局総合的なものとならざるをえない。しかし、植物には破傷風を予防するワクチンがあるため人はこの病気をそんなに気にせずにおられる。悪い環境条件にあれば抵抗性植物でもかなり高い確率で病害をうけてしまう。すなわち、非特異的抵抗性はこのように環境にも依存した抵抗性である。

破傷風に生来免疫がある人はいない。感染したとしても年齢、栄養状態、体力などで症状の重さには個人差がでるだろう。三つの土壌病原菌への免疫的な抵抗性をもつ品種はない。感染した植物はすでに述べたように器官、齢、栄養状態、また環境条件によって病状は影響をうける。病原菌は生きた細胞の基本的な構造・機能を標的にするらしい。すると、これらへの抵抗性強化は植物の体質を一変させることにほかならない。それは基本構造・機能の改造また不良な環境条件でもその特性を維持する性質の獲得を意味するからである。もし高い抵抗性品種ができあがったら、従来の品種の枠を超えたような「スーパーマン」的品種であろう。

でもこれは夢物語ではない。前節の表28-1にはすでにいくつかの抵抗性品種がある。例えば、在来品種源氏やシロサツマの黒斑病抵抗性、ベニアズマの立枯れ病抵抗性、ヘルシーレッドのつる割れ病抵抗性などである。夢の実現の第一歩は、これら品種がどのようなメカニズムで抵抗性を示しているのか、また同時に温度、乾燥、塩類濃度のストレスにどの程度耐えられるのかを探求することであろう。

まとめ――サツマイモの主要な三つの病気、黒斑病、つる割れ病、立枯れ病への抵抗性の遺伝を取り上げた。このうち、つる割れ病抵抗性の遺伝については比較的よく研究されている。その遺伝率は〇・五~〇・六、抵抗性の五〇~六〇%は遺伝的要因に、残りは環境要因による。この遺伝的要因とはなにか。感染予防のための構造や機能、感染後の抗菌物質の生成が挙げられる。黒斑病に対してはイポメアマロンが知られている。抵抗性発現は植物の器官によって多少の違いがある。また土壌環境により抵抗性発現は大きな影響をうける。三つの土壌病原菌への抵抗性はいずれも多角的な視点が要求される非特異的抵抗性である。この抵抗性の程度の違いが基本的な細胞構造や機能にあるとすれば、その改造は単に病気への対策に止まらず、環境ストレスに耐えるような性質の改良にもつながるのではなかろうか。

30 沖縄在来品種の耐病性

「あれは祖母が嫁にきたときのいも、これは里の母がもたせてくれたいも、これはご近所がおいしいと言ってくれたいも」、この主婦のことばで樽本勲、石川博美は沖縄のサツマイモ資源調査の報告文を結んでいる。

農業研究センターでサツマイモの育種にたずさわっていた両氏は、一九八七年から一九八九年にかけ沖縄全域でサツマイモの収集を行った。(1) 収集されたサツマイモの多くは無名の品種なのでここではそれらをクローンと呼ぶ。収集されたクローンは二二一点、これらサツマイモは一九八九年から以後五年かけて、同センターの研究室で樽本、石川ら、そしてその後小巻克巳、片山健二、田宮誠司らによって耐病性を含め農業形質が調査された。

沖縄には九州や関東で育成された品種はほとんど普及しなかったようである。どの品種も沖縄の気象、土壌に適さなかったのであろう。そして、沖縄の人々は冒頭のことばのように地元で慣れ親しんできた品種を容易に手放すことはしなかった。そのため、多少は島の間のクローンの交流はあったであろうが、島に生え抜きの、あるいは村落、家に生え抜きのサツマイモが今日でも育てられている。

沖縄でのサツマイモは昔日は主食として、今日とて日常の重要な食材である。那覇のような大都市を除きほとんどの村落の住居の周辺にはサツマイモが年中みられる。いもの収穫は必要なとき必要な分だけが一年中行われる。サツマイモはここでは永年生植物である。したがってその根はいろいろな病原菌、センチュウ類、昆虫類といつも対面している。冬の寒さが畑を清掃する九州以北とはまた異なる環境に

表30-1　沖縄で収集されたサツマイモ抵抗性クローンの頻度

	ネコブセンチュウ		黒斑病		つる割れ病		立枯れ病	
	R (%)	N	R (%)	N	R (%)	N	R (%)	N
沖縄島とその周辺	1 (1.8)	56	10 (18.2)	55	3 (5.4)	56	2 (3.6)	56
宮古島諸島	3 (3.8)	79	7 (9.2)	76	12 (15.6)	77	0 (0)	79
八重山諸島	2 (3.0)	67	12 (18.5)	65	3 (4.3)	69	0 (0)	66
計	6 (2.9)	202	29 (14.8)	196	18 (8.9)	202	2 (1.0)	201

R：抵抗性クローン数，N：調査クローン数．データは農業研究センターの調査による(1)．

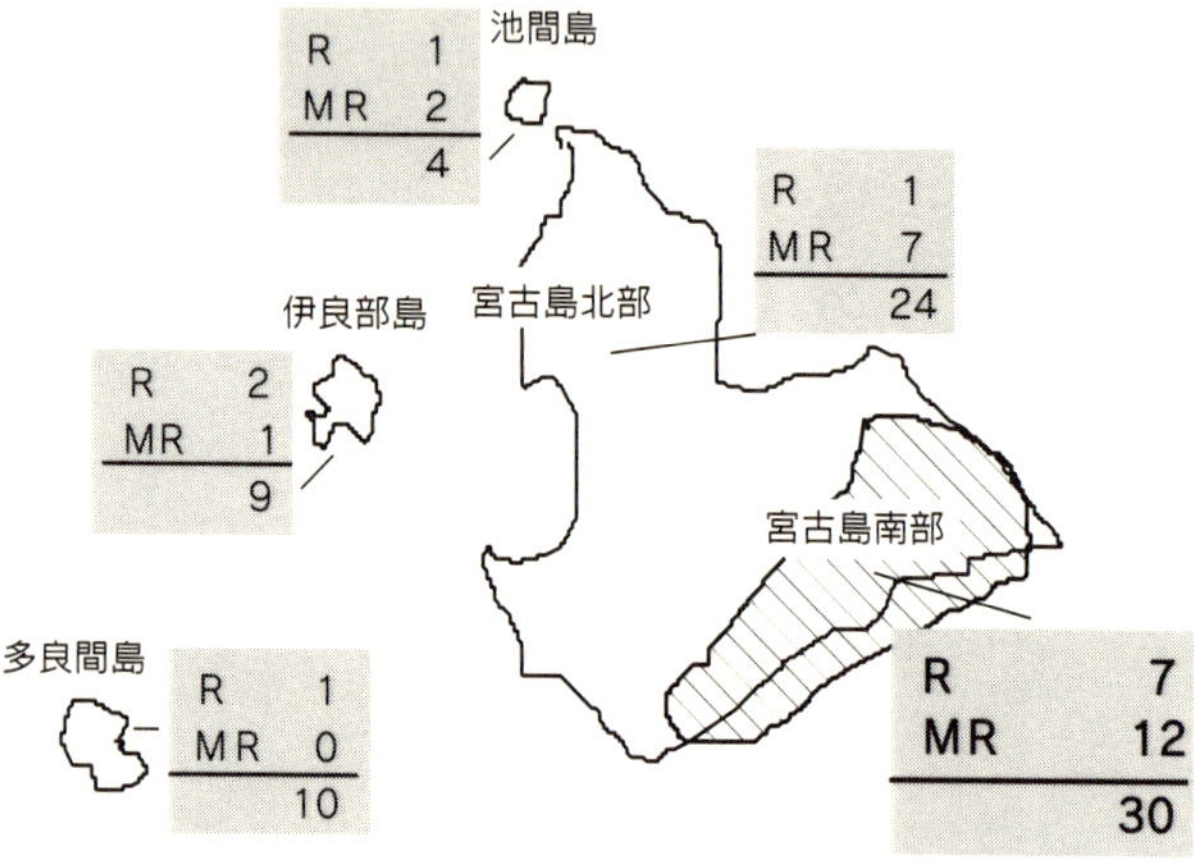

図30-1　宮古島諸島のサツマイモのつる割れ病抵抗性クローン　宮古島南部から集められた30クローンのうち，7クローンは抵抗性(R)，12クローンはやや抵抗性（MR）を示した．沖縄全域で，この地域（斜線部分）のつる割れ病抵抗性の頻度はきわめて高い．

さらされている。

先の沖縄資源の研究プロジェクトは育種のための抵抗性など優良形質を探す目的で行われたが、とくに抵抗性の頻度や分布を知る上できわめて貴重なデータを提供している。このような調査はもはや本土のように育成品種のみが普及したところではできないことである。

平成元年から六年までの農業研究センターの育種試験年報の成績をもちい[2〜5]、収集クローンのネコブセンチュウ、黒斑病、つる割れ病、立枯れ病抵抗性の頻度を集計すると表30-1になる。病気によって抵抗性頻度はかなり差がある。黒斑病抵抗性の頻度が一四・八%ともっとも高く、次いでつる割れ病、ネコブセンチュウ、立枯れ病の順となる。沖縄本島とその周辺、宮古島諸島、八重山諸島の地域別では、抵抗性頻度は地域によって大きな偏りがある。黒斑病抵抗性は沖縄本島とその周辺および八重山諸島に、つる割れ病抵抗性ははっきりと宮古島諸島に高頻度である。

立枯れ病抵抗性はわずか二クローン（沖縄本島と座間味《ざまみ》島各一）であった。第28節の表28-1（一五八頁）ではこの病気への抵抗性品種は農林一号とベニアズマのみである。他の病気に比べこの病気への抵抗性はまれなのかも知れない。沖縄のこの二クローンは貴重な遺伝資源である。

黒斑病抵抗性クローンは沖縄本島と周辺の離島（伊江島と座間味島）、また八重山諸島（石垣島、西表《いりおもて》島）にそれぞれ一八%の頻度で出現する。宮古島諸島にはつる割れ病抵抗性一二クローン（一五・六%）が集中するが、さらにここでの収集地別頻度をみると（図30-1）、抵抗性（R）とやや抵抗性（MR）のクローンは主に宮古島南部に集中、また収集品は少ないが、池間島にもある。

抵抗性クローンの頻度に関する従来の報告は少ない。竹股知久と坂井健吉（元中央農業試験場）は主に太平洋諸島から収集されたサツマイモ四三五点を調査して、ネコブセンチュウ抵抗性クローンは六七点、このうち四一点はパプアニューギニアのある地域に集中しており、これを除くと抵抗性の頻度は平均六・七%である。(6) これに比べて、沖縄での抵抗性出現頻度は二・九%と低い。また太平洋諸島の材料では、調査総数三四一点のうち黒斑病抵抗性の頻度は六・五%である。沖縄での頻度一四・八%はより高い。

中国と日本の調査結果は、病原菌の種類、接種試験法、判定基準が違うので、単純に比較できない。参考までに、中国、江蘇省の徐州甘薯研究センターにおける在来品種、育成品種、導入品種など計一〇七五点の耐病性調査では、黒斑病抵抗性クローンは約四%である。(7) またつる割れ病抵抗性の頻度は、八二七点のうち八・五%であった。これは沖縄調査の平均とほぼ同じである。

以上の結果から、在来品種のなかのこれら病気の抵抗性頻度は目安として一〇%以下、この値を大きく超すときは高頻度として注目してよいようである。

抵抗性クローンはすでに指摘したように沖縄各地に均等に分布しているわけではない。宮古島のつる割れ病抵抗性はそのよい例である。集中分布の成因については、各地域の土壌病原体の遺伝的変異や密度に関係が深いとおもわれる。高頻度の地域は土壌生物要因による自然淘汰を強く受けてきたことが考えられる。冒頭に沖縄の人々が自分たちのいもを「手放さなかった」といったが、病害で失うこともまれではなかったと想像される。厳しい自然環境は弱者を淘汰する。地域と病気に関係した遺伝子頻度については人間の病気によい例がある。鎌状貧血症遺伝子は副作用としてマラリヤに罹りにくくするため、マラリヤ発生地では頻度が高い。

現在のところ抵抗性遺伝子を人工的につくることはできない。たとえそのようなDNA操作技術が将来できたとしても、農作物の病気対策では経済的に成り立つか疑問である。現在、将来とも抵抗性に関与する遺伝子または遺伝子群を求めるとなると、既存の在来品種クローンに頼ることが唯一の方法である。

このよい例がある。小さな島のある在来品種の果たした役割を付記する。第二次大戦後の翌年（一九四六）アメリカ空軍がテニアン島（グアム島の北一〇〇キロ）からサツマイモの三つのクローンを本国に運んだ。それらはマリーランド州にある農務省植物産業局に届き、そこの植物病理学者C・E・シュタインバウアーはその一つがつる割れ病に対しきわめて高い抵抗性をもつことを知った。(8) 当時南部、東部諸州のサツマイモ産業は蔓延するこの病気のため存続が危ぶまれるほどの状況にあった。「テニアン」と名づけられたこのクローンの抵抗性は、その後一九七〇年代に多くの栽培品種に育種操作で導入された。一九八八年、植物病理学者C・A・クラーク（ルイジアナ州立大学）は講演のなかで、アメリカではつる割れ病は抵抗性品種によってほぼ満足できる程度に防除されていると述べている。しかし多数のサツマイモ品種の抵抗性がテニアンのみに由来しているので、病原菌の新しいレース出現を軽視してはならないとも警告している。(9)

沖縄のサツマイモの今回のセンサスでは、抵抗性クローンが比較的高い割合を占めるのは特定の島あるいは島の一地域であることが示唆された。もし次のセンサスが計画されるなら、特定地域での抵抗性程度の変異、各クローンの栽培面積、病原体の病原性や寄生性の変異、また土壌の環境要因を調査対象に加えれば、サツマイモ畑のなかの自然淘汰の実態を少しでも浮き彫りにできるのではなかろうか。

まとめ――農林水省農業研究センターの研究プロジェクトは一九八七年から一九九四年にかけて、沖縄在来品種の収集および特性調査を行った。沖縄では現在でも多くの在来品種がつくられている。五つの主要病害のうちネコブセンチュウ、黒斑病、つる割れ病、立枯れ病抵抗性クローンの出現頻度を示した。立枯れ病抵抗性の頻度はとくに小さかった。黒斑病とつる割れ病については抵抗性クローンが特定の地域で一〇％以上の頻度でみつかり、抵抗性の集中分布が示唆された。

第七章　サツマイモの花

31　花からできた品種

サツマイモは普通は花の咲かないものと受け止められている。ごくまれに咲くことがあるので、たまたま見た人もいるかもしれない。淡い桃色、朝顔を小ぶりにしたような花は、葉陰にあって午後にはしぼんでしまう。それだけに気づく機会も少ない。

しかし、沖縄ではサツマイモの花はめずらしくない。屋敷まわりの畑にはたくさんの細いつるが立ち上がり、その先に咲いている。沖縄に在来品種が豊富なことは、葉やつる先を野菜に、いもは食料や豚の飼料にと、人々の暮らしがサツマイモに密着してきたことも一つの原因であるが、さらに重要な原因はこの花にある。

花の後には小さな果実ができ、そこに一～二個のたねが入る。たねは水を通さない硬い外皮に包まれていて、土のなかでは数十年は生きている。いつか、芽を出し、双葉が開き、やがて葉の数を増すごとにそれはサツマイモ然としてくる。三か月もすると誰がみてもサツマイモ、その秋にはいもと呼ばれるような根ができる。もちろんそれは食用となる。しかし、親より優れた個体の出現はきわめてまれであ

図31-1　サツマイモの花　サツマイモは普通は花をつけないが、まれに花をみせることがある．沖縄では自然に花をつける．育種機関ではアサガオやユウガオに接ぎ木をして花を咲かせる．花は径 2 〜 3 cm の淡い桃色．子房のまわりを囲む蜜盤に誘われる虫によって受粉する．自家受粉ではたねはできない．

る。

こうしてたねに由来した品種を実生品種と呼ぼう。実生品種の片親（母親）はたぶん分かるが、その花に運ばれてきた花粉親（父親）の身元は分からない。実生品種は沖縄の言葉でいうと「花から授かった品種」である。沖縄の在来品種に「花和蘭《おらんだ》」とあればそれは品種「和蘭《おらんだ》」の花からできた実生品種をさしている。このほか、花泊黒、花暗川、花松川、花高良、花カジャなどみな同様である。このほか、「カジャ」という品種には、元カジャ、白カジャ、末吉カジャなどもあり、あたかも老舗ののれん分けをおもわせる。こうした名称は互いのなんらかの結びつきを意味したのであろうが、今はそれらの関係を知るよしもない。この

「実生赤粉」とはこれこそ元祖という意味か、新旧の赤粉があったことを示唆している。「実生赤粉」となるとはっきり赤粉の実生品種である。

井浦徳はサツマイモ育種が軌道にのり始めた昭和一五年から一九年まで沖縄県農事試験場にあって沖縄系品種の育種に従事した。戦後、その育種経過と成績を小冊子にまとめた(1)。この中に次のような沖縄の古い品種の記録がある。

暗川《くらがー》。明治初年、中頭郡《なかがみ》読谷山村字楚辺《よみたん》の人(氏名不詳)が実生から選んだ。親品種は不明。いもは紅皮、収量は多くないがデンプンに富む。食味は良好。

佐久川《さくがー》。明治三五(一九〇二)年、中頭郡読谷山村字比謝の佐久川清助が泊黒、暗川、名護和蘭の三品種を混植した畑で自然結実の実生から選び出した。いもは長紡錘形、皮は白色、肉色も白色。粘質、多収で常食に適する。

羽地台湾《はねぢたいわん》。明治三六(一九〇三)年、国頭郡《くにがみ》羽地《はねぢ》村字我部祖河の金平善平が品種台湾の実生から選んだ。いもは紡錘形で大型、皮色は淡褐色、肉色は白、きわめて多収だが、食味が悪く飼料用とする。

真栄里《まえざと》。明治三八(一九〇五)年、島尻郡《しまじり》嶺村真栄里の伊敷三良が品種和蘭の草取り中に見つけた二本の実生苗の一つ。いもは楕円形、皮色は紫紅、肉色は黄色の地色に紫斑が入る。粘質で多収、常食に適する。

坂下《さかした》。大正元(一九一二)年、島尻郡真和志村字坂下の新里鶴千代が品種富名腰の自然実生から選び出した。いもは丸形、皮は濃紅色、肉色は白、粘質、多収であるが食味は不良。

又吉《またよし》。大正年間、中頭郡《なかがみ》宜野湾《ぎのわん》村で選ばれた。皮色淡紫色、肉色は紫でやや粉質、早生で常食に適する。

この他、長浜（明治初年）、那覇屋《なはや》（明治二三年）がそれぞれ実生から選ばれている。これらの記録は明治、大正とながい期間、実生からのすぐれたいもを探す意図的な実生選抜があったことを示している。

また「花からできた品種」の親クローンもやはり実生品種であったことに気づく。例えば、花暗川の母親である暗川も実生品種である。沖縄にサツマイモがはじめて入ってきたのは十七世紀初頭、以来、サツマイモにも世代の交替があったのであろう。栄養繁殖は変異を保つ働きをするが、自然交配で生まれた新世代は既存の変異を清算し、新しい変異をつくりだす。これが沖縄の多様な品種をつくりだした主な原動力であったようである。明治・大正年間、沖縄の農事試験場で生産力試験にもちいられた沖縄在来品種の数は一〇〇以上に及んでいる。しかもそれら品種は沖縄全体の品種から見るとほんの一部であったに違いない。

花をつける品種は花やたねづくりに養分を回すので、地下の根の肥大がよくないのではないか、という疑問を抱いたことがある。大正一一（一九二二）年の沖縄の試験場のデータをもちい、品種の収量を着花の程度別に集計した(2)（表31-1）。花をつける品種は全品種の八八％である。花をつける品種にも、つけない品種にも低収量また高収量のものがあり、着花の有無と収量とは関係がない。花やたねなどに送る養分と根へ送る貯蔵養分の分配は互いに競合しないようなしくみをもっているようである。

D・E・イェン（ニュージーランド科学産業省の作物研究部門）は環太平洋地域のサツマイモの変異を研究し、成果を著書『サツマイモとオセアニア』としてまとめた(3)。イェンの関心事の一つはこの地域のサツマイモの品種多様性がどのように成立したのかにあった。イェンは考えた。変異を広げる強力な原動力は有性生殖であり、そのためには実生集団からの選抜がなければならない。またやはり有性生殖が

表31-1　沖縄在来品種の着花の有無と収量

		収量			
		低い	中間	高い	計
着花	無し	6	2	4	12
	少ない	24	23	20	67
	多い	10	8	4	22
計		40	33	28	101

大正11年沖縄農事試験場の成績(2).

前提となるが、小さな島々に遺伝子浮動効果（近親交配の機会が増し、機械的に遺伝子頻度が大きく変動すること）があり、特異な変異をもつ品種ができているのかもしれない。

そして、イェンは一九五九〜六四年の五年間、太平洋諸島および熱帯アジア各地を訪ねた。どこでもサツマイモの花は咲き、たねをつけていた。そして住民に新しい品種の発見にまつわることがらを聞き出そうとした。サツマイモ品種二〇〇以上をもつフィリピン北部のイフガオ族、サツマイモを主食とするニューギニア高地人たち、またペルー北部の多様な品種を栽培する民族、しかし、どこからもたねに起源した品種の存在についての確証は得られなかった。また太平洋諸島のどの訪問先でも種子起源にまつわる伝承を聞くこともなかった。この調査でイェンは一九六三年一二月石垣島を訪れている。もしそこで「花からできた品種」のことを聞いていたら、その後のイェンのサツマイモの変異に関する見解は大きく変わっていただろう。

サツマイモが沖縄に伝来した史実はよく知られている。野国総管が一六〇五年サツマイモを中国の福建省からはじめて沖縄にもたらした。この偉業を後世まで伝えようと一七五一年に建立された石碑があった。この石碑は米軍が最初に上陸した激戦地に立っていて、今は行方不明になっている。そこにはいくつかの弾痕で削られた石柱「甘藷発祥の地」のみが立っている。一七五一年に刻まれた碑文の最後には、「水出一源　而分万派　人生一人　而至無服」（水は一つの源に発し、たくさんの水脈に分かれる。人は一人から生まれて、互いに喪に服するような関係のない無縁な人たちに分かれる）とある。この処世観はサツマイモにも当てはまる。一つの品種はいつしか互いに脈絡のないままにたくさんの品種に分かれる。そのいくつかが鹿児島に伝えられた。沖縄伝来より一〇〇年後の一七〇五年とされている。

まとめ——沖縄には明治・大正年間膨大な数の在来品種があった。今日でも、前節でその一端に触れたが、在来品種の宝庫であることにかわりない。沖縄の古い品種の記録、そしてその名に「花」のつく品種名から、サツマイモの花—結実—たねからの芽生えを見つけ、よりよいサツマイモを選ぼうとした幾多の試みのあったことを知る。沖縄のサツマイモ品種の多様性の成立には、したがって、有性生殖と遺伝子組換えが主な原動力となっている。このような方法での品種発見あるいは育成は環太平洋地域にあって唯一の特異な事例である。沖縄には自然を生かすすぐれた技術があったことを示しているが、やがてこれは日本の育種事業へと発展する。

32　沖縄交配

たねから新しいサツマイモをつくる。これは明治期あるいはそのはるか以前から沖縄の村々で心がけてきたことである。それを計画的にやろうという発想はごく自然である。一九一四（大正三）年沖縄県立糖業試験場（国頭郡羽地村）で最初の人工交配による約三〇〇の植物が苗畑に育てられた。これがサツマイモ育種の産声、この作物では世界に先駆けた交雑育種の始まりである[1]。

この時代の背景について触れておこう。明治末期の日本には一九〇〇（明治三三）年再発見されたメンデルの法則、また一九〇三年の遺伝学者ヨハンセンによる量的形質の研究がいちはやく紹介されていた。いずれの研究も具体的な実験を土台とした学説であり、誰にも理解されやすく、多くの人々が交雑、選抜の効果、遺伝学の基礎を学ぶきっかけとなった。農業分野には品種改良の気運を促した。最初にイネの育種が一九〇四（明治三七）年、続いて一九一四年のサツマイモ、そして一九一八年のバレイショなど主要な作物につぎつぎと波及した。このように明治末から大正の前半は、生物科学の二つの重要な発見に触発され、作物改良技術の夜明けを迎えた時代であった。

サツマイモ品種の歴史をみると、「沖縄交配」とよく出てくる。私はこの言葉を一九一四（大正三）年から一九四四（昭和一九）年までの三〇年間、沖縄の農事試験場で行われた交配・採種・選抜の事業の全般についてもちいる。当時の井浦徳の記録[2]にしたがって、とくに初期の記録は断片的であるが、交配の状況や交配規模の推移と重要な成果を振り返ってみることにする。なお、一九四四年は戦争末期、それ以後わが国の育種は二本立てになる。一つは沖縄での育種で、戦後いちはやく再開し内地とは独立した歩みをみせた。いま一つは沖縄交配を継承した現九州農業試験場の指宿試験地における育種である。現在育種は九州農業試験場と農業研究センターで行われている。

初年度の一九一四年交配によると、沖縄在来品種を両親に計六五四花、三三一粒（交雑率一二・七％）の雑種種子を得ている。交配と採種の方法は次のようであった。「翌朝開くようなつぼみを選び、小刀で花弁を切り裂き、ピンセットで雄しべを取り除き、その花に紙袋をかけておく。翌朝花粉親の雄しべをとってきて、袋を取り、花粉を雌しべの柱頭に散布し、その花に再び袋をかけておく。交配三日後に袋を除く。交配二か月後成熟した果実を集めて、乾燥し貯蔵した」。この年の交雑率一二・七％はこの後の交配結果と比べて最高の値、格別入念に行われたようである。

作業風景の一枚の写真がある。交配は戸外で行われている。一本おきに高く盛り上げたうねにしゃがみ込み、すげがさの二人が前かがみになって手元の茂みに向かっている。うねとうねの間の茂みにサツマイモは花をつけている。作業は一年の半分、すなわち交配は一〇～一二月の毎日、たね集めは一一～三月と続いた。戸外では風雨や台風によりせっかくの花も台無しになることが多かったと想像される。交配花数は育種規模の大きさに比例する。この花数は、途中大正時代の記録を欠いているが、数千花、そして戦時色が濃くなるにつれ数万花になった。

沖縄交配によって供給された年間の雑種種子数を図32－1に示した。大正時代は二年次のデータのみである。種子数の推移は一九三七年以後急に増加、二万～五万粒となっている。一九二六年以後大部分あるいはすべての種子は本土の試験機関に送られた。この図では交配の開始から昭和初期までの二〇年間の種子量は少ない。ここには二つの問題があった。

一つは自家受粉による採種への固執である。これは自殖性植物のイネの育種が先行していた当時では、採種と言えば自家受粉が研究者の一般的な着想であったためであろう。サツマイモは自家不稔で、他家受粉する植物であるという認識がなかった。例えば、川越（埼玉の在来品種）の種子を大量に欲しいという要請をうけ数年この品種を自家受粉したが、結実なしという徒労の記録がある。また一九二五年交配では約一万花の交配がなされたが、自家受粉にその九〇％の花が費やされ結実をみていない。こうした失敗をくり返し採種の効率は低迷した。

今一つ、交配が成功するか否かは計画時には予測できなかった。サツマイモでは二品種を交配する際、

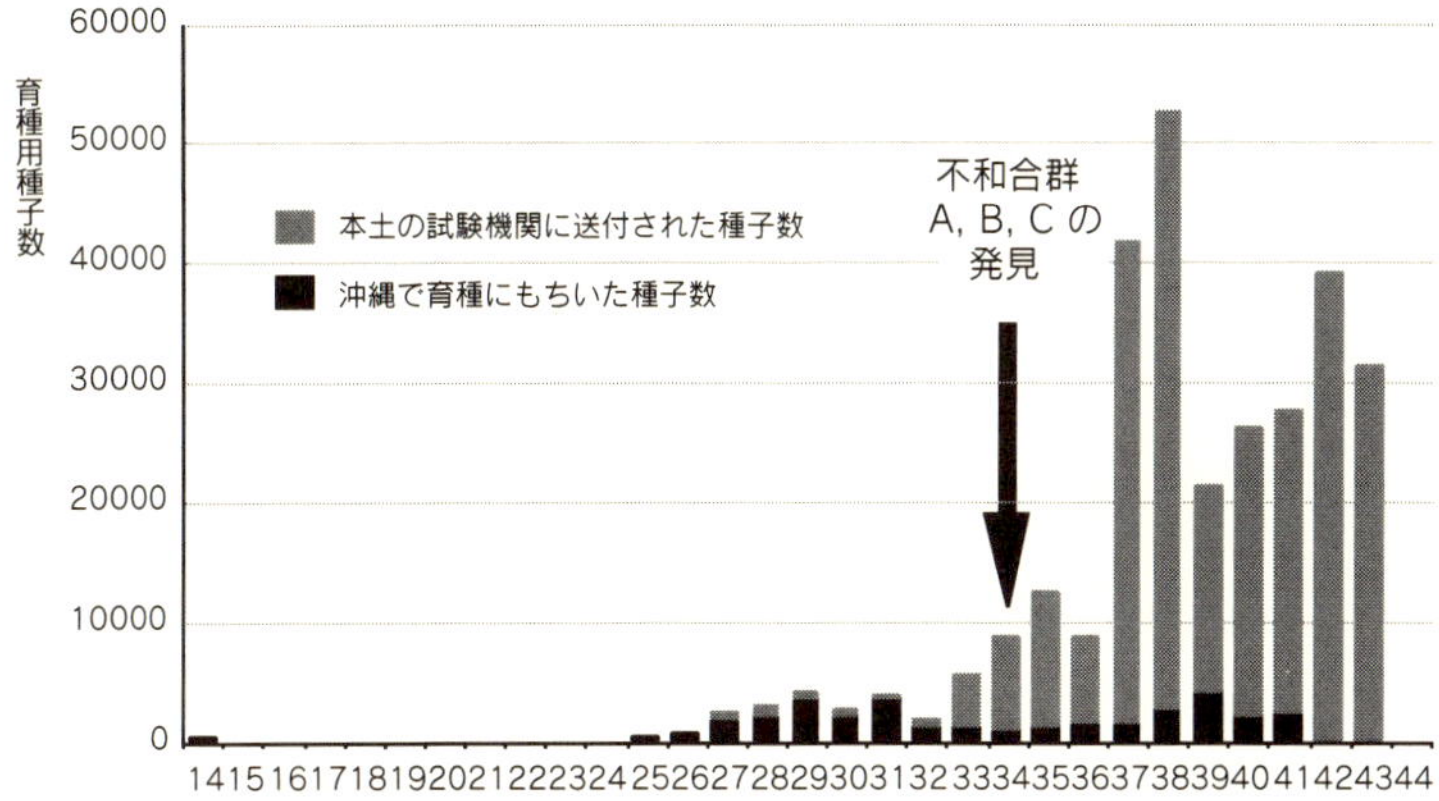

図32-1　沖縄交配によって供給された雑種種子数の推移　1914年から1944年，沖縄県農事試験場で育種用の雑種種子がつくられた．大正時代は大部分のデータを欠いている．1934年サツマイモの不和合群（A，B，C）が発見され，以後確実な交配計画が可能になり，採取量は２～５万粒と飛躍的に高まった．種子は大部分本土の試験機関に供給された．1944年事業（1944年秋交配，1945年冬採種）は沖縄戦により採種は不可能になった．1925，1933～1935年の種子数は採種果実数×1.6で推定した．

組合せによってまったく種子ができなかったり、普通にできたりする。この違いは品種の遺伝的な性質である不和合群によって決められる。同じ不和合群の品種間交配では受精がなく、種子はできない。不和合性の現象がまだ知られていなかった（第44節参照）。

この問題の解消には一九三四年の新進気鋭の学徒寺尾博の研究を待たねばならなかった。寺尾はたくさんの品種を相互に交配して、それら品種を三つの不和合群（A、B、C）に分類した[3]。以後、事前に親の不和合群さえ分かれば、種子をつくる交配を計画できるようになった。採種は軌道にのった。一九三七年以後にみる種子量の急激な増大がこのことを物語っている（図32-1）。

沖縄交配では総計三〇万以上の雑種種子をつくった。図32-1と図32-2にみる

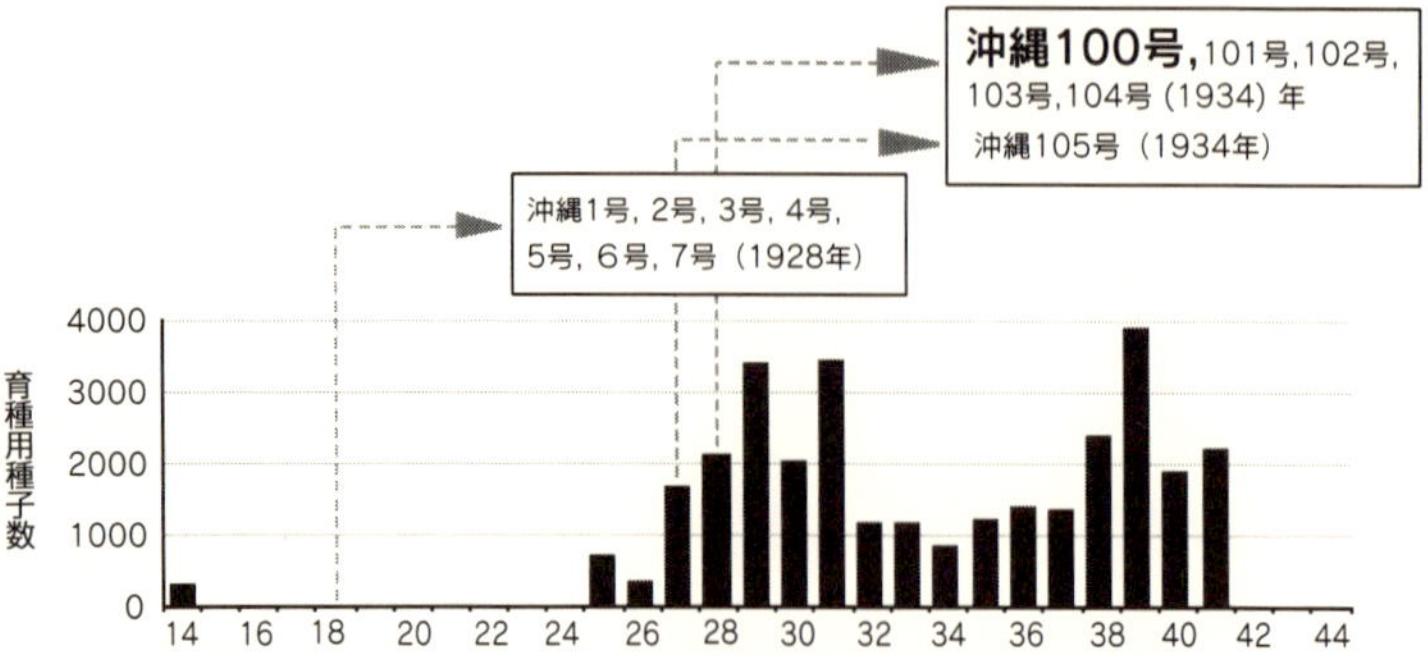

図32-2　沖縄の育種にもちいられた雑種種子数と育成品種　沖縄交配からは年間数百〜数千の雑種種子が沖縄での品種改良に提供された．こうして沖縄1〜7号，100〜105号が生まれた．とりわけ，1928年交配の沖縄100号は戦前から戦後まで日本全土の最重要なサツマイモとなった．

ように、一部は沖縄県向きの新品種をつくるために残し、大部分は本土の各地の試験地に送られたが、それら種子の顛末は次の節にゆずり、ここでは沖縄の育種について述べる。沖縄の試験にもちいられた雑種種子数の推移、そこから生まれた新品種とその育成年次を図32-2に示した。育種には年間数百〜数千の雑種種子がつかわれている。

一九一八年交配の種子から七個体が選抜され、沖縄一号〜七号となった。また、一九二八年交配の約二〇〇〇粒の種子をもちいた選抜試験からは、一九三四年沖縄一〇〇号〜一〇五号が育成された。

一九二六年沖縄県農事試験場はある転機を迎えた。この年政府から甘藷生産改良増殖試験地として指定をうけたのである。年間予算約六〇〇〇円（現在の約二四〇〇万円）、新築の研究棟、網室、そして小さいながらもガラス室、約一〇ヘクタールの実験圃場、四名の定員ができた。この年、前途には技術上の課題をたくさん抱えながらも、食糧増産を至上命令に沖縄の育種は新たな船出をした。これまでの約一〇年は準備期間であり、この年、近代育種への本格的スタートをきった。

育種目標は次のように設定された。多収性主食用品種では一〇アール当たり収量三・五トン以上、良質の間食（おやつ）用では高い食味基準を満たし収量は二トン以上、早熟品種では植え付け八〇日目の収量が一・八トン以上、デンプン原料用としてはデンプン含量一五％または乾物率三七％以上で収量が二・五トン以上である。いずれの収量目標値も、沖縄の栽培では一般に収量が高いことを考慮にいれても、かなり高い水準におかれている。ただデンプン含量だけは、今日の沖縄での試験成績のデンプン含量は二〇％水準なので、含量一五％の目標設定は低い。

沖縄交配からつくられた沖縄一〇〇号は以後半世紀の日本全土にとりわけ重要な品種となった。沖縄では在来品種の収量水準を超え、その上甘味が少なくきわめて粉質なので主食同様に受け入れられた。戦時中は九州、四国、関東、東北の農山漁村、開拓地はもとより、爆撃で焼け野原となった市街地、工場跡、荒れ地などいたるところに茂った。仄かに赤らむ肌色のいもを記憶している人々は多いとおもわれる。とくに関東地方では、夏にも収穫できる早生品種と評価され、また収量も当時の在来品種鹿児島、立鹿児島、立四〇日をはるかに超えた。しかし、どちらかといえば粘質で、食味の評判はよくなかった。当時の品種としてはデンプン含量が約二〇％と高く、アルコール液体燃料の生産が戦時下の国策となると、それにかなう品種として推奨された。戦争末期の戦闘機はガソリン－無水アルコール混合燃料で飛んだ。

戦火の中国にも沖縄一〇〇号は広がった。井上浩によると、戦争中、北京農業研究所（日本政府機関）に持ち込まれたのがきっかけで、華北、華中平原に広がり、北京解放（一九四八年）時のひとときは「勝利一〇〇号」と呼ばれた(4)。

一九四四年沖縄空襲。翌一九四五年、例年ならば一月～三月の採種作業と三月末の本土への種子発送があるはずであった。三月二六日慶良間に、四月一日沖縄本島に米軍上陸、そしてわずか二か月で死者約二五万人をだす凄惨な戦場となる。沖縄交配のこの年の採種の集計欄は空白である。「沖縄は戦場。種子発送は未定であるが、採種種子はきわめて僅少の見込み」の井浦徳のメモ書きがあるのみである。(2)

まとめ――沖縄で一九一四年サツマイモの最初の、世界でも最初の交雑育種が始まった。それは「花からできた品種」をより計画的に推進することであった。この背景には生物科学の有名な二つの学説、メンデルの法則の再発見（一九〇〇年）やヨハンセンの量的形質の遺伝研究（一九〇三年）に触発された主要作物改良の気運の高まりがあった。ここでは沖縄県農事試験場での一九四四年までの三〇年間の事業を沖縄交配と呼んでいる。採種事業の交配花数または雑種種子数は育種の規模に比例する。最初は数百花、そして後には数万花の交配をする事業になった。大部分の雑種種子は日本本土に送られた。一部は沖縄本島での品種改良にもちいられ、その種子から沖縄一〇〇号ができた。一九二八年沖縄生まれ、沖縄育ちのこの品種は戦火と窮乏の日本を支えた。また同様な状態にあった中国大陸の民衆をも支えた。

33 窮乏時代のサツマイモ育種

一九四四年頃の日常食についての全国的な調査では、九州、四国、紀伊半島など東シナ海・太平洋沿岸はサツマイモ常食地帯とされている。サツマイモの乏しい東北各地ではさらに過酷な日々の食材が詳細に記録されている。いずれも今日からはとても想像できない粗末な食事であった。それだけに農作物の改良に従事した人々は、今日とは違う情熱や希望を自分らの仕事に託していたであろう。そのなかにあって、昭和はじめから敗戦まで窮乏時代のサツマイモの育種は飢えからの脱出に一途に打ち込んだ作物改良のドラマのようにおもわれる。

その育種が沖縄交配である。一九二六年から一九四四年までのサツマイモ育種用の種子は沖縄交配事業から供給されていた(前節参照)。この間の年間種子量、これら種子をもちい選抜された品種、選抜率を表33-1にまとめた。表の作成は沖縄交配の記録[1]と品種育成の経過についての文献[2・3]によった。

供給方法や配布先は時期によって変更があった。表の注にあるように前半(一九二六~三二年)は、沖縄県農事試験場で播種、塊根をつけないものは淘汰し、試験に値するような実生個体からのたねいも(=クローン系統)を集め、配布した。この時期の配布先は農林省農事試験場鴻巣試験地(埼玉)、岩手、埼玉、千葉、石川、三重、鳥取、愛媛、高知、長崎、宮崎の試験機関であった。また一九三三~三五年に限り種子以外に未調整の果実を出荷している。こうした材料は果実当たり種子数一・六として種子数に換算した。後半(一九三七~四三年)はそれまで沖縄県農事試験場がしていた初期選抜の役割を農事試験場九州小麦試験地(現在の九州農業試験場)が行った。この期間クローン系統は鴻巣試験地、岩手、千葉、鹿児島、岡山の試験機関に配布されたが、それらの役割は現在の農業研究センター、九州農業試験場、また一時中国農業試験場に引き継がれた。選抜率とは各年次に供給された種子数当たりの選抜品種数である。

交配年から品種命名の年まで数年~一五年かかっている。この間のことを農林一号を例に述べる。一九三三年の交配から農林一号がでた一九四二年までの一〇年間のことである。経過は次のとおりである。(1)両親「元気」と「七福」との間にできた種子五一五粒から実生一年目植物を育てる、(2)そのうち優良

表33-1　沖縄交配の供給種子数，育成品種および選抜率

1926　沖縄交配[1)]（1品種／109系統）
　　岩手：岩手1号（育成年次1932）

1927　沖縄交配[1)]（2／553系統）
　　岩手：岩手2号（1932）
　　石川：石系1号（1936）

1928　沖縄交配[1)]（2／586系統）
　　千葉：千系1号（1940）
　　高知：高系1号（？）

1929　沖縄交配[1)]（0／552系統）

1930　沖縄交配[1)]（2／461系統）
　　茨城：茨城1号（1937）
　　石川：石系6号（1937）

1931　沖縄交配[1)]（4／332系統）
　　農研セ：関東1号（1940）
　　高知：高系1号，2号，3号（1936）

1932　沖縄交配[1)]（21／533系統）
　　岩手：岩手3号（1937？）
　　千葉：千系3号，4号（1937）
　　農研セ：関東3号（1940）
　　石川：石系4号（1937）
　　三重：東海1号，2号，3号，4号，5号，6号（1936），護国（1937）
　　鳥取：山陰1号，2号，3号（1936）
　　高知：高系4号（1936），5号（1937？）
　　長崎：長系1号（1934？），長系2号（1936？），長系3号，4号（1936）

1933　沖縄交配[2)]（10／4,036粒，選抜率2.48×10^{-3}）
　　農研セ：関東4号（1941），農林1号（1942）
　　高知：高系6号，7号，8号（1938）
　　長崎：長系8号，9号，10号，11号（1936）
　　九農試：九州1号（1940）

1934　沖縄交配[2)]（1／7,612粒，選抜率1.3×10^{-4}）
　　石川：兼六（1945）

1935　沖縄交配[2)]（3／11,062粒，選抜率2.7×10^{-4}）
　　農研セ：関東5号（1941）
　　高知：高系13号（1942），高系14号（1945）

1936　沖縄交配（0／7,000粒，選抜率0）

1937　沖縄交配（12／40,410粒，選抜率3.0×10^{-4}）
農研セ：関東8号，9号，10号（1942），農林4号（1944），**農林10号（1949）**
九農試：九州3号，4号，5号，6号（1941），**農林2号（1942）**，農林3号（1944），アジヨシ（1952）

1938　沖縄交配（3／50,100粒，選抜率0.6×10^{-4}）
農研セ：関東16号（1944），関東18号（1945），農林8号（1947）

1939　沖縄交配（4／17,376粒，選抜率2.3×10^{-4}）
農研セ：関東14号（1944），農林6号（1945），チハヤ（1946）
九農試：農林7号（1946）

1940　沖縄交配（4／24,249粒，選抜率1.6×10^{-4}）
農研セ：農林5号（1945），クロシラズ（1945），シロセンガン（1945）
九農試：フクワセ（1946）

1941　沖縄交配（2／25,306粒，選抜率0.8×10^{-4}）
農研セ：関東20号（1946）
九農試：九州12号（1947）

1942　沖縄交配（5／38,883粒，選抜率1.3×10^{-4}）
農研セ：関東23号，25号（1947），関東26号（1948），オキマサリ（1952）
九農試：農林9号（1948）

1943　沖縄交配（5／31,352粒，選抜率1.6×10^{-4}）
農研セ：関東27号，28号（1948），関東31号（1949）
中国農試：中国1号，2号（1948）

選抜率（1933～1943）
84品種／257,386粒＝3.26×10^{-4}
16農林系品種／257,386粒＝0.62×10^{-4}

1）実生1年目植物は沖縄で育てて，ゆるい選抜をした後のたねいもを各地に供給した．
2）種子とは別に果実のまま供給された分がある．この分の種子数は果実数×1.6で算出した．
農研セ＝農業研究センター，九農試＝九州農業試験場，中国農試＝中国農業試験場，関東番号の品種，九州番号，中国番号の品種はそれぞれの育種機関，その前身の試験場で選抜，命名された．

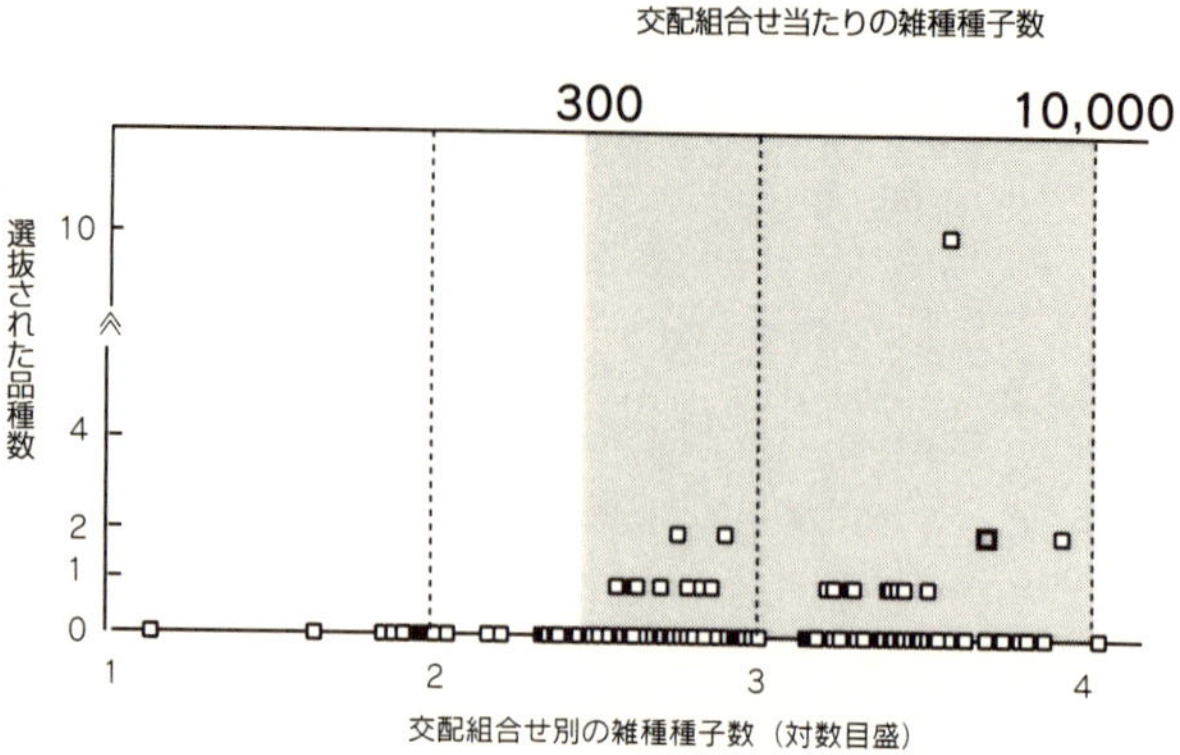

図33-1　1品種を選び出すに必要な交配組合せ当たりの雑種種子数はどのくらいか　沖縄交配（昭和12〜18年）の132交配組合せについて，各交配組合せ別種子数と選抜された品種数の関係を示す．各交配組合せの種子数は最小13〜最大11,200粒であった．全組合せ中110組合せからは品種は出ていない．22組合せはそれぞれ1〜10品種を輩出した．選抜に有効な交配組合せ当たりの種子数は300〜10,000粒の範囲である．

な一五個体が選ばれた（実生一年目、一九三四年）、(3)それらのたねいも（クローン）の成績により一三クローン系統が選ばれた（実生二年目、一九三五年）、(4)これら一三系統の再試験では五系統のみが有望として残された（実生三年目、一九三六年）、(5)さらに、これら五系統の生産力を試験して有望型一系統に絞られた（実生四年目、一九三七年）、(6)この有望型につきさらに数回の本格的な生産力テスト、数地域での適応力テストをした（実生五〜八年目、一九三六〜四一年）。以上の結果から、当時の関東地域で栽培されていた一般品種より高い生産力をもつことが確かめられたので、この一系統を翌一九四二年農林一号として登録、普及させた。この一〇年は選抜テスト期間である。今日の育種でも基本的にはこの一〇年かけた選抜方式が行われている。

　農林一号の場合、種子五一五からの一個体の選抜なので選抜率は1.9×10^{-3}となる。一九三三年次すべての交配組合せの種子からは農林一号を含む計一〇品種ができたので、平均的な選抜率となると2.48×10^{-3}である。年次により選抜率はゼロから2.5×10^{-3}まで大きな変動がある。一九三三〜四三年の期間に育種に用いた種子の総計は二五万七三八六粒、計八〇品種ができている（表33-1）。したがってこの期間をとおしての選抜率は3.26×10^{-4}、約一万の種子から三品種が選ばれた割合になる。同様なことを一六の農林系登録品種に限ると、選抜率は0.62×10^{-4}、約二万の種子から一品種である。今日では目標とする収量レベルはさらに高くなり、また高品質化、耐病性の強化、新しい用途の開発を目指し、上記のような「品種への道」はさらに険しくなっている。このことは第41節で取り上げる。

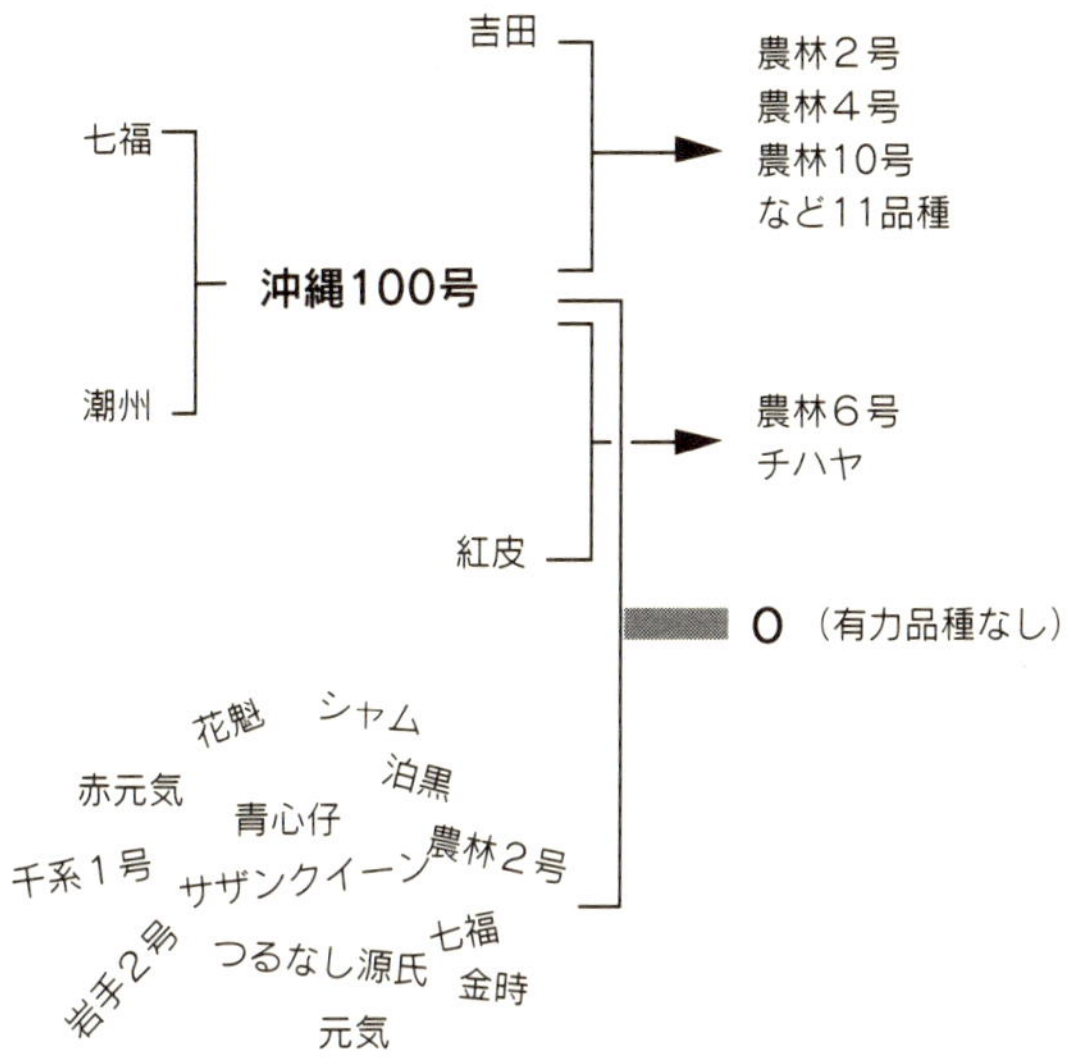

図33-2　特定の交配組合せが有力な品種を生み出した　沖縄100号を片親にいろいろな交配が行われた．品種吉田や紅皮との交配からは有力な品種がでた．しかし，図の下方にあるどの品種との交配からも有望な子孫は得られなかった．沖縄交配の結果より．

沖縄交配の結果について今日の育種の課題にも関わることを取り上げる。一品種を選抜するのに必要な一交配の種子集団の大きさである。三〇余年の沖縄交配を集約して井浦徳は、「交配組合せの供試個体数（＝雑種種子集団の大きさ、著者）は少なくとも三〇〇個体くらいは必要ではないか」と述懐している。[1]

沖縄交配（一九三七〜四三年）の

一三二交配について、各組合せの雑種種子数と選抜された品種数の関係を示す（図33-1）。実際の交配組合せの種子数は最小一三～最大一万一二〇〇粒であった。全組合せ中一一〇組合せからは品種は出ていない。二二組合せからそれぞれ一～一〇品種を輩出した。この沖縄交配では少なくとも一品種を選抜できた交配組合せ当たりの種子数は三〇〇～一万粒の範囲であった。井浦徳の「少なくとも三〇〇」はこのような実績にもとづいた値であろう。もし一交配から出現する品種数をポアッソン分布の確率変数と仮定すると、一〇〇交配組合せのうち二〇交配から少なくとも一品種が出現すると期待される。上記の種子当たりの確率を考慮すると、年間二〇組合せ、一組合せ一〇〇〇粒、計二万粒をもちいると少なくとも一品種の選抜が期待されることになる。

しかし、現実はそのような機械的なことは起きないようである。どの交配組合せもみな等しい確率で品種を輩出するわけではない。金の卵（品種）を産む親鶏がいる。図33-1にみるように一交配で数千から一万の子孫をつくっても必ずしも有望な品種が選べるとは限らない。一例として、沖縄一〇〇号を片親にしたいろいろな交配結果を取り上げた（図33-2）。沖縄一〇〇号と吉田、沖縄一〇〇号と紅皮との二つの交配からは有望な品種がいくつか生じた。しかし、図の下方のたくさん品種とのどの交配からも有望な子孫はまったく得られなかった。では金の卵を産む親鶏をどのように予知するか。いまのところ予知は不可能である。これは他の作物についても言えることで、近代育種とてここは「試行錯誤」を強いられる局面である。

沖縄交配の八四品種（表33-1）は三つに大別できる。地域試験場で選ばれた岩手一号などの地方選抜品種、農林一号などのついた農林系登録品種、そして関東、九州、中国番号のついた品種である。

（1）地方選抜品種はそれぞれ地方色が濃く、育成地の風土に定着した。大部分の地方選抜は、しかし、戦後一九六五年頃までには栽培面積は減少、統計から姿を消してしまう。そのなかにあって護国藷と高系一四号は異例である。一九三二年沖縄生まれの護国藷は一九二八年生まれの先輩沖縄一〇〇号とともに戦中、戦後の代表的品種となった。護国藷の超多収性や高いデンプン含量は画期的な性質であり、この窮乏時代にまことにふさわしい品種であった。頑丈ないもはくすんだ黄褐色、どちらかと言えばあせた軍服色であった。一九三五年沖縄生まれの高系一四号は一九七五年頃から爆発的な伸びをみせ、一九八〇年ごろは栽培品種中で最大の占有面積を示した。今日でも青果用サツマイモとして市場の最大のシェアを維持しており、おいしいサツマイモは鮮やかな紫紅色という信仰を植え付けた。

（2） 農林系品種のなかでは、一九三三年沖縄生まれの農林一号、一九三七年沖縄生まれの農林二号の役割が大きい。これらは「沖縄一〇〇号‐護国」の時代を戦後の「農林一‐農林二号」時代に変えた。農林一号は関東のいも、農林二号は九州のいも、とそれぞれ主役をなした。これら二品種の統計上の終焉は高度成長期の一九八五年ごろ、息のながい品種であった。

（3） 第三のグループの関東、九州、中国番号の品種、この育成段階では普通は一般の普及には移されなかった。あくまで試験機関内で評価の高かったクローンである。例外もあるが世にでることはなかった。しかし今日の品種をつくりだす遺伝的土台となっている。

まとめ――昭和はじめから敗戦までの窮乏時代、今後このような時代があってはならないが、サツマイモ育種はもはや再び行われないような壮大な実験をしてきた。また貴重な実験データを提供してきた。そこから年次別品種の選抜率、一定期間の選抜率、品種選抜に成功するための最小有効種子集団の大きさ、品種選抜が可能であった交配組合せの割合、また金の卵を産む両親のあることを学びとることができる。この窮乏時代からの脱却に大きな貢献をしたのは沖縄一〇〇号、護国藷、農林一号、農林二号であった。また豊かな今日を彩るのは高系一四号である。これらはすべて沖縄交配から生まれた。

34 護国藷《ごこくいも》

一九三七年日華事変勃発、翌三八年七月には国産エネルギーを確保するためのガソリン‐無水アルコールの強制混用法が施行された。政府に売り渡すべきサツマイモの数量が各府県に割当てられた。このことは一般に供出と呼ばれ、供出用には生のサツマイモのほか切干しサツマイモがつくられた。裁断したいもを天日で数日乾燥させる。出来上がった乾物は灰色で硬く、割ると白いデンプンが飛び散った。生いもに比べ移送も簡便で貯蔵もできた。

アルコール原料用としてはデンプン含量または乾物率の高いことが優先する。普通、生いもの七〇%は水分、残りが乾物である。しかし、品種により、栽培条件により、サツマイモの乾物率は二〇~四二%の範囲で大きく変動する。一定のいも容積中に充填するデンプン量が異なるためである。改良増産の合い言葉は「たくさんのいも」から「たくさんの切干しいも」へと質の転換が要求されるようになった。

この時代、沖縄交配の素材を受けた地方の試験機関はどのように対応したのか。その詳細はほとんど顧みられることはなかったようにおもわれる。前節の表33‐1には一九三七年護国藷（一九三二年交配）が三重県で選抜されたとある。三重県農事試験場（現在、農業技術センター）でのこの品種の選抜の経過を追ってみた。引用部分は各年次の三重県農事試験場業務報告[1]による。

一九三五年。農林省指定陸稲地方試験（甘藷実生系統育成試験）、「沖縄県立農事試験場に於いて人工交配を行える甘藷実生系統の配布を受け之が試作を行い優良なる系統を育成せんとす、材料は八組合せ三五系統、試験方法は一試験区一六・五平方メートル、二区制で標準品種は紅赤、二十日。調査の結果六系統は成績とくに優良なりしため農林省と打合の上甘藷東海一号、同二号、同三号、同四号、同五号、同六号と命名せり」

備考。配布を受けた各実生系統は「育種番号」として、一九三二年沖縄県農事試験場の交配その後同試験場で選抜された実生二年目系統の番号が付記されている。これらのたねいもは一九三四年三重県に届いた、とみられる。この選抜試験にはデンプン含量または乾物率の調査はなく、この時の選抜目標は従来のそれと変わらず、収量性と食味であったと推察される。別の記録によるとこれらのうち食味に優る東海三号のみが一九五五年ごろまで県内で栽培された。

一九三六年。園芸に関する事業（甘藷品種栽培試験）、保存中の四六品種および上記の東海一号など六品種また他県で沖縄交配材料から選抜された一〇品種、計六二品種をもちいた普通栽培による収量比較試験。

備考。この六二品種のなかには護国藷の名はない。こうした収量試験は明治、大正年間を通じて継続されている。県内に優良品種を普及する目的で、主要品種一〇数品種の収量が普通栽培、晩植栽培、早掘り栽培により毎年調べられている。さらに数年おきに全品種の普通栽培による収量試験が行われている。

一九三七年。園芸に関する事業（甘藷品種試験）、保存中の六二在来品種の試験（本場）、一七在来品種の試験（鈴鹿郡試験地）、一四在来品種の試験（志摩郡試験地）。これらの結果は次のようである。「普通栽培を通じて花魁系品種が高い収量を示した。品質では紅赤系が優れていた。それら全品種のなかで特に傑出していたのは護国藷と岩手二号で在来多収品種をはるかに凌駕した」

同年。農林省酒精原料用甘藷改良増殖事業、品種試験には一五品種をもちいる。紅赤、相州白、花魁を比較品種とした。「本年はKS19号が他の品種に優る結果を示した」

備考。この年の報告に突然「護国藷」の品種名が現れる。この年の原料用甘藷の試験では「KS19号」とあるが、これは護国藷と命名されるまでの試験番号であり、護国藷の命名者は当時の試験場長中村義雄であった、とされている。[2] 園芸に関する事業は園芸部、原料用甘藷は種芸部が担当。いずれの試験結果も公表されていない。別の文献[3]によると、沖縄交配（元気×七福）の材料のなかから「育種番号7-516」が三重県で選抜され、護国藷となったとされているが、業務報告にはこの番号は脱落している。

一九三八年。酒精原料用原種の配布、「本年三月二日査定会を開催、護国藷を新しく原種に編入」、また「護国藷四〇〇〇貫（一貫＝三・七五キログラム）を市町村採種圃（二〇ヘクタール）用として配布」

備考。この原種査定会に「精度の高い」試験成績が提出され、原料用としての認可を得たとされている。[2] この年はじめて護国藷配布の方針が決まった。試験の精度については次年度の備考で取り上げる。

一九三九年。農林省酒精原料用甘藷改良増殖事業、次のような二つの品種試験がある。
(1) 品種選抜予備試験(一試験区三三平方メートル、反復なし)。「供試した三六品種のなかで比較的優良と認めた品種を順記すると、護国藷、KS21号、三河薄赤、KS18号、赤備前、東海三号、陸系四号」
(2) 奨励品種決定試験(一試験区三三平方メートル、二反復)。「供試した二〇品種のうち、収量多きものを順に挙げると、護国藷、飯郷《いいごう》、九州、台湾、潮州、伯州赤《はくしゅうあか》、千系六号《ちけい》、千系一号」、また「切干し反当量の多きものをその切干し歩合%とともに挙げると、護国藷(三七・二%)、九州(三二・二)、台湾(三四・〇)、飯郷(二八・四)、東海五号(三八・〇)、伯州赤(三四・二)、金時《きんとき》(三八・八)」
同年。酒精原料用原種の配布、「護国藷四〇四〇貫を郡市農会採種圃用として配布」

備考。品種予備試験、奨励品種決定試験のデータの掲載はなく、ともに結果が簡略に述べられている。原料用品種として護国藷が他品種より、収量、切干し歩合(=乾物率)、また切干し収量(=乾物収量)で優れた成績を示した、とある。この奨励品種決定試験はサツマイモのデンプン集積能力に言及した、県では最初の報告であった。さらに原種(感染、他品種の混入などを防ぎ品種本来の特性を維持させるための材料)に関する議事記録は、県としての今後の普及計画であり、この品種へのなみなみならぬ自信がうかがえる。たねいも供給先は当時のサツマイモ主産地、県南部の志摩《しま》郡、度会郡《わたらい》、飯南郡《いいなん》、また県中部の一志郡《いちし》、鈴鹿郡《すずか》の原種育苗地であった。前年の「高い精度の試験」とは、この奨励品種決定試験でとられた一試験区三三平方メートル、二反復を指しているのであろう。今日の試験精度とほぼ同等とみてよい。今日の育種試験では一試験区一〇〜一五平方メートル、二〜三反復がとられる。

以上、護国藷選抜の経過を要約する。一九三二年沖縄交配の材料は沖縄で一年試作後選抜を受けて、一九三四年三重県農事試験場（種芸部）に届いた。配布されたのは三五系統、その中から一九三五年東海番号を付けた六系統が選抜された。またKS番号を付けた系統ではデンプン集積能力をみる試験（未公表）がなされた。一九三六年の試験（未公表）、一九三七年の試験（未公表）の結果、そのうちの一系統は抜群のデンプン集積能力があり、待望のアルコール原料用としての適性をもつことが分かった。この年、場内ではこの系統を「KS19号」とか「護国藷」と呼んでいた。一九三八年奨励決定の段階でこの能力を再確認、品種名は護国藷として普及にうつされた。以上、肝心の護国藷の成績は業務報告に公表はなく、選抜の根拠も十分でない。

あるとき農技センターの図書室でほこりの積もった書架に一九五〇年三重県農業試験場史の原稿[2]（進武雄編、未刊）を見つけた。原稿は藁半紙、仮綴じである。そのなかに「甘藷新原種『護国藷』の出現」の一章があり、沖縄交配の材料受理の翌一九三五年以後三年間の試験成績が要約してある。この収量成績とデンプン含量を図34-1に示した。比較品種には紅赤、相州白《そうしゆうしろ》、花魁《おいらん》がつかわれている。デンプン含量では紅赤が高いが、高い塊根収量と高いデンプン含量を兼ね備えるとなると護国藷が他の三品種に優っている。

護国藷には実は双子の品種がある。三重県農事試験場で沖縄交配の材料の選抜試験をしている時、高知県農事試験場でも同様に沖縄交配の材料をもちいて選抜試験をしていた。そして二つの試験機関への配布材料のなかに同じ系統「7-516」が含まれていたのである。材料が種子ならばありえないが、配布

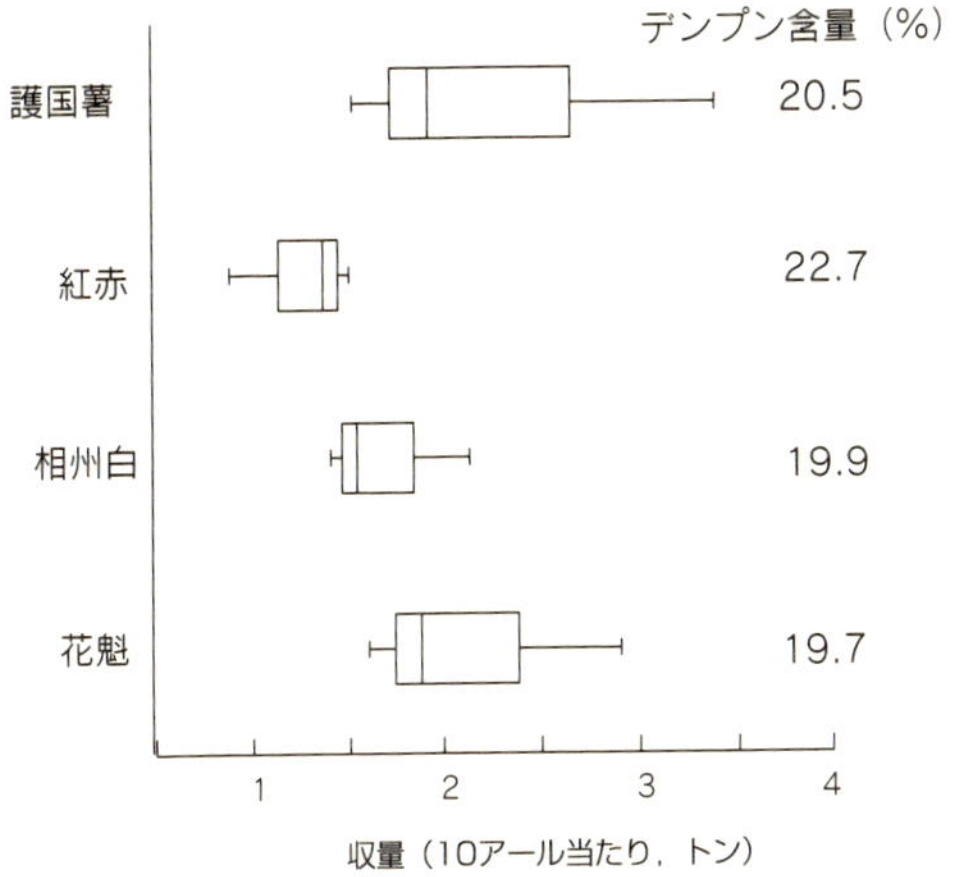

図34-1　護国藷の収量とデンプン含量　三重県農事試験場は沖縄交配の材料を1934年受け取り，翌年から選抜試験を行った．この試験の結果，好成績を示した１系統を護国藷と命名した．護国藷の収量は1.5～3.4トン，デンプン含量は20%で，単位面積当たりのデンプン生産力では，三つの比較品種に優った．

物はたねいもであり、このような事態が生じたのであろう。高知県は一九三六年系統「7-516」を選抜し、高系四号と命名、一九三八年奨励品種に決定した。したがって、高知の高系四号と三重の護国藷は同じクローンである。双生児が別々の競技会に出場してそれぞれが好成績をだしたのである。

　作物の品種は時代を映す鏡である。この品種のいま一つの特徴は痩地、旱魃地でも収穫ができることである。この窮乏に耐える性質の選抜は実生世代からクローン世代におかれていた環境に原因があるようにおもわれる。上記の選抜試験の多くは無肥料下で行われており、ときに堆肥、大豆粕、草木灰、過燐酸石灰がつかわれてはいるがその成分量は現在の水準からは無肥料に近い。窮乏時代の品種はまたそれに耐えることを強いられた。食味の評価はまた人の味覚を反映している。この品種の評価は育成当初は「上」、戦後は「中」になり、今日では「下」である。

　双子の品種護国藷と高系四号は地域によりそれぞれの名で呼ばれながら、全国的な広がりをみせ、戦中から戦後二〇年、沖縄一〇〇号とともにサツマイモ栽培地の四〇%を独占した。県下をはじめ東海地方では護国藷の記憶は窮乏時代の思い出とともに人々に生々しく焼き付いている。瀬戸内の島々で耳にするのは高系四号の名である。高系四号は現在でも高知や愛媛の僻地に根強く生き残っているという。

まとめ――育種機関が今日のように整う前の昭和初期、地方の試験場が育種を担当したことがある。三重県の試験場もその一つである。ここで、戦中、戦後多くの人が好むと好まざるとにかかわらず接したサツマイモ「護国藷」が一九三六～三七年に選抜された。この地方選抜品種の成立の経過を追った。たんに腹を満たす食糧から、時代の要請で、デンプン成分に着目してできた最初の品種であった。高知県でも同様な方法で一九三六年に選ばれた高系四号は護国藷と同じクローン、双子の品種である。

第八章　在来品種がたどった道

35　伊勢、志摩の在来品種

明治時代の統計によると、三重県南部の志摩地方はサツマイモを日々の糧とする地域であった。山を切り削ぐリアス式海岸の小さな入江に漁村がある。今もその裏手の山腹や谷間は隅々までサツマイモなどの野菜畑である。サツマイモ常食時代にどのようなサツマイモがつくられてきたのか、知る方法はないものかとおもっていた。

在来品種とは近代育種以前に地域に適応、維持されてきた品種をいう。これに対し育種操作により作り出されたものを育成品種という。育成品種の多くはそのルーツを在来品種に発している。しかし在来品種の全体像は記録に乏しくなかなか見えてこないのである。有史以前から育てられていたイネやムギ類とは違い、この国には江戸時代に伝来して約三〇〇年ほどしか経ていないサツマイモである。その歴史は比較的浅い。本土では沖縄のような自然開花・結実による変異拡大があったとも考えられない。しかし、常食となすにはそれを支えるだけの基盤となった資源がなければならない。

三重県農業技術センターの前身農事試験場の報告書(1)を昭和、大正、明治とさかのぼることにした。明

表35-1　三重県農事試験場で50年間（1901〜50年）各種試験に用いられたサツマイモ品種の変遷

<table>
<tr><th>明治末期
1901(明34) -</th><th>大正時代
1912 - 25</th><th colspan="2">昭和時代</th></tr>
<tr><th></th><th></th><th>1926 - 39</th><th>1940 - 50</th></tr>
<tr><td colspan="3">吉田</td><td></td></tr>
<tr><td colspan="2">川越
琉球</td><td></td><td></td></tr>
<tr><td rowspan="3">三重在来
蘇原白
白四十日
赤四十日
湯水
らくだ
あんいも
新達磨</td><td colspan="3">二十日
飯郷</td></tr>
<tr><td colspan="2">源氏（げんち）
潮州在来
潮州（原）
白源氏
牛久保
蘇原赤
赤藷
青心
北海道早生
太白
新薩摩
九州
京藷
金時
紅赤</td><td rowspan="2">育成品種
沖縄100号
護国藷など
地方選抜品種,
農林系品種
関東番号品種,
九州番号品種</td></tr>
<tr><td>赤二十日
鹿児島白
大正白
元気
唐人
善光寺
三度藷
チャボ</td><td>四十日　六十日
相州白　三保
メリケン白　徳島
三河薄赤　赤源氏
在来赤　於多福
台湾　九州
大八州　尼ヶ崎
名古屋　細蔓
蔓無　花魁
加茂藷　在来源氏
赤らくだ　伯州赤
高座赤　紅赤1号
紅赤18号　紅赤32号</td></tr>
</table>

吉田（愛知県から導入，1897年）
川越（埼玉県より導入，同上）
白四十日，赤四十日（鹿児島県より導入，同上）

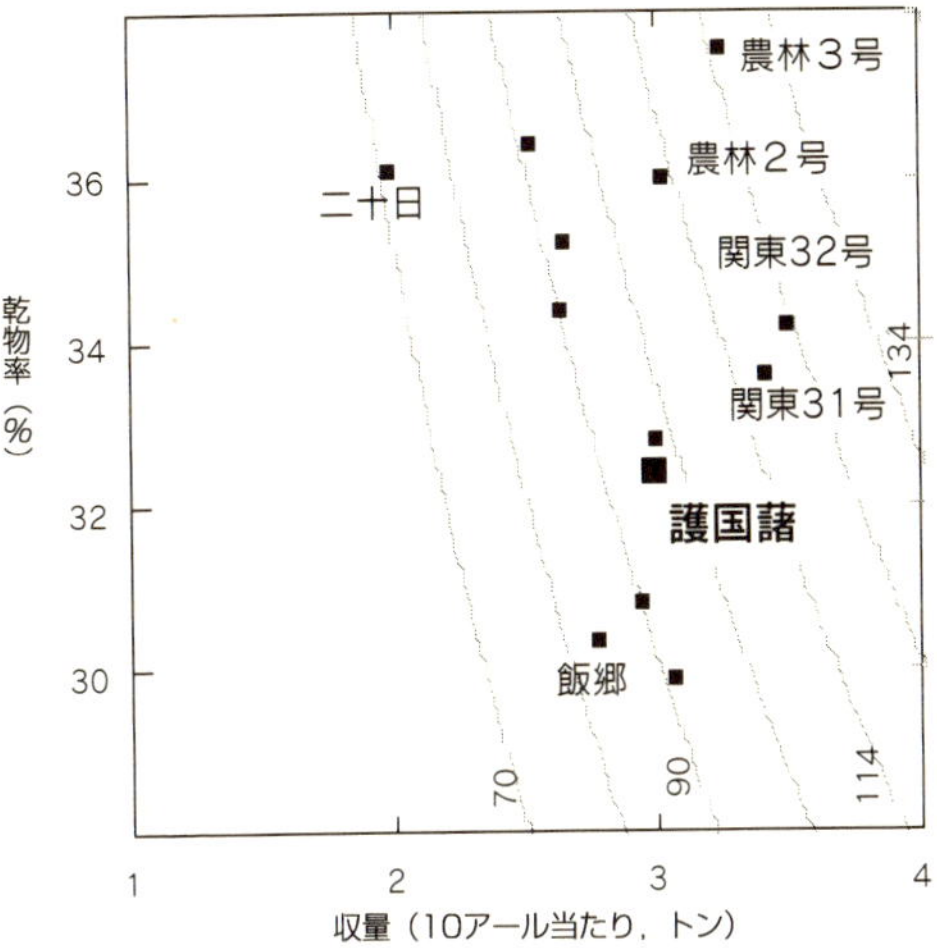

図35-1　護国藷を含む品種比較試験　普及品種を決めるため県の試験場では，奨励品種決定試験を行う．1950年は護国藷を含む13品種を対象に試験した．図中の斜めの線は等乾物収量線，乾物収量（＝収量×乾物率）．護国藷は在来品種二十日や飯郷より優れた生産力を示したが，新しく育成された農林２号，３号などには及ばなかった[(1)]．

治末から一九一三年までの報告書は業務報告、大正元年は業務功程、明治時代は農事試験成績と改名するが、内容はその年の試験成績、原種の配布の事業などの記録である。試験成績では、品種の収量の比較試験、栽培法や加工法に関する試験、また奨励品種を決定する試験、また県内の産地への適応性試験がある。これら試験につかわれた品種をおおまかに時代別にまとめた（表35-1）。

品種名が登場するのは一九〇一年、以後、在来品種の顔ぶれは時代によって変わる。一九五〇年になると育成品種一色となるので今回の資料調査はこの年で終了させた。品種変遷は次のように要約できる。

（1）明治末期。三重在来など一一品種、このうち川越（埼玉から導入、一八九七年）と琉球は大正時代まで、吉田（愛知から導入、一八九七年）はさらに一九三九年ごろまでたびたび出てくる。残りの三重在来（県内産）、蘇原《そはら》白など八品種は明治末までにはなんらかの理由でしだいに試験の対象から退けられた。

（2）大正時代。吉田、川越、琉球のほか、多数の品種が新たに加わる。この中で試験対象として重点的に取り上げられた主要品種は吉田、二十日、蘇原赤、青心、新薩摩、京藷、細蔓《ほそづる》、蔓無《つるなし》などである。その中でも、一九二三年の原種配布は吉田、二十日、蘇原赤に限られており、これら三品種は最重要視されたとみてよいであろう。

(3) 昭和時代(一九二六~三九年)。今までの品種の一部が消えて、また多数の新顔が結集した。例年の試験に抜擢されるのは古参の吉田、二十日、蘇原赤、細蔓、潮州《ちょうしゅう》在来、と新参の相州《そうしゅう》白、三保、三河薄赤、飯郷《いいごう》、大八州、尼ケ崎、花魁《おいらん》、紅赤系(紅赤一号、一八号)である。一九三六年以後はこれら多数の在来品種にさらに沖縄交配による育成品種(=地方選抜品種)が加わる。

(4) 昭和時代(一九四〇~五〇年)。二十日、飯郷を除き、在来品種はもはや試験対象には選ばれなくなる。育成品種が主流となる。育成品種とは沖縄一〇〇号、護国藷など地方選抜品種、農林系品種、関東番号品種、九州番号品種である。この一〇年間に在来品種は育成品種にその席を譲ったことになる。この変化は三重県だけのことではなく全国的に起きた変化であった(第39節参照)。この時期は戦争勃発から戦後しばらくの間である。

以上、試験圃場という特殊な小区画の中で演じられた明治、大正、昭和の交替劇を見てきた。ここで最終の一幕を一九五〇年の奨励品種決定のための試験結果で示す[2](図35-1)。この試験は品種の性能テストである。性能はここでは収量(塊根の重さ)とその乾物率で表されているが、二つの在来品種(二十日、飯郷)はもとより、高性能を誇った護国藷ですら新しく普及した育成品種に比較すると性能の低さを露呈している。これは新時代の到来を予言しているし、実際、全国的にも在来品種や地方選抜品種は舞台から去ったのである。

試験場の品種が在野の品種とは言えない。サツマイモ常食地帯の志摩地方の在来品種を知りたい、と冒頭に述べたが、まだなにも明らかになっていない。それにしても地域の試験場の研究がいつの時代も地域の実態に目を向けていないこと、地域の生産活動とはかけ離れた別天地であるという印象をも抱いてしまった。試験場刊行の一資料[(3)]に、「二十日が志摩地方に多く栽培されており、粘土質に適し、貯蔵もよく耐え、食糧、焼酎、白切干しにも適す」とあり、在野の品種であったことを知りえたが、これが唯一の記載である。

今一つの感想を抱いた。もしこのような調査を他の県ですれば、どの県にも共通する品種をたくさん見いだすことであろう。在来品種の経歴は次の節に述べるが、ここに出てきた品種のほとんどは近隣の県や関東あるいは遠く九州にも知られていたのである。地方独特の品種といったものはないかまたはきわめてまれで、一九二〇年代までは、どの品種も日本中をあまねく流転していたのではないか。それぞれの県の試験場もまたそうした流転の旅先とも考えられる。

まとめ――伊勢、志摩地方はかつてサツマイモ常食地帯といわれた。この地の在来品種を知りたい、という動機から三重県農業試験場の明治、大正、一九五〇年代までの業務報告を調べた。業務報告は農業に関する試験結果の簡明な記録である。保存品種、重要視された品種には時代によって変化があり、その様相を述べた。一九四〇年ころを境に在来品種は育成品種にその座を譲る。大正時代の二十日はこの地ではとくに注目された在野の品種と推測された。三重県試験場で保存されていた多くの在来品種は他県にもその存在が知られているものばかりである（次節参照）。地域固有の品種といったものはなく、在来品種は全国を流転していたようにおもわれる。このような流転は、その規模を問わなければ、地域、村落、農家間にもみられる普遍的なことであったようだ。

36 サツマイモの在来品種

わが国の野菜の在来品種あるいは地方品種がほとんど消失したと言われて久しい。それは地方文化の衰退、また農業遺産の枯渇を示している。近年は遺伝資源の確保、保全といった目的で在来品種への再認識がなされているが、こと日本本土の在来品種については「失われた時間」を求めるようなことになっている。

毎年の収穫、越冬、たねいもの芽吹きの確認、継代の栽培によってのみこの資源は伝えられる。一年の循環を止めればその資源は失われる。絶滅した自然種がかつての分布圏内に点状に残っているとき、それを遺存種という。ここにあげる多くはもはや生存してはいないであろうし、もしあればそれは遺存品種といえよう。なかには例外もある。発見から一〇〇周年を迎えてなおも栽培され続けている紅赤というような品種である。

以下の品種解説にあたっては、

（1） 主に小野田正利[1〜3]および井浦徳[4]の解説による。両名は日本のサツマイモ育種の草分けである。三重県での記録は前節に引用した文献による。

（2） 代表的な品種については、一九四〇〜四二年の統計による栽培面積、同割合を補足した。この時期は全栽培面積の八％が沖縄一〇〇号、護国藷、またその他の地方選抜品種で、九二％は在来品種が占めた。

（3）品種の分布は主に一九五五年のいも類品種普及統計表(5)によった。このころは在来品種と育成品種の交替が完了し、在来品種の栽培地は大きく縮小したときの統計であるが、この統計には各県の市町村単位の品種別の栽培面積、戸数などの数値がある。

（4）近代品種はその遺伝的体質の多くをこれら在来品種から受け継いでいる。参考例を各品種解説の末尾に示した。

（5）在来品種は不和《ふわ》合群《ごう》により大別した。不和合群は四方俊一らの『九州農業試験場研究資料第四三号』(6)に依った。不和合群は品種の相互交雑の可否を決定している遺伝的性質である。同一クローン（品種）ならば同じ不和合群である。しかし、不和合群が同じでも同一品種とはいえない。人の血液型の場合と同様である。在来品種の多くはA群かB群、ごく少数の沖縄在来品種がC群である。

一　不和合群A―在来品種

源氏（A）。主要な在来品種の一つ。広島県安芸《あき》郡矢野町の久保田勇次郎がオーストラリアに契約移民として滞在中、現地で「イギリス」と称しているサツマイモを知り一八九五年帰国時にそれを郷里にもたらし、三徳藷として郡内に広げた。久保田は後年アメリカより品種七福《しちふく》を移入した人でもある。

草勢のよく茂ることから「元気、A」また元気がなまって「げんち、A」、「源地、A」など、伝播地ではさまざまな名が付けられている。このことは急速な伝播と定着をうかがわせる。明治末千葉県海《かい》上《じょう》郡に伝播、千葉県や茨城県では「鹿児島、A」とよばれた。千葉県千葉郡幕張町の斉藤徳次郎がつる返し中、つるの短い変異体を発見、それは「立鹿児島」として主に千葉県でつくられたが、つるの長さはクローンにより変異があったようである。

愛知県の「愛知紅赤、A」、岐阜県の「金時、A」なども源氏系品種とされている。「つるなし源氏、A」は鹿児島県肝属《きもつき》郡垂水《たるみ》町の中島磯助が一九〇七年ごろ発見した短づるの突然変異体である。白源氏（A）、赤源氏（A）、白便利（A）、赤便利（A）などの名があるように塊根の皮色変異もあったようである。

いもは紡錘形、外皮は淡い赤褐色、肉は淡黄色、食味は良好。肥沃地、多湿地には不向きで、痩地に適した。栽培面積一〇・四万ヘクタール（全栽培面積に対する割合は三四・八％、一九四〇〜四二年）、在来品種中もっとも広い栽培面積を占めた。

在来品種の分布（図36-1）の七福‐源氏ゾーンにみるように、九州、四国、中国、関西が主な栽培地であったが、小規模な栽培は関東、一部は岩手にも及んでいた。全国的に分布をした品種の一つである。白源氏や赤源氏の産地は主に広島、岡山であるが、そこから前者は四国に、後者は九州に広がったようである。つるなし源氏は当時鹿児島北部から大隅半島に広く栽培された。愛媛の中予や東予地方では元気と源氏は区別して栽培されている。

元気×七福の交雑からは護国藷や農林一号が育成されている。つるなし源氏は農林九号の片親である。

花魁《おいらん》（A）。来歴不明。静岡県に明治初年九州方面から伝播、その後同県から埼玉県に伝わったとされている。両県では早掘りをして、いわゆる「盆いも」として出荷した。多収の早生品種。埼玉県農事試験場では一九一五年この品種の系統選抜に着手、一九一九年優良系統として花魁崎一号を、また翌年さ

図36-1　1955年の在来品種の分布　この年の全国調査の結果（5）による主要な在来品種の分布．ただし主要品種とは各府県での占有作付け率1%以上の在来品種をいう．２品種以上あるときは占有率の大きい順にすべてをあげた．この年は全国的に在来品種と育成品種の交替が進み，各府県別での全在来品種の占有率は最小は0.45%（愛知）から最大28.6%（栃木）を示していた．主要な1～２品種の分布から東日本，西日本，その中間と三つのゾーンに分けた．

らに系統更新をした同名の花魁崎一号（A）を出した。

いもは長紡錘形、外皮はくすんだ紫紅色、肉は白く中央に紫斑がでる。緻密で繊維少なく極粘質。多湿、旱魃にも耐え、その上冷涼地に栽培可能とあり、特異な適応性が注目された。「あんこいも」はいもの紫斑に由来、また販売苗の茎や葉柄、葉脈が紫色を帯びることから、富山では「黒蔓《くろづる》」と呼ばれた。栽培面積一・七万ヘクタール（同割合五・六％、一九四〇～四二年）。

主要な産地は静岡、埼玉、栃木、茨城、千葉などであったが、関東産苗の流通によって、裏日本や東北にも伝播したとされている。一九五五年の記録によると、青森から鹿児島まで広い分布をみせるが東海以西、近畿、中国、四国九州での栽培規模は小さい。

飯郷《いいごう》（A）。静岡県の古い品種。この品種が茨城県を経由して、埼玉県に伝わり花魁と呼ばれるようになったのではないか、とされている。一九一九年静岡県磐田《いわた》郡大藤村で飯郷のなかから白い塊根をもつ変異体が発見され、「白飯郷、A」と呼ばれた。この皮色変異体はもとの飯郷にとって替わり、県下によく普及した。とくに磐田郡、小笠郡特産の蒸し切干しの原料とされた。いもは長紡錘形、外皮はくすんだ紫紅色、肉は白く中央に紫斑あり、粘質であるなど、花魁と同様な特徴をもつ。一九五五年の調査では茨城、群馬、埼玉、福島、宮城に栽培され、とくに茨城では水戸から北部の中山間地にかけてよく栽培されている。

潮州《ちょうしゅう》（A）。来歴不詳。一九一八～二五年の埼玉県農事試験場の調査(7)によると、「収量中、いも小形、外皮紅、肉色白、食味中、肉質は粉質と粘質の中間」とある。一九五五年鹿児島県国分《こくぶ》で五〇戸、熊毛《くまげ》で六四〇戸の作付けがあった。交雑七福×潮州から沖縄一〇〇号が、交雑紅皮×潮州からは農林八号が出ている。

三保《みほ》（A）。来歴不詳。静岡県三保村（現清水市か）で古くから栽培。早生品種で蒸しいも用として東京市場へ出ていた。外皮は赤褐色、肉は黄色、粉質。食味は中。三重県では昭和初期には砂質土の早熟栽培に適する美味、しかし貯蔵やや困難な品種とされていた。

琉球（A）。来歴不詳。古くから「琉球からいも」とか「和蘭《おらんだ》いも」とも呼ばれ、鹿児島県で栽培された。いもは紡錘形、外皮は淡紅色。肉は白。粉質と粘質の中間、食味やや良し。三重県では古い品種の一つで明治、大正年間導入されたが、一般に栽培されたかどうかは不明。一九五五年調査では長崎県大村地区で一八〇戸による一ヘクタールの作付けがある。

二十日（A）。来歴不詳。明治末から一九三〇年代まで三重県志摩地方に多く栽培されていた。粘土質に適し、いもは短紡錘形、外皮は淡紅色、肉は淡黄色、粘質と粉質の中間。貯蔵によく耐える。食用、焼酎、白切干し（生いもを裁断、乾燥したもの）にする。埼玉県農事試験場の調査（前出）では「極多収、いもは小形、肉質は中間、食味は否」とある。沖縄には同名の「二十日」があるが、いもの特徴からこの品種とは異なる。

六十日（A）。来歴不詳。静岡県に古くから蒸し切干し用として栽培された。いもは長紡錘形、粘りけが強く、肉質は緻密である。昭和初期に三重県に導入。

二　不和合群B―在来品種

七福《しちふく》(B)。地方によりメリケン白(B)、メリケン(B)、アメリカいも、広島いも(B)ともいう。一九〇〇年広島県久保田勇次郎・吉松兄弟がサンフランシスコから現地の「イタリア」を持ち帰り、七福藷と名づけ知人に勧めた、とされている。当時アメリカではまだサツマイモ育種は行われておらず、「イタリア」はアメリカの在来品種であろう。

一九二二年指定試験により愛媛県農事試験場がこの品種を七福藷の名で全国に配布、普及をはかったことがある。いもは短紡錘形、外皮は黄白色、肉も黄白色、掘り上げたときは粉質、貯蔵後粘質と変わる。食味は良好。

栽培面積二・四万ヘクタール(割合七・九%、一九四〇～四二年)。一九五五年の統計によると、東京、千葉、埼玉、長野にわずかにあるが、本来は箱根以西の温暖地に源氏とともに普通にみられ、七福-源氏ゾーンをなしていた(図36-1)。このゾーンの中には七福の別名メリケン(またはアメリカ)が三重、兵庫、徳島、長崎にみられる。今日でもまれに栽培されている七福、メリケンに遭遇することがある。そこは長崎の西彼杵《そのき》半島、島原半島、三重の志摩から熊野の海浜地帯で、過日の日常食または常備食への愛着から高齢者によってわずかにつくられている。交雑七福×潮州から沖縄一〇〇号、元気×七福から護国や農林一号、七福×沖縄一〇四号からフクワセが育成された。

吉田(B)。来歴不詳。吉田は在来品種でも東海地方に局在した品種のようである。三重では一八九八年愛知県より導入、以来砂地に適する食用・加工汎用の早生品種として一九三五年ごろまでつくられた。三重県から交配材料のため沖縄農事試験場に分譲され、沖縄交配に用いられた。

吉田は太白と同じとする見解がある。沖縄交配の記録[4]によると、「交配母本として使用された吉田は一九三〇年以来は太白と取り間違えられた形跡があり、吉田と太白は異名同種と考えてよい」とある。この記述からは吉田と太白は形態上では区別ができなかったことが推察される。しかし、同記録では、吉田（三重産、B）は「外皮黄白色、肉淡黄色、肉質中間」とあるが、太白（埼玉産、B）は「外皮紅色、肉白色、肉質粘質」とあり、塊根に明白な違いがある。同様な品種間の違いは大正年間の埼玉県農事試験場の調査[7]にもみられる。したがって「吉田と太白同一品種説」はそのまま支持できない。このことは近代品種の特性や有用特性を祖先品種にさかのぼって分析するとき留意すべきことである。

吉田×沖縄一〇〇号の交雑からは四姉妹品種、農林二号、農林四号、農林七号、農林一〇号がでており、吉田×（元気×七福）からは姉妹品種農林三号、アジヨシ、また吉田×沖縄一〇四号から農林五号が育成された。これら交配はすべて一九三三年以後のことなので、沖縄交配の記録を参考にすると、これら育成品種の片親は、厳密には、吉田または太白ということになる。

一九五五年調査では吉田の名は徳島県にあるが、この統計調査の最小単位一ヘクタール未満の栽培である。

太白《たいはく》（B）。明治末期九州より埼玉県に入り、その後、栃木、群馬、千葉、東京、神奈川、次いで北陸、東北にも広がったとされている。一九五五年調査（図36-1）では、このことを裏付けるかように、太白-紅赤ゾーンは福井と神奈川を結んだ線より北に広がる。また苗の販売により鳥取県から近畿地方にも伝播し、そこでは「伯州赤《はくしゅう》」の名で栽培されたともいわれている。一九一四年埼玉県農事試験場は各地の太白系統を収集し、その中から一九一八年優良クローンとして太白崎一号(B)を選抜した。

いもは長紡錘形、外皮は鮮紅色、肉は緻密で、きわめて粘質。とくに甘味に富むので好まれた。広い分布はこうした食味によるとされる。瘦地には不向きでやや肥沃な沖積地に適した。栽培面積二・九万ヘクタール(同割合九・四%、一九四〇〜四二年)。

すでに花魁の全国的分布を述べたが、太白もその規模を無視すれば、四国を除き、北日本から九州までほぼ全国的な分布がみられる。伯州赤は京都、兵庫、鳥取、島根、広島で栽培されており、鳥取を除き、いずれの県でも統計では太白と伯州赤は別々に取り扱われている。(七福×潮州)×太白の交雑からナカムラサキ、太白×護国藷の交雑からヤケシラズが育成された。

川越(B)。来歴不詳。埼玉県入間郡永井村に古くからあった品種である。赤蔓《あかづる》、青蔓《あおづる》の区別がなされており、天保年間(一八三一〜四五)には「川越いも」で江戸市中によく知られていた。(8) いもは紡錘形、外皮は濃紅色、肉は黄色、粉質。食味は良好。

一九五五年調査によると、この品種は東北、関東、東海、関西、中国、四国で、それも小規模に栽培されている。この点状の分布はひとたび広域分布をした品種が衰退し残存している様相とみることができる。

細蔓《ほそづる》(B)。一九一五年頃静岡県榛原《はいばら》郡白羽村の高塚仁左衛門が八丈島よりたねいもを持ち帰ったとされている。蒸し切干しによいので、同郡や小笠《おがさ》郡の南部の海岸地方や額田《ぬかた》郡に広がり、ひととき静岡県の栽培面積の一三％を占めた（一九四三年）。いもは丸形か短紡錘形、外皮は淡褐色、肉は白色、超軟質で緻密、もっぱら切干し用品種である。三重県でも大正年間煮《に》切干し用とした。一九五五年には静岡の加茂郡、浜名郡にわずかに残っている。

隼人藷《はやと》（B）。大正時代より鹿児島でつくられていた。ニンジンいも、カロチンいもの呼び名がある。他の在来品種に例をみないカロチン系品種、やや朱色を帯びた黄褐色の外皮、朱色の肉色、ニンジン様の香り、強い甘味がある。この特性はアメリカの古い品種ポートリコ（Port Rico, B）に類似する。ポートリコは日本人移民から鹿児島に伝えられたとの指摘があるが、これはあくまで推測の域をでない。熊本ではこの品種をポートリコと呼んでいる。収量は中位、やせて乾燥する台地や海浜地に適する。貯蔵はややむずかしい。

一九五五年は三重、和歌山、島根、岡山、広島、香川、福岡、熊本に点在、とくに鹿児島では各地に普遍的にみられた。このことから、鹿児島に本拠をおいた品種とおもわれる。三重では志摩の磯部《いそべ》で栽培されていたが、一九八五年ころより市場名「きんこ」と称する煮切干しの原料として復活、栽培風景は近年志摩半島の磯部町、阿児町、大王町、浜島町、志摩町にみられるようになった。

三　在来品種（不和合群AまたはB）

紅赤《べにあか》（A、B）。一八九八年埼玉県北足立郡木崎村針ケ谷（現さいたま市）の山田いちが「八つ房」より発見した突然変異クローン。八つ房については、埼玉農事試験場の調査によれば、「外皮淡紅色、肉色淡黄、粉質、食味良好」とある。紅赤の外皮は紫紅色、肉色は黄色なので、外皮や内部の色調に変化があり、収量や品質には八つ房と変わりはなさそうである。中生〜晩生品種。収量は少なく、晩植、肥料や気候条件への適応力が乏しい。そのため栽培はむずかしい。いもは長紡錘形、粉質で甘味が強く、食味はきわめて良好。関東地方の乾燥する腐植質、火山灰地帯で良質のものができる。

一九一三年〜一八年埼玉県農事試験場は栄養系選抜をした系統を「紅赤崎一号」と命名した。いっぽう、千葉県農事試験場は埼玉県から紅赤系の収集品をゆずり受け、一九二八〜三〇年の試験結果から砂地栽培用として「紅赤三一号」を選抜した。紅赤三一号のいもの形状は紅赤に類似する。紅赤は各地で人気を呼び、金時（東京、B）、高座赤《こうざ》（神奈川）、千葉赤（A）または大正赤（千葉）、甲府赤（山梨）、茨城赤（茨城）はすべて起源を紅赤に発する紅赤系品種といわれる。紅赤に二つの不和合群A、Bがあることは遺伝的に異なる少なくとも二つのクローンが混在していたことを示している。現存する紅赤の不和合性はB群とされている。

栽培面積三・三万ヘクタール（一〇・八％、一九四〇〜四二年）。戦中から戦後しばらくの増産強化の時代、この品種の作付けは縮小した。一九五五年、紅赤が台頭をはじめた時期になるが、主産地は関東、東北各県にあり、太白‐紅赤ゾーンをなしている（図36‐1）。栽培規模を問わねば、全国的に分布している。

近年の特産地ブームから、関東の各地以外、愛知、兵庫、鳥取、熊本にも産地ができようとしている（栽培面積三〇〇〇ヘクタール、五・五％、一九八九〜九四年）。一九九八年は変異体紅赤の発見から一〇〇年目になる。紅赤百年記念誌(8)には川越いも友の会（会長ベーリ・ドウエル、東京国際大学）によって、山田いちの紹介、八つ房、紅赤づくり、紅赤の最新の変異体「茜金時《あかね》」などこの品種にまつわる多彩な記事を載せている。

四　在来品種（不和合群未定）

蘇原《そはら》赤。岐阜県稲葉郡蘇原村（現各務原《かかみがはら》市）の小川某が明治初年ごろ愛知県より持ち帰る。この地に広がったいもを素材に岐阜県農事試験場が選別、一九〇三年「蘇原赤」と「蘇原白」と命名した。いもは短紡錘形、外皮は淡紅色、肉は黄色、粉質で品質がよい。三重県では明治～大正年間蘇原白、蘇原赤の記録があり、とくに蘇原赤は別名「薄赤《うすあか》、A」とも称し主要品種として栽培されたようである。

四十日《しじゆうにち》。来歴不明。関東では古くから栽培されていた。千葉県では明治末期デンプン工業の台頭時に原料として注目された。一九二一年ごろになるとデンプン原料は「立四十日」が「四十日」に置き換わり、ほぼ全域を占めた。「立四十日」は一九一一年千葉県千葉郡都賀村字原の高山徳蔵により、〇・五ヘクタール分の四十日の中の一株として発見された矮性突然変異体である。関西でも栽培された。大正年間和歌山県では早掘り用の主要品種、また近隣の大阪、奈良、三重に伝播し、近畿では赤四十日の名で呼ばれた。

いもは長紡錘形、外皮は淡紅色、肉は白色、粘質。食味は不良。立四十日のいもは短紡錘形で株元に密生した。変異体は外皮色や肉色には差がなく、食味はきわめて不良、また四十日、立四十日とも原料用としては、デンプン含量十数％と低かった。この他、関連の品種としては、白四十日（三重県）、早生四十日（近畿地方、A）、宮崎農試で赤四十日より選抜した新四十日（A）がある。通称「四十日」はいろいろな異なるクローンが混在していた疑いがあるが、統計では「四十日早生」となっている。

一九五五年の調査によると、福島、栃木、富山、広島、山口に小規模栽培があるが、図36-1に示したように、主産地は滋賀、京都、大阪、兵庫、奈良で、一つの四十日早生中間ゾーンをなしている。

相州白《そうしゅう》。神奈川県中郡大野村《なか》の記録によれば享保・寛保年間（一七一六〜四四）八幡村にはじめて植えられた。まもなくこの八幡村や中原村に広がり、八幡藷とか中原藷と知られるようになった。三度藷、鎌倉藷（A）とも呼ばれる。

いもは長紡錘形、外皮は黄白色、肉色は黄色、蒸すと粉質。早掘りの焼きいもや蒸しいもとして好まれた。いもの形状や特徴から紅赤系に属するのではないかという指摘もある。三重県では昭和初期に導入、収量は多くないが、品質のよいことで注目された。一九五五年には茨城の鹿島《かしま》郡鉾田で一六九戸が二六ヘクタールを栽培している。

六角。終戦後茨城県筑波郡谷田部村より東京市場に出て、好評を得た。一九五〇年東京都下北多摩郡久留米村に導入、市場向けに生産したとされている。この市場名はいも断面が六角形をなしているところからきている。いもは長紡錘形、濃い紅色で、中は黄色、粉質で食味はよい。収量は少ない。一九五五年には主に関東の栃木、群馬、埼玉、千葉、東京、神奈川で栽培されていた。

以上、在来品種のうちその素性が知られているものは限られている。図36-1に登場する品種でもちやぼ（福井）、紀州赤（和歌山）、狭山（栃木、茨城、千葉）、4-33（佐賀、熊本）など来歴不詳の品種がいくつかある。

在来品種全体について、起源、伝播、品種数にあえて言及すれば次のようになる。

（1）起源。サツマイモは十七世紀初頭に沖縄へ、十八世紀初頭には九州（長崎、鹿児島）に伝来した。したがって在来品種は、七福と源氏を除き、ほとんどがそのルーツを沖縄に、次いで九州の地に起源している。一九五五年調査の在来品種では、九州各地に局在するかあるいはそこを主産地とする品種が断然多い。例えば、鹿児島県の潮州や隼人《はやと》藷、熊本県の便利《べんり》、白便利、花ぼけ、長崎県の三葉、銀ぼけ、琉球、宮崎県のオランダ、佐賀県の双皮《ふたかわ》などである。また広域品種太白や花魁もその記載からすると九州に発しているとうかがうことができる。

（2） 伝播（その二）。サツマイモは史実から九州伝来後四〇～五〇年のうちに関西、関東各地に定着していたとされている。(9) しかしその時代の記録は一般作物としてで、品種の記録は乏しい。品種としての記録はもっと後のこと、明治以後である。太白、花魁、紅赤、川越、金時は在来品種の衰退期（一九五五年）でさえ小規模ながら広い範囲に栽培されており、これらは早い時期にそれも急速に広がったことを暗示している。伝播については品種名が一つの手がかりとなる。例えば、紅赤と千葉赤は同一品種とされているが、紅赤は東北全県にあり、千葉赤は福島、新潟、秋田にしかみられない。伝播の実態の解明はかなり困難であるが、異なる年代の異なる経路があったとおもわれる。

（3） 伝播（その三）。明治期のオーストラリア品種源氏、アメリカ品種七福の登場はサツマイモ史に画期的なできごととなる。二つはあいたずさえていつしか主要産地を西南暖地に築いていた。とくに源氏に与えられた多くの名称は他の品種にはない特性や高品質への関心の表現とみることができる。すでに述べたように、これら二品種はまた交配母本となり多くの近代品種を生み出した。

（4） 系統選抜。大正年間は系統選抜という方法で品種の改良が行われた。この方法は栄養系選抜、系統分離育種（分型育種法、純系分離法）ともいわれる。各地から同じ品種を一堂に集め比較をして、とくに優良な系統（クローン）を選び出すのである。しかし、実際この方法で大きな成果があったのか疑問である。ただウイルス感染のより軽度なものを選び出すことはできたはず。埼玉県農事試験場は太白、花魁、紅赤、千葉県は紅赤、また愛媛県は元気、宮崎県は源氏について精力的な系統選抜を行った。また、このことは大正年間にはこれら品種が巷間では重要な品種であったことを物語っている。

（5）　品種数。在来品種がいくつあったかとなるとむずかしい。サツマイモ伝来にまつわる江戸期の記録や農書の記述に従い、数種だったとする説もある。しかし、それでは下記の実態の説明ができない。沖縄交配の育種開始から一九四二年までの特性調査では、日本本土の在来品種は一〇三が登場する。[4]一九五五年農林省の全国実態調査では一三四の在来品種がある。[5]さらに多数の無名品種もあったであろう。こうした多様性の成因は、高度な芽条突然変異体の利用、また沖縄諸島からの頻繁な遺伝資源の導入ではないかと考えられる。

現在、そのうち少数のとくに過去交配母本となった在来品種は農林水産省の育種機関で保存されている。今日では遺伝物質ＤＮＡで品種の異同を決めることができる。さらに将来はＤＮＡの塩基の文字で品種年代記を描くこともできよう。しかし、品種はあくまで人の手のなかで育ち、移動し、ときには変貌したものである。古い記録の探索や整理もまたそれ以上に重要な課題である。また幸運にも今日まで保存されてきた品種の維持が大切である。生きた植物の維持が困難ならば、乾燥標本か、最低限小瓶中のＤＮＡとしての保存も検討されるべきであろう。

まとめ――在来品種の来歴、類似品種、突然変異体、塊根の性状、近代品種普及以前の栽培面積と同割合、栽培地の分布、近代品種との血縁関係をまとめた。類似品種間の異同を判断するのに一つの手がかりとなる不和合群別に列記した。在来品種が消失寸前の一九五五年の統計調査にもとづき、この列島には主要在来品種の三つのゾーンがあったことを示した。各在来品種の性状は断片的にしか知られていない。だが、小野田正利、井浦徳の短い解説文のなかに在来品種の出生地、各地に運ばれ定着する様子をかいま見ることができる。今後遺伝物質DNAの比較分析によって、当初の資源の遺伝的変異、在来品種の相互関係、国外での源氏、七福のルーツなどがいずれ明らかにされる時がくるであろう。同時に古い記録の探索や整理もまたそれ以上に重要な課題である。

37 明治のサツマイモ

いまどき「サツマイモをたくさん収穫する」ことを云々するのは時代錯誤のようにとられるかも知れない。しかし、一定の耕地からどれだけ収穫量があるか、すなわち収量の大きさはいつの時代も、どこにあっても食糧生産の現場では最重要な問いかけである。

サツマイモ掘りは近頃は幼稚園児が楽しんでいる。もし一メートル四方の畑を掘り起こした末に、片手でつかめる二〇〇グラムのいも一個を見つけたとする。これでは園児もがっかりする。このような畑が一万倍の広さ（ヘクタール）あると、これはヘクタール当たり二トンの収量に相当する。この一〇倍くらい二〇トンあれば普通の出来である。

一八八二（明治一五）年のサツマイモ統計[1]から収量を取り上げる。統計の地域区分は江戸期の国名で、また作付け面積は町歩、生産量は斤（＝〇・六キログラム）単位なので、これらをヘクタールやトンに換算し、収量を地図上にとった（図37-1）。この年全国平均の収量は六・九トンである。今日の統計では全国の平均収量は約二四トンなので、当時の平均収量はこの約三分の一。しかし、全生産量となると明治のこの年と平成時代のそれとはほぼ等量である。同じ生産量をあげるのに、かつての作付け面積は

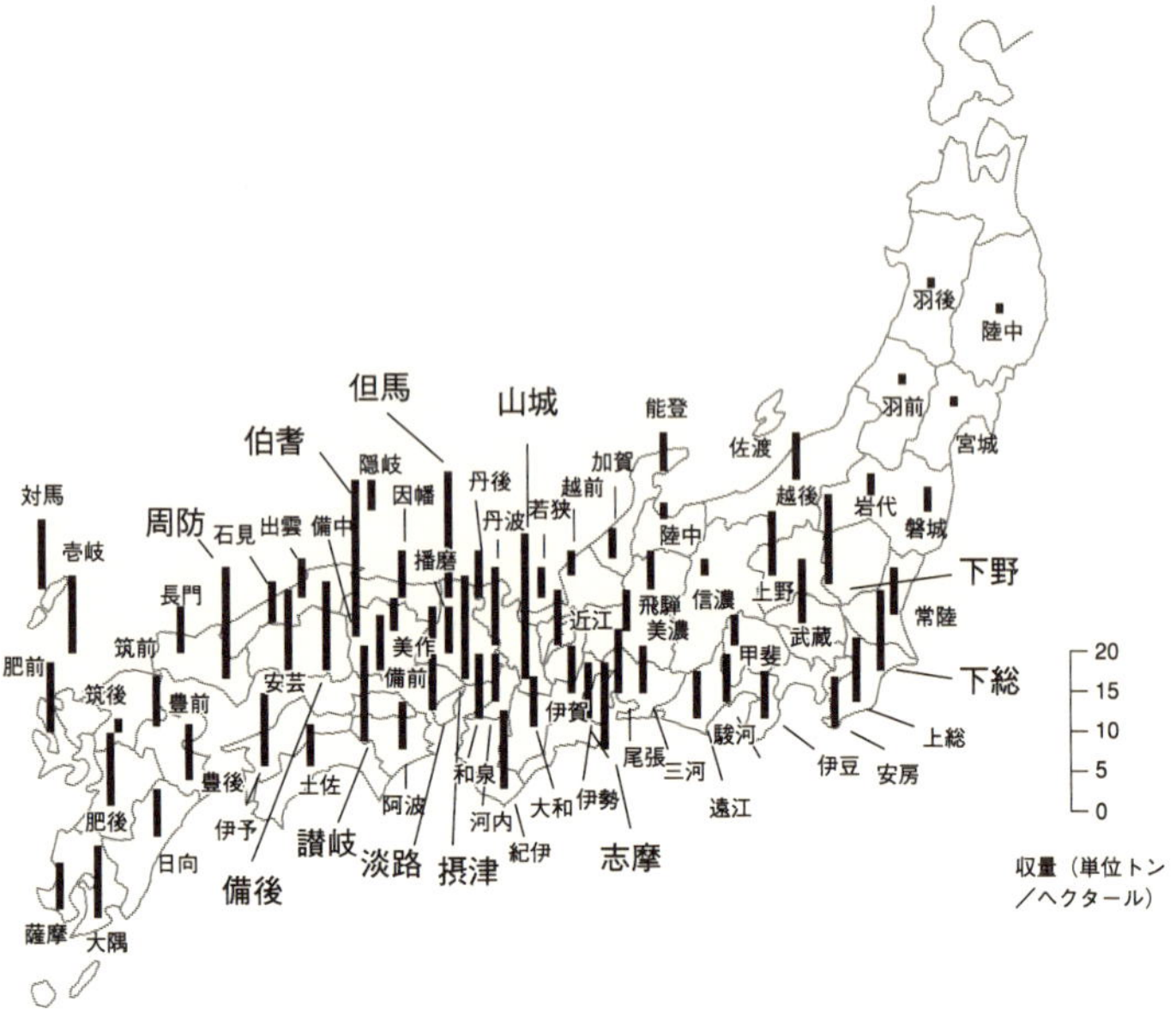

図37-1　明治時代のサツマイモ生産地と収量　1882年の各地の収量を示した．全国平均収量は6.94トンで今日の平均収量約20トンと比べると半分以下である．収量は西高東低の傾向にある．比較的高い収量水準の地域は西日本に多い．最高の17トンは京都（山城），また10トン台は三重（志摩），大阪（摂津），兵庫（但馬，淡路），鳥取（伯耆），広島（備後），山口（周防），香川（讃岐）である．東日本では栃木（下野），千葉（下総）が10トンの収量水準にある．

現在のそれの約三倍を要していたことになる。

まず、収量の大きな地域較差にふれる。東北地方その他の地域の収量は〇・四トンからせいぜい二・〇トンくらい、ちょうど先の園児の収穫程度と等量またはそれ以下である。しかしながら、高い収量を西日本に見いだす。最高の一七トンは京都（山城《やましろ》）である。これは今日の府県別の収量と比べても上位にランクされる。次いで大阪（摂津《せっつ》）、兵庫（但馬《たじま》、淡路《あわじ》）、三重（志摩）、鳥取（伯耆《ほうき》）、広島（備後《びんご》）、山口（周防《すおう》）、香川（讃岐《さぬき》）は一〇トン台の収量である。東日本では栃木（下野《しもつけ》）と千葉（下総《しもうさ》）が一〇トン台である。その他は二トンと一〇トンの間にある。収量水準についてみると、この列島の中に先進地と多数の発展途上地がある。このような較差は地域のもつ品種の生産力の差および生産の阻害要因を克服する技術の有無が原因であろう。今日ではこのような地域較差は小さい。すべてが大体当時の先進地並である。昨今は東北地方でも一〇トン台、ほとんどの府県は一〇〜二〇トンの範囲、茨城、千葉、徳島、宮崎、鹿児島は二四〜二九トンと高い。こうした平準化はきっと農業以外の多くの分野でもみられることであろう。

次いで、この統計に付記された各地の作況報告を引用する。

〈茨城〉東茨城郡は平年作なり、〈三重〉旱害を被ふり大いに収量を減ず、〈愛知〉旱害を被ふりし地ありて概ね五分作なり、〈岐阜〉美濃国の九郡は概して旱害を被ふり平年の収量を得るに能はず、〈鳥取〉伯耆国河村、久米、八橋の三郡は最も凶作、因幡《いなば》国邑美、法美、岩井三郡は豊作なり、〈広島〉備後国深津、沼隈、安那三群は六月下旬挿植するも旱魃《かんばつ》のため茎短くして薯圃を覆うに足らず、株は鬚《ひげ》根多くして塊根二個以上を有するもの希なり、〈山口〉長門《ながと》国豊浦郡は出来立ち可なれども雨なきに由り少しく障害を被ふれり、〈徳島〉旱害を被ふる甚くして平年の三、四分作を上らさるべき景況なり、〈熊本〉阿蘇郡は半夏生（今のつゆ明け、七月二日ごろ）五、六日を経て移植し其他の地方は半夏までに移植を終り、山鹿《やまが》、山本、菊池、合志《こうし》四郡は雨なきが為め十分の収量を得ず、玉名郡は亦旱魃の為め蔓茎萎凋し就中沿海砂礫地は枯死するもの少なからず甚しき惨状を顕せり。

以上、西日本に旱害の報告が多い。

かつてサツマイモは不便な土地、痩地につくられた。西日本の山野を上空から、あるいは航空写真で眺めると、山腹、丘陵、海辺の山間部、島嶼の山肌に、整然とした等高線沿いの千枚畑状の輪郭を見るであろう。すべてそれらはかつての耕作地である。一部はミカン畑、ほとんどは荒廃地や疎林となっている。これは明治期あるいはそれ以前の農業の遺構である。水利のない過酷な土地での旱害は起きるべくして起きたと想像される。

「干天に雨を祈る」は西日本での食糧危機の象徴であった。旱害の関心はもっぱら稲作にかかわって言われがちであるが、乾燥によく耐えるはずのこの夏作物までも旱害と無縁でなかったのは意外であった。しかも、この状況は、農業気象の研究によると、一九五五年ごろまで繰り返されたとされている。明治と平成の収量差の原因の一つは災害に対する農地基盤の違いもある。

今日は平地のサツマイモにもたくさんの投資がなされる。給排水施設、土壌改良剤、成分を調整した専用肥料、肥効を緩慢に持続できる特殊肥料、除草剤、土壌病原菌や有害小動物への農薬、また縦横に動きまわる大小の農業機械、保水や通気性保全のため表土を覆うプラスチックフィルム、一本二〇〇円のウイルスフリー苗など、数えるときりがない。もはや気象災害はなく、裕福にすくすくと育つ諸条件が整っている。投資過剰による弊害さえ出ているほどである。一つの農作物の収量にもたくさんの要素が関わっている。

農業資源である品種もやはり無視できない。明治期の統計は在来品種の生産力についての情報を提供している。私は二つのことを指摘したい。まず、この時代に今日のような高い収量水準の地方があったことは、在来品種の中にあなどれない底力をもった品種があったのではないか、また、今一つは、たとえ収量は低くてもたびたびの旱害に耐えた品種があったのではないか、ということである。

そのような品種は「反骨の遺伝子」を宿しているようにおもわれる。この遺伝子は、例えば、過剰投資なしでも発揮できる豊かな生産力、きびしい旱害への耐性に関わる遺伝子のことである。そうした不屆の品種を見つけるために明治前期の統計と当時の在来品種の分布を重ね合わせることができないか。すると、在来品種の戸籍を見つけることができる。しかし詳しい記録を欠き、かなり困難であろう。一八八二年のこの統計には品種についての記述はない。

まとめ——一八八二年のサツマイモ統計をもちい、地域間に大きな収量の較差があったこと、また低い平均収量の原因は脆弱な農地基盤、貧弱な生産技術にあったことを推測した。これは在来品種時代の統計である。しかし統計は在来品種のなかには、豊かな生産力をもつもの、きびしい旱害に耐えるもの、があったことを証言している。そうした品種を探しだすのはかなりの困難が予想されることだが、もし出来たら、逆境下での高い生産力や耐乾性などの特性を発見できるであろう。こうした特性こそ今日のアフリカ、中南米など乾燥地域の品種に渇望されている能力である。

38　大正時代の在来品種

在来品種の特性調査は明治後半から大正期に地方の試験場で行われていた。その中で、一九一九～一九二五年にかけてなされた埼玉県農事試験場の調査は取り扱った品種数、試験規模またその精度といい、他の追随を許さぬものであった。一九二六年の最初の調査報告のでたあと「各方面から照会せらるる事すこぶる多きに至れり」という事態となった。そこで、一九三八年、県農事試験場、園芸試験場鶴ケ島洪積《こうせき》畑支場の農林技師長谷川正により特別報告「甘藷品種の特性調査成績」が再刊された[1]。

試験目的は全国の生産地や一般生産者が品種を選択するときの参考データの提供であった。沖縄を含め全国の試験機関、一部東京大学農学部、また農林省の個人から寄せられた計一四三品種を対象に、成績書は栽培特性のデータが主体をなしている。これら品種の取り寄せ先はこの節の最後に触れる。

すでに沖縄交配（第32節）で述べたように翌一九二六年には近代育種が沖縄で開始されようとしていた。すでに育種の実際を手がけていた沖縄県農事試験場も、一九二五年ごろには沖縄の品種につき詳しい探索や調査に本腰を入れていた。これらのことを考え合わせると埼玉県のこの大がかりな調査はこうした育種の気運に連動していたのではないかとおもわれる。

このような意味で、一九三八年の調査はわが国の在来品種について、はじめて取り組まれた本格的な調査とおもわれる。これ以後再び同様な調査は他のどの機関でもなされた形跡はない。もはや今では失われて幻のようになった多くの在来品種である。しかし、二〇世紀前半の日本の食糧を支えてきた植物資源である。ここでは在来品種の全体像を描いた。またいくつかの特徴ある面々も登場させる。

長谷川主幹は約三〇項目の特性を調べているが、ここでは次の一二の項目を取り上げる。それらの測定法、評価法の要約、また結果を各測定値の最小値－(平均)－最大値で示す。ただし計量単位はメートル法に換算した。また質的形質についてはその基準と頻度で示す。

（1）成熟期。「下葉が黄変枯死し茎上部の葉は小形のままに、新葉は殆ど生ぜざる」状態に達した時期。結果。早生（二九品種）、中生（五九）、晩生（五五）。

（2）塊根収量。品種ごとその成熟期に収穫、試験区は三坪。結果。四・八－(一七・二)－三二・六トン／ヘクタール。

（3）葉面積。代表的な葉形をした最大葉につきプラニメータで測定。結果。三一－(八五)－一七九平方センチ。

(4) 葉面積重比。単位葉面積の葉身の重さ、この値は葉の厚さの指標である。単位葉面積一〇〇平方センチ当たりの重さ(グラム)。結果。六-(二〇)-四〇グラム。
(5) 総茎長。成熟期直前の株を構成する茎の全長、二株平均。結果。二-(二二)-四九メートル。
(6) 節間長。株内の一〇〇節間の全長。結果。〇・六-(四)-六メートル。
(7) 茎葉重。試験区三坪の地際より刈り取った株の全重。結果。五-(二四)-四六トン/ヘクタール。
(8) TR比。茎葉重/塊根収量(著者の算出)。普通トップ・ルート比という。結果。〇・二-(二)-五。
(9) 塊根の変動係数。一〇株をもちい塊根個々の重さの変動係数。変動係数は(標準偏差/平均)×100。結果。三六-(八一)-一五九%。
(10) 食味。みずっぽくなく、粉質、甘味、香気があるものを最良(例、紅赤)とする。以下、良、中、否、最否の五段階評価。結果。最良(四品種)、良(二五)、中(六七)、否(四二)、最否(五)。
(11) 肉質。蒸してさめたいもを裁断、肉眼または舌触りで判定。結果。粘質(五〇品種)、中間質(六二)、粉質(三一)。
(12) 貯蔵性。貯蔵した一貫(三・七キログラム)の塊根を翌三月上旬に調査、重量減、病害、腐敗、変色、発芽、発根を観察し、総合的に三段階判定。結果。易(五三品種)、中(四二)、難(一七)。

一般の生産者の立場からこの成績を眺めてみよう。おそらく「おいしいものがたくさん」できる品種に目が注がれることであろう。まずたくさんできる目安は塊根収量である。皮色別に品種を収量水準ごとに配置したのが図38-1、38-2、38-3である。最上位の収量を示した品種は皮色紅色系では二十日(宮崎)、皮色白-黄色系では矮性《わいせい》(福井、坂井郡)、紫色系では小宿(沖縄)であるが、いずれも収量三〇トン/ヘクタールを少し超えている(括弧内の地名は供試品種の取寄せ先を示す)。

この三〇トン収量の値について二点を補足する。今日すっかり市場に定着してきた多収品種ベニアズマの収量をその育成段階の農業研究センター(茨城県つくば市)の成績でみると約二〇トンである。この単純な比較でも三〇トン収量がいかに高い値であるかが分かる。今一つは大正時代のこの試験では堆肥、ナタネ油粕、米ぬか、草木灰を元肥として、五月中旬穂波の揺れるムギ畑のうねの根元に植え付け、盛夏につる返しをする当時の一般的な栽培方法を行っていることである。サツマイモは本来素朴な農業に適した作物であることの一端をうかがわせる。

二十日と小宿はともに細~中の茎、やや小形の葉を繁茂させるが、成熟期の茎葉重は極端に少ない。それにもにかかわらず塊根収量は高い。したがって、TR比(トップ・ルート比)は〇・三~〇・五ときわめて小さい特徴がある。いっぽう、矮《わい》性(福井、坂井郡)はその名のように、葉は厚く、節間のつまった短いつるで、よく繁茂する。TR比は〇・八程度でやはり一以下である。

TR比は生育のある時点での地表を境にした同化物質の配分の状態を表している。ここでは成熟期の値である。塊根一〇トンを生産するのに地上部一〇トンが必要ならばTR比は一となる。地下部生産のみを重視するならばTR比の小さい品種、すなわち地下への蓄エネルギー型が望ましい。品種全体でみるとTR比は〇・二-(二)-五と大きな変異を示している。また塊根収量とTR比との関係をみると明らかな負の相関関係(マイナス〇・六七五、〇・〇一%有意性)がみられる。TR比が三以上、そして茎

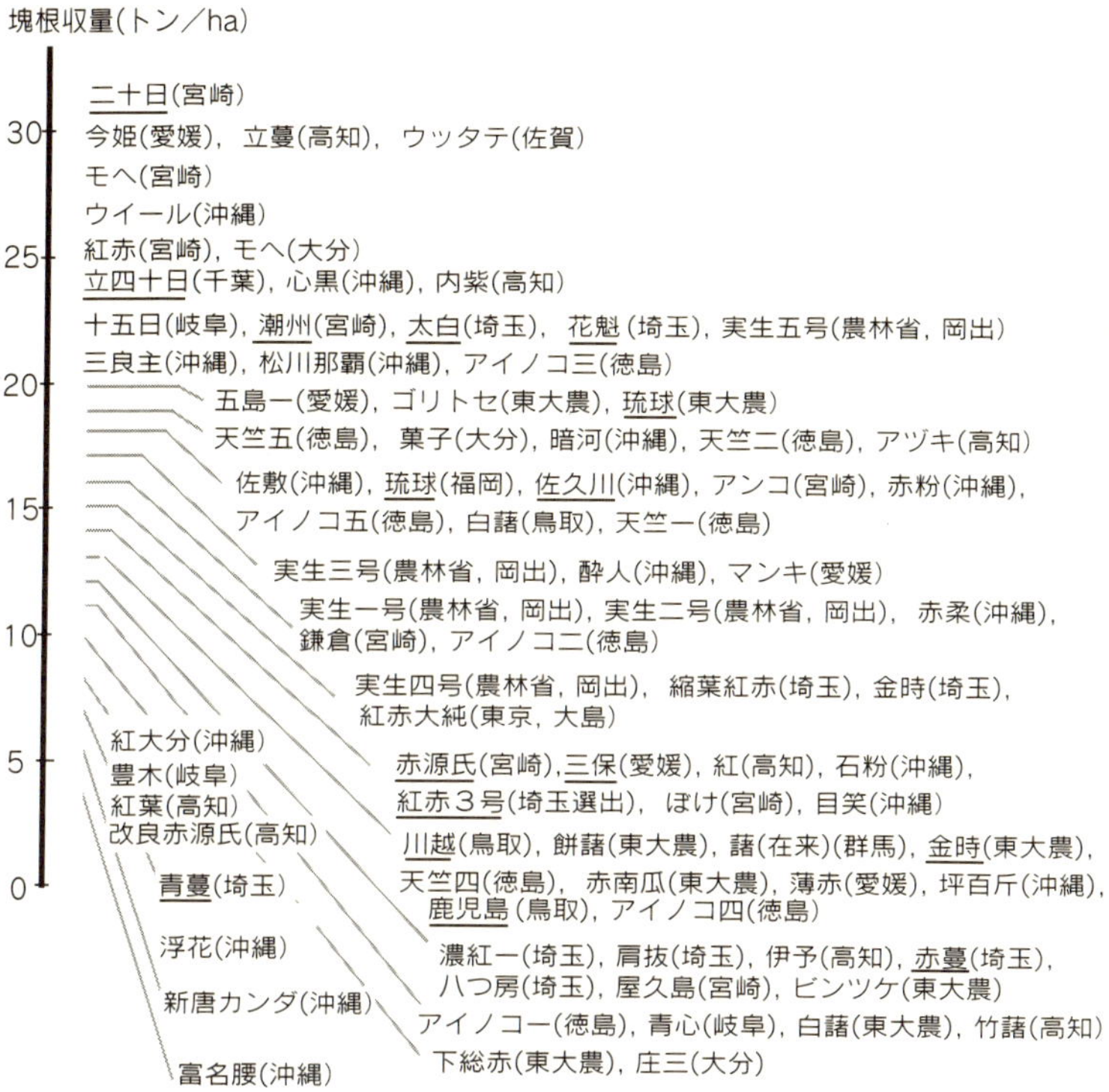

図38-1　大正時代の在来品種（皮色は紅色系）　在来品種44の収量．同収量水準では品種は収量の大きい順に並べてある．下線は第36節「在来品種」にでている品種．長谷川正（1938）の1925年次「甘藷品種の特性調査成績」による．

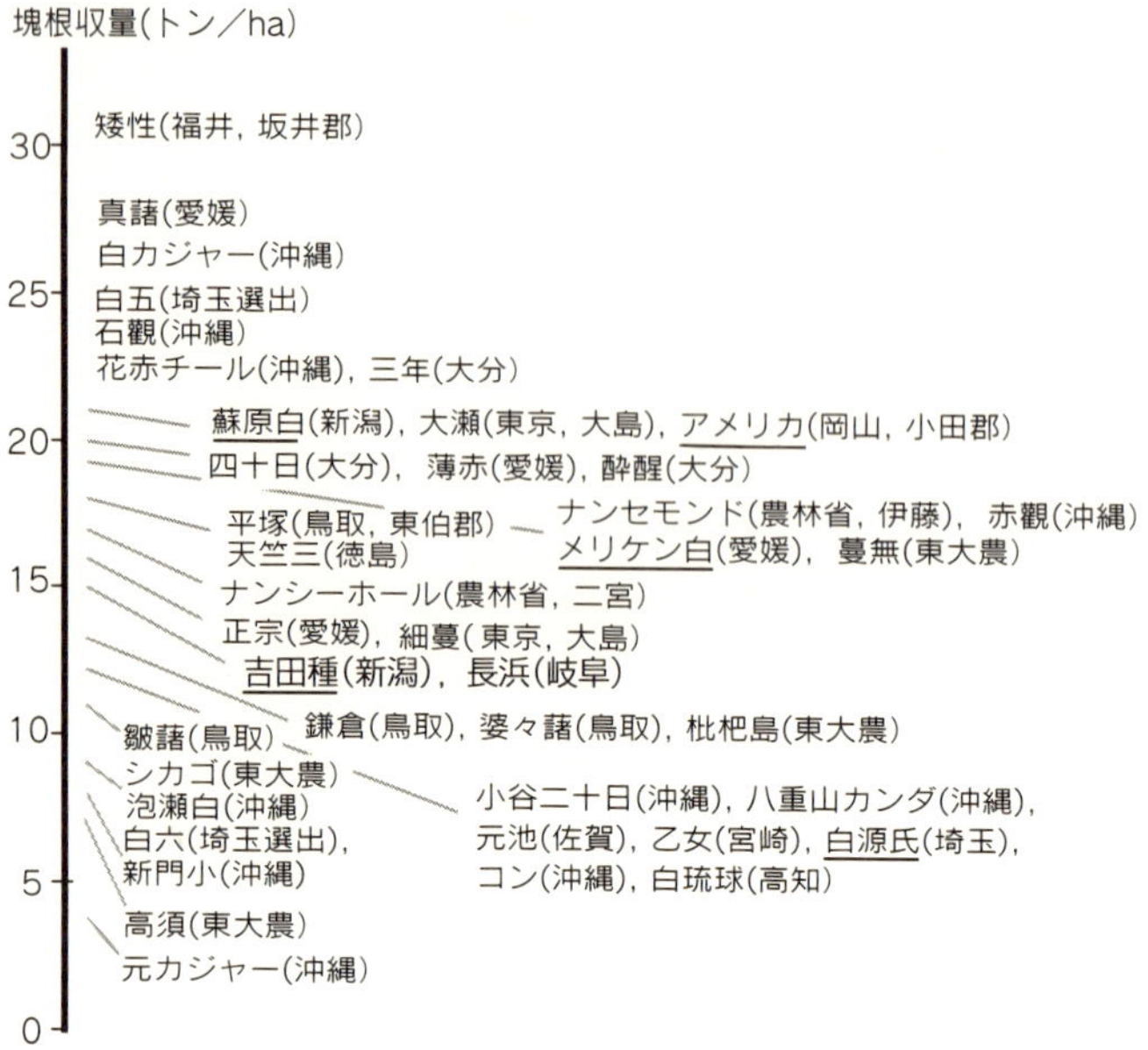

図38-2　大正時代の在来品種（皮色は白，黄色系）　図38-1に同じ．

葉重が四〇トンのような地上繁茂型の多くは晩生品種、収量は一〇トン内外に止まる（例、豊木〔岐阜〕、庄三〔大分〕、また枇杷島、ビンツケ、餅藷〔いずれも東大農〕）。

次いで上位の収量（二五〜三〇トン）を示したのは今姫（愛媛）、真藷（愛媛）、短蔓元地（東京、大島）など一三品種、多くは白い肉色、粘質から中間の肉質、貯蔵性は良好。TR比は低く平均（＝二）以下の〇・三から一・八である。いっぽう、収量が一〇トン以下の品種も一五ある。そのうちの八例は沖縄品種である。関東の気象に不適応を起こしたか、あるいは沖縄では塊根用ではなくつる先や葉を利用する品種があるので、そうした品種であったのかもしれない。以上、収量についての概観である。

ここで視点を当時の統計に転じる。では実際に当時の農村はどのような品種を主に選んでいたであろうか。第36節でみたように、関東以北の有力な在来品種は太白、紅赤、花魁、西南暖地では七福や源氏、その中間地では四十日早生であった。これら品種は本調査が行われた大正時代から一九四五年ごろまでは広く盛んに栽培されていた。源氏としては白源氏（埼玉在来）や赤源氏（宮崎）などが、太白（埼玉在来）、紅赤は紅赤（宮崎）などが、また七福としてはアメリカ（岡山県小田郡）やメリケン白（愛媛）が、四十日早生は四十日（大分）や立四十日（千葉）などが、この調査にもある。いずれも収量は中位で二〇～二五トン、すべて貯蔵性に長じている。たくさんの品種のなかで広く選ばれていたのは、最上位、上位のものではなく、「ほどほどにできる」中位の品種であったといえよう。これは次の食味についても同様な傾向がある。

長谷川は食味テストをした多くの職員の判定について、「人によりては全く正反対のものを最良または最否とするをもって食味の良否は甚だ不確実なるを免れず」としている。今日の美食に慣れた私たちの味覚と大正時代の人々の味覚とも大きな違いがあろう。しかし、不味いものを不味いとする感覚だけは案外変わらないのではなかろうか。

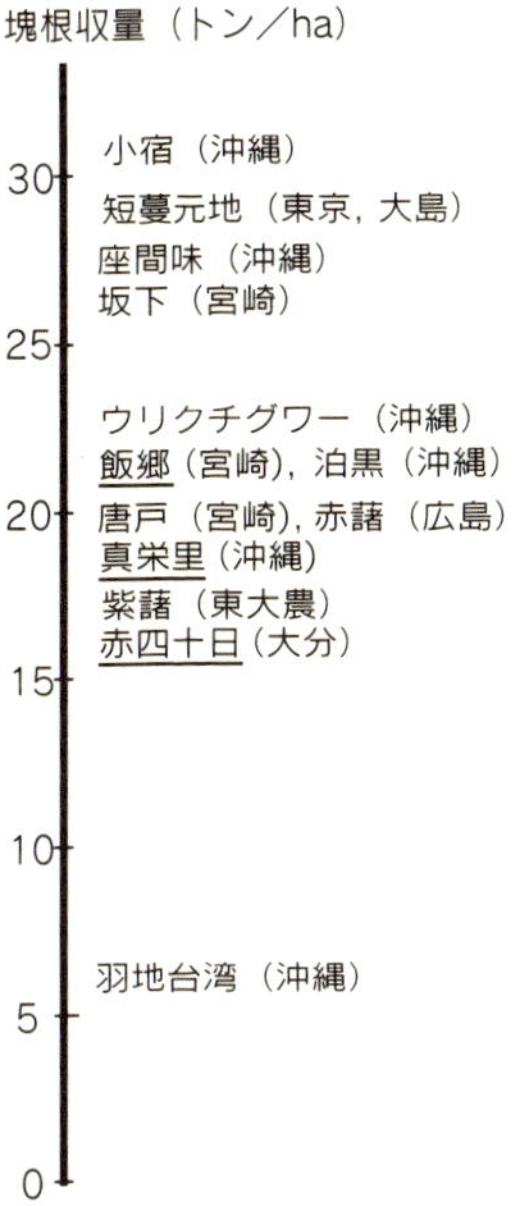

図38-3　大正時代の在来品種（皮色は紫色系）　図38-1に同じ．

最上位の収量を誇る上記の三品種いずれも食味判定は最否または否であった。さらに収量二五トン以上の品種にも食味判定が良、最良の品種をまったく見いだせない。

食味最良の評価を得ているのは紅赤三号、縮葉紅赤、濃紅一（いずれも埼玉）と三保（愛媛）である。いずれも黄色をした粉質で、収量は一三〜一五トン、共通して越冬貯蔵がむずかしい。

食味良となると二五品種があり、すべて晩生品種で、収量は最大二〇〜最小九トン（平均一三・六トン）、TR比は一〜三で、地上繁茂型が多い。最高の収量は菓子（大分）である。以下二五品種を収量の順に列記する。これらは「おいしいもの」を「ほどほどにまたはほんの少し」満たしてくれる品種である。いくつかの品種を除き、ほとんどは広く普及せず、産地は地方にとどまった。

菓子（大分）、赤南瓜（東大農）、正宗（愛媛）、鎌倉（宮崎）、白長浜（岐阜）、金時（埼玉在来）、紅赤大純（東京、大島）、赤源氏（宮崎）、目笑（沖縄）、ボケ（宮崎）、鎌倉（鳥取）、金時（東大農）、薄赤（愛媛）、藷（在来）（群馬）、枇杷島（東大農）、元池（佐賀）、白源氏（埼玉在来）、赤蔓（埼玉在来）、肩抜（埼玉在来）、伊予（高知）、八つ房（埼玉在来）、下総赤（東大農）、改良赤源氏（高知）、青蔓（埼玉在来）、大家小（沖縄）

先の統計にでてくる有力品種に戻る。源氏の食味は良、太白は中、紅赤は最良から中、そして、アメリカ、メリケン白、四十日の判定は中である。「おいしいものをよりたくさん」の願望は強くても、現実の平均的な選択は「おいしさは中くらい」しかも「ほどほどの収量」に落ちついたのである。

別の二つの特性について述べる。一般に乾燥地ではサツマイモの葉は厚みを増す。これは個体の適応反応であるが、品種にも同様なことがあるのではなかろうか。葉の厚い品種は耐乾性が優れているか、ということである。サツマイモの野生種には海辺の砂丘に生える生態型があるが、内陸の種類に比べると明らかに葉が厚い。この調査では葉の厚さの指標として、葉面積重比、すなわち単位葉面積（葉身一〇〇平方センチ）の重さを測定している。これは紙の厚さを重さで表示することと同じ方法である。測定値は六－（二〇）－四〇グラムの範囲をとり、品種により非常に大きな変異のあることを示している。

葉面積重比三〇以上は今姫（愛媛）、立蔓（高知）、赤四十日（大分）である。いずれも葉は全縁から浅刻のサツマイモによくある形。またどれもつるが短い。今姫、立蔓は二九トンの高収量、赤四十日はもっとも厚い葉をもち、収量は一七トンである。調査全品種のなかで環境への耐性が示唆されるユニークな品種である。

さらに、この調査では変異係数をもちいて収穫物の均一性を比較している。当時としては斬新な物差しであったろう。一般に生物のある形質の測定値は平均値が大きくなれば標準偏差も大きくなるが、標準偏差を平均値で割った値すなわち変異係数（％）はほぼ一定である。いま、二つの品種の塊根個々の重さを変異係数で表すと、収量水準の高い低いにかかわらず、どちらの収穫物がより揃っているかを比較できる。もちろん変異係数が小さい方がより均一である。全品種についての塊根の重さの変異係数は三六－（八一）－一五九％と大きな差がある。

参考までに変異係数が六〇以下、収量は二〇トン以上の品種をみると、収量の大きい順に、紅赤（宮崎）、花赤チール（沖縄）、五島一（愛媛）、酔醒（大分）であった。これらは高い収量を発揮しながらさらに収穫物の均一性をよりよく保っている。花赤チールの塊根は大形、五島一は中形、紅赤と酔醒は小形なので、塊根の大きさと均一性とは関係がない。環境の変化、または成長、発育など内的な変化に対して恒常性を保つ機能をホメオーシスといい、この性質には遺伝的な要因が関係しているともいわれている。均一性は塊根の大きさのほか品質や貯蔵力などにとってもきわめて重要なことである。しかし、現在まで作物の有用特性のホメオーシスについての研究はほとんどなされていない。この課題を取り上げた本調査はその先駆的な一面を覗かせている。

この調査にはわが国の在来品種ではない二つのアメリカ品種ナンシーホール（農林省、二宮）、ナンセモンド（農林省、伊藤）が加わっている。二十世紀初頭のアメリカには日本同様在来品種しかなかった。ナンシーホール（Nancy Hall）は甘味のあるウエットタイプ（粘質）、またナンセモンド（Nansemond, 別名 Yellow Jersy）は硬質でドライタイプ（粉質）としてアメリカではよく知られた品種であった。(2)

三つの図にある一四三品種は主に各地の農事試験場から取寄せられた。地域別に集計すると次のようになる。関東以北は計二三品種、新潟（三品種）、群馬（一）、埼玉（一一在来品種、三選抜品種）、東京都大島町（四）、千葉（一）。また岐阜（四）、福井（一）、広島（一）、鳥取（七）。四国では計二八品種、徳島（一〇）、愛媛（九）、高知（九）。九州では計二四品種、福岡（一）、佐賀（二）、大分（七）、宮崎（一四）。沖縄の三五品種。その他の研究機関では東大農学部から一三品種、農林省から七品種（アメリカの二品種と実生からの五系統）である。明治期にはサツマイモは全国で栽培されていたことを考えると、この調査では東北の品種またとくに四国、九州の主要な生産県の在来品種を欠いているようにおもわれる。

以上、わが国の在来品種についての最初のそして最後となった試験の概要である。現在は失われてしまった品種がたくさん登場するが、あえてなじみのない品種名をもちいながら記述した。高齢者のなかにはその名によって記憶を蘇らせることがあるかもしれない、また思い出としてその名が語り継がれていることもあろう、とおもったからである。

これらたくさんの品種は、いくつかを除けば、かつてはどこかの田園にあり、日々の糧として育てられていたものばかりである。実際に栽培されていた品種の数は、上記のような調査品種の偏りからみて、もっと多かったであろう。たまたま一九二五年の埼玉県農事試験場のコンテストの結果からミス在来品種を論じたが、コンテストはある会場でのひとときの素顔にすぎない。個々の品種のすべてを語るものではない。どの品種も各地でそれぞれの特異な特性、隠れた実力を発揮して、温存されてきていたものに違いない。

今日ではこのようにいろいろな品種がつくられる複雑な農業はなされない。ごく限られた品種が広域を独占してしまう画一化の傾向にある。北から南まで同じ品種のサツマイモでなければいけないような錯覚をしている。それは過去のある時代「よりたくさん」を焦眉の目標に、また近年は「よりおいしい」ことをあまりにせっかちに追求してきた結果である。ここでしばし足を止めてみよう。

いま私は豊かさはむしろこうした混沌の時代にあったのではないかとおもう。ここでいう豊かさとは、物質生産の豊かさではない。自分らの資源を尊重し、謳歌し、その生産に打ち込むエネルギーの豊かさである。名の由来は分からないが、秘蔵の「菓子」があれば、「乙女」や「花魁」がいる。また「婆々諸」、「皺諸」もいる。「十五日」、「二十日」、「四十日」と育ちを競い、また「川越」、「真栄里」などが郷土をアピールしている。どの名にもしたたかな心意気がある。

民衆の権利の行使をデモクラシーというが、作物の社会にも言えることであろう。すべての品種がそれぞれを主張しながらその価値を競う。こうした作物品種のデモクラシーを再構築するとしたらどのようにすればよいのであろうか。これは閉塞した今の農業の活路にも通ずることである。私の描く粗筋はこうである。生産者が自分たちの生産のための品種をつくることである。そのためには生産現場にもっとも近い地方農業試験機関と農業関係者が共同して育種事業を計画、着手し、担うことであろう。既存の品種、あてがわれた品種、輸入した品種のみに頼るのではなく、地域ごとに自前の力量で他にはない生物資源を年々つくり出すことである。

まとめ――一九一九〜二五年に埼玉県農事試験場ではサツマイモ品種の大がかりな試験が行われた。わが国の在来品種に関する最初のそして最後の組織的な調査である。そして新潟から九州までの試験機関その他からの一四三品種の生産特性が詳細に調べられた。これら品種のほとんどは今は失われた品種である。この節ではあえて品種名を挙げながら、在来品種が保有していた収量性、トップ・ルート比、品質などの大きな変異の実態を述べた。また当時全国的に普及した数品種の特徴にも触れた。古い記録のたくさんの品種に接していると、個々の品種が共存し、競い合い、繁栄する豊かな活力の時代を実感できた。このような状態を作物品種のデモクラシーと呼んだ。こうしたデモクラシーの構築を目指す育種こそが今後の農業に活力を与え、生物資源の確保となることを述べた。最後に研究資料を提供していただいた埼玉県園芸試験場鶴ヶ島洪積畑支場の関係者に謝意を表する。

39 在来品種の喪失

育種はどのような効果をもたらしたか、しばしばとりあげられる話題である。アメリカのトウモロコシやドイツのビートの生産の飛躍的向上、また近年では緑の革命で有名であるが、アジアのイネや中南米や近東のコムギの生産に国際研究機関から提供された新品種が大きな寄与をしてきた事例がある。しかし、いつも歓迎される効果のみであろうか。

日本のサツマイモについての育種効果を取り上げる。まず生産性向上への正の効果、いま一つは生産向上に目を奪われて気づかれなかった負の効果である。[1]

さいわい、わが国のサツマイモ生産については一八七八（明治一一）年からの統計がある。[2] この年か

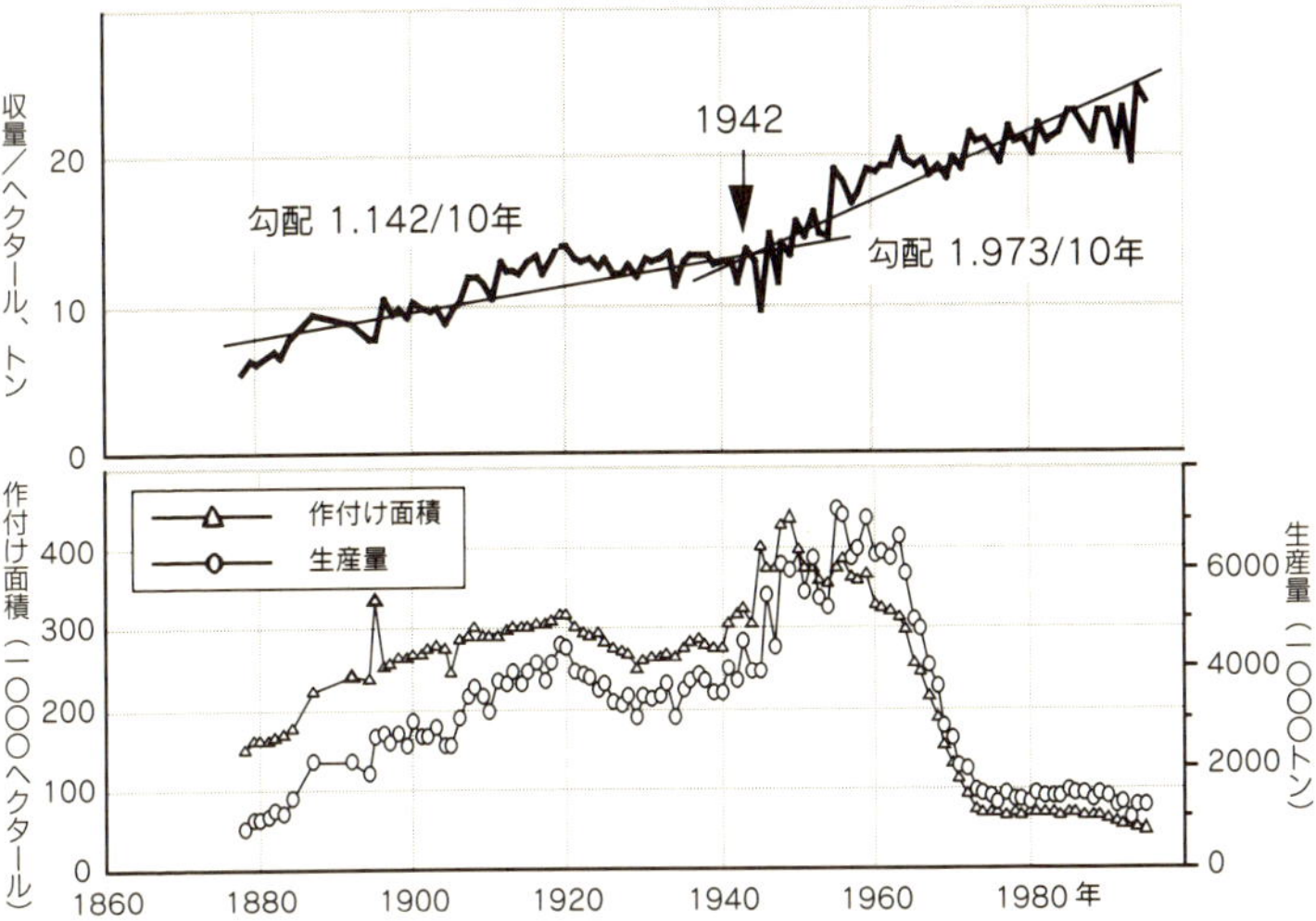

図39-1　過去118年間のサツマイモ生産の状況（1878〜1995）

上図：単位面積当たりの生産量，すなわち収量は，作付け面積や生産量の激動とは無関係に，この１世紀ほぼ増加傾向をみせる．この傾向を1942年を境に二つの時期に分けると，それ以前の勾配は10年当たり1.142トン，以後は1.973トンとなり増加率は約２倍となっている．1942年は近代育種の最初の成果である農林１号と農林２号が出現した年である．

下図：作付け面積と生産量の推移を示す．作付け面積は1940年ごろまでゆるやかに増加の一途をたどる．戦時下（1941〜45）から1960年までの戦後復興期には面積，生産量のピーク時を迎えるが，やがて高度成長期には急激に減少し現在にいたる．

ら現在までの生産状況を、作付け面積、生産量、ヘクタール当たり収量のグラフで示した（図39-1）。作付け面積、生産量はこの約一世紀の間に大きな変動があった。単位面積当たりの収量すなわち生産効率ともいうべきものは、明治期の六〜七トンから今日の二〇〜二四トンへと、こきざみながら増加をたどっている。この傾向を一九四二年を境に二分して、直線回帰をとると、前半の勾配は一〇年当たり一・一四二トン、後半のそれは一・九七三トンとなる。後半の収量増加は前半の時期の約二倍に加速する。

後半のうちとくに一九四二年から一九六〇年までの増加は顕著である。この期間は戦争突入の翌年から、敗戦、戦後の食糧難時代、すなわち食糧管理法で主要な食糧が国の統制下におかれた時期を含む。統制がなくなり農家がサツマイモを自由に販売できるようになったのは一九四九年である。

一九四二年は近代育種事業により最初の成果として農林一号と農林二号が出現した年である。以後、農林一号は東北から中国・四国に、農林二号は九州を中心に普及した。この急速な普及には食糧難の社会の背景があったことも見逃せない。ちなみに一九六〇年の栽培品種は農林一号と農林二号が全面積の四五％、沖縄一〇〇号と護国藷が二二％、計六七％を占めている。以来、「新しき酒は新しき革袋に」というように、新しい品種とその特性を生かす新しい技術開発が相まって、収量水準は少しずつではあるが向上してきた。育種効果の一つは明らかにこうした品種育成を介しての生産性の向上である。

いま一つの効果は新品種の普及の表裏の関係にある、在来品種の喪失である。図39-2に一九四〇年以降の在来品種の作付け面積の全面積に対する割合（占有率）と前図の収量推移を重ねた。一九四〇年から一九五五年までわずか一五年間に在来品種は栽培地から払拭された。今日の育種技術では一つの品種という資源をつくるのに少なくとも一〇年を必要としている。同じくらいの年月でかくも多くの資源が、それまで三〇〇年引き継がれてきた遺産が、簡単に放棄されたのである。古き酒は惜しげもなく流し捨てられた。いっぽう、収量の急激な増加はこの期間に同調している。育種の負の効果はこうした遺伝資源の喪失である。

現在、育種機関にごく少数の在来品種は保存されている。しかし、それは失われた品種の数に比べるとあまりに少ない。喪失以上に悔やまれることは、それら在来品種の体系的な調査もなされず、一部の

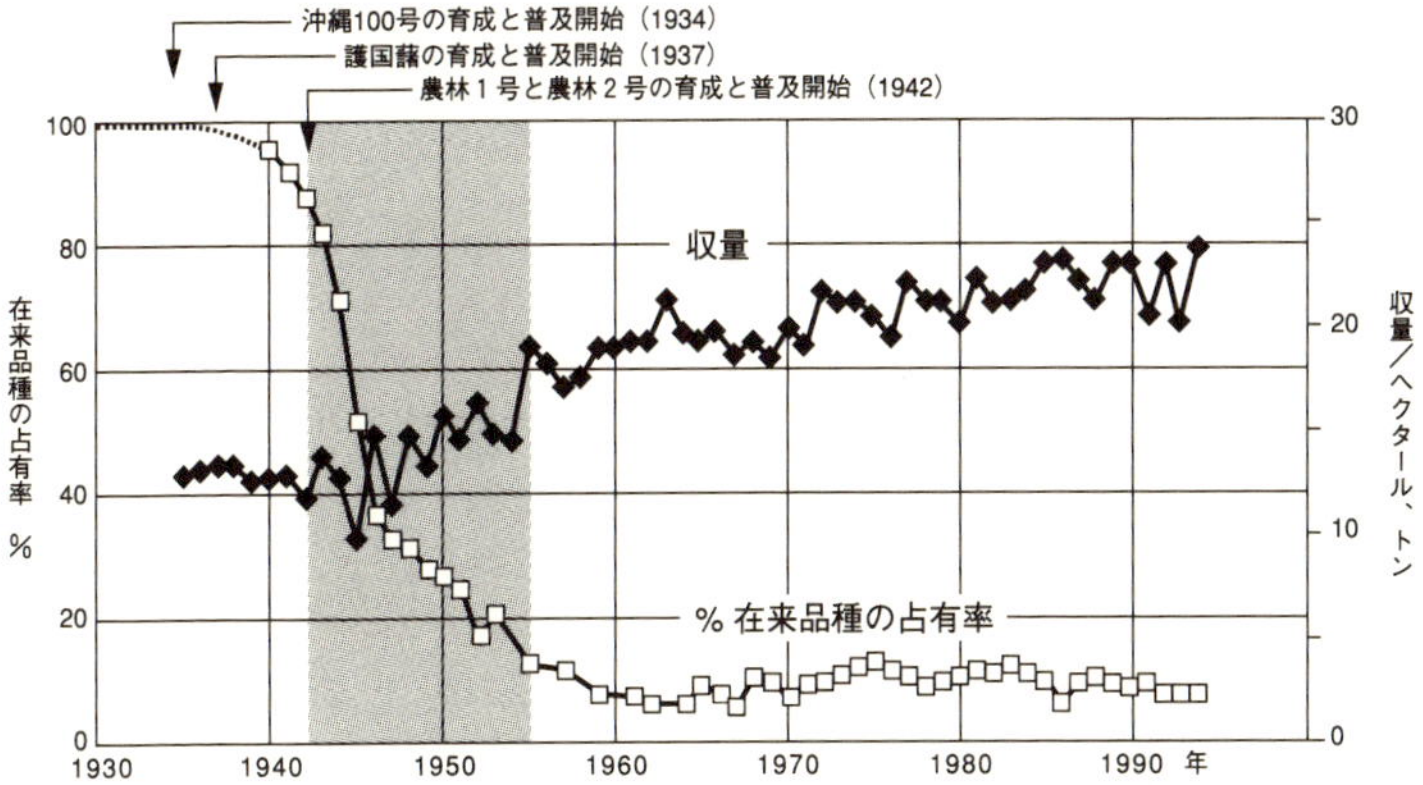

図39-2　サツマイモ遺伝資源の喪失　1940年以降在来品種が作付けされた面積の割合（占有率，%）と平均収量の推移．1940年ごろから1955年の15年間に在来品種の占有率は急速に減少した．原因は1942年以後の近代品種の登場，順当な普及である．在来品種と近代品種の交替は在来品種の遺伝資源の喪失を招いた．いっぽう，この交替期以後サツマイモの収量は確実な向上をみせている．

品種を除き、短い記録さえないことである。

　欧州ではバレイショは十六世紀後半に持ち込まれた外来植物である。この外来植物は十八世紀末にはアイルランドやイギリスまた欧州全土の主要な食糧資源となるが、イギリスのブリティッシュ博物館やキュー研究所には一六二〇年からのバレイショが乾燥標本としてたくさん保存されている。これら植物標本および在来品種、近代品種をつかい過去四〇〇年の進化過程を研究したW・N・シモンズは、バレイショ疫病の一八四五〜四六年大発生を境に形態的な激変があったと指摘している[3]。そして、われわれが普通目にしているバレイショはこの病気の生き残り、欧州スタイルに変身したものになる。シモンズの研究からイギリスという国の植物資源を重視する伝統、学問の深さを私は思い知らされた。

　遺伝資源の喪失については遺伝学者J・R・ハーランの警告に触れねばならないだろ

う。一九七〇年代は冒頭に述べたような国際研究機関から提供された近代品種が多くの途上国に急速に普及し、そこを次々と食糧輸入国から自給国に変えていった緑の革命の時代である。ハーランは一九七五年「失われゆく私たちの遺伝資源」(4)と題した論文で、近代品種が地球規模でやがて地方品種や在来品種を駆逐してしまうと警告している。ハーランのこの警告の三〇年前すでに日本の国内では遺伝資源喪失が起きていたのである。警告から二〇余年を経た今、近視眼的な近代化が引き起こす農業資源の消失は単に一つの国にとどまらず、地域、また地球上で想像以上の速さで進行していると予測される。

まとめ——育種は毎年、より優れた新品種を提供してくれる。わが国のサツマイモ生産状況の統計から近代育種のもたらした二つの効果を考察した。それは「禍福《かふく》はあざなえる縄の如し」の効果である。近代育種により最初に選ばれた二つの品種の登場は一九四二年である。一九四二年以後の収量(単位面積当たりの収穫量)の増加はこれら二つの品種と後続の新品種の普及によるところが大きい。このように育種の一つの効果は生産性の向上である。一九四〇年から一九五五年の一五年間は新品種と在来品種の劇的な交替がみられた時期であった。いま一つの育種効果は在来品種という遺伝子遺産の放棄であった。

40 品種交替期の農村の声

在来品種から育成品種への劇的な交替があったのは一九四二年から一九五五年である。この間、農家はどのようにして品種を選んだのであろう。選択にはなんらかの理由があったはずである。この時期、人々のあいだでは前の品種への不満や愛着、迎え入れた新品種への意見や期待などがたくさんの言葉で語られたことであろう。

作物の性能は気象、病気、害虫、地味によって大きく変わる。旧来の品種はながいつき合いで欠点も長所も知り尽くしているが、新品種となると自分の畑でどのような真価を発揮するか期待と不安が半々、そしてなじむまでには数年はかかる。青果や原料の出荷物となると、それ以外に、消費者の嗜好、市場の価格など社会動向にも左右される。家庭の生活器具や家具を取り換える場合とは事情はまったく違うのである。

画期的な品種交替劇のほぼ終局の頃、農村に入り農家の声を集めた記録がある。農業技術研究所の児玉敏夫らが一九五五〜五七年に行った「甘藷品種改良の効果確認方法」に関する調査[1・2]である。農家の体験、見解、評価を土台に市町村の統計を参考にしながら生産と品種との関係をつぶさにみている。育成品種の普及や宣伝を意図したものではなく、当時の実態を客観的にとらえている。この報告から引用したのは、当時の農家の声と、それらに対する作物学分野の児玉らの見解である。農家の声の引用は、栽培に関する簡単な一、二の用語を補足した以外、原文のままである。

すこし一九五五年ころの事情に触れる必要があろう。戦時中の一九四三年から戦後の四九年まではサツマイモはコメやムギなど主要穀物と同じく食糧管理法下にあり、国の専売物であった。農家の販売は禁止され、品種選択も強制的ではなかったが、暗黙の制約により沖縄一〇〇号などの原料用多収品種に限られた。一九五五年は多少食糧事情も緩和してこの統制も撤廃され、生産者が自由に品種選択ができるようになって六〜七年が経過した時期である。すでに農林一号、農林二号を皮切りに農林三号からナカムラサキ（農林一七号）まで一七の育成品種が提供されていた。これら品種の選択の機会がすべての地域に等しいという状況ではなかったであろうが、少なくとも窮屈な規制からは解放されていた。

食用品種につき三地区（千葉県東葛飾郡《ひがしかつしか》、静岡県三島市、埼玉県北足立郡）、原料用でも三地区（埼玉県入間郡《いるま》、千葉県銚子市、茨城県鹿島郡）で調査されたが、それぞれ最初の一事例を表40-1と表40-2に抜粋した。他の事例は本文に要点のみ触れた。表の上には市町村の統計、栽培地の環境、栽培史、品種構成を要約した。表の左側に旧品種を、右側に新しく選んだ二つの品種を挙げ、作付け面積割合、評価の声、また括弧書きで児玉らの補足説明をつけた。

千葉県東葛飾郡の事例である（表40-1）。ここでは戦前からの紅赤を農林一号、浦和赤に置き換えた。全体として農家の関心事は品質、収量、貯蔵に向けられる。

従来の品種紅赤への評価は高い。これは収量は少なく、あくまで量より質の品種である。晩植と収量の関係を云々するのはサツマイモが独自にもつ栽培事情による。畑の全面を植えるにはたくさんの苗が要る。しかし、苗床から一度にできる苗の数は限りがある。できた苗を集めては畑に植えるが、次の苗がとれるまでには苗床の再成長をまたねばならない。二番苗は二週間後くらい、三番苗はその二週間後と遅れてしまう。栽培適期から遅れて植えることを晩植という。晩植では減収となる品種はきらわれる。この声が指摘するように、今日でも紅赤の晩植適応性は多くの品種のなかで最低とされている。「ツルボケ」という言葉がある。地味のある土地で栽培したり、まして一般野菜と同じ程度の肥料を与えると葉や茎ばかり茂り、いもの着きが悪くなる、ときには収穫皆無になることもまれではない。余計なことに力を注ぎ、肝心なことをおろそかにするのでボケルという。ボケ程度は品種により異なるが、紅赤のボケは最たるものとされている。紅赤はこのボケと貯蔵がむずかしいという欠点が指摘されている。

農林一号は品質が良く、多収である。しかし、ツルボケは紅赤と変わらない。ツルボケ対策はこの地

表40-1　食用品種の交替，紅赤から農林１号系へ
千葉県東葛飾郡鎌ヶ谷村（現鎌ヶ谷市）

船橋，市川，松戸市に近い畑作地帯．瘠薄《せきはく》な火山灰土壌の台地．野菜地帯の一部は肥沃地．畑720，水田123，山林650ha．サツマイモ作付け割合30％．夏期の乾燥が激しいので，早掘りをして青果用で出荷．戦前の品種は主に紅赤（金時），その他太白，鹿児島など．1955年の調査当時は表中の品種以外，沖縄100号，農林５号，農林２号，またわずかに太白がある．表中品種の（　）内の数値は作付け面積割合．

紅赤（＝金時），食用（0.5％）	農林１号，食用（74％）	浦和赤（＝紅農林），食用（7％）
1.品質がよい．価格が高い．収量は少なく，農林１号の80％（栽培は困難であるが，味が良く，胸やけしないので自家用としてわずかつくる） 2.晩植で減収しやすい． 3.ツルボケしやすい． 4.貯蔵が困難（戦前は貯蔵をせず収穫後すぐに出荷した）	1.品質がよい．多収である（焼き芋問屋は生いもと蒸しいもの重量比を検査する．このため次のような注意をする） 1)肥沃な土地をさける 2)野菜跡，休閑地はさけて陸稲や里芋跡をつかう 3)低湿地をさける 4)施肥量を少なくする 5)３年以上の連作はさける 2.ツルボケしやすい（肥沃地には沖縄100号，農林２号をつくり，農林１号を肥沃地につくるときは早掘りとする．中間地には六角や太白をつくる） 3.黒斑病に強い 4.貯蔵が容易	1.品質はあまりよくない 2.早掘りしても品質が悪くならない 3.皮色が良い（野菜と共に出荷されるが，農林１号より皮色が鮮やかなので好評） 4.貯蔵が困難（温度が高くても低くても腐敗しやすい）

区の人々は紅赤で経験豊富なのであろう、細かい注意がなされている。さらに土地を選び沖縄一〇〇号などツルボケしにくい品種、中間の性質をもつ太白や六角を使いわけている。黒斑病《こくはん》への抵抗性を指摘している。紅赤は黒斑病に弱点があり、病弱なものを育てるには、芽出しから収穫時また翌春貯蔵穴で無事再会するまで気苦労が絶えない。農林一号の抵抗性は格別に注目されたにちがいない。この品種はとにかく安心して貯蔵でき、価格の高いときに出荷できる。この品種は耐病性と貯蔵性の点で紅赤より優っている。

連作三年以上を避けるという声があり、児玉らはこの意見の妥当性を疑問視している。しかし、農林一号はネコブセンチュウに罹りやすいので、そうした事情を反映していたとは考えられないであろうか。罹病性品種の連作は病気の温床をつくる。

いっぽう、浦和赤は紅農林とも呼ばれる農林一号の突然変異体である。浦和赤は品質、貯蔵性についての評価はすこぶる低い。消費者が重視する鮮やかな色のみがとりえの品種である。そのためであろう、農林一号に比して栽培のシェアは伸びていない。

同じく、食用品種についての埼玉県北足立郡の事例は、紅赤から農林一号、農林一〇号への交替である。農林一号の評価は、育苗が困難という批判を除き、ほぼ前例と同じである。さらに静岡県三島市の事例がある。ここでは静岡白から農林一号系への交替である。静岡白は相州《そうしゅう》白とも呼ばれ広く栽培された在来品種である。別の古い資料によると、品質は粉質で優れ、収量は農林一号に比べて遜色がないとされている。難点は貯蔵中の腐敗、黒痣病《くろあざ》であった。この病気はいもの荒れた表面に暗黒色の病斑となってひろがる。また淡く紅をさした色白の静岡白は、紫紅色志向の市場から敬遠された。ハリガネムシ（コメツキムシ類の幼虫）の被害を訴えている。この地区ではハリガネムシ被害を「いつものくせ」

がでたと言う。ハリガネムシの被害と黒斑病の被害とは関係があり、農林一号は数少ないハリガネムシ抵抗性品種で、また黒斑病にも最強の抵抗性を示すことが分かっている。これら二例でも農林一号への移行はごく自然と受け止められる。

三島の調査結果の末尾に試作中の高系一四号のことが短く出ている。「早掘りしたとき特に品質がよく、皮色も鮮やか、収量も農林一号より優るので、秋野菜前に収穫できる品種」とある。高系一四号がこの後一九七五年ごろには農林一号に置き換わるとはこの時点では誰も予想していなかった。また高系一四号への置換は先の二例、千葉県、埼玉県の調査地にもおきることになる。どの調査地でも苦労の声がひときわ高かったツルボケの問題はやがて登場する高系一四号が解決することになる。これはツルボケしにくい代表的な品種である。

食用品種交替は以上のように行われた。語られたことがらを要約すると（［ ］は私見）、(1)主に品質、収量、貯蔵、耐病性、耐虫性が選択の基準をなしていた［これらはみな気象、土地、耕作技術によって絶えず変動するいわば不確定な性質だけに品種交替はゆっくりと確実に進行したのであろう］、(2)紅赤は栽培の舞台から去るが表にもあるように消えたわけではない。紅赤はその高い品質で今日は復活のきざしをみせている。

表40-2は原料用品種としての沖縄一〇〇号から農林四号や農林一〇号への交替がある埼玉県入間郡の事例である。この地区では沖縄一〇〇号はすでに永年慣れ親しんできた品種であるが、全体に評価は低い。表中の「品質が悪い」とはデンプン含量一六％という低さで明白。このデンプン含量は現地の農協系デンプン工場の測定値である。この品種は黒斑病に弱いので罹病すると含量はさらに低下したであろう。また、「いもの着かない株ができる」の声がある。沖縄一〇〇号はつる割れ病に対して抵抗性が

なく、発病の状況ではいもの着かない事態もありえよう。

収量に関する声は記録されていないが、多収を前提とした話題だったのであろうか。同村の共進会の成績は三品種の収量がほぼ同水準にあり、みな多収品種であることを示している。

農林四号については、苗育ては容易、栽培も容易、ツルボケがない、安定した収量、旱魃にも強い、となると言うことなしである。しかし、収穫物のデンプン含量一五%と低く、デンプン加工を目前に腐敗するのでは期待を裏切る。「バカサツマ」の悪名がある。この品種は食用・原料兼用という肩書きで普及したが、当地に関する限りではその両方に不向きである。同じ食用・原料兼用品種の農林一〇号の評価では原料として他の二品種よりはるかに優れている。とくに腐植質に富んだ火山灰土ではデンプン含量は二一%と高い。

このほかに原料用品種の交替については、千葉県銚子市の事例がある。デンプン原料栽培の伝統をもつ地区である。ここでは在来品種の立鹿児島が沖縄一〇〇号にほぼ完全に交替した。立鹿児島はよく茂りツルボケしやすい。沖縄一〇〇号はツルボケしない。そこでこの新品種を多肥栽培して収量をあげる方法を工夫している。前の埼玉県入間郡の事例と違い、ここでは沖縄一〇〇号は安定した高収量という点で好評を得ている。ただデンプン含量が低いという苦情は同じで、このことを「デンプン屋泣かせ」という。立鹿児島はネコブセンチュウに弱く、沖縄一〇〇号が比較的強いことを強調している。茨城県鹿島郡もデンプン生産の伝統をもつ地区である。ここでは旧来の品種鹿児島、飯郷が沖縄一〇〇号に置き換わり、沖縄一〇〇号は在来品種鹿児島の収量を約四五%上回るという。参考までに付記すると、これらの原料用の産地もデンプンを輸入原料に頼る政策変換にともない次第に衰退する。一九七五年以後は高系一四号による食用サツマイモの生産地となる。

表40-2　原料用品種の交替，沖縄100号から農林４号，
農林10号へ　埼玉県入間郡高萩村（現入間市）

川越と飯能市の中間に位置する，ゆるく起伏した畑作地帯．耕地のほとんどは瘠薄《せきはく》な洪積層火山灰土の畑．畑539，水田19，桑園など280，山林471ha．サツマイモ作付け割合37%．戦前は食用サツマイモを主に栽培，その後デンプン原料の栽培地に変わった．1945年ごろは原料用には沖縄100号，農林４号など10種以上がつくられた．1955年の調査当時は表中の品種以外，太白，農林１号，浦和赤，シロセンガン，紅赤，岐阜１号，六角など多種類がつくられている．表中品種の（　）内の数値は作付け面積割合．

沖縄100号，原料用 (18%)	農林４号，原料用 (24%)	農林10号，原料用，食用 (35%)
1.品質が悪い（デンプン含量16%） 2.肥沃地でもツルボケしにくい（やや粘質な土地で栽培されている） 3.やや低湿地に適する 4.苗の作り方が下手な場合いもの着かない株ができる	1.「バカサツマ」と呼ぶほど栽培は容易．品質はよくない（デンプン歩留りは15%） 2.肥沃地でもツルボケしない 3.スイカの跡地に晩植しても減収程度が少ない 4.いもが株もとに集まって着き，掘り取りが容易である． 5.乾燥に強い．沖縄100号より環境に鈍感で作りやすい 6.デンプン工場に積荷しておくと腐敗しやすい 7.育苗は簡単，できそこないはない	1.食用にも原料用にも適する 2.肥料を施してもツルボケしにくい 3.デンプン歩留りが高く，農林１号と大差ない（デンプン歩留りは両品種とも21%） 歩留りの変異が少ない 4.積荷中の腐敗は少ない 5.軽鬆《しょう》地に適する（軽鬆《しょう》地では品質がよくなる．沖縄100号よりはるかに品質がよい．低湿地では品質は低下）

要約すると（［　］は私見）、⑴品質すなわちデンプン含量、高い収量水準、耐虫性が品種選択の基準をなしている。長期の貯蔵性は話題にない［デンプン含量が低下しないうちに、収穫後ただちに出荷し、長期貯蔵をしないためである］、⑵沖縄一〇〇号は地域により評価が異なる［自然条件、大きくは耕作技術の違いによるためであろう］、⑶食用品種の場合と同様ツルボケについての不満の声が高い。児玉らのアドバイスは原料生産にはツルボケのない品種を選び、多肥栽培することが有利であると指摘している。

以上、一九五五年ころの品種交替期の農村の声である。この年代は日本のサツマイモは作付け面積、生産量ともピークに達したときである。農村にも活力がみなぎり、その活気がこうした声となったのであろう。今日この調査地を訪れてもそこは市街地または住宅地となっている。

サツマイモの育種はこれからもたゆまなく続けられる。多肥多農薬による栽培地の劣悪化、肥沃化、連作を余儀なくされる小さな耕地での高水準の収量が要望されるし、品質についてもおいしいサツマイモもさることながら、ビタミン、食物繊維、タンパク質、糖類など個別の有効成分の増加、組成の改良などの要望がますます増大するであろう。デンプン原料についても量産の時代ではなくなり、デンプンの組成を変更した特異な食用、または工業用デンプンへの道を模索する状況も生まれている。貯蔵性の問題は温度、湿度を制御できる施設ができて緩和された。しかし、それは主産地に限ることで、一般農家にはやはり大きな関心事であろう。

この実態調査を通じての感想は次の二つである。まず品種は替えられるべくして替えられた。理想的な品種にほど遠くとも、より良いものを、より安全なものを、より大きな収穫を目指して、品種交替は必然的に起こったとおもわれる。いま一つはこのような調査を定期的に行い農家の声を集録すれば、地域農業の理解、また地域に対応する品種の育成に貴重な情報となるであろう。このことはサツマイモに限らない。それには育種学や作物学分野のほかに、土壌学、植物病理学、昆虫学、それに社会科学分野の気鋭の研究者をいれた共同調査がよい。最後に、今日の品種は明日の品種ではないことを付け加えたい。そのためとくに生産者、市場関係者、加工業者の苦情や要望がより大きな声となり、それらの声が育種に反映されることが望ましい。

まとめ——戦後まもない一九五五年ごろはサツマイモ品種の画期的な交替劇の終了期であった。当時、埼玉、茨城、千葉、静岡県の農村の実態を品種生態と品種の経済効果という観点から調査した児玉敏夫らの記録がある。この報告から農村の声を引用した。それまで栽培されていた在来品種がどのような理由で育成品種に交替したのか、その答えはこれらの声に集約される。多くの声は品質、収量、貯蔵性に関することがらであった。また新品種によって黒斑病や害虫の被害からの解放も指摘されていた。畑選びや肥料のさじ加減など耕作技術と深いかかわりをもつ多肥料反応性いわゆる「ツルボケ」にも強い関心をみせていた。一九五五年には一七の育成品種が普及に移されているが、この交替劇に登場するのはそのうち農林一号、農林四号、農林一〇号の三品種のみである。こうした実態調査の意義にも触れた。

第九章　一つの品種ができるまで

41　サツマイモの「一〇年サイクル」育種

育種操作がどのように行われているのかはほとんど知られていないのではないかとおもわれる。すでにサツマイモの育種方法については沖縄交配に関連して一部に触れたが（第33節参照）、交配から新品種が選ばれるまでを一般の人々に知ってもらうことを意図して解説する。

人は中学から大学までの一〇年間たくさんの試験を受けなければならない。試験は誰しも苦い思い出なので、よい例えではないが、学校の試験も育種の選抜試験もよく似ている。やがて学校を終えると社会に出る。サツマイモも一〇年の育種課程を終えて、新品種となって社会に出る。ただし、この育種の学校から社会に出られるのは、数万のなかからせいぜい一つ、ときにゼロのこともある。

現在、育種は二つの農林水産省機関、農業研究センター（茨城）と九州農業試験場（宮崎）で行われている。サツマイモをどのように利用するかによって重視される特性が違うので、選抜の視点も当然異なってくる。したがって青果用品種、いろいろな用途の加工用品種、デンプン原料用品種の育成にはそれぞれの育種プログラムが立てられる。しかし基本的な操作はどのプログラムにも共通する。ここでは上記二つの育種機関の最近五か年の研究年報[1・2]を参考にして、現行育種の概要を述べる。

現行の育種は図41-1で示したような方式で行われる。

遺伝子プール

育種機関に保存されている遺伝資源のことである。このプールは「遺伝子の倉庫」といってもよい。このなかから必要とするあるいは望ましい遺伝子（あるいは遺伝的特性）をもつ品種を見つけて交配親とする。国内の育成品種や選抜系統、在来品種、突然変異系統、アメリカなど外国の育成品種、東南アジア、オセアニア、中南米、アフリカの在来品種、野生種やサツマイモ-野生種の種間雑種などである。日本の二つの育種機関はそれぞれ約一〇〇〇点の資源をもっているが、この数は国際機関のサツマイモ育種センターの保有数に匹敵する。新しく導入された材料については、ウイルスフリーにした後、主な実用形質、病原菌や寄生性センチュウへの抵抗性が調査されると、この「遺伝子の倉庫」で保管される。

種子は冷蔵保存できるが、塊根はそのようなわけにいかない。毎年植え付けと収穫をすることが保存の方法となる。塊根をつけない植物は温室での鉢植え、一部の貴重な種類は試験管での茎頂培養による保存が行われる。

交配——初期種子集団の作成

交雑により両親の遺伝子を組換えた子孫ができる。一交配からの子孫の個々はひとつとして同じものはなく、互いに異なる遺伝子型をもつ。交配と採種事業は九州農業試験場で行われる。育種プログラムと基礎研究のために、毎年約一〇〇品種を組み合せた交配があり、九〜一二万粒の種子がつくられる。

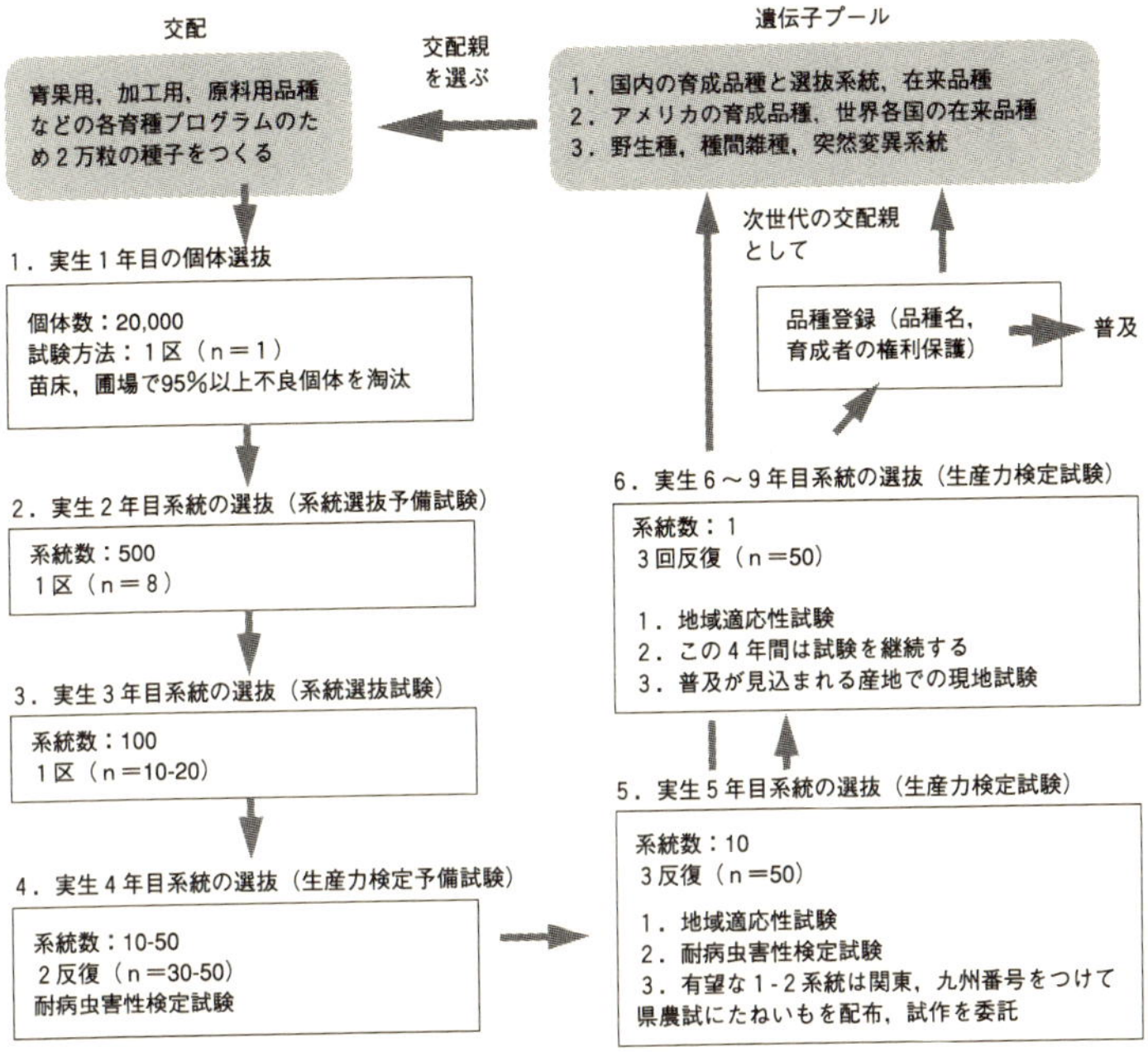

図41-1　サツマイモの「10年サイクル」育種
交配により最初の実生集団をつくる．この植物集団のなかの個体を順次選抜して10年目に新品種ができる．新品種，生産力検定試験（段階５）まで進んだ系統は，一時遺伝子プールに保存され，また新しい世代をつくるための交配親にもちいられる．このように10年を１サイクルとした育種が毎年進行しており，育種に従事する者は今年サイクルを開始する交配を行うと同時に10年前に始まったサイクルの最終試験（段階6）を行う．

実生個体は翌年以後栄養体で増殖するので系統と呼ぶ．そのため，最初の選抜は個体選抜といい，次年からは系統選抜という．全サイクルでは２万種類の遺伝子型から１遺伝子型が選び出される．各育種機関は青果用，加工用，デンプン原料用品種などの育種プログラムをもつ．いずれのプログラムでもこの方式とほぼ同様なサイクル育種がとられている．

各段階の試験規模を，取り扱う個体数あるいは系統数で示し，圃場試験の精度を試験区の反復数，また試験区内の株数（n）で示した．この精度は選抜が進むにつれて高くなる．

交配組合せは前年の選抜試験の成績、とくに注目する性質、不和合群にもとづいて関係者間の相談により決められる。一つの育種プログラムに必要とされる採種量は一交配五〇〇粒を目標に、約四〇の交配組合せ、計約二万粒である。サツマイモはアサガオの品種キダチアサガオに接ぎ木して鉢栽培で開花させる。このアサガオは短日にきわめて鋭敏に反応し、接ぎ穂のサツマイモの花成を誘導する。ほとんどのサツマイモはこの方法で開花する。

実生一年目の個体選抜

実生個体選抜ともいう。交配組合せ四〇〜五〇から生じた子孫（＝種子）を家系ごとに苗床に播種、ある程度育つと地上部一本を苗として圃場に植える。この最初の段階は少数を選ぶというより、貧弱なものをふるい落とす操作である。苗床にあらかじめ増殖しておいたセンチュウ集団もそのふるいの一つである。センチュウに罹った個体は容赦なく淘汰《とうた》される。さらに圃場では通常の栽培をして結藷性の乏しい個体を淘汰する。結果として実生集団のおおよそ九五％以上が消去される。

この最初の年の試験をしながら一〇年後を予測した事例がある。坂本敏はある交配からの一家系がとくに収量が高いことに気づき、「これ以外の家系からは標準品種コガネセンガンのような収量をもつものは出ないだろう」と述べている(3)。この予言どおり坂本が注目した家系のなかの一個体（＝系統）は、その後の最終選抜にまで生き残る。それが品種ミナミユタカとなった。

実生二年目の系統選抜予備試験

一年目の生き残り個体はたねいもで年を越す。このたねいもからこの年は始まる。塊根の大小にかかわらず一塊根から同時にとれる苗数は普通一〇本くらい、八本を育てる。一粒の種子由来のこれら八本はクローン系統あるいは系統という。系統とは育種では両親または片親などその由来が既知である一群の植物をさす。約五〇〇系統が比較される。各系統の評価はわずか八本の成績なのでさほど信頼性は高くない。たねいもの萌芽力、塊根の形状、結藷性を基準として、約一〇〇系統が翌年の選抜試験に選ばれる。残りは破棄される。

実生三年目の系統選抜

調査対象が一〇〇系統と少なくなり、たねいもの数も増えるので、一試験区（反復なし）の株数は二〇となる。これら一〇〇系統に一つの標準品種および二〜三の比較品種が試験に加えられる。調査項目は主に収量特性である。標準品種は一般に栽培されている主要品種がもちいられる。この標準品種が示す収量は新参の系統にとってけっこう高いハードルである。まずはこのハードルを超えねばならない。比較品種はある成分含量が高いとか、品質が優れているとかの個性派で、選抜の基準値を与える。試験の結果一〇〜五〇系統が選抜される。

コガネセンガン（一九六六年、九州農試育成）の高い収量性は今日までたくさんの挑戦をうけてきたが、まだその域をはっきりと超えた品種はない。コガネセンガンの育成に従事した坂井健吉（元農業技術研究所長）は、「実生三年目にこれは並々ならぬ系統という印象をうけた」と言う。これも早くから頭角を現した例である。今日ではコガネセンガンは原料用、加工用、ときに青果用品種のプログラムで標準品種としてつかわれている。

実生四年目の系統選抜

生産力検定の予備試験ともいう。生産力とは「一定の収量を安定して実現できる能力」をいう。ある年にたまたま高い収量を上げたというだけでは高い評価は受けない。飛行機の性能はさまざまな自然条件を模した風洞実験で試されるが、作物の性能はさまざまな気象、土壌などの自然条件下で試される。育種の年数をかける理由の一つはここにある。

いよいよ本格的な性能テストである。比較する系統数は一〇〜五〇、系統数により一試験区は三〇〜五〇株、二反復ランドマイズドブロック型（統計的方法）の試験をする。萌芽に関する苗床での諸性質、草型など地上部の諸形質、収量の大きさ、塊根の数、塊根の位置、掘り取りの難易、塊根の形状、皮色や肉色、貯蔵性など多数の項目について調べられる。また青果、加工、原料用としてそれぞれの特殊な性質や成分の調査がある。黒斑病、つる割れ病、立枯れ病の抵抗性検定、またネコブセンチュウ、ネグサレセンチュウ抵抗性検定がなされる。

たくさんの測定値が出揃うが、選抜はこれら測定値によってのみ行われるのではない。掘り上げた収穫物を見ながらの圃場判定もある。前者はおおむね客観的な診断値で後者は主観的な診断である。この結果はかならずしも一致するとは限らない。このような時は選抜の決断は翌年の再試験または本試験の結果まで持ち越される。昔は名人がいて、地面に株ごとに並べられた収穫物を見てまわり、足蹴《あしげ》にされたものを作業員が不合格として集めたとも聞く。今日ではデータの分析が頼りであるが、やはり経験者の主観もかなりの重みをもつ。したがって、コンピューターやロボットに選抜は任せられない。

実生五年目の系統選抜

生産力検定試験はこの年から始まり五年継続される。系統数は前年の予備試験で選抜された系統とさらに再検討の系統を加えたおおよそ一〇系統。一試験区に五〇株を入れた三反復ランドマイズト－ブロック型をとる。前年同様に病虫害抵抗性の試験が繰り返される。また適応性試験として育成地以外の地域試験機関に調査が委託される。この年までの成績により、今後検討に値する有望な一系統が選ばれて、九州番号（例、九州一〇〇号、九州農試）あるいは関東番号（例、関東一〇〇号、農研センター）など背番号がつく。これらが新品種の候補である。

実生六〜九年目の系統選抜

前年の生産力検定試験の継続であり、同じ試験方法をとる。九州番号系統あるいは関東番号系統がいよいよ品種として合格するかどうかの段階である。この四年間はさらに地域をひろげた適応性試験と、実際栽培が見込まれる産地で試作が行われる。各県の試験機関での試験方法はそれぞれの機関にゆだねられる。この結果は県関係者にとっても県内へ奨励・普及できるかを吟味する上での根拠となる。最終段階の生産力検定は、試験年次－地域－栽培方法を組合せると全部で約五〇回以上の試験となる。そして標準品種の成績よりまさった試験回数と県試験機関の担当者の概評は品種決定上の基礎となる。この方法の長所は生産力についての年次変動、地域変動が評価に加味されること、育成担当以外の第三者の評価があることである。

品種採用には、育種の目的、系譜、長所や短所、育種の年次経過、試験方法と結果、普及見込みの所見などが審査される。品種に採用されると種苗法の登録、品種名の決定、育成者の権利保護の手続きなどがあり、やがて一般の生産者に普及される。かくして一品種が育種学校から世にでるのは交配の年から一〇年目である。社会に出た品種には、しかし、生産者、市場、消費者のまた新たな選別の目が待っていることはいうまでもない。

要約する。サツマイモの分離集団（個体により遺伝子型が異なる集団）を対象に一連の選抜を行う。対象とする系統をしぼり込み同時に試験の精度を高めながら選抜が行われる。一つのプログラムでは最初の二万の遺伝子型から最終的に一遺伝子型が選ばれる。生産力に関する成績、他の研究機関での試験、現地試験の成績を総合して、登録品種が決定されると、一般に普及される。

品種にならなかった最終選抜系統は遺伝子プールに帰ってくる。これらはまた今後の交配親となるであろう。この育種の特徴は交配‐選抜‐新品種が一つのサイクルをなし、サイクルとサイクルは連動していることである。それぞれ一〇年を単位に回転するので、ここでは「一〇年サイクル」育種と呼んだ。こうしたサイクル育種は、一九一四年沖縄県国頭《くにがみ》郡羽地《はねじ》村（現在名護市）の一角で始まった素朴なしかし先駆的な試みを発端に、以来八〇余年、その間一年もとぎれることなく続いている。育種は長期的なプログラムといわれるが、一〇年単位のサイクルが八〇年続いていることをおもうとその長期の意味が実感できる。こうした事業の結果には普段は気がつかない選抜の累積効果が秘められているのではないか。この点についてはまた次節（二六三頁）でとりあげたい。

長い時間をかける育種操作であるだけに、そこにたずさわる者はとかくその年の仕事に流されてしまいがちであろう。サツマイモ育種に二〇余年をかけてきた坂井健吉は「育種材料はこれでよいのか、用いている育種方法はこれでよいのか」という先人の問いかけ言葉をその著書『さつまいも』でわれわれにも伝えている。[4] また、その中で坂井は今後とられるであろういくつかの育種方法について、みずからの体験、成果、展望を平易に解説している。

最後に、ある大学でこの育種方法を講義したところ、次のような質問、意見が出た。いくつかを紹介し感想を述べる。

（1）育種は知らず知らずに作物を多肥料・多農薬依存型に変えているのではないか。

人は社会の子である、と言われるように、農作物も社会、農業環境、品種改良の場の子である。昔は無肥料の土地で育てられていたので、多肥料ではかえって無力という品種があった。今日あるいは将来の品種に質問のような懸念がないと誰も断言できない。多肥料の下でしか能力をださない品種は、たとえ多収品種であっても、この作物の長所を削いでしまった「要過保護品種」といえよう。

現在日本では品質が最優先して病気に抵抗力のない品種が多く栽培されており、このことが農薬依存をつくりだしている。したがって、耐病性獲得は育種の大きな課題である。アメリカでは過去の病気による大きな被害を教訓に、少なくともこれこれの抵抗性を装備するという暗黙の了解があり、育種はそれに答えている。いっぽう、アメリカでは除草剤抵抗性を要望する声もある。さいわい、日本ではそのような要望はない。

（2）特定の遺伝子を分子レベルで操作することで一〇年サイクルを短縮できないか。

質問は遺伝子組換え品種を指しているのであろう。結論は短縮はむずかしい、ということであるが育種の精度を高める多くの方法が開発されるだろう。将来はいろいろな合成遺伝子が製品として売り出され、それを組み込んだ品種ができるかも知れない。例えば、コガネセンガンは現在のところ収量、品質から申し分のない品種であるが、センチュウ被害を受けやすく、センチュウ抵抗性組換えコガネセンガンをつくりたい、といった希望が当然でてくる。これはある型式の自動車（＝品種）の一部の欠陥部品を交換することと似ている。ただその部品交換が性能全体に影響しないことの確認が大変である。

最近サツマイモでネコブセンチュウ抵抗性遺伝子と連鎖する分子マーカーが見つかっているが、抵抗性遺伝子とマーカーの位置が大きく離れていて、このマーカーは抵抗性の遺伝子型決定には適さないだろう。しかし、この分野の研究は今後急速に進む。いろいろな病気への抵抗性の遺伝子型の適切なDNAマーカーが見つかれば、育種をより確実に進める手段となる。例えば、数年は継続している抵抗性検定を一回の試験で確実に判定ができる方法があれば時間の節約となる。

しかし、収量、品質、地域の自然への適応力となると、そうはいかない。原因遺伝子を識別できなければ、分子レベルの操作もお手上げである。一九七〇年代のサツマイモ育種は「一六年サイクル」をとっていた。よい親選びのために四年、よい子供をつくる親の組合せを決めるのに二年、計六年を要した。したがって現行の一〇年プラス六年である。よいうことで、確かにそうであるが、この部分は省略された。現在イネ、コムギその他の主要作物の育種も原理はサツマイモとは異なるが、最低一〇世代の時間を要している。このような理由で農作物として信頼される品種をつくるには年限の短縮は技術的にはむずかしい。

しかし、沖縄交配時代は実生二年目系統を配布、当時の各県の農事試験場が今日でいう系統選抜、生産力検定試験をしていた。すなわち育種操作の分業、あるいは協働があった。この方法では地域に適応した品種ができる。さらに発想を変える。育種と生産を同時進行させることができないであろうか。ちょうど、自動車の生産と機種開発が同時進行であるように。生産農家団体が育種の主人公となるのである。これには農業のあり方そのものが変わることが前提である。私はまだ具体策をもっていないが、近代育種以前は、生産者がまた育種家であったのである。

(3) 育種の累積効果はどのようにして証明できるのか。

過去八〇年間の累積となると、そこに関与している品種はおびただしい数になる。また古い品種と新しい品種の生産能力の差を比べるとしても、時代により栽培方法や環境、例えば肥料の種類や耕地の地力は大きく違う。自然災害への耐性の比較などよい課題だが時間がかかる。実験によって証明することはとてもむずかしい。しかし、やや独善的だが、人為選抜の累積効果はないはずがない、とおもっている。そうした効果にも獲得したものと失ったものがあろう、としか今はいえない。

(4) 一品種には二つの親、またその親にも親がある。育種は莫大な家族を相手にしている。たしかにそうだ。いま今年の実生集団が四〇家族からなるとしよう。この育種計画で最終的に脚光をあびるのはそのなかの一家族のなかの一個体である。家族数を考えると、今年の四〇家族をつくった八〇の両親、それらもかつて選抜時にそれぞれ同数の家族が取り扱われたとすると、全部で家族数は三二〇〇、さらにもう一代さかのぼると膨大な家族数になる。ある一個体(=品種)が選ばれる土台にはきわめて多くの家族がある。こうした家族全体が一品種を生み出した遺伝的背景といえよう。

(5) いままで注意していなかったので、きのうスーパーでサツマイモの品種をみてきた。

育種学は理屈っぽいが、理屈より実物を識別する目をもつことの方がもっと大切、百聞は一見に如かずである。昔イネの育種をした人は、夏の朝の稲、昼の稲、また夕方の稲の姿は個々に違い、穂を垂れる収穫の頃はみな同じという。鹿児島の桜島で聞いたことだが、出荷したダイコンは一見したらどこの家のものかすぐ分かるという。こうした人々にとっては、稲一本ごとが品種であり、家ごとのダイコンが品種である。これは特殊な才能によるのだろうか。そうではなく、関心をもち、より多くの接点、たとえスーパーでの出会いも一つの接点、をもつことで備わる能力であろう。

（6） 多収性、抵抗性、貯蔵性、すべての素質を合わせ持つ「最良のいも」をつくるのは大変な根気だ。

『種の起源』でダーウィンは羊の多様な品種について、羊飼いたちが洞窟の壁に思い思いの羊を描いてみては、その羊をつくりだしたみたいだ、と述べている。今日の育種家は数十、数百の遺伝子という絵具をつかって描く。つたない作品、秀でた作品、カロチン色、アントチアン色の鮮やかな作品、白や黄色を生かした作品、失意の作品、誇り高い作品ができる。最良の羊がいたかどうか知らないが、最良の作品をつくりたい、と願っての仕事である。花が咲く温室や葉が茂る畑がアトリエである。哲学者によると創造とは既存の要素の新しい組合せをつくることだそうだ。育種はたくさんの遺伝的要素の組合せをつくる、哲学者のするような創作活動である。

まとめ――サツマイモの品種改良の基本的な操作を解説した。交配により得られた最初の分離集団をもちい、より優れた系統を選抜していく。系統数が小さくなると、限られた労力、圃場面積の下でも、試験精度を高めることが可能になる。最初の二万個体のなかから、毎年の性能テストによって、最終的には一系統（＝一個体）が選ばれる。それは累年成績で評価され、やがて品種となって普及に移される。普及は交配後一〇年目になる。サツマイモに限らずどの主要作物でも一つの品種をつくるには約一〇年（あるいは一〇世代）を要している。ある育種工程でつくられた品種や生産力検定まで進んだ系統は、また次の育種工程のために交配親となる。このような連続方式を「一〇年サイクル」の育種と呼んだ。最後に、学生の育種方法に関する質問、意見をあげ、感想を述べた。

42 デンプン資源としてのサツマイモ

生のまま輪切りにしたサツマイモを乾かしたものを切干しという。かつてはそれを貯蔵して代用食にした。現在でも長崎ではアルコール専用の切干しがつくられている。切干しは折るとデンプンの白い粉が飛び散る。サツマイモはタンパク質や脂質を少量含むがほとんどはデンプンある。農作物のなかでもっとも単位面積当たりの物質生産力に富むサツマイモの長所を生かし、優れたデンプン資源にしようという発想はごく自然である。

デンプンはその他のデンプン様物質を含めると、人間をはじめほとんどの生物が自己のエネルギー源として貯え、消費する物質で、ブドウ糖が鎖状に連なった高分子多糖類である（図42-1）。この天然物質は後で述べるような数千ともいわれる製品になり、わたしたちの暮らしに欠くことのできないものになっている。

デンプン収量すなわち単位面積当たり収穫されるデンプン量を問題にするとき、塊根という容器の大きさと中身のデンプンの濃度が重要である。デンプン収量は品種によって大きな違いがある。二つの性

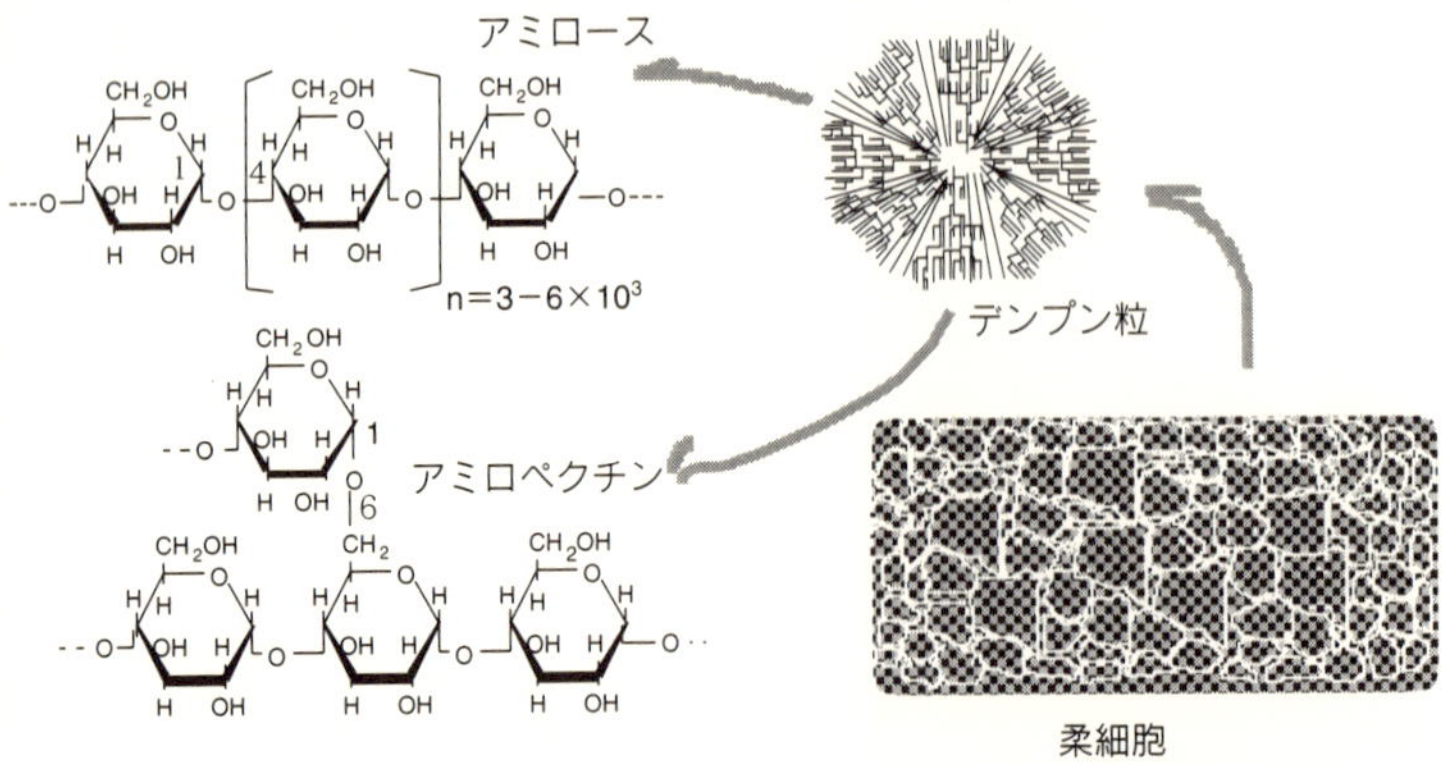

図42-1　デンプン粒とデンプンの化学構造　塊根の貯蔵組織の柔細胞内につまったデンプン粒．デンプンはブドウ糖がたくさん連なった高分子多糖類である．ブドウ糖が直鎖型のアミロース，枝分かれ型のアミロペクチンの２成分が立体的に配列してデンプン粒ができている．

質について最高値をもつ品種はない。育種では毎年たくさんの中から最優秀な系統が選び出されるが、大きな塊根をつける系統はデンプン含量がやや低く、高いデンプン含量の系統の塊根収量はいま一歩といったものが多い。高デンプン含量の系統はえてして細身の塊根をもつことが多いためである。

サツマイモのデンプン含量（%／一〇〇グラム生重）は乾物率とほぼ直線的な関係があるので、多数の系統を同時に比較したいときは乾物率をデンプン含量の代替え値とする。デンプン含量は生育環境によって変動する遺伝的特性でもある。デンプン含量の遺伝率は〇・五七、[1]〇・二六〜〇・四九、[2]乾物率の遺伝率は〇・六五、[1]〇・四八[1]という値が報告されているが、おおよそ六〇%は遺伝的に、四〇%は環境によって決まる性質といえよう。塊根収量の遺伝率もおおよそ同程度の値である。したがって、品種のデンプン含量を比較するとしても、環境条件をなるべく同じようにして精度の高い試験をする必要がある。

一九五〇年代以降今日までの高デンプン・多収品種を目指した育種を概観する。いくつかの過去の挑戦について解説するが、この節に登場する系統や品種は次節にもでてくる。デンプン含量を系統や品種のあとに括弧で示したが、とくにことわりがないときは、この値は最終選抜時[3]や比較試験[4]での測定値で、あくまで一つの目安である。ここには塊根収量の数値は挙げない。育成系統の場合の収量はほぼ一般に栽培される品種並み、また品種となると標準品種と同等か少し上回っているとみてよい。

サツマイモのデンプン含量は普通二〇%くらいとされている。デンプン含量の変異をみるため、いろ

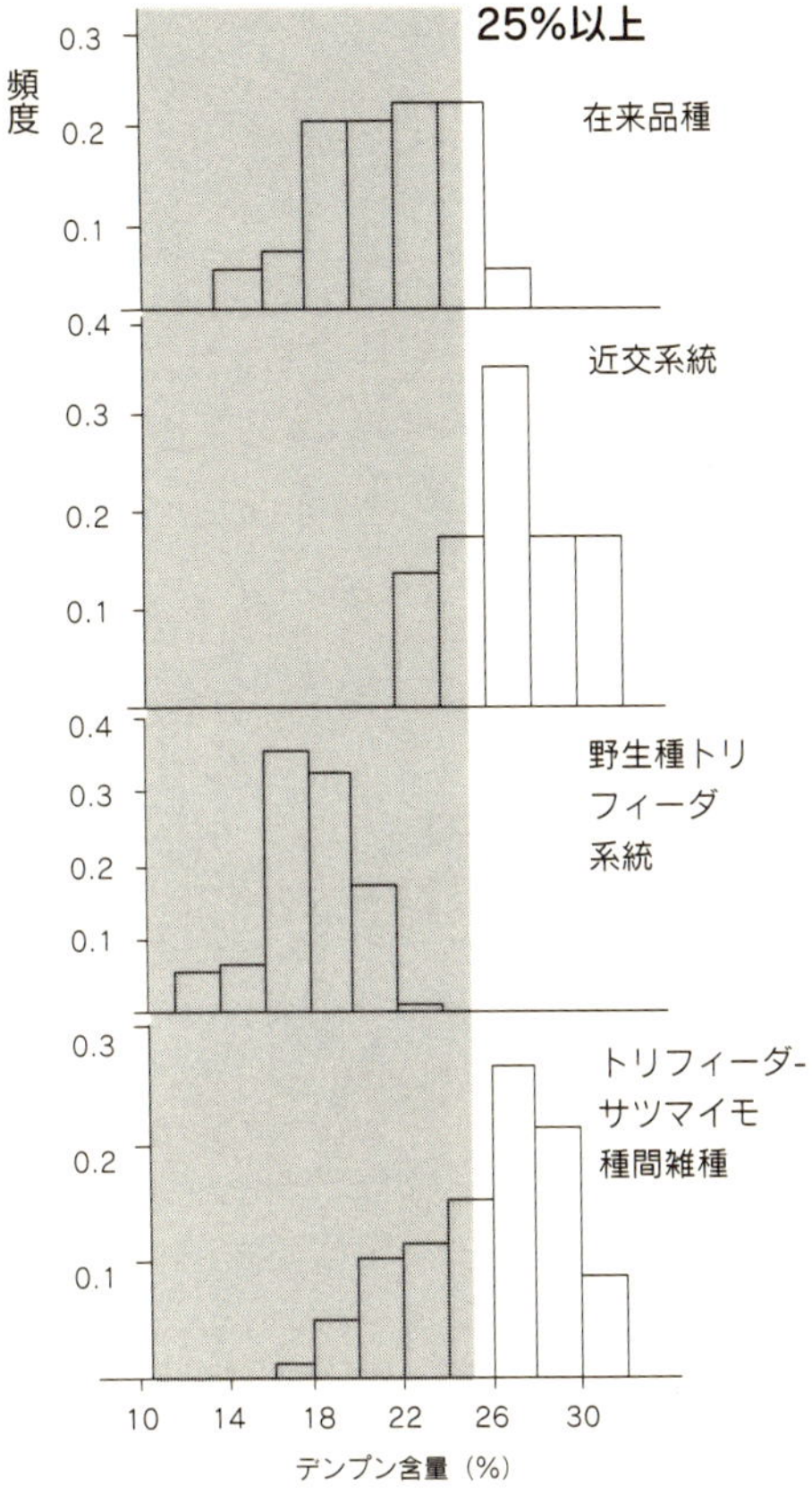

図42-2　デンプン含量の変異　在来品種，近交系統，野生種トリフィーダ（6倍体），サツマイモ-トリフィーダ種間雑種のデンプン含量の分布．日本の25在来品種のデンプン含量（100g 生重）は平均21.5%[4]．野生種トリフィーダ（6倍体）は全体に低い．デンプン含量25%以上の系統は近交系統やサツマイモ-トリフィーダ種間雑種に多い[3]．

いろな育種素材の含量をまとめた（図42-2）。日本の在来品種（二五例）、近交系の系統（二五例）、野生種トリフィーダ系統（一四五例）、サツマイモとトリフィーダの種間雑種（七九例）である。在来品種の含量は一試験結果であるが、他の場合は数年の試験の平均値である。在来品種の平均は二一・五％、一般に言われる二〇％はこのようなところからきているようである。しかし、近交系の集団には高い含量（二五％以上）の系統がたくさん含まれている。野生種系統自体のデンプン含量は一般に低いが、サツマイモとの種間雑種（雑種第一代、第二代）となると、高い含量を示す系統が多くみられる。全体としてデンプン含量は最低一五〜最高三〇％の範囲に変異する。

高デンプン品種の育成にはいくつかの挑戦があるが、大きく見て四つになる。以下、その顚末を要約する。

（1）在来品種。デンプン含量を高める本格的な取り組みは一九五〇年以後である。目標は九州では農林二号（二三％）、関東では農林一号（二三％）の含量を乗り越えることであった。そしてたくさんの在来品種を組合せた交配から、一九六〇年代初頭までには九州三四号（三〇・二％）、九州三八号（二八・七％）、関東四五号（二三・八％）、関東四八号（二五・四％）などが育成され、コナセンガン（二五・〇％）はデンプン原料用の品種として普及した。

これら育成系統やコナセンガンには交配親に七福や蔓無源氏《つるなし》が含まれている。とくに蔓無源氏は高いデンプン含量を示すことで異彩を放つ在来品種（二五・一〜二六・四％）である。図42-2で在来品種中の最高値は蔓無源氏の値である。以上は在来品種の上に築かれた初期の成果である。この間、育種関係者はデンプン含量は高められる、という確かな手応えを感じていたことであろう。

（2）近交《きんこう》系。サツマイモにはまれに自殖（自家受精）をする品種がある。自殖とは極端な近親交配である。また同胞間（兄妹の間）、半同胞間（異母兄妹または異父兄妹の間）の交配も近親交配である。こうした近親交配から生じた系統、すなわち近交系をもちいた育種も一九六〇年代の構想による。実際に自殖や同胞間の交雑からの後代には親世代よりも高い含量の子供が出現した。しかし、どれも内婚弱勢を起こして、塊根収量は親に比べて五〇％以下と低くなった。[5] 一般には近交系統同士を交配すると雑種強勢（ヘテローシス）により高デンプンでかつ塊根収量の高い系統ができるのではないかと予想される。そのために近親交配によりいくつかの高デンプン系統が選抜された。

しかし、近親交配を二〜三代反復するとその子供の多くは生殖不能になってしまう。交配親としてもその子孫ができない、たくさんの子孫ができない、となればとうてい類まれな一個体に遭遇することはない。近交系の構想はヘテローシスの復元の段階で壁に突き当たった。生殖力を少しはもつ高デンプン系統がまた将来の挑戦のために保存された。図42-2はこうした近親交配からできた二九系統の測定値の分布である。例えば、この分布の最高値は系統S359-10の三一・七％である。この系統は次のような近親交配の産物である。

（a）ともに高デンプン系統である両親九州三四号（三〇・二％）と関東四五号（二三・八％）の第一代雑種をつくる。

（b）第一代雑種の中から高デンプン含量の系統S106-464（二八・七％）とS106-50（二八・五％）が選び出される。

（c）これら二つの系統の同胞交配（兄妹間の交雑）でできた子供の中からS359-10（三一・七％）が選ばれた。

（3）　種間雑種。メキシコ産野生種トリフィーダ（六倍体）は一九五八〜六〇年九州農業試験場にもたらされた。一九六〇年代は野生種の細い、鉛筆くらいの太さの根には意外にデンプンが多いことが注目された。当初は実用価値のない野生植物をもちいた育種は宝石の小箱（＝サツマイモ）のなかに石くれを投げ入れるようなものという懸念もあった。しかし超高デンプンを実現するには、既存のサツマイモにはない新しい体質が必要だという当事者たちの意気込みが勝った。

まず野生種内でデンプン含量や肥大性がどのくらい高められるかを確かめた。多数の系統間交配また同胞間交配の後代が調査された。図42-2の含量分布はこの時期の試験結果である。結局、現地で採取されたトリフィーダ系統（K123-11）が示す一九・六％が最高値であった。この含量は通常のサツマイモと遜色のない値である。

次いでトリフィーダとサツマイモとの種間雑種をつくる。一九五八〜六五年にかけて第一代雑種、第二代雑種、これら雑種と再びサツマイモとの雑種がつくられた。雑種には野生味を色濃く残すものから外観ではサツマイモと区別ができないようなものまで多彩であった。種間交雑にあたってはサツマイモ親に高デンプン品種や系統がつかわれた。野生種のどのような体質がデンプン含量を高めることに貢献したのか、遺伝的または生理的機構は明らかになっていないが、結果として図42-2に示すように、種間雑種には高デンプン系統が多数出現した。

例えば、雑種I52-19は最高値三一・二％、これは第二代雑種（[関東四八号×K123-13]×[九州三四号×K123-2]）である。また、九州五八号（関東四八号×[ペリカン・プロセッサー×K123-11]）は二六・一％、コガネセンガンと九州五八号の交雑後代からは種間雑種としては最初のデンプン原料用ミナミユタカ（二三・一％）ができた。

アメリカのUSDA（合衆国農務省）とサウスカロライナ州クレムソン大学との共同研究により一九七九年、従来のどの品種にもみられない高い炭水化物（デンプンと糖類）をもつアルコール原料品種ハイドライ（HiDry）が育成されたが、ミナミユタカはハイドライの母本である。[6] またミナミユタカは中国の河南省農業科学院が一九八五年育成した高デンプン品種 Yushu No. 7（二六・三％、中国での測定値、従来の栽培品種の乾物生産を一七・六％上回る）の片親となった。[7]

（4）アメリカ品種。一九三〇年代の後半からアメリカではサツマイモをデンプン資源とする動向があり、一九四〇年代には次々と優秀な品種が育成された。品種ペリカン・プロセッサー（Pelican Processor, 系統番号 L-4-5, 三〇・五〜二七・六％）はルイジアナ州立大学のJ・ミラーらによってつくられた品種である。同じく、品種ホワイト・スター（White Star, B-196, 二六・四〜二五・二％）はメリーランド州ベルツヴィルのUSDAのC・E・シュタインバウアーらが育成した品種である。これら二品種の括弧内のデンプン含量はアメリカでの成績による。一般にアメリカでの平均的なデンプン含量は二四％で、日本のそれより高いが、これは風土の差にあるようである。

これら品種を含めたくさんの主要な品種が戦後間もなくわが国に送られてきた。当時の導入記録にはJ・ミラーやT・P・ヘルナンデス、またC・E・シュタインバウアーの送付者名がある。みなアメリカの育種の第一線を担った人々である。日本の育種にも当然これらの品種・系統が交配母本として採用された。とくにペリカン・プロセッサーは一九五七年種間交雑のサツマイモ親として数々の重要な系統を生みだし、また鹿系7-120（二七・六％）との一九五八年交配から今日の主要品種コガネセンガン（二五・〇％）ができている。

以上、少々細部にわたったが、これまでの約四〇年の道程を振り返ると、自然のなかを流れる植物種の川のように、育種は遺伝子が流れる人工の川をつくる。最初はこの国土に土着していた在来品種から遺伝子の小川を導き出した。近交系は特定遺伝子群――ここではデンプン集積に関与する遺伝子群――の離合集散を促すための方法でもある。ここでの選抜はそれら特定遺伝子を濾し集める導水路づくりともいえよう。また、メキシコ原野の野生植物の遺伝子も注ぎこまれた。さらにアメリカのパイオニアたちが築いてきた品種の遺伝子も注入された。こうしてたくさんの異分子を呑み込む濁流の水をひとすくい、ひとすくい汲み取りながら、今日のあるいは明日の品種ができあがる。次節ではこのような川から得られた新しい一つの品種を取り上げる。

ここで、デンプン資源がなぜ必要なのか、を述べねばならないとおもう。かつての日本のデンプン需要はすべて国内のバレイショやサツマイモでまかなわれていた。しかし、デンプンの消費は一九七〇年ごろから急速に大きくなり現在は年間三〇〇万トンになる。この量は仮に含量二五％のいも類原料に換算すると一二〇〇万トン、これは日本列島をもう一つ増やしてそこに二つの農作物を栽培したくらいの量になる。今日三〇〇万トンのデンプンの九〇％は輸入コーンからのコーンスターチである。国内産の生産量は三五万トン、したがってデンプン自給率は一〇％にすぎない。それも価格保障、デンプン製造時の国産原料「抱き合わせ操業義務」の制度でかろうじて維持してきた自給率である。一九九五年四月からのデンプン自由化により、さらに輸入デンプンの殺到が予想されている。

一般にはデンプンといえば餅とり粉、くずまんじゅうくらいの連想しかない。この高分子多糖類は私たちの衣食住の隅々まで入りこんでいる。食品としてはラーメンなど麵類、パン、ケーキ、練り製品、また砂糖に代わる異性化糖（ブドウ糖と果糖の混合）としては罐ジュース、乳酸飲料、ほとんどの菓子類などに、ビールの発酵原料、グルタミン酸ナトリウムやソルビット界面活性剤の原料にもなる。化工デンプンは上質紙、ダンボール、トイレットペーパー、紡績の繊維糊、印刷インク、顔料、化粧品につかわれる。合板などの各種の接着剤、医薬用としては薬剤の増量剤、錠剤の母型、抗生物質生産の培養基に、乾電池の充塡剤になる。このように食品、精糖、発酵、製紙、紡績、製薬、電気など多方面の産業や化学工業の原料である。その用途はきわめて多岐にわたり数え切れないくらいである。

いま一つの動きがある。イギリスの小学校では教育的な見地からデンプンプラスチック製の文房具がつかわれている。ほんのひと握りのデンプンからボールペン一本ができるという。またオーストラリアでは食料品につかう使い棄て容器はデンプンプラスチック製といわれている。デンプンプラスチックの包装用品、透明な容器、各種フィルム、スチロール様など堅牢さも品質もほとんど石油プラスチックと区別がつかない。大きな違いはデンプン製品は廃棄すると微生物で完全に分解されることである。将来はプラスチック用サツマイモやバレイショを育てる時代がくるかもしれない。

北海道東部根釧《こんせん》平野、そこではバレイショのために雪深く道遠い原野が耕されている。列島の北と南の端でデンプン原料のための農業がある。薩南ではサツマイモのために台風常襲地帯の原野が耕されている。こうした土地を耕作放棄地にしてはならないとおもう。そのためには兆単位の公的資金投入は不要、でも維持には毎年それ相当の予算は必要であろうが、それは永い目でみれば、僻地に豊かな山河を育てまた石油まみれの社会から脱却できる可能性をもつ農業への保険ではなかろうか。

まとめ――一九五〇年代の初めデンプン需要の増大が予想された。サツマイモを優れたデンプン原料としようとする本格的な育種計画はこの頃に開始された。より高いデンプン含量、より大きな塊根収量を目標に育種現場では幾多の挑戦がなされてきた。この挑戦を育種素材別に二、三の具体例を挙げながら概観した。在来品種のデンプン含量二〇％（一〇〇グラム生重）からすれば、約五〇年間の育種の成果が実を結び、今日の品種の含量は三〇％にとどこうとしている。この遺伝的進歩は世界の育種関係者からも驚異の目で見られている。しかし、社会はそれとは無縁の方向に大きく変化していく。いまや巨大なデンプン需要は徹底的な輸入依存となっている。日本はアメリカの工業用コーンの最大の消費国である。デンプンの用途や将来の可能性について言及した。

43 ある高デンプン品種の系譜

一九五〇年代に始まった高デンプン化の育種目標はようやく今日になりその成果を収めるようになった。デンプン含量三〇％台でかつ塊根収量も通常の品種に引けを取らぬ品種いくつかが名乗り出てきたのである。一年に一度花を咲かせる植物の改良には、どの作物でも、開始から大きな目標の実現までには数十年の歳月を要する。

そうした品種の一つがサツマスターチである。交配から九年後の一九九四年農業研究センターの樽本勲、石川博美、小巻克巳、加藤真次郎、片山健二、田宮誠司によって育成された(1)。成績書には品種の系譜が示されている。その系譜には在来品種、育成系統、野生種系統、アメリカ品種など七六のメンバーが複雑に配列されている（図43-1）。図には参考までに主要な交配母本のデンプン含量を記入した。以下、この品種の系譜について考察する。

系譜は大小五つの家系からなる。家系は関与する祖先品種、近交《きんこう》系の種類、外国品種や野生種によっ

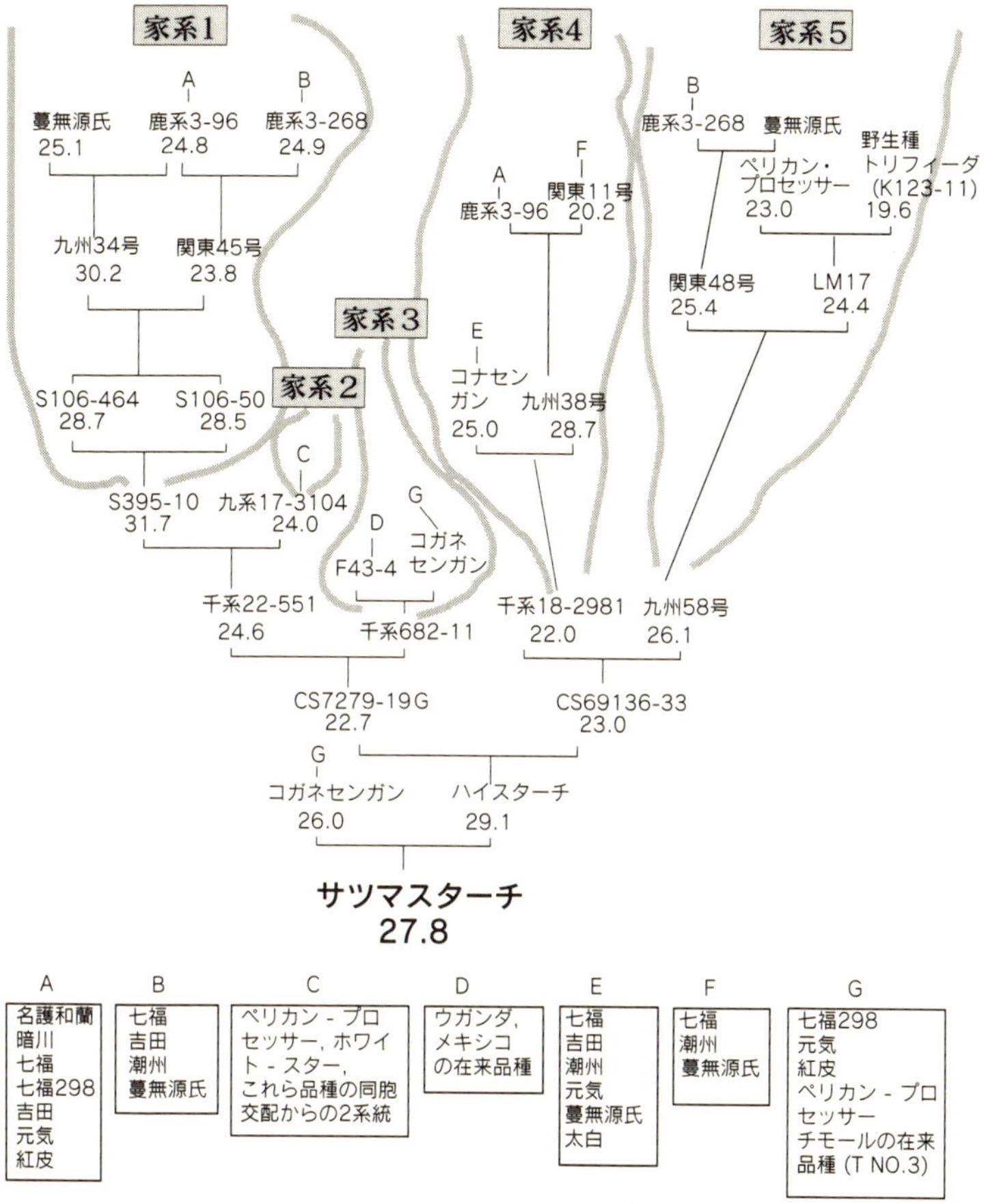

図43-1　高デンプン品種サツマスターチの系譜　サツマスターチはデンプン原料用品種として1994年農業研究センターで育成された．図中の数字はデンプン含量（%，100g 生重）．A，B，...G などはそれぞれ下記の品種，系統をつくりだした始祖品種．サツマスターチの系譜にはこのようにたくさんの品種や育成系統が含まれる．系譜は五つの家系からなり，家系 1 は九州34号-関東45号の同胞交配からの高デンプン系統などがあり，家系 2 はアメリカの高デンプン品種，家系 3 はコガネセンガン，家系 4 はコナセンガンなどすべて在来品種由来の品種，家系 5 は野生種トリフィーダとの種間雑種が含まれる．これら家系があつまり高デンプン・多収品種サツマスターチを産み出した．

表43-1　サツマスターチの五つの家系　始祖品種数，世代数など家系を構成する特徴，家系の平均近交係数，また近親交配の共通祖先品種と近交係数.

家系	始祖品種	世代	系統数	核家族	平均近交係数	近交係数（共通祖先品種）
1 （近交系）	9	8	23	13	0.034	0.039 （SY）
						0.197 （SYT）
						0.354 （SYT）
2 （近交系）	2	3	5	2	0.050	0.250 （PW）
3 （多国籍系）	9	6	13	6	0	
4 （近交系）	9	7	23	14	0.007	0.016 （S）
						0.063 （SG）
						0.088 （SYG）
5 （種間雑種系）	6	6	12	6	0.028	0.250 （T）

S（七福），Y（吉田），T（蔓無源氏），G（元気），P（ペリカン・プロセッサー），W（ホワイト・スター）

て分けたものである。育種は品種をつくりだすのが目的で家系はその結果でしかない。図の下方にはAからGの品種群があるが、例えばA品種群は系統鹿系3-96をつくりだした始祖品種である。始祖品種とは在来品種など家系の祖先であって両親未知の品種をいう。

図43-1の家系1について、祖先から子孫までの血筋を経路図（図43-2）に表した。また表43-1には他の家系とともに家系の始祖品種数、世代数や近親交配の状況を要約した。経路図を少しくわしくみる。末端の系統S395-10は、前節で述べたように、同胞交配の子供である。その同胞の両親である関東四五号と九州三四号はさかのぼると七福、吉田、蔓無《つるなし》源氏を共通祖先としているので近縁関係にある。同様なことは鹿系《かけい》3-268と鹿系3-96にもいえ、これらは七福、吉田が共通祖先である。

近親交配では近親の程度を表すのに近交係数がもちいられる。例えば、鹿系3-268×鹿系3-96の子供である関東四五号の近交係数Fは〇・〇三九（$=0.5^7+0.5^5$）である。近交係数はこの子供が七福または吉田にあった対立遺伝子のコピーを受け継ぎホモ状態になる確率である。

人間はたくさんの有害遺伝子をもっていて、これが二つ揃ったホモ状態となるといろいろな弊害がでることはよく知られている。まったく近縁関係のない両親の子供の近交係数はゼロ、同じホモ接合体の両親からの子供の係数は一である。

近親交配から生じた姉妹系統S106-50とS106-464の近交係数はともに〇・一九七、この子供S395-10は〇・三五四と高い係数をとる。すなわち、系統S395-10は遺伝子座の約三五%が七福、吉田、または蔓無源氏《つるなし》由来の遺伝子についてホモ状態にあることを示している。言い換えれば、これは三つの在来品

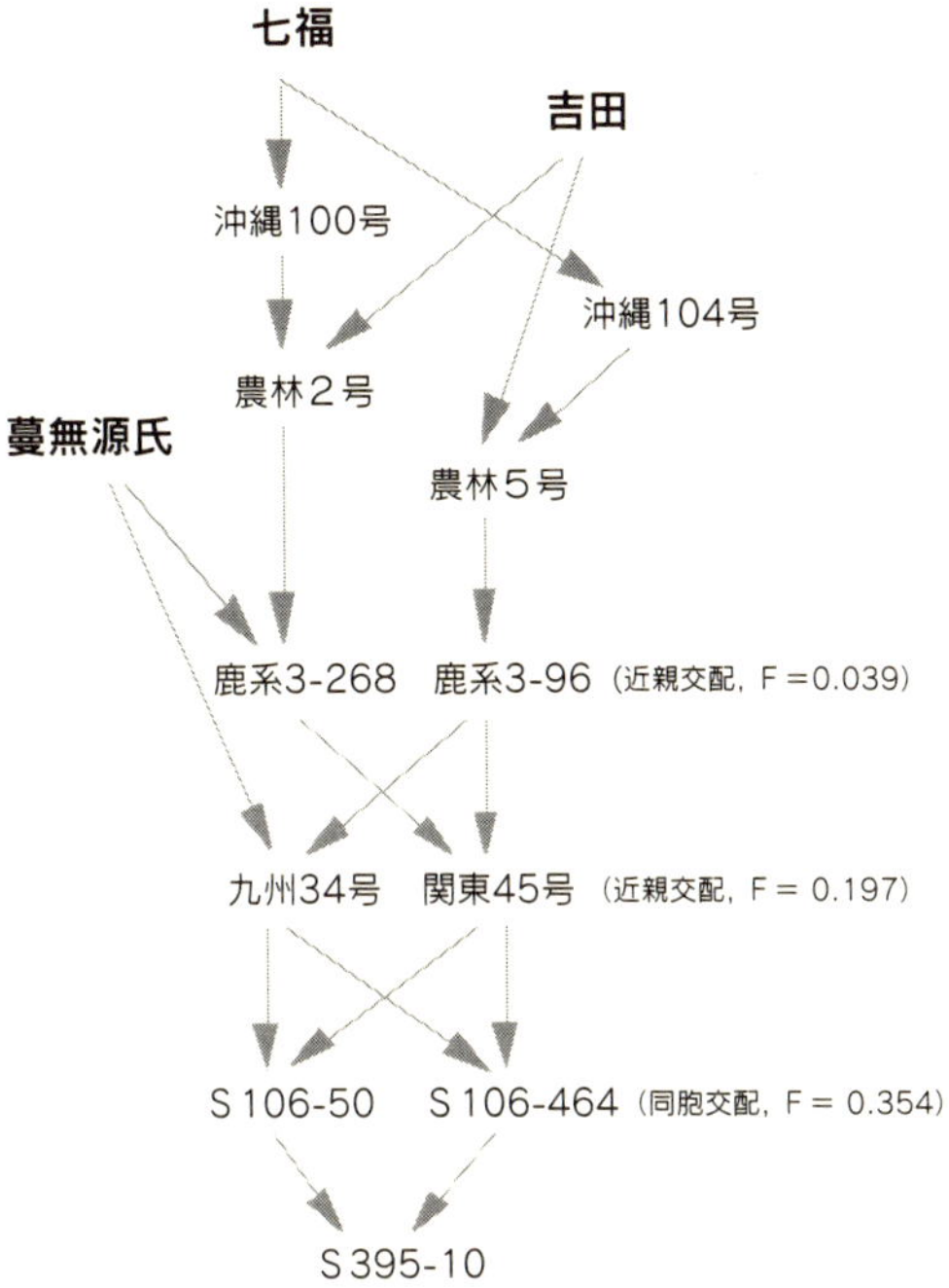

図43-2 家系1のなかの近親交配 家系1の最新の系統S 395-10の両親は同胞交配である．関東45号と九州34号は七福，吉田，蔓無源氏を共通の祖先としているのでこの2品種は血縁関係にある．また鹿系3-268×鹿系3-96はともに七福と吉田を共通祖先としているので近親交配である．F値は近交係数．

種の血が濃い系統である。家系内では三回の近親交配があり、家系の平均近交係数は〇・〇三四（＝[0.039＋0.197×2＋0.354]/23）である（表43‐1）。この家系は共通祖先の頭文字をとりSYT近交系と呼んだ。このような近縁度の強い交配から得られた系統S395‐10はきわめて高いデンプン含量を示したが、塊根の収量は乏しく、そのうえ部分的な花粉不稔を呈した。

サツマイモでは近親交配の影響を実証的に明らかにした二つの研究がある。湯之上忠、広崎昭太（九州農業試験場）は実用形質や生殖力（稔実性）への影響について、二世代同胞交配をすると、デンプン含量の低下は起きないが塊根収量は激減すること、また生殖力は顕著に低下することを実証している。[2] 同胞交配一回は近交係数で表すと〇・二五〇、二回反復すれば〇・三七五となる。大きな近交係数の子供にはいちじるしい近交弱勢が起きる。いっぽう、吉田智彦（九州農業試験場）は、育種はどこまで近親交配が許せるか、を取り上げ、過去二〇年の膨大な育種事業の交配につき近交系数と子孫の収量の関係を検討して、近交係数〇・一〇以上の交配では塊根収量の低下が起きるので、近親交配はこの限界値以下に選定するべきである、と提言している。[3] 家系1の〇・一〇以上の近交係数をもつ二つの近親交配をした目的はあえて塊根収量を犠牲にしても、デンプン含量の高い系統を得ることを目的にしていた。以下、家系を順に概観していく。

家系2は二世代、系統数五の小さな家系である。アメリカの高デンプン品種ペリカン・プロセッサーとホワイト・スターの交雑、その次代の同胞交配からの子供が九系17‐3104（近交係数〇・二五〇）である。デンプン含量はさほど高くない。二世代のみではこの家系の真価は未知、しかし、新しい近交系を築こうとする意図をうかがわせる。

家系3は近交系ではない。ウガンダ、メキシコ在来品種、コガネセンガンの始祖品種群（G）にはペリカン・プロセッサーやインドネシアのチモール在来品種があり、いわば多国籍の家系である。家系2とともに外来の遺伝子を供給するという意味で今後の成果が期待される。

家系4は家系1と同様国内の在来品種を祖先として、世代数七、系統数二三の比較的大きな家系である。積極的に近親交配をもちいた家系1や2とは違い、有望な両親を交配させているうちに、結果として三組合せが近親交配となった。したがって家系全体の平均近交係数は〇・〇〇七と低い。七福を共通祖先とする九州三八号の両親、七福、元気を共通祖先とするコナセンガンの両親、また七福・吉田・元気を共通の祖先とする千系18-2981の両親はそれぞれ近縁関係にあり、それぞれの近交係数は表43-1に示した。コナセンガンは東海地方に普及したデンプン原料用品種であるが、他の品種と比してデンプン含量にはまだ改良の余地を残していた。

最後の家系5は野生種を取り入れたことに特色がある。野生種の相手にアメリカの高デンプン品種ペリカン・プロセッサーを用いている。九州五八号の塊根は実用品種にほど遠かったが、高いデンプン含量は育種素材として注目された。関東四八号は高いデンプン含量を看板に選ばれた系統であるが、近交係数〇・二五〇と強度の近親交配(戻し交配)の子供である。

これら家系は図43-1にみるようにそれぞれ二つに合流し、さらに一九七八年には一つに合流して突如品種ハイスターチを生みだした。ハイスターチの両親はともにデンプン含量が低い。この値の両親から高デンプンの子供ができることを誰が予想したであろう。「突如」としたのはこのためである。親の表現型のみに頼って交配組合わせを決めることの危険を示唆している。ハイスターチは九州各地で二八・〇〜三二・七％の驚異的なデンプン含量を示したが、塊根収量には難点があった。さらなる改善のため一九七八年コガネセンガンとの交雑がなされた。その子孫のなかからサツマスターチが出た。

サツマスターチは鹿児島農業試験場や現地試験での二～四年間の成績の平均では、デンプン含量二五・三～三二・〇％、塊根収量は標準品種コガネセンガンより七％増、デンプン収量は二〇％増であった[4]。一九五〇年代から永年念願としてきた品種像が一九九〇年代の半ばからようやく姿を現してきた感がある。この間四〇余年を経ている。

目的達成には一つ二つのオールマイティ品種が存在するのではないことが分かる。それにはいくつかの家系間の共同効果に頼らざるをえない。そのため一つの系統、品種に目を奪われることなく、家系をつかむことが肝要であろう。家系は育種にとって「生きた実験装置」である。こうした実験装置からサツマスターチとほぼ同様な性能をもつ品種として、シロユタカ（一九八五年育成、九州農試）、シロサツマ（一九八六年、農研センター）、また今年の九州農試ではデンプン生産の担い手と宿望されている品種の卵が次々とできている。

日本ではほとんどの場合二親間交配の形をとっているので、系譜は整然と始祖品種にまでたどることができる。そして大きな系譜を構造的に異なる家系として分析できる。そして家系固有の特色を見いだすならば、成分含量、耐病性など量的形質の育種設計に役立てることができる。このためには家系の抽出また家系ごとに過去の豊富な試験データの再点検をすることが必要であろう。植物の系譜分析の手法は未開の分野であり、多くの手法を家畜、家禽育種から学ぶことも必要であろう。

ここでの近交係数は二倍体を前提とした値である。二倍体の場合の近交係数はヒトや実験動物などを対象にしたPedigree/Draw（Population Genetics Laboratory, Southwest Foundation for Biomedical Research, San Antonio, Texas）などコンピューターシステムがある。倍数体植物（同質四倍体、同質六倍体）の近交係数についてはO・ケンプトーン[5]の理論式がある。しかし近縁関係のみを比較するには二倍体モデルの近交係数ではほぼ目的を果たすのではないかとおもわれる。

まとめ――前節に引き続き高デンプン多収品種をめざした育種の近年の成果として、品種サツマスターチを取り上げた。この品種の系譜には大小五つの家系がある。そのうち四家系は近交系をなしており、その共通始祖品種、近交係数を述べた。それぞれの家系には近親交配、また野生種やアメリカ高デンプン品種からの遺伝子導入など過去に模索したすべての育種戦略が映し出されているようにおもわれる。育種の目標達成には一つ、二つの強力な品種でリードされるのではなく、いくつかの家系間の共同効果によること、そして家系は育種にとって「生きた実験装置」であることを強調した。

44 サツマイモの不和合性

サツマイモの不和合群についてはすでに沖縄交配（第32節、一八〇頁）で言及した。初期はサツマイモをやみくもに交配していたが、異なる不和合群品種間の交配のみから種子ができることが分かり、以後は採種が順調に進んだ。サツマイモの不和合群はアルファベットで表している。例えば、ベニアズマは不和合群Aの関東八五号と不和合群Bのコガネセンガンの交雑から、また高系一四号は不和合群Aのナンシーホールと不和合群Bのシャムの交雑から生まれてきた。もしベニアズマ（A）とナンシーホール（A）から新しい品種をつくりたいとしても、たがいに同じ不和合群なので子孫はできない。

沖縄交配の時代は当時育種素材とした沖縄在来品種や本土の在来品種すべてが三つの不和合群A、B、Cのいずれかに属していた。その後世界各地のサツマイモが導入され、不和合群も上記の三群以外にD、

E、F、G、H、I、J、K、L、M、N、Oを加え、計一五群となった[1]。このように不和合群の種類が多くなったことは育種の現場では交配をするにあたり親品種の選択の自由度が広がったことを意味する。九州農業試験場指宿試験地の集計によると、一九五二年以後現在まで計三一三一の品種や育成系統の不和合群が調べられ、そのうちの六七%が不和合群A、B、Cで、D群以下は三三%となっている[2]。

不和合性[*1]は自家受精を阻止し近親交配を回避する自然のしくみで広く植物界にみられる。不和合性はかつては不稔性とも言われてきた。しかし、不稔性という用語は花粉や胚囊に染色体異常、突然変異による機能障害があり受精や結実が行われないことに限定するのが今日の風潮である。不稔性は次節で取り上げる。

不和合性とは花粉、胚囊の機能は正常でありながら、生理遺伝学的なしくみによって受精が妨げられることをいう。サツマイモの花粉粒は外側にたくさんの突起をもち、径一三〇ミクロンくらい、超大型である。雌しべは細い花柱と先端の双球状の柱頭からなる。柱頭は径二ミリくらい、表面は水分や栄養物に富んだ、柔らかい乳頭細胞となっている。花粉はこの乳頭細胞上に軟着陸する。しかし、同じ植物の花粉すなわち自己の花粉はまったく発芽しないし、また同じ不和合群に属する他のどの品種の花粉も発芽しない。花粉を認識し、受容したり拒否したりするなんらかの反応が乳頭細胞と花粉粒の接点でごく短時間のうちに起きる。柱頭親と異なる不和合群の花粉ならば、花粉は発芽し、花粉管は無事花柱内を通過し、やがて受精、結実となる。

したがって、サツマイモでは不和合群を実験で決めることは比較的容易である。まず、不和合群既知の検定品種と未知の被検定植物との間で相互に交配する。被検定植物の柱頭上で花粉が発芽しない検定品種を見つけたら、被検定植物の不和合群はその検定品種のそれと同じである。またその逆交配でも、多くの場合、花粉の発芽がみられないであろう。試験場ではこのような方法で交配に先立ち親の不和合群を機械的に決めていく。

検定品種がないときはいくつかの品種の総当たり交配をして、その結果から不和合群を類別することができる。実際、すでに述べた一五の不和合群はこのような実験結果の積み重ねによって決定されてきた。以下、総当たりの方法を述べる。

表44-1では六品種総当たり交配の結果につき、三つのモデルを想定して、不和合群の決定や表示方

表44-1　6品種を総当たり交配したときの不和合群の決定方法　表中「−」は柱頭上で花粉発芽がない，「+」は発芽あり．対角線上の交配は自家受粉．(1)では6品種は二つの不和合群YとZに分かれる，(2)では不和合群Zの品種4は柱頭親にもちいたときY群に不和合なのでZY^fと表示，(3)の品種4と5は不和合群YとZのいずれにも不和合性を示すのでYZと表す．

花粉親

(1)

柱頭親 品種	1	2	3	4	5	6	不和合群
1	−	−	−	+	+	+	Y
2	−	−	−	+	+	+	Y
3	−	−	−	+	+	+	Y
4	+	+	+	−	−	−	Z
5	+	+	+	−	−	−	Z
6	+	+	+	−	−	−	Z

(2)

柱頭親 品種	1	2	3	4	5	6	不和合群
1	−	−	−	+	+	+	Y
2	−	−	−	+	+	+	Y
3	−	−	−	+	+	+	Y
4	−	−	−	−	−	−	ZY^f
5	+	+	+	−	−	−	Z
6	+	+	+	−	−	−	Z

(3)

柱頭親 品種	1	2	3	4	5	6	不和合群
1	−	−	−	−	−	+	Y
2	−	−	−	−	−	+	Y
3	−	−	−	−	−	+	Y
4	−	−	−	−	−	−	YZ
5	−	−	−	−	−	−	YZ
6	+	+	+	−	−	−	Z

法を示した。表の対角線上の交配は自家受粉なので、自家不和合品種ならばこの線上はすべてマイナス（二）、花粉発芽なし、である。表のモデル1の場合は六品種は不和合群YとZに分かれる。さらにモデル2のように不和合群YとZにまたがる複合型が出てくる場合があるが、交配方向よって不和合または和合になるときは単側不和合性という。実際いままで分析された大部分の複合型はこの型に属し、一つの不和合群に属し、いま一つの不和合群には単側不和合性をもっている（例えば、YZʹ）。またモデル3のように二つの不和合群に不和合反応をとる複合型YZもまれにある。これら複合型は実際の採種では両親品種の選択や交配方向などに制約を与えることになる。

今日ではたくさんの複合型が知られている。その一部を関連する単独不和合群とともに示したのが図44-1である。坂本敏はこうした複合型が日本の在来品種にも外国からの導入品種にもきわめてまれで、育成品種に多いことから人工交雑により作り出されたと述べている。しかし、両親の不和合群組合せとその子供に出現する複合型の種類や頻度の関係はまだ明らかでない。将来サツマイモの不和合性も遺伝子で語られるときがくるであろう。そうしたときこれら複合型は柱頭親、花粉親側での不和合性遺伝子間の相互作用の解明に大きく役立つに違いない。

しかし、なかには不和合性の発現はいつも完璧ではない例がある。不和合群Bには自家和合性（自家受精をする）品種の多い事実に最初に注目したのは藤瀬一馬である。その後小巻克巳らもB群やE群では約三五％の品種が自家和合性で、他の群に比べて頻度が断然高いことを指摘している。図44-2は藤瀬が不和合群Bの三〇品種の総当たり交配をした大きな実験データ(3)の一部で、七品種のみを選んで不和合、和合の相互関係を表した。ここでは「同じ不和合群をもつ品種は相互に交雑しない」という原則は当てはまらなくなる。図中の三品種（千系3-491、九州二一号、鹿系3-96）は農林五号と典型的な不和合反応を示す。しかし農林七号、農林一号、ナカムラサキは様子が異なる。これらは花粉親としては農林五号に不和合、すなわち花粉はB群としての性質を備えているとみてよいであろう。しかし、柱頭はもはやB群不和合性の性質を喪失しているかのようである。各品種とも自己の花粉も受け入れるし他のB群品種の花粉も受け入れるからである。柱頭上の花粉発芽の有無の観察にとどまらず、藤瀬は実際に自家受粉をしたときの結実率の大きさで各品種の和合性の程度を確かめている。

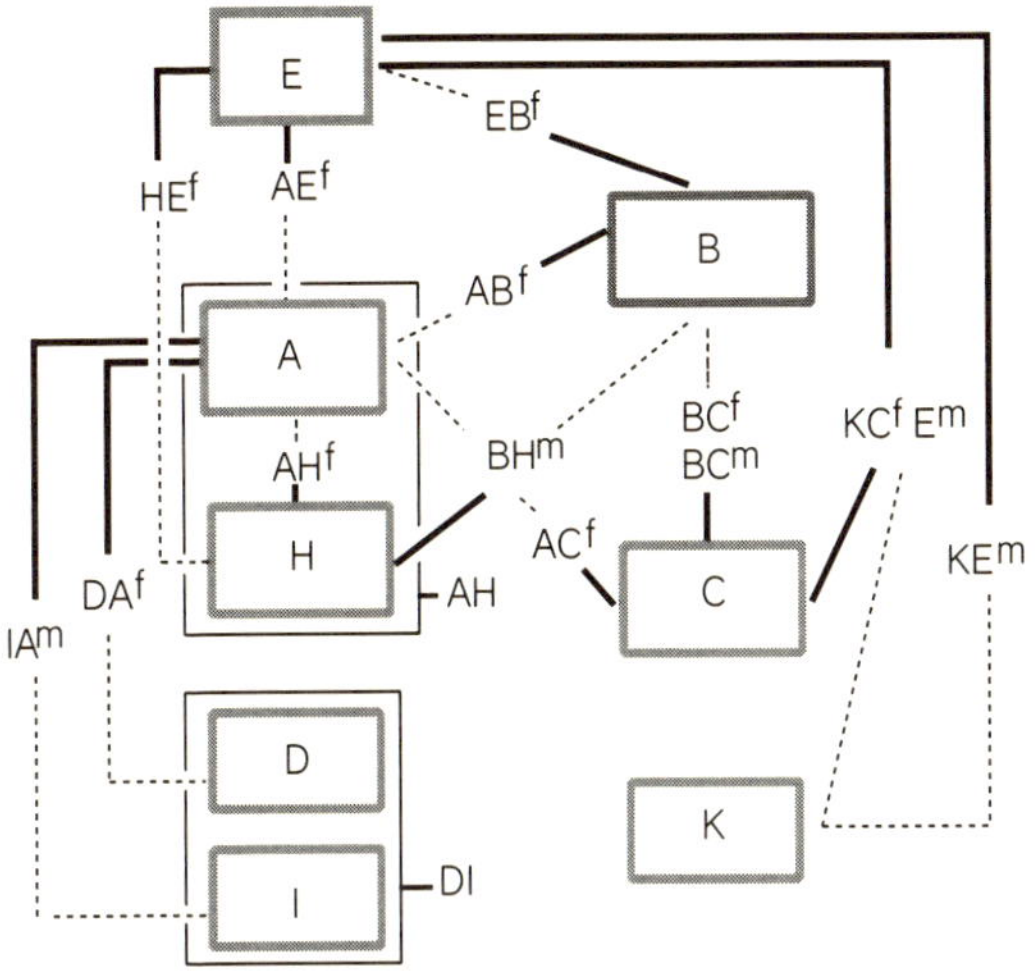

図44-1 複合型不和合群　二つ以上の不和合群品種に不和合反応を示すものを複合型という．多くは2種類の不和合群に関した複合型であるが，まれに3不和合群にまたがるものもある．例えば，複合型AH品種はA群とH群品種に不和合反応を示す．また複合型BC^f品種はB群に不和合またこれを柱頭親にもちいたときC群に不和合，同様に，複合型BC^mは花粉親としてC群に不和合である．三つの不和合群の複合型はKC^fE^mのみがみつかっている．点線は不和合，実線は花粉親（f）または柱頭親（m）にもちいたとき不和合である関係を示す．

二倍体植物では自家不和合性を無効にする変異遺伝子が報告されている。上記のサツマイモ三品種の自家和合性もそのような変異遺伝子に原因しているのであろうか。突然変異ならばいずれの不和合群にも均等に起きてもよいが、なぜ特定のグループに集中しているのか。いっぽう、サツマイモでは自家和合性程度の発現は環境によっても影響をうけることが指摘されてい

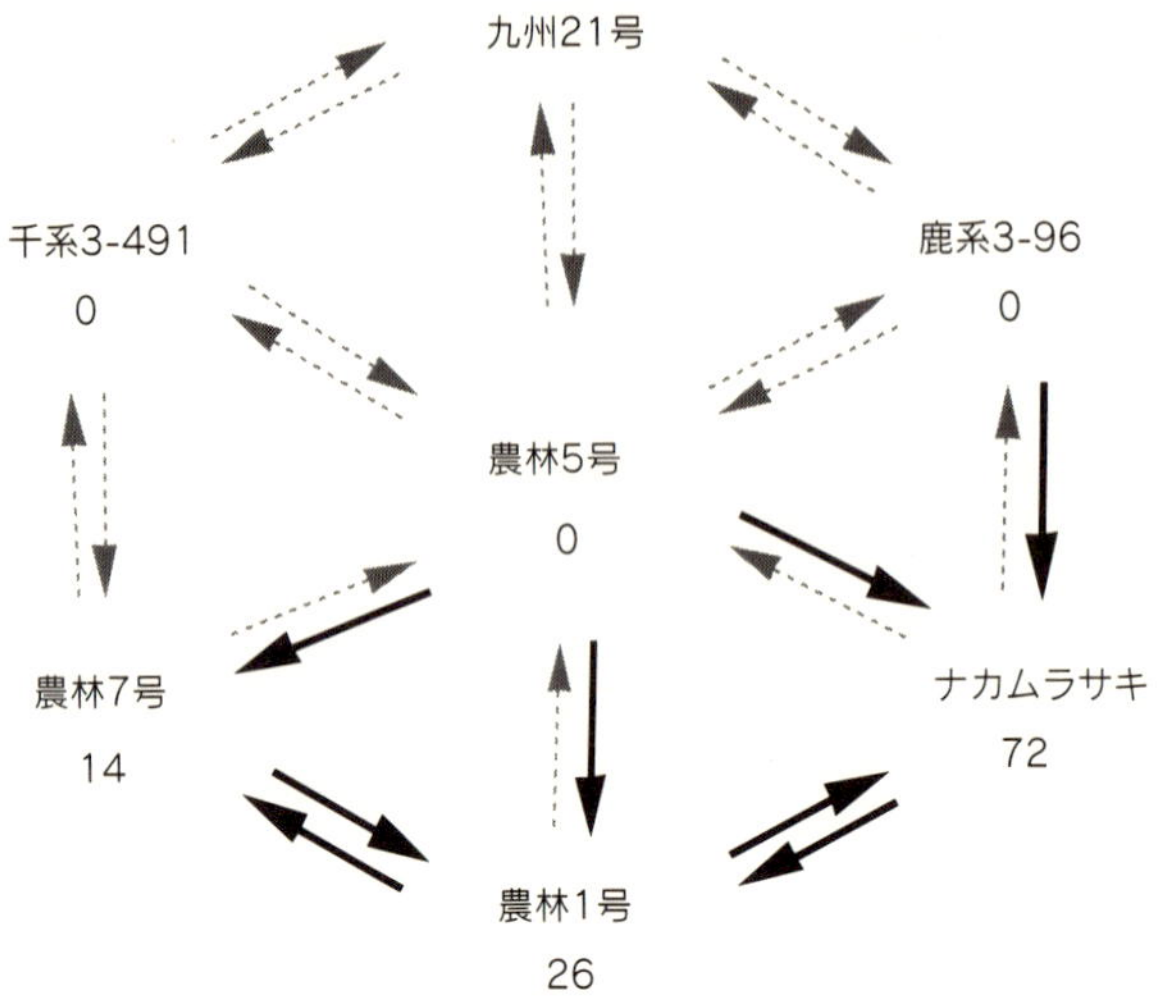

図44-2　不和合群Bの7品種間の交配結果　不和合群Bに属する品種には不和合性の発現が不完全なものがある．その一例を示す．農林5号に対し千系3-491，九州21号，鹿系3-96は正逆交配とも花粉発芽阻害をみる典型的な不和合性反応を示す．しかし，農林1号，農林7号，ナカムラサキは交配方向によって不和合，和合反応を示す．これら3品種は自家和合性で自己の花粉でさまざまな程度に結実する．品種の下の数値は自家受粉したときの着果率（%）を示す（参考文献1のデータより作図）．

る。自家和合性植物でも開花初期には自家不和合の本来の性質が強く、生育が進むと和合性を帯びるようになる、また高温により自家和合性が助長されるなどである[2]。

サツマイモの不和合性の遺伝に関しては、後にも先にも藤瀬一馬らが九州農業試験場指宿試験地で一九六〇年から五年間かけた研究しかない[3~5]。遺伝を調べるには交雑した後代植物を一個体ずつ不和合群既知の検定品種と交配して、柱頭と花粉の反応を調べることになる。実験の規模は後代植物の数、検定品種の数、一交配に使用する花数によって増大するので力仕事になる。ここでは藤瀬の結果を要約するが、不和合群A、不和合群BなどをA、Bなどと略記する。

（1）品種元カジャー（自家和合性、A）を自家受粉するとその後代にはAとBが分離した。

（2）農林一号（自家和合性、B）また農林七号（自家和合性、B）の自家受粉ではいずれの品種もその後代にはBとCのみが分離した。

（3）交雑A×Cでは、後代はAとCの分離、またはA、B、Cの分離のいずれかを示した。

（4）交雑A×Bまたその逆交雑B×Aの後代ではA、B、また少数のCが分離した。

（5）交雑B×Cまたその逆交雑C×Bの後代ではBとCのみが分離した。

この結果では調査した後代個体数が少ないので分離比は云々できない。しかし、表現型Aはその後代にA、B、Cを、また表現型Bはその後代にB、Cを出現させうると要約できる。

藤瀬は不和合群A、B、Cの遺伝を説明するため、不和合性を決定している三遺伝子座、各遺伝子座一対の対立遺伝子、非対立遺伝子間のエピスタシス（相互作用）の仮説を提案した。その後、藤瀬は不和合群D、Eの分析にも着手したが、そこではたくさんの複合型、新しい不和合群の出現に遭遇し、この説ではもはや説明しきれなかった。藤瀬は「甘藷の不和合性は従来考えていたより複雑である」としている。しかし、今後この課題に挑戦する人にまずは直視せねばならぬたくさんの貴重な実験結果を残した。

　植物の不和合性は受精阻害反応が起きる部位、対立遺伝子内の優劣性の有無により、胞子体型と配偶子体型[*1]に大別されるが、胞子体型はヒマワリ、キャベツ、カカオ、ソバなどで、配偶体型はバレイショ、サトウダイコン、クローバや多くのイネ科牧草でみられる。サツマイモは倍数体なので不和合性遺伝子の分析はされていないが、柱頭表層で花粉の発芽阻害があることから胞子体型であろうとされてきた。サツマイモ近縁野生種の二倍体トリフィーダについて、神山康夫（三重大学）はこの植物の不和合性が一遺伝子座上の複対立遺伝子（S対立遺伝子）による胞子体型不和合性であることを明らかにした。[6]また遺伝子分析によりメキシコ、中南米各地の野生集団に四九種類の対立遺伝子を同定した。[7]以上の研究によると、この植物の不和合性もサツマイモと同様に柱頭での花粉発芽阻害という特徴をもち、雌親の組織である柱頭の遺伝子型と一つのS対立遺伝子[*2]を担う花粉との間で不和合・和合が決定される。そして柱頭側の二つの対立遺伝子間、また花粉をつくった植物の側の二つの対立遺伝子間には階層的にランク付けができる優劣性関係がある、としている。そして柱頭と花粉が同じ表現型ならば花粉発芽が阻害され、受精不能となる。

サツマイモの遺伝的構造はこの二倍体トリフィーダを三倍重複させたものであることはすでに述べた。二倍体は二個のS対立遺伝子をもつが、とすれば六倍体サツマイモは六個のS対立遺伝子をもつであろう。以下、二倍体の不和合性のメカニズムを六倍体レベルに拡張した一試案を述べる。

いまある自家和合性サツマイモ品種が一遺伝子座位に六個の異なる対立遺伝子（S_1、S_2、S_3、S_4、S_5、S_6）をもつとする。事例を簡単にするため、優劣性は柱頭側、花粉側とも線形で、$S_1>S_2>S_3>S_4>S_5>S_6$（$S_1>S_2$：S_1がS_2に対し優性など）とする。するとこの品種の自家受粉の後代では四〇〇種類の遺伝子型ができることになる。しかし、これらの遺伝子型は優性系列のランクの高い対立遺伝子ごとにまとめると、S_1を含む三〇〇の遺伝子型、S_2を含む八四の遺伝子型、S_3を含む一五の遺伝子型、S_4を含む一遺伝子型の四グループになる。最初の一グループは表現型としては親品種と同じ不和合群であり、残りはそれぞれ親品種とは異なり、互いに異なる不和合群をなすことになる。これは一つの品種の自殖後代で最大四つの不和合群が分離する事例である。親の六対立遺伝子に同じ対立遺伝子の重複があれば、先の藤瀬の研究結果の要約のように分離する不和合群が二つ、三つということもありうる。また複合型はこれら構成対立遺伝子内の優性あるいは共優性の相互作用によって出現するのではなかろうか。以上、やや大ざっぱな試案ではあるが、数千のサツマイモ品種が限られた数の、現在まで一五の不和合群に類別されるメカニズム解明の示唆となろう。もしこの試案が実態ならば、不和合性の遺伝を調べるには、自家受粉あるいは他家受粉であれ、数百、数千個体の後代植物を調べることが必要となるが、これはどうも力仕事の域を超えている。

育種が続けられる限り、サツマイモの不和合群の決定は新しい親植物について毎年行われる。永年集積してきた交配試験成績をもちいて不和合群の親子関係を統計的に整理することも交配技術の一つのガイドラインを与えることになるであろう。いっぽう、不和合群は他の視点からも取り上げられてきた。不和合群の頻度には地域性がみられることから、この資源の伝播経路の探索または遺伝資源の多様性の指標とされている(8・9)。またサツマイモと野生種の近縁関係の証拠としてこの間に共通した不和合性があることが指摘されている(1)。最近は胞子体型不和合性につき生化学的に不和合反応に関与する糖タンパク質や酵素も知られるようになってきた。また分子遺伝学の方法により不和合性遺伝子の構造と不和合群の対応を見つける挑戦がなされている。本文で将来不和合性が遺伝子で語られるとき、と述べたが、サツマイモは従来の遺伝子分析の及ばないところにあり、「DNA分子で語られるとき」とすべきかもしれない。

まとめ――植物界には不和合性システムといわれる自家受粉や近親交配を回避するための巧妙なしくみがある。サツマイモを交雑するにはあらかじめ両親の不和合群を知る必要がある。不和合群はアルファベット記号で表され、今日ではA、B、C…Oまでの一五種類が識別されている。一般には自家受粉や同じ不和合群の親同士の交配では種子は得られない。その理由は柱頭上で花粉発芽がなく受精が完全に阻害されるからである。不和合群の識別、また二つ以上の群にまたがって不和合反応をとる複合型不和合群の識別方法を例示した。また不和合性発現が不完全な事例を不和合群Bについて述べた。不和合性の遺伝については九州農業試験場指宿試験地での藤瀬一馬らの実験結果を要約した。一九八〇年以後サツマイモ近縁二倍体トリフィーダの不和合性遺伝子の分析により、一連の不和合性遺伝子とその対立遺伝子内の相互作用が明らかにされた。サツマイモの不和合性の遺伝的基礎もこの延長線上にあるとして一試案を述べた。どのような高分子物質が柱頭と花粉間の認識反応や発芽阻害に関与するのか、サツマイモや関連植物の場合はまだ解明されていない。倍数体のサツマイモでは不和合性の遺伝は従来の遺伝子分析の手の届かぬところにあるようで、その全貌は分子の言葉で語られるときを待たねばならないであろう。

＊1　不和合性には配偶体型と胞子体型がある。これらは受精阻害の様式と不和合性遺伝子の発現様式に違いがある。自家不和合性（self-incompatibility）または不和合性に関与する遺伝子はS遺伝子と呼ばれる。

配偶体不和合性。遺伝子型 SaSd（♀）に遺伝子型 SaSb（♂）を交配すると、遺伝子 Sa をもつ花粉は雌しべに共通の遺伝子があるため、花粉管の伸長が妨げられ受精不能となる。遺伝子 Sb の花粉は受精にあずかる。したがって子供の遺伝子型は SaSb または SbSd となる。花粉のもつ性質は花粉（配偶体）の遺伝子によって決定される。

胞子型不和合性。遺伝子型 SaSd（♀）に遺伝子型 SaSb（♂）を交配する。次の二通りの事態がある。

(1)　雄しべ側の遺伝子 Sa と遺伝子 Sb の間に優劣関係がある。遺伝子 Sa が Sb に対し優性とすると、Sa 花粉、Sb 花粉いずれとも柱頭上で発芽が阻止される。雌しべに優性遺伝子と共通の Sa 遺伝子があるためである。この交配から子供はできない。

(2)　雄しべ側の遺伝子 Sa と遺伝子 Sb 間に優劣関係がなければ、Sb 花粉は受精にあずかり、生じた子供の遺伝子型は SaSb または SbSd となる。このとき雄しべ側の遺伝子 Sa と遺伝子 Sb は共優性関係にあるという。一般に不和合性対立遺伝子間の優劣性、共優性の関係は雄しべ側に限らず柱頭側にもみられる。花粉の性質が花粉をつくった親植物（胞子体）の遺伝子型と遺伝子間の相互作用によって決定される。

＊2 （1）や（2）の事例にある不和合性遺伝子 Sa, Sb, Sd は同一の座位の遺伝子なので、複対立遺伝子という。一つの植物種にきわめて多数の複対立遺伝子が知られている。

45 サツマイモのたね

五月ごろ土を木箱に入れ、夕顔の種子を播きます。双葉になったら三号鉢に移植します。丈夫な台木になったところで、準備しておいた甘藷の苗を寄せて、夕顔に「わり接ぎ」をします。接がれると五号鉢に移植します。あとはつる等の手入れをしてゆくうちに九月ともなり温室に入れます。そのうちに花盛りです。交配が始まり、朝七時頃より一〇時頃まで花を間違えないように、みんな黙々と（交配を）やっていました。挨拶も温室でお早うございます。お正月も同じくおめでとうございます。花は二、三日待ってね、というわけにいかないからです。一か月くらいすると種子ができるし、一鉢に何種類かの交配をするので、採種のときは緊張します。間違うと一年の仕事が無駄になるからです。

九州農業試験場指宿《いぶすき》試験地で一九四七年から三〇余年、交配一筋を過ごした脇屋敷キヨ子の回想である。

このようにサツマイモの花を咲かせ交配しても、花の半数くらいは交配後数日したら落ちてしまう。ようやくできた果実（＝蒴《さく》果）には四個のたねが入る構造になっているのに、一、二個しか発達しない。

たねができることを稔実性または稔性があるというが、サツマイモの稔性はいたって低い。このことを部分不稔ともいう。いま一〇〇〇花を交配したとすると、四〇〇〇個のたねができてよいものを、その半数もできない。なぜか、誰しも抱く疑問である。

低稔性の状況を、指宿試験地の一九九二年の交配成績[1]で示す。人工交配した花が果実を着ける割合を着果率（％）、また全種子数を交配花数の四倍で割った値を稔実率（％）とする。それら値を一八二交配組合せについて示した（図45-1）。着果率の平均は四五％（最小九・六〜最大八五・六％）、また稔実率の平均は一六・五％（最小二・四〜最大四一・八％）であった。これはサツマイモのほぼ一般的な値である。

着果率と稔実率の関係について触れておく。着果率は果実のなかに少なくとも一粒の種子ができる割合（＝確率）で、一果実内の種子数は二項分布の確率にしたがうと仮定すると、期待着果率を容易に計算できる。各交配組合せについて期待着果率と実際の着果率を比較すると、多くの場合は統計学的検定では一致する（図45-1）。このように本質的には、稔性は受精とその後の胚発生から種子完成までの成否にかかっているのである。一致をみない場合もあるが、そのときは実際の着果率が期待値より低い傾向がある。これは果実の発育になんらかの生理的な障害が働いているためであろう。

低い稔性は環境要因によるのであろうか。藤瀬一馬はサツマイモの採種事業をする指宿試験地の初代室長である。交配親の自家不和合群と稔性との関係、交配シーズンや受粉時刻の影響、開花期間中の低温、高温の影響、交配親の栄養状態と稔性、また人工交配と戸外での自然交雑との違い、花の構造と稔性につきくわしい実験をしている[2]。こうした要因のなかではとくに温度環境に注目し、「平均気温一八〜二六℃で果実を結ぶが、その着果率を向上させるためには最低気温一八℃以上、最高気温三二℃以下、

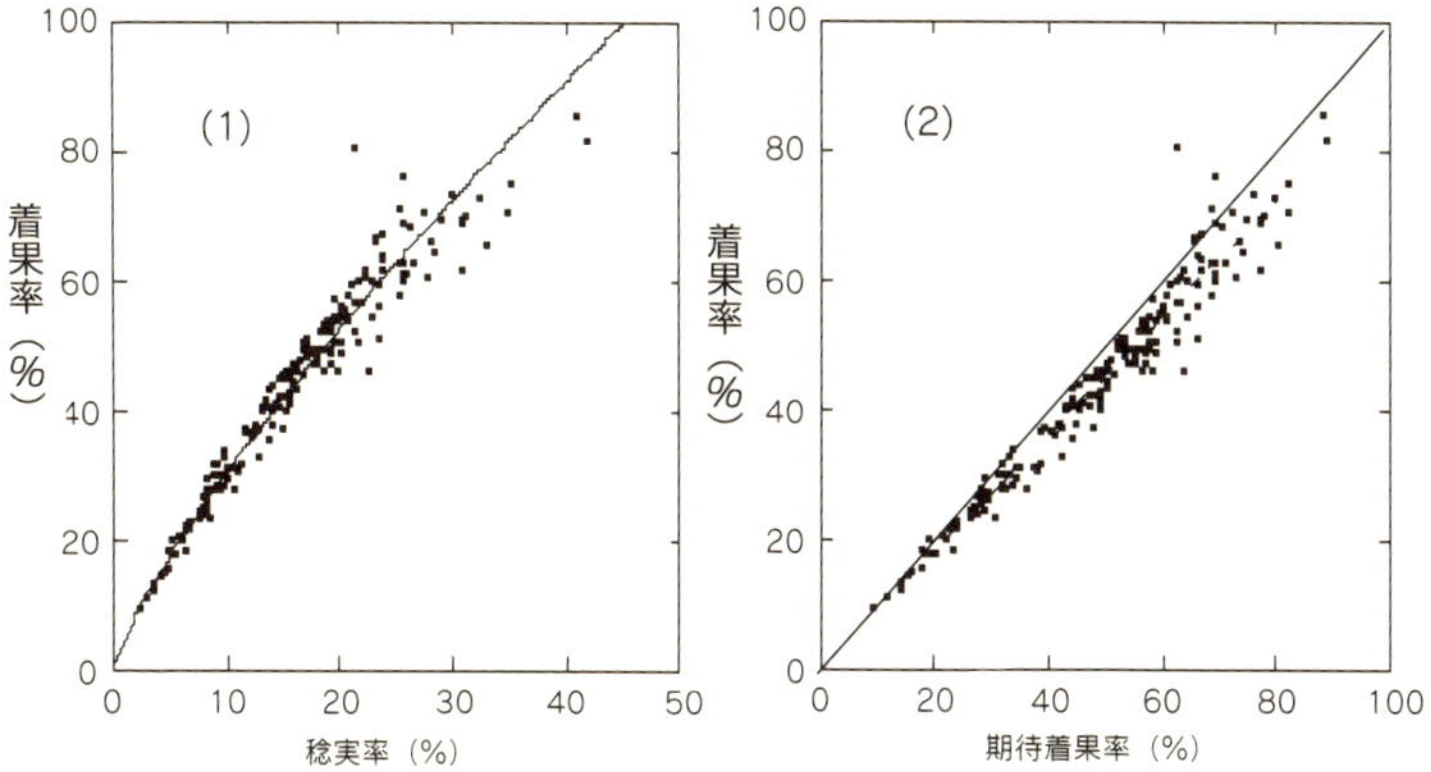

図45-1　サツマイモの182交配組合せの稔性

(1)　サツマイモの稔性を表すには着果率と稔実率がもちいられる．二つの率の間には多次元の関数関係がある．

(2)　期待着果率（P_c）と観察着果率（P_o）との関係．期待着果率は次式で算出された．

$$P_c = 1-(1-P)^4$$，P は稔実率

また，観測着果率の95%信頼区間を次式でもとめ，この区間内に期待着果率があれば二つは一致するとした．

$$P_o \pm 1.96\sqrt{\frac{P_o(1-P_o)}{N}}$$，N は交配花数

全182のうち112例で一致，70例は不一致であった．

平均気温二四〜二五℃が適当とおもわれる」としている。

先の一九九二年の試験では一八二組合せのうち一〇三組合せは秋（九〜一一月）、春（四〜六月）ともに交配されているので、二つの季節での稔性を比較することができる（図45-2）。秋交配の平均稔実率は一六・六%、春交配のそれは一二・七%で、八四組合せで秋交配が春交配と同程度かまたはより高い。秋交配の方が採種には適している。この交配シーズンによる差は藤瀬がすでに指摘したことでもある。サツマイモまた関連の野生植物も自然環境では秋に開花する短日植物である。たねをつくる営みも当然この環境での生理

表45-1　夜間温度の稔実率への影響

平均稔実率（%）[a]		積算温度10℃上昇に伴う稔実率の低下（%），括弧内はt-値	
交配A	47.3	−1.45	(−2.589*　)
交配B	50.0	−1.41	(−1.833NS)
交配C	24.5	−2.36	(−3.659***)
交配D	17.7	−2.15	(−3.014**　)

a：LSD（0.01）=7.1%．＊＊＊0.1%，＊＊1%，＊5%有意水準
交配A（護国×農林7号），交配B（関東33号×オキマサリ），交配C（九州34号×九州38号），交配D（関東11号×農林1号）

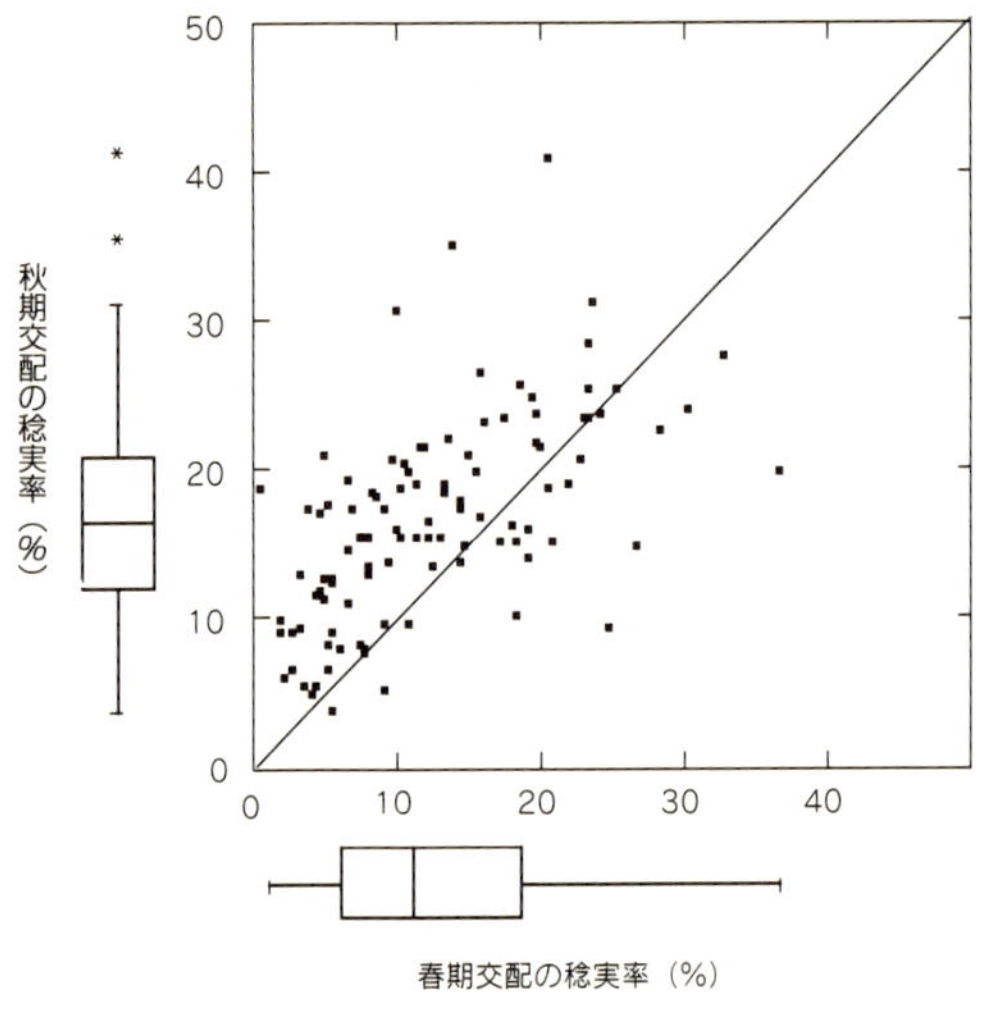

図45-2　交配シーズン別の稔実率　サツマイモの採種は春（4～6月），秋（10～12月）に行われる．交配組合せ103を両時期に行い稔実率を比較，秋期交配は春期交配より高い稔実率を示した

的リズムと同調しているようにおもわれる。

湯之上忠（指宿試験地）は毎年の経験から夜温が採種量に関係するのではないかと考えて、次のような試験を行った。[3]交配は四組合せ（A、B、C、D）をもちい、晩秋の四八日間連日交配をした。この間、日別の稔実率（=日稔実率）を、交配前日の夜一〇時から交配日の朝七時までの夜間の九時間の積算温度と比較した。この試験は二年間反復された。結果は表45－1にあるが、(1)交配組合せにより稔実率は両年ともほぼ同様な値をとり、(2)すべての組合せで夜間積算温度一〇℃の上昇とともに日稔実率は一～二％低下、(3)この低下はとくに低稔実率を示す交配組合せCとDで大きかった。

以上の結果から、夜間の高温は稔実率を低下させ、高温は低稔性組合せにより大きな悪影響を及ぼす、ということになる。低稔性組合せの母体は生殖機能になんらかの欠陥をもち、その欠陥が高温下ではより強調されるようである。夜間の平均温度からみるとわずか一℃くらいの差が稔性に少なからぬ影響をおよぼす。この植物のたねつくりは外気温にきわめて鋭敏な営みであることが分かる。

さらにこの試験結果を時系列システムとして、「いつの夜温が影響するのか」を分析した。夜間積算温度の時系列と日稔実率の時系列を一～七日ずつ前後にずらしながら、温度と稔実率の相関係数をもとめる方法をもちいた。すると高温の悪影響は有意な負の相関係数として検知できる。結果では、ある交配日の稔実率は交配前日、当日、翌日、翌々日の夜温の影響をうけていた。開花前後のこの期間は完成した胚嚢に花粉管が到達し、まさに受精が行われる時期にあたる。サツマイモの花はアサガオのように短命の一日花である。それだけにこの数日にたねを宿すための機能を全開させるようである。

湯之上のこの交配実験は一九六二年に行われた。当時は温泉の湯をひき、加温する古風な木造温室、日々の湯量や窓の開け閉めで室内の温度調節をしながらの実験であった。そのため湿度や昼間の温度などは調節されていない。しかしながら稔性に影響する温度要因の一端を見事に明らかにした。

日本の交配試験はアサガオ台木（かつてはユウガオを台木にもちいていた）に接ぎ木して開花を促す強制的な操作や人工交配が加えられている。自然開花させ、自由に受粉をしたときはどうであろうか。F・W・マーチンら（USDA, Puerto Rico）はカリブ海のプエルトリコで任意交配を数世代続けた集団で稔実率の変化を調べている。[4] 第二世代から第七世代集団をある年一斉に育て、一二月から三月の乾季に放任受粉した。各世代集団ごと数十個体を調査、その平均稔実率は一六〜三二％の範囲にあり、世代の進行により稔実率が高くなる傾向はなかった。

この結果は、熱帯の自然条件下でもサツマイモは低稔性植物であることを示している。また有性世代を七世代経過しても稔性の向上がなかった事実も重要である。この場合とくに稔性につき意図的な選抜はなかったが、種子から種子へと世代を進めることは低稔性への淘汰《とうた》圧となれば、調査前には多少の稔性向上が期待されたのであろう。しかし七世代では稔性向上の効果はなかった。では七〇世代、七〇〇世代ではどうであろうか。稔性に個体差がある限りいくばくかの変化は期待されよう。しかし以下のことを知ったらそのような試みは実り少ないことが予知されるであろう。

なぜ十分にたねができないのか。これまでたくさんの人々がさまざまな見解を提起してきたが、その原因解明に正面から挑んだのは村田達郎（九州東海大学）である。[5] まず、サツマイモの配偶子形成（卵や花粉をつくる過程）の全貌を顕微鏡下で鮮明な映像としてはじめて記録した。そして胚嚢母《はいのう》細胞から減数分裂を経て胚嚢細胞まで、胚嚢細胞内の三回の核分裂、花粉管の胚嚢侵入と重複受精、胚形成までの各時期の観察から、サツマイモではこの過程に重大な欠陥のあることを突き止めた。すなわち、花粉管侵入ができない胚嚢があることである。そうした胚嚢の多くは胚嚢細胞内の核分裂で異常を起こしている。調査した一二品種ではこの異常胚嚢の割合は六・九〜七三・一%であった。結論として、「サツマイモの低稔性の大きな原因はこのような異常胚嚢が高い頻度で生じることである」と村田はいう。

サツマイモは配偶子致死の欠陥を内在していたのである。ではこの欠陥を生ずる原因はなにか。村田により観察された胚嚢細胞内の異常核分裂はあくまでひとつの結果である。というのはこの時期に先行する母細胞の減数分裂にも欠陥があって、村田の観察となったのではなかろうか。植物界では減数分裂異常を支配する遺伝子がたくさん知られている。(6) サツマイモでは、高次倍数体という制約もあり、そうした欠陥遺伝子はまだ一つも同定されるにいたっていない。

どうやらこの植物が作物になり始めたころから人類は地下の根のみに関心を向けていたらしい。そのため今日作物となっても花や種子の性質は野生時代の性質をそのまま受け継いでいるようである。植物にとってたねをつくることは根を太くすることよりもはるかに精巧で深淵な営みである。こうした種子づくりのひずみにはこの作物成立の秘密が隠されているといってもよいであろう。

一九四〇年代からおびただしい種類の農作物で倍数体が試作されてきたが、異質倍数体、同質倍数体とも新作物として通用したものはきわめて少ない。ほとんどの事例は低稔性の解決ができなかったためである。サツマイモ六倍体を構成する三ゲノムは互いに相同なゲノムである。このような遺伝的構造自体も減数分裂の欠陥の原因をなし、ひいては低稔性の背景となっているだろう。そしてさらに栄養繁殖依存の植物では減数分裂に関与する欠陥遺伝子が自然淘汰の篩《ふるい》にかけられず温存されていることも考えねばならない。

まとめ――育種はたねから始まる。しかしサツマイモはたねの生産力が低い。一花には四胚珠あるがすべてが種子にまで発達することはまれである。交配結果からみると多くの胚珠、約八〇%くらいは不稔である。こうした現象を稔性が低いという。九州農業試験場指宿試験地でのたくさんの研究がこの低稔性の原因を追求してきて、その一つに温度要因が浮上した。そして稔実の良否は温度の影響を受けやすいことが確かめられた。しかし、それはもともとの低い稔性をさらに悪化させない技術上の解消には役立ったが、その克服とはならなかった。いっぽう、原因究明は胚珠の組織学的観察で行われ、たくさんの受精されない異常胚囊細胞があることが明らかになった。だが、そうした異常胚囊細胞ができるさらなる原因への扉はまだ閉ざされている。

第十章 巨大な栄養系

46 巨大な栄養系――高系一四号

サツマイモ品種は一つの栄養系である。国土の北から南の端まで広がり、暖かくなると芽を吹き、葉を茂らせる。いつ果てるかわからない一本の樹木のようなものである。ただし幹はみえない。今日では巨大な栄養系となった高系一四号を取り上げる。

すでに述べたように、沖縄で一九三五年ナンシーホール（母）とシャム（父）の交雑がなされた。その子供を育てた高知県農事試験場が一つの有望株を選抜した。当時の業務報告では「酒精原料新品種選抜試験成績」のなかで系統11-1518は成績良好とある、が試験成績はない。誰が選抜に従事したのか知られていない。この系統が終戦の一九四五年に高系一四号と命名された。後年沖縄交配を総括した井浦徳は「この両親からは多収系統が生じた」としているので、評価は収量にあったのかも知れない。ナンシーホールはアメリカの古い品種、シャムはタイ国、バンコックからの導入種、ともに沖縄時代によくつかわれた交配親である。

育成から一〇年、この品種は栄養系の枝を人知れず各地に伸ばしていたようである。品種名が統計に現れるのは一九五六年、まずお膝元の高知県、次いで徳島、兵庫、そして静岡に栽培面積計一〇〇〇ヘクタールという数字がでる。もうサツマイモ弁当も忘れかけた頃である。しかし、紅紫色の皮色、蒸すと黄金色になるこのいもは人々に新鮮に映った。一九五九年には全国に約一〇倍のほぼ一万ヘクタールに広がると、以後は堰を切ったように普及し、一九八五年ころは全国の栽培地の三五％に当たる二・三万ヘクタールを独占してしまう。人気は今日とて衰えていない。平成時代になっても一八の都県がいぜん奨励または準奨励品種にしている。現在アメリカ西海岸でも二〇〇ヘクタールに栽培されている。(1) こんなに栄華をきわめた栄養系はサツマイモ伝来以降例がない。

「少しでも優れたものを」また「なにかよそとは違うものを」という昨今の気運もあって、高系一四号の栄養系は各地でさまざまな品種名あるいはブランド名で市場に出回るようになった。主なものは高知の「土佐紅」、香川の「坂出《さかいで》金時」、徳島の「鳴門金時」、宮崎の「紅ことぶき」、鹿児島の「紅さつま」、千葉や茨城の「紅高系」などである。熊本の「肥後紅」も最近出現した。こうした名称は一般消費者に届くまでに消えてしまうが、しかし、卸市場ではこれらのブランド名が通用し、価格にも大きな差がつく。

ここでは高系一四号から派生したこれら栄養系を派生系統と呼ぶ。上記各県での派生系統の成立、系統の移動などを図46-1にまとめた。この図の背景のグラフは一九五九年から一九九四年までの高系一四号の栽培面積の推移である。この品種の統計には混乱があり、派生系統の分は年により取り扱いが異なる。ここではすべてを高系一四号として集計した。

栄養系は何年経てもどこで育ってもその遺伝子組成(=遺伝子型)はまったく同じである、とまずは考えられる。それを変えるのは突然変異である。たとえ一遺伝子の突然変異でもその遺伝子がたくさん

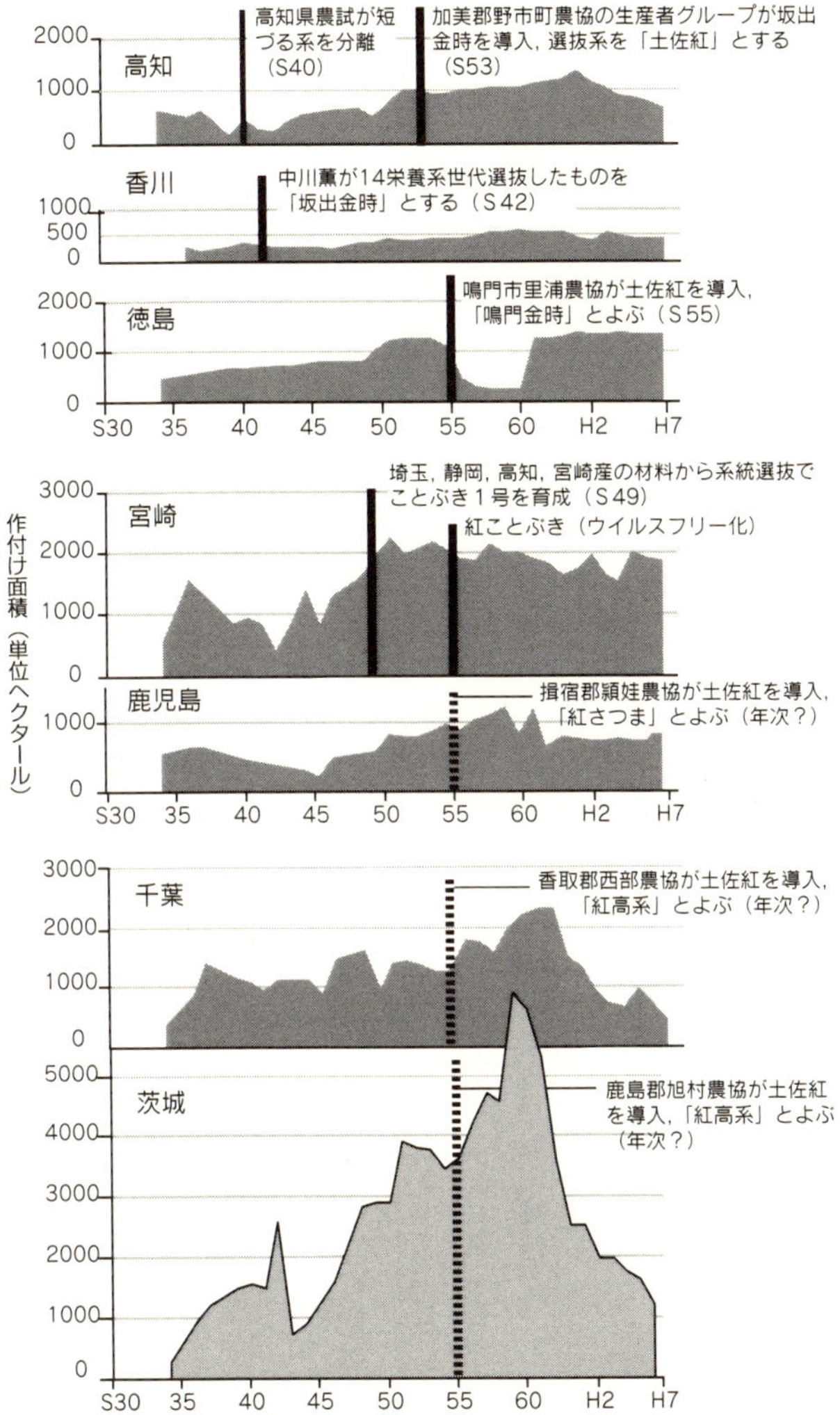

図46-1　高系14号の派生系統　高系14号は各地で「より優れた」栄養系の選抜が行われ，派生系統がつくられた．産地ごとの派生系統の成立と産地間の移動を示す．背景のグラフは高系14号の作付け面積の推移．

の性質に関与しているならば、それらの性質にも変化がみられるであろう。しかし、環境変動の大きい性質については、その変化が突然変異によるか、環境によるのか判別することが困難である。このようなことをあたまに入れて、以下高系一四号派生系統をみてみる。

高知県の短づる系と土佐紅

短づる系。一九六二年、高知では高系一四号の初出荷がある。以前から高系一四号には二つの型「長づる」と「短（みぞ）づる」のあることが知られていた。一九六五年高知県農業試験場の会見照美はこれらの特性を調べて、「短づる系は茎やや太く、またつるの長さは四分の一くらい、葉はやや小振り、塊根はやや長い紡錘形で条溝（表層に筋状に溝ができる）はなく、食味はより良好である」とした(2)。短づる系はその後香川県坂出市にも分譲された。

つるの長さが普通よりも短い矮性《わいせい》変異体を見つけたという記録はサツマイモではよくある。品種鹿児島の変異体である立鹿児島、源氏からの蔓無《つるなし》源氏、農林一号からの矮性農林一号などである。高系一四号は育成からすでに一七年の増殖を経ており、つるの伸長に関する遺伝的変異を生じていたとおもわれる。この短づる変異体はまた食味に微妙な変異をともない、いずれも有利な変化であった。

土佐紅。「よさこい金時」ともいう。高知県は一九七五年香川県から「坂出《さかいで》金時」を導入して、加美《かみ》郡野市《のいち》町農協いも部会の生産者グループが早掘りの適性を目標に数年かけて選抜系統を得た。この選抜系統を一九七八年「土佐紅」と命名した。当時の選抜方法や結果についての記録は残っていない(3)。坂出金時は次の香川県のところで詳述する。

高知県では明治期から早掘り栽培があった。早掘りとはサツマイモの栽培用語である。サツマイモの収穫は普通は秋であるが、早掘りでは八月中旬〜九月中旬に収穫する。今日ではいろいろな資材をもちい、二月に栽培を開始、初夏から盛夏の早掘りがある。南国土佐の伝統栽培が高系一四号を受け入れ、また土佐紅を選びだす素地になったのではないかとおもわれる。

早掘り適性とは定植後早期に肥大する性質、またそれがよい品質を備えることをいう。もともと高系一四号はこれら二つを満たしていた。サツマイモの育種や栽培法を研究してきた児玉敏夫はこんな感想を述べている[4]。「高系一四号は早掘りしても割合に粉質であるが、晩掘りすると粘質になりやすいと聞いている。この理由は何であろうか。普通はこの逆である。……早期栽培の米は不味い。沖縄では同じ品種でも八月頃収穫した落花生は一一月頃収穫したものよりパサパサして不味い」。

香川県の坂出金時

瀬戸内に面した坂出市とその周辺の海岸部は古くからのサツマイモ産地である。坂出市江尻町の中川薫は「高系一四号は肥えた土ではいもの色が薄くなる」、しかし、「同じ畑でもいもの二〜三%くらいの頻度でひときわ濃く赤紫色をしたものがある、この色を安定させられないものか」と考えた。市場でも色の濃いものは高値がついた。年二回（四月上旬〜七月上旬、七月上旬〜一〇月末）連続栽培をして、塊根の形状や食味は無視、もっぱら肌色に注目しながら選んだ。栄養体一四世代目でほぼ濃い色調は安定した。それは肥大した塊根が早くから赤くなる、葉色はやや薄い、葉裏の脈が紫色を帯びるなどの特徴をもっていた。

以上は中川が一九五七年から約一〇年かけた選抜の経過である。図46-1では一九六七年選抜完了とした。この選抜系の原種保存と増殖は、最初の数年は同市府中町の金時人参の採種組合に委託したが、その後は坂出市、綾歌《あやうた》農業改良普及所、松山農協、林田農協や出荷組合が共同運営する坂出市そ菜振興協議会で行った。一九七七年には「金山金時」などいくつかあった名を統一して、「坂出金時」で東京市場に出荷した。

サツマイモの皮色の突然変異は、目立つ特徴だけに、たくさんの事例がある。最近では赤紫色の品種ベニアズマから黄褐色変異体が出ている。紅農林は農林一号の皮色がより濃くなった変異体、古くは紅赤が八つ房の皮色変異体である。坂出金時の場合、突然変異体であるか、判定はむずかしい。その理由は、中川の指摘にあるように、この品種の皮色の発色は不安定で、土壌条件と病害、とくにウイルス病により褪色しやすいからである。中川の選抜はウイルス汚染をした原系統から健全な栄養系を選び出した可能性もある。とすると、病害から解き放し、健康美を復元させたともみることもできる。

この皮色変異の真の原因はともかくも、坂出金時の選抜は先駆的な仕事であった。この成果は隣りの高知県の生産者を刺激したのであろう。高知県では先述したようにこの選抜系から再び選抜をして土佐紅をつくり出すこととなった。

徳島県の鳴門金時

高系一四号は早掘り用品種として一九六〇年頃から栽培が盛んになった。当時の早掘りはうねの中に手を入れて太くなったものから収穫する「さぐり掘り」が普通であった。一九七五年頃鳴門市里浦農協が土佐紅を導入、また時期は不明だが坂出金時をも導入した。それらを普及に移したところ、生産農家が皮色のよい系統を選抜した。当初は「高系一四号選抜」と呼んでいたのは、冴えた鮮やかな皮色、長紡錘形の塊根、いも本体にひげ根はなく、収穫のとき「カン（藷梗）」が強くなく株からいもをはずしやすい特徴をもつ。しかし貯蔵性は普通の高系一四号よりやや劣る。また弱点はネコブセンチュウに弱く、立枯れ病に罹りやすい。一九八〇年経済連と現場農協の協議により「鳴門金時」と命名され、大阪市場や名古屋市場に出荷した。以上、徳島のサツマイモ関係者からの聞き取りである。鳴門金時の前身は坂出金時あるいは土佐紅である。

これらすべての派生系統にそのまま受け継がれていることがある。それは高系一四号の病弱体質である。すでに第28節で触れたように、この品種はサツマイモネコブセンチュウにはすこぶる弱く、ミナミネグサレセンチュウには中庸。また立枯れ病には弱く、また黒斑病にやや弱く、つる割れ病にはやや弱～中程度である。黒痣《くろあざ》病には罹りやすい。さらに後述するが帯状粗皮《そひ》症にも罹りやすい。これほど病気を背負い込む品種も珍しい。

このため徳島、香川、高知の産地には共通の悩みがある。「カイヨウ（＝立枯れ病）やトラカワ（帯状粗皮病）が悩みのたね」、「永年の連作で線虫やカイヨウ病に悩まされる」、「クロロピクリンなどの土壌消毒は欠かせない」、「連作障害をおこしやすいので、客土、深耕、線虫予防が最重要」、「いもが細く小形になるウイルス被害が目立つ」などの声がそれを象徴している。

この解決には高系一四号の長所と耐病性や耐センチュウ性をもつ新品種の登場しかない。まずは高系一四号の抵抗性変異体を見つけだすため系統選抜を試みる。あるいは交雑育種により各地域にふさわしい新品種の育成を計画する。いずれも一〇年以上の時間を必要とするであろう。高系一四号の育成に一〇年を要したことを思い起こせば、この時間は誇張ではないと理解されるであろう。しかし、地方と国の試験機関が共同すればそれは可能なことである。高系一四号が高知県の農事試験場で選抜されたことを思い起こせばよい。

宮崎県のことぶき一号、紅ことぶき、宮崎紅

ことぶき一号。一九六五年はじめ県の基幹品種を高系一四号にすえてみたが、市場では評判がよくなかった。宮崎県総合農業試験場の川越初義、梶本明らは「それまで原料用の栽培をしていた農家は野菜をつくる感覚がなかった」という。しかし、「そうした出荷物のなかには逸材をおもわせるものがあるので、種芋を厳選したら、すぐれた系統ができないか、品種固有の色彩と姿を再現できないか」と考えた。以下、同氏らの報告(5)による「ことぶき一号」選抜までのあらましである。

一九六七年と六八年、埼玉、静岡、高知、宮崎の計一二の名産地からたねいもを集め、産地別に三〜一四系統を育て比較試験した。一九七〇年〜七三年の地下部特性、耐病性、耐センチュウ性の試験で有望な一系統にしぼった。一九七四年にこの系統を県内の四つの主産地で現地試験をした。これがことぶき一号である。現地試験の結果によると、従来の高系一四号の淡紫紅から紫紅の皮色に比し、一段と濃い紫紅色の皮色、一〇〇グラム以上の塊根(市場基準のM級)の割合も高く、形もよく揃い、収量もやや高かった。しかし、黒斑病、サツマイモネコブセンチュウには弱く、ミナミネグサレセンチュウにやや強い性質は高系一四号と変わりはなかった。

ことぶき一号の栽培法を研究していた梶本は、一九七五年これまでなかった原因不明の病状に気がついた。塊根の肌に斑紋状の褐色部ができ、環状にひび割れ状ができ、そこは肥大が抑制されるので塊根はくびれてしまう。塊根収量は低下、品質は劣化する。一見健全な種いもからもこの病状は高頻度に発生した。農家のいもの九〇%以上がこの病状を抱えるような事態にもなった。当時「横縞《よこじま》症状」と呼ぶこの病因の究明は、一九七六〜七九年梶本の苦心の究明にかかわらず不明であった。その後この病気は帯状粗皮症とよばれ、ウイルス(SPFMV : Sweet potato feathery mottle virus)によることが判明した。

紅ことぶき。茎頂培養により帯状粗皮症ウイルスが除去されることが分かったのは一九八〇年、この方法により無病苗の増殖と無病の種いもつくり（二年目、原々種圃）、無病種いもの苗をもちいた種いもつくり（三年目、原種圃）、採種担当の農家による種いも増殖（四年目、採種圃）、かくて培養開始後五年目にウイルスフリー種いもを一般に配布する方式がとられるようになった(6)。梶本はこの成果を讃えて「一九八〇年はバイテク元年」という。ことぶき一号はウイルスフリー化をきっかけに「紅ことぶき」と改名した。鮮やかな濃い紫紅の健康色、生き生きとしたつや肌が蘇った。

この節の冒頭にあったアメリカ西海岸の高系一四号とは、一九八六年導入された「KOTOBUKI」である。アメリカはカロチン系品種が優先するが、ほくほく、粉質の「KOTOBUKI」もカリフォルニア州ではアジア系の人々に好まれている(1)。

宮崎紅。高知県野市町農協から導入（奨励採用は一九八〇年）、したがってこれは土佐紅由来、さらにさかのぼれば坂出金時由来となる。特別に系統選抜の操作は加わっていないようである。しかし、生育特性の違いがあるのか、宮崎紅は「二～三月植付け、五～六月収穫」の栽培に限られる。ことぶき一号、紅ことぶきは「四月植付け、六～九月収穫」や「五～六月植付け、九～一一月収穫」の普通栽培に使い分けされている(6)。

鹿児島県の紅さつま

県農産課農政課流通対策室への問い合わせでは、「揖宿《いぶすき》郡頴娃《えい》農協が土佐紅を導入、紅さつまと呼ぶ」の返答があった。導入年次は不明。一九九六年度の県統計によると、紅さつまと高系一四号が食用の大部分を占め、紅さつまは超早掘り（五～六月収穫）、早掘り（七～八月）、普通栽培（八～一一月）にもちいられているが、高系一四号は普通栽培または加工原料にのみつくられる。

千葉県、茨城県の紅高系

千葉県香取郡西部農協、茨城県鹿島郡旭村農協はともに土佐紅を導入し、「紅高系」と称したとされている。導入年次は不明、しかし年次は高知の土佐紅選択以後であるはずである。両県からの市場出荷の銘柄名は紅高系と統一されている。統計上では一九八五年ごろまで増加の高系一四号（含む紅高系）の生産はその後の新品種ベニアズマ（農業研究センター育成、一九八四年）により漸次縮小の傾向にある（図46-1）。

静岡県のしんや

これは今までの事例のように産地を代表するといった派生系統ではないが、高系一四号の突然変異体の事例である。静岡県磐田《いわた》市の伊藤久夫は一九八五年に収穫物をより分けているとき、一株五個のいものうち二個がひときわ濃い肉色であることに気づいた。株による色違いもあるのではないかと疑い、カロチン系品種隼人、兼六、ベニハヤトを栽培して検討したが、先の二個体とは違う。やはりこれは肉色が変化した高系一四号であると確信、知人の名をもらい「しんや」と命名した(7)。その後、しんやは農業研究センターでも特性調査がされている。高系一四号と比べても地上部のいろいろな形質、塊根の形状、皮の色に差がない。しかし、高系一四号の肉色が淡黄色であるのに対し、これはオレンジ色でカロチン含量が高い。しんやがカロチン含量の変異体であることは明白である。この変異体は貯蔵後粘質になるので、伊藤は静岡名産の蒸し切干しに向くと考えている。

以上、一つの栄養系に各地でたくさんの選択の眼が注がれた。短づる系を発見した無名の人、坂出市で一〇年間目を凝らした孤高の人、また難病克服のバイテク元年を祝った人、カロチン変異体に夢を託した人もいた。ここでは触れなかったが、どの産地にもこの栄養系の病弱さがゆえにそれなりの細かい予防や対策があることはいうまでもない。

もしある企業が他社の製品に新たなブランド名をつけて自社商品としたら、ペナルティを受けるだろう。日本列島に横たわる巨木のようなこの栄養系は社会の共有資源であるが、派生系統は育成者の作品である。農協、各種農業団体が新ブランド名をとなえるときは、少なくともその来歴、選抜過程、改名をした根拠を公表する責任がある。ブランド名乱用は作物統計の担当者、市場関係者や生産者に不要な混乱を招くからである。

突然変異はきわめてまれなことである。塊根は茎のなかに発生する始原体からできる。この始原体が単一細胞に由来すると仮定する。一ヘクタールの畑には約二〇万個のいもができ、ある遺伝子の細胞当たり自然突然変異率を一〇のマイナス六乗とすると、この畑には約二個の変異体がでると期待されるだろう。多くの変異体は必ずしもよい性質をもつとは限らない。むしろ劣悪なものが多いであろう。それでも、産地全体では毎年数千ヘクタールで栽培される栄養系であるから、収穫物には優良変異体が出現する機会もある。

有性生殖による育種を大改造とすれば、突然変異の小さな変化をとらえる育種は微小改造といえよう。品種のモデルチェンジである。元の有用な性質は変えず、一部を改良できたらときに大きな付加価値を与えることになる。九州農業試験場でサツマイモ突然変異育種に従事した久木村久は当時までの交雑育種の実績を引き合いにして、大改造の効率も微小改造育種の効率も同じであろうと述べている(8)。久木村は次のような数字をあげる。交雑育種では五八万個体から八品種の選出が過去の実績、すなわち効率は約七万個体に一品種であるが、もしこの規模の栄養系を取り扱うと、改造の対象となるいかなる性質についても優良突然変異体の発見は可能である、としている。

最後に大きな期待をもたせる話題を一つ。茎頂培養はつる先の、生長点を含む微小な組織塊で栄養系をつくる方法であるが、市和人（鹿児島県農業試験場）は高系一四号のそうした栄養系のなかには帯状粗皮症ウイルスに抵抗性を示すものがあることを報告している。(9・10) 一九九六年の同氏の書簡には「いまウイルスフリーの培養苗をもちい、抵抗性系統を選抜中、今後の研究の流れにも関与することだけにまだ簡単に結論はだせないでいる」とある。突然変異は根の始原体（＝生長点）に限らない。栄養系が生長を始めるすべての生長点にも起きる。植物体の多くの生長点が新しい出発点となる可能性を秘めている。

まとめ——多くの産地を育ててきた高系一四号という巨大な栄養系を取り上げた。鮮やかな紅紫色の皮色、内部は黄金色をしたこの品種は一九四五年から五〇余年の今日まで人気が衰えることはない。この栄養系は各地で栄養系選抜が行われ、異なる品種名で市場に出回っている。高知の「土佐紅」、香川の「坂出金時」、徳島の「鳴門金時」、宮崎の「紅ことぶき」、鹿児島の「紅さつま」、千葉や茨城の「紅高系」などである。これらを派生系統と呼んだ。そして派生系統の成立、選抜方法、また移動などをたどった。これら派生系統の成因が突然変異なのか、病原体汚染により一時退化していた栄養系の回復なのかは断定できない。対比のために突然変異がほぼ確実な静岡県磐田市の品種しんやの例も取り上げた。栄養系は社会の共有資源であるが、派生系統は発見者や育成者の作品でもある。安易なブランド名は混乱をつくる。いっぽう、各地でより優れた性質や新しい性質を探す地道な活動があり、この栄養系にまた一段と輝きと魅力を与えてきた。

47 日本とアメリカのサツマイモ品種

かつて西日本に広く栽培された七福《しちふく》は別名をアメリカイモともいう。アメリカ西海岸から一九〇〇（明治三三）年に久保田勇次郎・吉松兄弟が持ち帰ったこのサツマイモが、日本とアメリカのサツマイモにまつわる最初の縁である。その後、交雑育種によってアメリカ品種を交配親としたことでますます浅からぬ因縁となった。アメリカでは食用品種はテーブル型、原料用はスターチ型と呼んでいる。ちょうどサトウダイコンを野菜用としてのテーブル型と原料用のシュガー型と区別するのと似ている。以下、これら用途別にアメリカ品種と日本の品種との浅からぬ関係を述べる。

テーブル型品種

アメリカで本格的な育種が始まったのは一九三九年、これ以前の在来品種にポートリコ（Porto Rico）、サザーン・クイーン（Southern Qeen）、ナンシーホール（Nancy Hall）などがある。ポートリコは一九〇八年プエルトリコからアメリカへ導入された皮色淡褐色、肉色は鮮やかなオレンジ色、独特の芳香をもつカロチン系品種である。今日アメリカ人のカロチン系サツマイモの嗜好をつくったのはこの品種ではないかとおもわれる。日本の隼人または人参いもは、憶測の域をでない話ではあるが、この品種を移民が里帰りか何かの折に持ち帰ったのではないかとされている。戦後の食糧援助として日本に届けられた乾燥キューブもこの品種ではなかったかとおもっている。

サザーン・クイーン、ナンシーホールともに古い品種で、今日のアメリカ人がこれらの名を聞けば、われわれが明治期の品種名を聞いたときと同様な思いをするのではなかろうか。サザーン・クイーンは皮色黄白色のいもで、肉色は淡黄色、粘質で優れた品質をもつ。日本には台湾総督府中央研究所を経由して入ってきた。沖縄交配時代にさかんに交配親にもちいられたので、今日の多くの品種の祖先の一つとなっている。例えば、シロセンガン（〇・二五、サザーン・クイーン生殖質の二五％を含むの意、祖父または祖母がサザーン・クイーン）、オキマサリ（〇・二五）、タマユタカ（〇・一二五）、フサベニ（〇・一五六）その他多数の育成系統の祖先である。

ナンシーホールはアメリカでも来歴不明とされている。戦前台湾で食味では最大級の評価を受けたことがある。肌は橙黄色、中身は濃黄色、粘質で甘味が強い。沖縄交配では当初から交配親につかわれており、兼六（〇・五）、高系一四号（〇・五）の片親、クリマサリ（〇・二五）、サツマアカ（〇・一二五）の祖先である。いま日本でもっとも大きな生産量を誇る食用品種高系一四号の片親である。高系一四号のすぐれた品質の一端はこのナンシーホールにあるのかもしれない。

品種センテニール（Centennial）は単交配ユニット一ポートリコ（ポートリコの突然変異体）×ペリカン・プロセッサーの後代を含む任意交配集団から、一九六〇年育種学者J・ミラーらによって選抜された。この後一五州の関係機関で生産力や特性がテストされ、高い評価を受けた。アメリカの六〇年代の生産を担った代表的な三つの品種とは、この品種とナゲット（Nugget, ノースカロライナから普及、一九六一年）、ネマゴールド（Nemagold, オクラホマから普及）といわれている。センテニールは太いつるに大きな葉をつけるカロチン系テーブル型品種である。この品種も選抜直後の一九六一年、また再度一九六五年ミラーによって日本に送られてきている。日本でもカロチン系食用を目指した九州八七号、九州九二号、またカロチン系品種ベニハヤトの片親である。一九九六年農業研究センターで育成されたエレガントサマー（〇・二五）は太い葉柄を青野菜とする品種であるが、大型の茎葉は祖母センテニールゆずりである。

終戦の翌年一九四六年にアメリカ空軍が母国に運んだ地方品種テニアン（Tinian）のことは、すでに第30節「沖縄の在来品種の耐病性」で取り上げた。テニアンは端正な形をした紅色のいも、中身は淡黄色である。日本には一九六〇年メキシコ大学の植物分類学者松田英二によってもたらされた。近年日本でつる割れ病の被害がかつて例をみないほど深刻になってきたため、祖先にテニアンを含むいくつかの系統が育成されている。例えば、関東九九号（〇・二二五）、関東一〇〇号（〇・一八八）、関東一〇二号（〇・一八八）はいずれもつる割れ病抵抗性を示す。しかし例外もある。テニアンを片親にした関東一〇四号や関東一〇五号は意外にも抵抗性がない。

キャロメックス、この名からはキャロット（人参）を連想する。そのとおり、橙色をしたカロチン系品種で、いもの肌は渋い銅色で独特な色合い、両端が細く、塊根は小型だが、子だくさんである。一九七九年ノースカロライナ州立大学のW・W・コリンズらによって選抜された。南部一四州で四年間（一九七四〜七七）収量その他の特性のテストの結果、センテニールやジュエル（Jewel，ノースカロライナ普及、一九七一年）と同じかやや優る成績を示した。[1] つる割れ病抵抗性の極早生型のカロチン系品種である。ジュエルは八〇年代の後半サツマイモ産地の大部分を独占した。青果用、蒸し切干し用として農業研究センターが一九九三年に育成した品種ヘルシーレッドの母親はキャロメックスである。交配は温室内でキャロメックスの花にテニアン、ナンシーホール、ペリカン・プロセッサー、高系一四号の四品種の混合花粉を受粉させるという、日本独自のポリクロス方法によった。この品種はつる割れ病には強

〜やや強である。

スターチ型品種

スターチ型品種についてはすでに第42節「デンプン資源としてのサツマイモ」で二つの品種ペリカン・プロセッサーとホワイト・スターに触れたが、ここではアメリカの品種改良の方法をみるため、これらの由来についてすこし述べる。

ペリカン・プロセッサーはその名にプロセッサーがあるようにデンプン加工のための品種である。ルイジアナ農業試験場でJ・ミラーらはたくさんの国内品種や他国の品種のなかからデンプン含量の高いものを探した。そしてキューバ品種アメリカーノ（Americano）に注目した。放任受粉したこの品種から種子を集め、その実生集団のなかから希望型を探した。放任受粉とは一群の品種間で自由に交配させることで、交配後母親ごとに種子をとる。母親は既知、花粉を提供した父親は未知であるが、こうした子供集団を母系統という。より優れた母系統の中からまたとくに優れた個体を選び出す。こうして選ばれたのがペリカン・プロセッサーで、白い皮、白い肉色の品種である。

一九四〇年代半ばのいま一つの育成品種はホワイト・スターであった。これも上記と同様な方法で選ばれている。ハワイの品種ローパオエオエ（Laupahoehoe）の放任交配による実生からの選抜である。ホワイト・スターの皮色は淡黄白色、肉色も黄白色である。

初期の育種では二親間の交配、四親間の複交配以外、放任受粉起源の材料を育種にもちいていた。この放任受粉の方法は、最初は一定の親品種間の任意交配、その後数世代は集団選抜と選抜系統間の任意交配をして、最終集団から個体選抜をするという今日の方法へと進展した。いずれの場合も交配から最終選抜、選抜後の生産力テストまでにはほぼ一〇年を要している。この点では日本の場合と同様である。

スターチ型品種に関連して二、三を追記する。一九四〇年から一九四六年にかけて、第二次大戦の前後になるが、アメリカの東部、南部のメリーランド、ジョージア、ミッシシッピ、サウスカロライナ、ルイジアナ、バージニア、アラバマ、テキサス州の農業試験場や諸大学が行ったサツマイモ育種の共同研究は、試験規模の大きさといい、ラテン方格法《ほうかく》（三〜四反復）の試験方法といい、目をみはるものがある。この時代日本では増産のかけ声は高くても、その基盤となる品種性能の地域変動、年次変動を分析する計画的試験はなく、ほとんどの研究者は統計学的な試験計画さえ知らなかった。統計学が日本に紹介されたのは戦後である。この試験の結果でも、ホワイト・スターやペリカン・プロセッサーがどの州でも高いデンプン収量を発揮し、とくにホワイト・スターは多数の他品種の追随を許さぬ成績を示していた。

いま振り返ると惜しまれることがある。これら試験にもちいた数十の選抜系統は、ホワイト・スターやペリカン・プロセッサー品種も含めて、戦後まもなく日本の試験機関に送られてきていた。しかし、日本ではこれら導入品の本格的な調査や試験はほとんどなされなかった。もし試験結果を得て、それをアメリカの関係者に一報すれば、二つの異なる生態環境での生産力の比較などができたであろう。せっかくの二つの国の、研究者間のチャンネルを生かせなかった。

アメリカのスターチ型の育種はその後一九五〇年代の後半からはコーンスターチの台頭により主流ではなくなったが、オイルショック以降再認識されるようになった。大きな乾物生産（バイオマス）をするエタノール用品種育成が新たな目標となる。すでに第42節で述べたように品種ミナミユタカ起源のハイドライ（HiDry, ARS/USDA Vegetable Laboratory, 一九八五年育成）はそのワンステップ、引き続き同機関は高デンプン品種のみからなる小集団の放任交配から一九八七年に高デンプン品種スモア(Sumor, サウスカロライナ州) を選抜している。(2) 育種は息のながい仕事である。育種をする人の時計は一〇年刻みになっている。目まぐるしい時流に遅れをとることもあるが、また時代を先取りしていることもある。

まとめ――日本とアメリカのサツマイモには、明治期の有力な品種七福が西海岸の品種であったこと、また沖縄交雑育種ではアメリカの古い品種が交配親につかわれたことから深い結びつきがある。その典型的な例としては食用の高系一四号の片親がアメリカの古いテーブル型品種ナンシーホール、またデンプン用・加工用のコガネセンガンの片親が一九四〇年代アメリカの南部諸州が育成に力を注いだスターチ型品種ペリカン・プロセッサーであったことが挙げられる。さらに最近の日本の品種ヘルシーレッドはアメリカ品種キャロメックスを母親とする。その他たくさんの品種や育成系統はアメリカ品種と血縁関係にある。日本とアメリカはサツマイモ育種では、方法こそ違え、同じような育種目標、同じような轍《わだち》を歩んできたと感じる。

48 アメリカのサツマイモ品種

トウモロコシ、ダイズなどはその卓越した品種の育成や生産でいまやアメリカ独壇上の作物となっているが、それらはアメリカの農業にとっては新しい作物で、せいぜい建国後の二〇〇年しか経っていない。サツマイモもやはりそうした新大陸の目新しい作物であったにちがいない。日本人がサツマイモに初対面してからの時間と大きな差はない。植民時代サツマイモは南部のタバコ、ワタなどとともにプランテイションで栽培されていた。前節のナンシーホール、サザーン・クイーンなどはその頃からの品種であろう。

この農業大国のサツマイモへの取り組みは力強い。産業界から家庭の小さな畑までを視野に、国内だけでなく隣国の中南米にも適する品種を目指している。第二次大戦時は軍隊の乾燥食糧、罐詰や繊維、工業用デンプン原料に関心を向けたこともあるが、現在の主流は高品質の多収性テーブル型に焦点が当てられている。

アメリカの育種のいま一つの特徴は研究組織である。国立農業試験場（ＵＳＤＡ）が長期プログラムを担当、品種育成には各州の試験場と大学が参加する共同研究方式ができあがっている。州立農業試験場の育種研究者はまた州立大学で教鞭をとる教育者でもある。いろいろな生物学、社会学分野からの参加もあり、特殊な困難な課題に絶えず挑戦をくりひろげている。以下、いくつかの育成品種を取り上げるが、一つの品種には幅広い基礎研究や選抜技術、またときに農業施政が凝縮している。品種解説ではなくこうした背景に力点をおいた。

品種オクラメックス・レッド(1)

オクラメックス・レッド（Oklamex Red，一九七九年育成）はテニアンのつる割れ病抵抗性を継承した例である。この品種の両親はテニアンと系統 B1564、また系統 B1564 の両親はキューバ在来品種アメリカーノからの選抜系統と在来品種トライエンフ（Triumph）である（図48-1）。トライエンフは一八五七年ごろパナマから持ち込まれた二実生個体からの子供である。アルコール原料用として広く栽培されていたが、その後ペリカン・プロセッサーなどにその座を譲った。オクラメックス・レッドは日本の一般の品種のように単交配（二親間の交配）の三世代を経た系譜をもつ。つる割れ病の高度抵抗性をもつ食用または罐詰用のカロチン系品種で、粘質ですこぶる甘い。サツマイモネコブセンチュウ（*Meloidogyne incognita*, 以下ネコブセンチュウと略）へは中庸の抵抗性を示す。オクラホマ州立大学とニューメキシコ州立大学の共同研究の成果である。

テニアンの類まれな抵抗性に触れる。これは今まで知られている五つの主要な病害すべてに抵抗性を示す。ネコブセンチュウ、立枯れ病（*Streptomyces ipomoea*）、つる割れ病（*Fusarium oxysporum* f. sp. *batatas*）、スクレロティアル疫病（*Sclerotium rolfsii*）、インターナルコルク・ウイルス病（Internal cork virus）である。とくにネコブセンチュウには高度の抵抗性がある。過去の育成品種のなかにはこれだけの種類の抵抗性を備えたものはまだない。インターナルコルクはいもの内部にコルク状の小塊（径〇・一〜二五ミリ）をつくる。一般的なサツマイモ斑紋モザイクウイルス（SPFMV : Sweet potato feathery mottle virus）にはいろいろな症状を起こす系統があり、その一系統がインターナルコルクの原因とされている。スクレロティアル疫病は苗床に蔓延し、苗の枯死をおこす土壌病原菌である。

品種ユーレカ[2]

品種ユーレカ（Eureka）はその複合抵抗性が注目される。この青果用また罐詰用のカロチン系品種はカリフォルニア大学共同研究施設、ルイジアナ州立大学、同農業試験場のスタッフによる一九八一年の共同作品である。最初は立枯れ病検定でその抵抗性に注目されたが、その後、つる割れ病、インターナルコルク症にも抵抗性、またネコブセンチュウに中庸な抵抗性を示すことが分かった。単交配と任意交

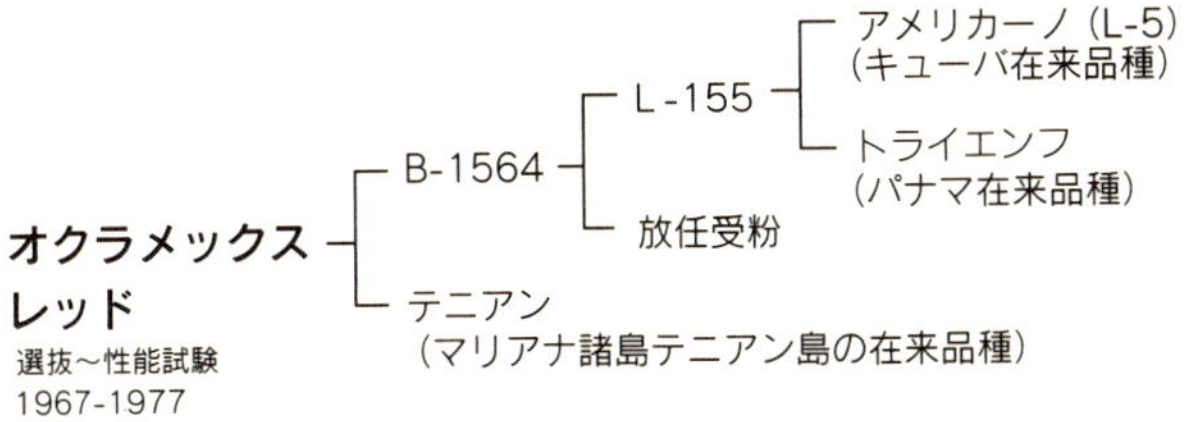

図48-1　サツマイモ品種オクラメックス・レッドの系譜　複合抵抗性をもつテニアン島在来品種を片親に，キューバとパナマ在来品種由来の系統を片親とした交配から生じた品種．食用，罐詰用のカロチン系品種．

配を組合せた育種方法をとっている。任意交配集団をもちいた選抜法は後に述べる。

図48-2にあるように、この品種の母親Aはすでにユーレカと同様な複合抵抗性をもっており、その一世代前の母親Bはセンテニールとユニット一ポートリコ交雑後代の任意交配集団から品質を重点に選ばれた系統である。センテニールの母親Cも同様な方法で選ばれているが、ただし、両親はユニット一ポートリコとペリカン・プロセッサーである。したがってこの品種はユニット一ポートリコの高い品質に三種の抵抗性が付加された品種といえよう。

サツマイモの場合任意交配集団という用語には問題がある。サツマイモには不和合群があり、同じ不和合群間の交雑はしないので、たくさんの親系統を自由に交配したといっても、かならずしも完全な任意交配がなされるとは限らない。そのため任意交配という用語に代わりポリクロス(多交配)と呼んでいるが、準任意交配集団、厳密には不和合群間任意交配である。日本ではほとんどの場合二つの親の間で人工交配を行うので親の不和合群の識別が必要になる。任意交配では自然の虫によって受粉が行われるので、不和合群の識別はしなくてもよいが、しかし、任意交配をした親の不和合型の種類や構成が分かれば、特定の形質、例えば抵抗性を提供した親の推測はある程度可能になる。

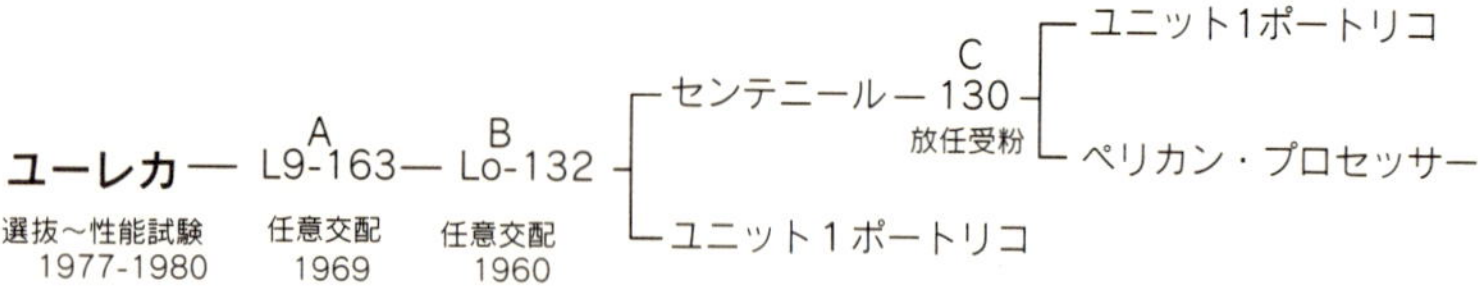

図48-2　サツマイモ品種ユーレカの系譜　ユニット１ポートリコは良品質カロチン系品種，ペリカン・プロセッサーは高デンプン含量の加工用品種．ユーレカ育成までは２回の任意交配がなされた．これは良品質のカロチン系品種で，立枯れ病，つる割れ病，ウイルス病に抵抗性をもつ．

品種ポープ[3]

サツマイモ育種学者D・T・ポープを記念にした品種ポープ（Pope）はノースカロライナ州立大学の育種学と病理学分野の研究者によって、一九八二年に育成された。ポープはやや中間的な肉色のカロチン系早生品種であるが、特筆すべきはこの品種の貯蔵性である。塊根は「内部の傷みはほとんどなく、九〜一二か月は貯蔵できる」とされている。同グループはこの三年後品種カロライナ・ナゲット（Carolina Nugget）を発表したが、ナゲットの塊根が健全なのは貯蔵後せいぜい六か月である。日本でも普通サツマイモの貯蔵期間は特別の温度、湿度の調節をしないときは大体六か月である。品種ポープの貯蔵性は断然卓越している。

サツマイモの貯蔵性は複雑な特性の一つである。サツマイモの塊根は普通休眠しないとされているが、休眠についての研究はほとんどない。一定温度条件下でも収穫後の塊根が萌芽するまでの時間には品種間差異がある。休眠あるいは萌芽抑制の生理、また低温などへの環境耐性は当然貯蔵性にも深い関係があろう。いっぽう、病理学者C・A・クラーク（ルイジアナ大学）は病理学の視点から塊根の貯蔵性については総合的な研究が必要であることを指摘、次のような研究課題を挙げている。[4] (1)乳液成分の機能と酸化した乳液による傷口からの感染防止、(2)癒傷《ゆしょう》組織（カルス）の形成に関与する要因、(3)傷口を治すエチレン効果と塊根組織の病原菌発育阻止、

(4)フラノテルペノイドなどフィトアレキシン様物質の生成と抵抗性との関係、(5)貯蔵期間の長さと罹病性の関係、(6)糖類、有機酸類、乾物含量と抵抗性の関係、(7)リグニン化する障壁組織と抵抗性、(8)貯蔵昆虫、例えばアリモドキゾウムシ[＊1]の加害など、とりあえずこうした要因一つ一つにつき品種間の差異を明らかにして、次いで育種に応用できる貯蔵性の判定方法を見つけることである、としている。このように、ポープの高い貯蔵性を決めている要因は未知である。

Wシリーズ系統

これらは一般栽培向けではなく、育種関係者向けのサツマイモ生殖質である。サウスカロライナ農務省（USDA）のA・ジョーンズら育種グループによりW系統が次々と速報されている。一九七五年の系統W-13とW-178[5]、一九七八年のW-51[6]、また一九八〇年の六種のWシリーズ系統W-17、W-115、W-119、W-125、W-149、W-154[7]である。これらの系統はそれぞれ四～七世代目の任意交配集団から選び出されたものである。これら系統の特徴はなんといってもその複合抵抗性にある。

最初の系統W-13（第四世代集団より選抜）の抵抗性をみると、病気や害虫への広い範囲の抵抗性をもつことで異色である。つる割れ病やネコブセンチュウへ高度の抵抗性をもつ。また次のような土壌害虫（節末の注を参照）にも抵抗性をもつ。コメツキムシ類の一種[＊2]、ハムシ類[＊3]、ヒサゴトビハムシ類の一種[＊4]である。これらの幼虫は塊根に食害痕をつけ、罹病性品種では大きな経済的な損害を受けるが、系統W-13は数回のテストでもほとんどそのような被害は受けなかったとされている。

系統W-51（第六世代集団より選抜）はつる割れ病に抵抗性があり、とくにネコブセンチュウへの高度の抵抗性が注目される。一九七三年従来の抵抗性品種ジュエルやジャスパー（Jasper）がネコブセンチュウの新しいレースに簡単に犯されるような事態がルイジアナから報告され、センチュウ抵抗性育種が今後難局を迎えるのではないかと懸念された。抵抗性打破レース（RBR：resistance breaking race）と呼ぶこのレースへの対策として、一九八七年にW-51が育成された。系統W-51はRBレースに、また従来の一般のレースにも高度抵抗性を、さらにジャワネコブセンチュウやキタネコブセンチュウにも高度抵抗性を示した。さらに他の育種機関への参考データが付記されている。すなわち、これを放任受粉をしたとき、抵抗性が子供に伝達される度合いであるが、一般レースへの抵抗性は九一％の子供に、RBレースへの抵抗性は五五％、そのうちの二〇％の子供は親のW-51よりも高度抵抗性であった。病害発生後わずか五年にして難局解決を展望させる朗報である。

　Wシリーズの六系統の共通点は病気、害虫、ネコブセンチュウへの複合抵抗性をもつことである。そのうち系統W-125を取り上げる。この系統は、インターナルコルク症に抵抗性、またつる割れ病に抵抗性、スクレロチアル疫病には中庸な罹病性である。有害動物については、ネコブセンチュウ抵抗性、ヒサゴトビハムシ高度抵抗性、コフキコガネ抵抗性[*5]、またWDS系[*6]の土壌昆虫群にも抵抗性が確認されている。これだけでも驚くべき頑健な装備をもつ系統であるが、さらに注目すべき性質はアリモドキゾウムシに対する反応である。対照品種センテニールを対照に、多数の室内または圃場試験の結果により系統W-125は抵抗性と判定された。Wシリーズの他の三系統もほぼ同様である。ちなみに一般に栽培されているセンテニールの耐虫性はヒサゴトビハムシ抵抗性をもつのみでWDS系、コフキコガネ、アリモドキゾウムシには抵抗性がない。

品種レジスト[8]

品種レジスト（Resisto, USDA〔サウスカロライナ〕、USDA〔ジョージア〕、クレムソン大学、テクサスA&M大学、一九八三年育成）は上記の系統W−125の次代集団（第七世代）から選ばれた、高品質、高い収量、複合抵抗性をもつカロチン系品種である。最初の任意交配集団には各病気や害虫に抵抗性をもつ親系統がもちいられた。また第三世代以降六世代までの各選抜集団には遺伝子多様性を大きくするためいくつかの新系統が投入されている。収量、調理品質、罐詰用の品質についての二年間、一〇地域のテストの結果、収量、品質は対照品種ジュエルと差がなかったが、高度抵抗性のためネコブセンチュウ汚染土壌では、抵抗性品種ジュエルの収量を二五〜一〇〇%上回る成績をあげた。

耐病性については先の系統W−125とほぼ同様、つる割れ病、インターナルコルク症に抵抗性で、さらにラセット・クラック（russet crack, 斑紋モザイク　ウイルスの一種、塊根の表面に黒い壊疽《えそ》状病斑ができる）への抵抗性がある。スクレロチアル疫病には中庸な罹病性、また立枯れ病には品種ジュエルと同様に罹病性である。耐虫性も系統W−125と同様な複合抵抗性をもち、コフキコガネ類の二種には抵抗性がある。ただし、アリモドキゾウムシへの抵抗性は中庸である。

画期的な品種レジストをきっかけに、次々と幅広い複合抵抗性をもつ新品種が出ている。品種レジストを育成した同じグループからはリーガル[9]（Regal, 一九八五年育成）、USDA（サウスカロライナ）とクレムソン大学の共同研究によるサザーン・デライト[10]（Southern Delite, 一九八七年育成）、エクセル[11]（Excel, 一九八九年育成）などで、いずれも先のWシリーズ系統と同じ選抜集団出身のカロチン系品種である。これら品種はアメリカのサツマイモ史に新たなページとなるであろう。

これらのめざましい成果をあげている集団選抜の方法を、前節で簡単に触れたが、再度取り上げる。集団選抜とはある任意交配集団のなかから特定の複数の個体を選び、それらの交配により次世代の集団をつくることである。この新集団を選抜集団という。任意交配とは一集団内で交配をさせ親の遺伝子の自由なやりとりをさせることである。このような選抜を数世代繰り返すことによって、目的の遺伝子の頻度がより高い集団になる。ジョーンズらが実際行ってきた集団選抜方法を図示した[12]（図48-3）。最初の親は各病気や害虫への抵抗性遺伝子を少しずつ分けもつ系統または品種である。任意交配をしてできた第一世代集団を相手に次のような操作によって抵抗性遺伝子の頻度をより高めていく。

（1）第一世代集団からの予備選抜をする。第一世代の約三〇〇〇個体からなる任意交配集団から、一〇〇個体くらいを予備選抜する。実生個体から切り取れる苗数は限りがある。一試験区は個体当たり五株程度で試験の精度は低いので予備選抜という。第二年目はたねいもができるので個体当たり一〇株の試験ができる。貯蔵性、萌芽性、収量、品質、耐病性、耐虫性などの検査をする。その結果、有望型三〇個体に絞り込まれる。

（2）第二世代集団をつくる。先に選んだ一〇〇個体を放任交配した後、母親別に種子をとる。一母親からの種子（子供）は互いに半同胞の関係にあり、母系統という。この種子は次世代集団をつくるのに使われる。しかし全部の母系統種子ではない。第二年目試験での優良型三〇をもたらした親由来の母系統種子のみをもちい、第二世代の選抜集団をつくる。つまりこれは選抜率一〇〇分の一のふるいにかけられた三〇個体の子孫である。この集団の大きさはやはり三〇〇〇個体とする。

（3）第三年目以降。第三年目は第二世代集団について第一世代の第一年目と同様な予備選抜である。そして三〇個体の本選抜、第三世代集団をつくる操作も同様である。このように各世代集団選抜が二年周期で繰り返される。世代が進むと、いくつかの抵抗性を合わせ持ち、品質、収

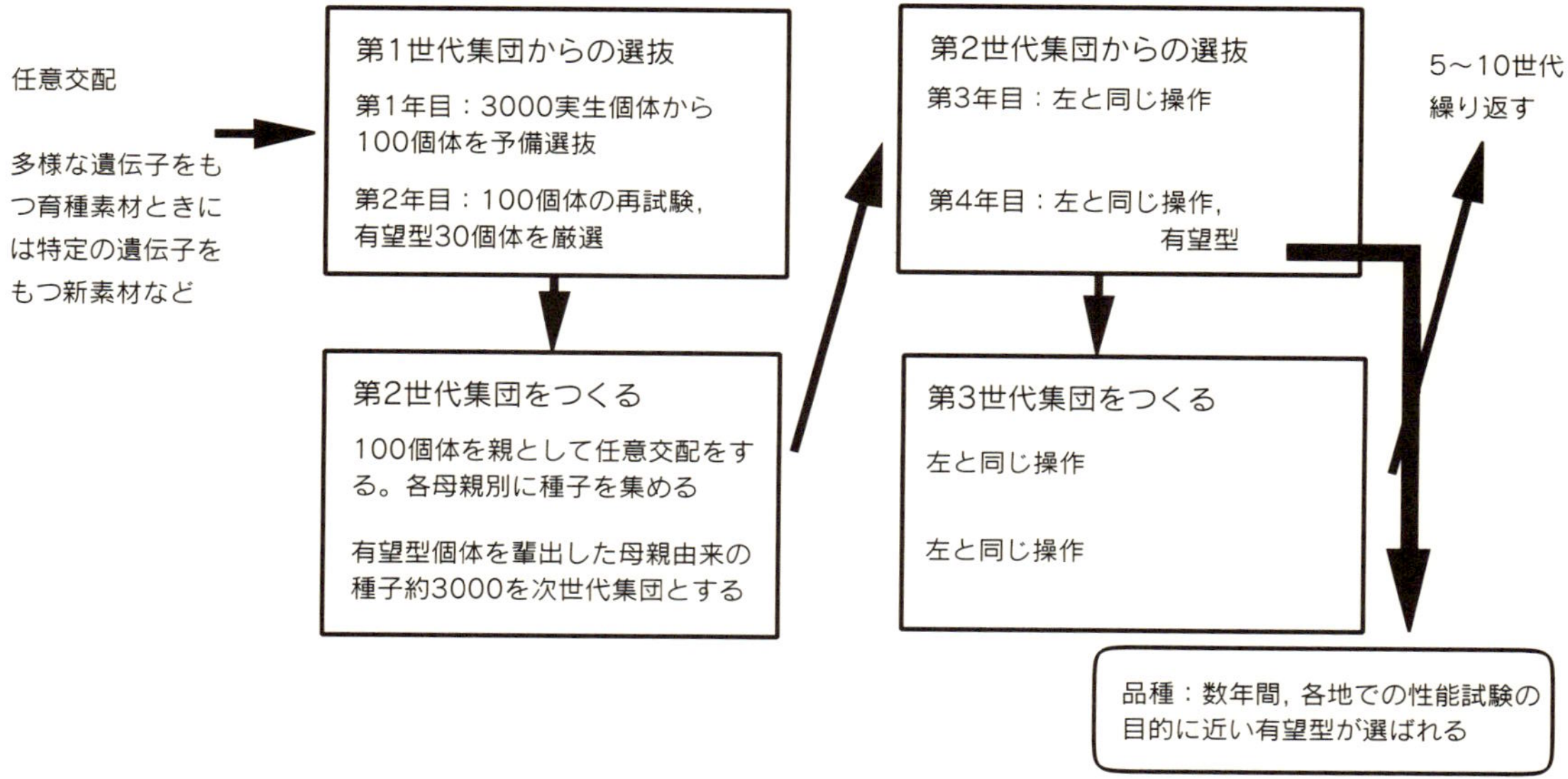

図48-3　A・ジョーンズらの集団選抜による育種法　当初の任意交配にはなるべく幅広い多様な遺伝子をもつ育種素材をもちいる．第１世代から第２世代の集団を選抜するのに２年，すなわち１世代２年を要する．集団選抜は「良い子をつくる母親は良い母親」の方式でなされる．世代が進むとともに集団内には目的とする遺伝子の頻度が高くなり，また有望型の頻度も高くなる．親が持ち寄るいろいろな遺伝子の組換えは任意交配により促進される．数世代（図では２世代）経過した集団からの有望型の一部は，さらに多くの実証試験を経て，実際栽培に応えられる品種となる（本文参照）

量も一定水準かそれ以上の有望型を選抜することができる。そのなかでもっとも有望な一系統はその普及が予想される地域で数年の適応試験や抵抗性テストをして、その成績が評価に足るとなれば、品種の指定を受ける。

「初期世代では選抜個体がすぐに品種になることはきわめてまれである」とジョーンズは言う。品種レジストは第七世代集団から出ている。育種目的によっては第二世代以後臨機応変に他の集団由来のまたは特徴ある抵抗性品種を編入し、集団の組成を再編成することもできる。しかし、せっかく高めた遺伝子頻度が低下することを恐れ、次世代をつくる親の数は三〇と厳格に守られる。

ジョーンズの選抜集団の一つは小林仁（農業研究センター）によって一九六八年に中国農業試験場に分譲された。そこでは四方俊一が日本の品種をその集団に加え、第九世代までの集団選抜をした。そして世代の進行につれて開花性、収量特性の推移、また収量とデンプン含量の形質相関の変化など詳しい検証をしている。[13] また近年では志賀敏夫（農業研究センター）がやはりジョーンズ方式の集団に新しい選抜形質として塊根の加里／窒素比（K_2O/N）をもちいた育種に着手した。[14] いずれも品種育成までにいたっていないが、前者は選抜集団の基礎研究として、また後者は選抜形質についての斬新な着想が注目される。

ジョーンズは、その集団選抜法の解説の結びのなかで、「最初私がもっとも力を入れたのは多様な遺伝子組成をもつ集団の収量水準を一般に受容されるまでに高めることであった」として、そして「その水準に達するまでに二五年を要した」と語っている。先の選抜法の解説は第一～三世代集団であったが、ジョーンズのこの言葉はこの第一世代集団を築くまでには多数の年月がかかっていることを示している。

この育種の背景にはジョーンズの思想がある。それは一つの特性、例えば、ある病気または昆虫に対する抵抗性もたくさんの遺伝的特性によって築かれたものであり、目的の一特性を高めるにはそうした多くの関連特性をも同時に高めねばならない。そのためには集団の遺伝子多様性が基礎となる、ということである。換言すれば、「ひとつの頂きを高くするにはその裾野も広くまた高くなければならない」のである。

耐虫性に関連して、沖縄のことに触れる。沖縄ではアリモドキゾウムシへの対策はほとんどお手上げの状態にある。日本でもこうしたアメリカの成果をきっかけにこの昆虫に対する抵抗性育種に本格的に取り組む時にきているとおもわれる。沖縄ではサツマイモは自然に開花するので任意交配の方法をとることも容易、遺伝資源も豊富である。育種技術にもすでに述べたように伝統があり、沖縄独自の育種を発展させる素地は十分に揃っている。あとは地元のアリモドキゾウムシの超能力をつかい延べ数十万のサツマイモ個体から抵抗性個体を教えてもらうのである。ジョーンズの助言を受ければ、希望の品種が出るまでの年数も少しは短縮できよう。島々の狭い耕地が農薬汚染から守られれば、育種のための数十年の代価は決して大きくはない。それればかりでない。抵抗性品種ができれば、それらは東南アジア全域にもすばらしい遺伝子のプレゼントとなる。

品種ボールガート(15)

有名な土木技師で南北戦争時の南軍の将軍P・G・T・ボールガート（Beauregard）の名をもつこの品種は機械栽培向きの特性をもつ。茎が丈夫なので挿苗機による植え傷みが少ない。また地上部はやや直立する草型でかつ抜群の多収を誇る。収量はジュエルやセンテニールの一・五〜三倍、ヘクタール当たり三〇〜五〇トンの実績を出している。早生型なので晩植栽培でも収量の低下がない。土壌条件の違いがあっても塊根の形状が比較的均一であることも一つの特徴。桃色の皮色のカロチン系品種である。ネコブセンチュウには加害されるが、つる割れ病、立枯れ病、インターナルコルクなどの病気への複合抵抗性とコフキコガネ抵抗性をもつ。最近の統計によれば、栽培面積の七五%がこの品種で占められている。[16] ルイジアナ州立農業試験場と同大学農業センターによって一九八七年に育成されたが、一九五九年の母系統選抜以後二〇年をかけ、その間継続された四回目の選抜試験から生まれた。

品種ホワイト・デライト[17]

カーター政権（一九七七〜八一年）は地方市場に少量を出荷する零細農家、自給農家がより多くの食物を生産できるように力を注いだ。農政の光を小さな庭先の畑にもあてたのである。こうした施政の成果の一つが品種ホワイト・デライト（White Delite, ノースカロライナ州立大学、一九八七年育成）である。これは粘質で、白い肉色をもつ品種である。現在一般の自家菜園用には収量は低く病気に罹りやすい品種がつくられているので、それらに代わる品種を目指したという。これはセンテニールやジュエルとほぼ同等の収量を示すが、冠水に対する被害が他品種に比べると大きいのが短所である。食味や品質の官能テストでいつも上位にある。つる割れ病抵抗性、ネコブセンチュウ抵抗性がある。早期肥大性をもち、貯蔵性は優れ、六〜一二か月は容易に貯蔵できる。

自家用または小規模栽培向けの品種は、大規模栽培向けとどのように異なるかの視点が不十分なため、やや焦点が定まらぬままに育成されたという印象をあたえる。早生型で、一部の耐病性は満たされている。しかしこれだけでは独自性に乏しい。ささやかな農園向けにもっと輝くデライト（よろこび）が届けられないものだろうか。

零細農家、自給農業、台所畑がサツマイモのもっとも一般的な生産現場となっているところは世界中にみられる。東南アジアもその一つである。日本もそうである。そうしたところでは、サツマイモは小さな畑に同時に育てられるいくつかの作物種の一員にすぎない。みなが平等に光を受け、水を分かつためには、つるを縮めて遠慮しながら育つ品種、または茎立ちになり密に植えられる品種がよい。野菜との共存となると窒素肥料に耐えられる品種であってほしい。さらにバレイショくらいのいもが鈴なり、ニンジンくらいのいもが房成りの品種があってもよい。品種により糖含量や組成の差、タンパク質やビタミン含量の大きな差があってもよい。いも掘りができ、花も咲く花壇用品種もよい。そして収量性はそこそこでよい。だが少なくともホワイト・デライト程度の耐病性はほしい。

日本にはユニークな品種がある。品種ナエシラズ（中国農業試験場で一九七四年育成）は、その名のとおり、植え付けに苗は不要、いもをバレイショのように植えれば、秋には親いものまわりに新しくいもができている。普通の品種ではこうはいかず、親いもが肥大するだけである。いもは不定根が肥大したものだが、ナエシラズは塊根部からの不定根もりっぱに肥大する特異な性質をもつ。この性質を専門家は直播き適性とよんでいる。

亜熱帯、熱帯での自給菜園ではサツマイモは年中放任栽培されている。地下の老いたいもが次々と新しいいもを再生させる品種はきっと重宝されるであろう。

デュークスとジョーンズらは一九八九年、新育種素材として半矮性系統（DW-8：dwarf-8）を報告している。[18] その数年前、ある雑談の席でジョーンズは、日本から送られた直播き性品種が植物防疫所に止め置かれ手元まで届かなかったことを残念がっていた。いま思うと、菜園用の直播き性をもつ半矮性サツマイモを胸中に描いていたのかもしれない。

まとめ——アメリカのサツマイモ育種は農務省の研究機関（USDA）、東部、南部諸州の農業試験場（AES）と大学とのチームワークで推進されている。アメリカの一九七九年から一〇年間に育成された二〇余の品種のうち特徴あるいくつかを取り上げた。なかには一般の栽培向けではなく研究機関向けの育種素材もある。それぞれの品種につきその育成の目標、育種方法、注目される特性を述べた。全体としてアメリカのサツマイモの育種活動の印象は、大地から萌え出すような発想、草の根のような根気強さである。耐病性や複合抵抗性は品種を語るときの不可欠の資質となっている。わが国の育種への宿題でもある。

＊1　アリモドキゾウムシ（Sweet potato weevil, *Cylas formicarius*）

熱帯、亜熱帯のサツマイモの最重要な害虫はアリモドキゾウムシである。アメリカ南部を含む環カリブ海地域、東南アジア一円、トカラ列島以南と沖縄に棲息。この名のとおり成虫はアリのように株もとの茎やいものまわりを徘徊し、産卵すると、幼虫は茎の下部やいもに侵入、内部にトンネルを掘りながらもぐり込む。大きな塊根でも一週間くらいでたちまち白い幼虫の巣と化してしまう。アジア野菜研究センター（AVRDC、台湾）では今日まで膨大な品種につき抵抗性の探索をしてきたが、いまだ抵抗性品種は見つかっていない。かつて、サツマイモと野生種トリフィーダの種間の雑種が抵抗性をもつと指摘されたことがあるが[19]、その後行われた抵抗性雑種とサツマイモの交雑の後代からは抵抗性個体が出現しなかったとされている。

アメリカの育成系統 W-125 その他の系統、また品種レジストは、世界ではじめてのアリモドキゾウムシ抵抗性をもつサツマイモである。沖縄にはアリモドキゾウムシと同様に深刻な被害をおこすイモゾウムシ（West Indian sweet potato weevil, *Euscepes postfasciatus*）がおり、地域によっては本種のほうが優先する。黒斑病はアリモドキゾウムシによっても媒介、伝染することが知られている。

＊2　コメツキムシの一種（Southern potato wireworm, *Conoderus falli*）

本種は日本にはいない。成虫はあおむけにすると胸と腹を折り曲げて、飛び上がり反転する習性がある。日本ではコメツキムシ科昆虫の幼虫は「ハリガネムシ」といわれ、植物の根を食害するものが多い。サツマイモではとくにマルクビクシコメツキ（Sweet potato wireworm, *Melanotus caudex*）、またクロクシコメツキ（*Menanotus senilis*）、カバイロコメツキ（*Ectinus sericeus*）の被害が報告されている。マルクビクシコメツキの加害程度には品種間差があることが報告されている[20]。その報告では、(1)農林一号、源氏系品種また源氏系由来の育成品種は食害軽微、紅赤系や沖縄一〇〇号は食害顕著である。(2)これとは反対にクシコメツキ（*Melanotus legatus*）は苗床で加害するがとくに源氏系品種に被害が大きいとされている。

＊3　ハムシ類（Banded cucumber beetle [*Diabrotica balteata*], Spotted cucumber beetle [*Diabrotica undecimpunctata howardi*], Elongate flea beetle [*Systena elongata, Systena frontalis*]）

これらのハムシ類は日本にいない。日本ではイモサルハムシ（Sweet potato leaf beetle *Colasposoma dauricum*）がサツマイモの害虫で、一生をサツマイモ畑で過ごす。成虫は茎葉を、幼虫は根やいもに侵入食害する。

＊4　ヒサゴトビハムシ類（Sweet potato frea beetle, *Chaetocnema confinis*）

本種は日本にいない。日本には本属のテンサイトビハムシ、ムギヒサゴトビハムシなど一二種が知られているが、いずれも幼虫期の生活史はよく知られていない。

＊5　コフキコガネ類（White grub, *Plectris aliena* および *Phyllophaga ephilida*）

コガネムシ科コフキコガネ亜科のこれら二種は日本にいない。この亜科の幼虫は主に植物の根を食べる。日本のサツマイモではコガネムシ科のアカビロウドコガネ（*Maladera castanea*）、ヒメコガネ（*Anomala rufocuprea*）、ドウガネブイブイ（*Anomala cuprea*）の幼虫による食害を受ける。コガネムシ類は黒斑病を媒介することが知られている。品種紅赤はアカビロウドコガネの被害がとくに大きいとされているが、詳しい品種間差異は不明である。

＊6　WDS系（Wireworm-*Diabritica-Systena* complex）

Southern potato wireworm, *Diabrotica* spp., *Systena* spp. の土壌害虫群をいう。

49 ある品種の一生

どの品種にも栄枯盛衰がある。品種が生まれたのは苗床に播かれ双葉を出したとき、期待を担い世間に出て繁茂し、やがてこの世を去る。ここではそうした品種の一生を農林一〇号で追う。一九五五年ごろサツマイモの栽培規模は上昇の一途をたどるさなか、この品種も各地に新しい品種として迎え入れられた。

生い立ちをみる。母親吉田と父親沖縄一〇〇号の交配は一九三七年沖縄でなされた。この年九州農業試験場の苗床でたくさんの仲間といっしょに芽を出し、翌年たねいもとなり、仲間とともに夜汽車で千葉県農事試験場の酒精原料作物試験地（農業研究センターの前身）に送られた。そこでは折しも黒斑病やネコブセンチュウの病害対策の育種が始まっていた。ここで小野田正利主任指揮による三年間のきびしい試練に耐え、第二次大戦勃発の翌四二年に関東六号と命名された。この両親である吉田と沖縄一〇〇号の家族には農林二号、農林四号、関東六号など優れた子供に恵まれていた。農林二号はたちまち九州一円に普及、農林四号は関東各地に広がった。しかし、これら姉妹とは違い関東六号は世に出ることはなかった。

竹股知久（農業研究センター）は当時を振り返って、「高品質の食用として選抜された関東六号は、収量が若干低かったので、食糧難時代の主食代替用としては不適当であるとして、長い間農林番号を保留された」と述べている。しかし、東京多摩地方からは「かんろく」というしいもが市場に出回り、おいしい「かんろく」は自然に普及していった。「かんろく」とは関東六号の略である。普通、関東〇〇号という試験番号のうちは未完成品で世に出されることはない。でも人々は新しいサツマイモを待ちあぐんでいて、なかには試験圃場にきてよりよいものを所望する人がいたかもしれない。食糧統制が解除された年の翌五〇年、この事態をみた農林省は「かんろく」を品種に格上げせざるをえなかった。そして農林一〇号とした。世論が後押ししてできた品種は後にも先にもこれ以外にない。

農林一〇号が統計に数字として出るのは四九年、それも突然大きな作付け面積の数字である。この数字も当時のこうした事情を示している。五五年、七五年、八五年の統計[1]によりその普及先と栽培面積を表したのが図49-1である。五〇年からの五年間に、関東、東北、北陸に広がり、とくに東京、埼玉、群馬、そして新潟では大きな栽培面積をもつようになった。なぜ東北や北陸といった北国に迎え入れられたのであろうか。この品種はどのような特徴をもっていたのであろうか。育成者の一人小野田正利は農林一〇号の特性を次のように解説している。

いもは長紡錘形、皮色は紫赤色、肉色は白色。粉質または中間質。品質は上位、食味も上、貯蔵の後から甘味が増すので、蒸しいもに適す。この点では太白に優る。苗床の萌芽性は良好(適温は三〇℃前後)、中生型の肥大性、晩植適応性は大きい。茎葉の繁茂は中位。関東洪積層台地を適地とするが、沖積地でも栽培できることが農林一号と違う点である。旱魃地は不適。冷害耐性は低く、貯蔵に当たっては周到な温度管理が必要。黒斑病抵抗性は中位、ネコブセンチュウ抵抗性は大きい。

とくに北国に適する特徴が見いだせない。そこで普及の原因につき私なりに二つのことを想像した。この解説に「太白に優る」とあるが、太白になじんだ人々に「第二の太白」として受け入れられたのではなかろうか。農林一〇号の分布はすでに第36節「サツマイモの在来品種」で述べた太白-紅赤ゾーンにある。いもの外観、肌色、白い肉色も太白にすこぶる似ている。蒸しいもは私の経験ではやや粘質、きめ細かい肉質は名古屋名産「ういろう」（米粉でできた蒸し菓子）を連想させ、淡白な甘味がよい。次はデンプン生産に限る原因ではあるが、当時としてはこの品種は高いデンプン含量をもち、原料用としての販路も開かれていたことである。この特徴については第40節の埼玉県の一地区の声にもある。

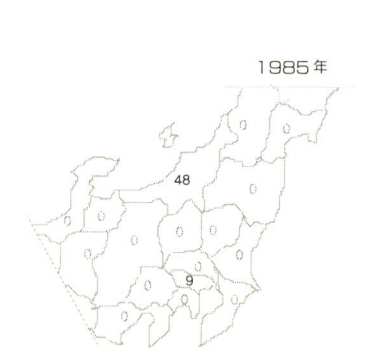

図には一九五五年、一九七五年、八五年の作付け状況がある。[1] 七五年には東京、山梨を除き関東では消滅、山形、福島、新潟、石川、長野に残存するばかりとなった。八五年には新潟、東京のみにわずかに

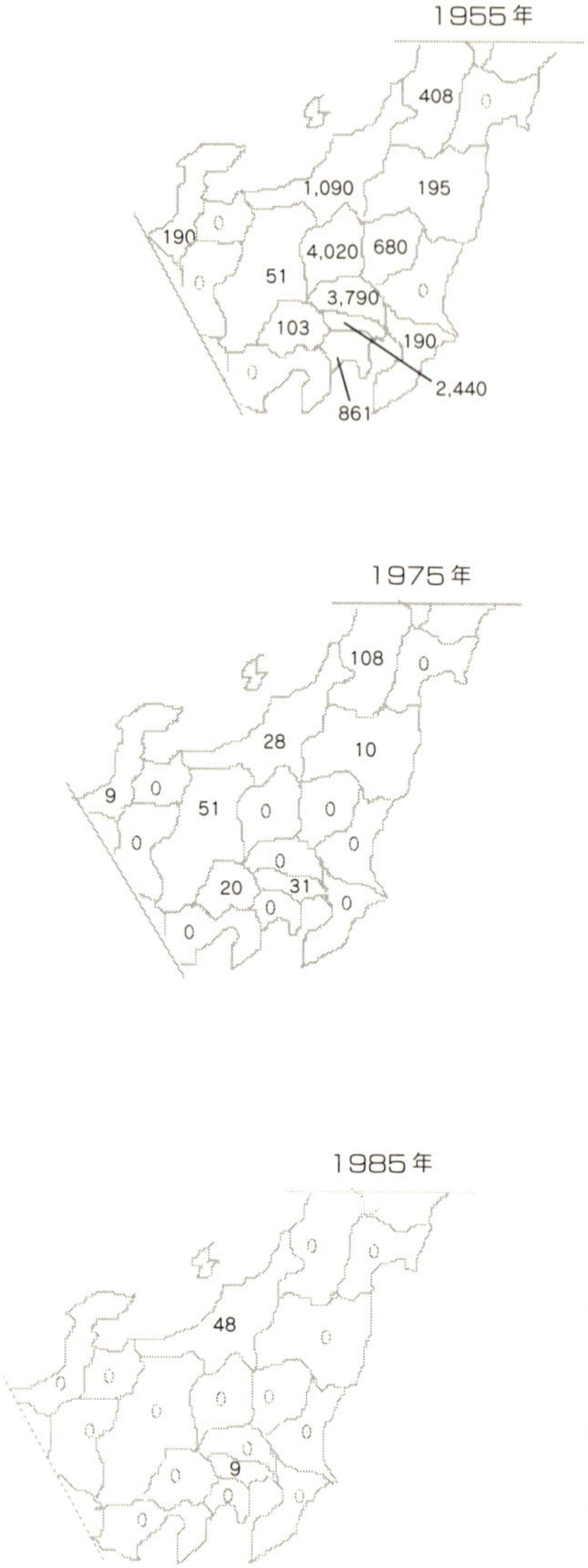

図49-1　農林10号の1955，75，85年の作付け状況　数値は作付け面積（単位：ha）．農林10号の普及の最盛期は1955年，これから20年後は関東では一部を除き消滅，東北（山形，福島），北陸（新潟，石川）に残存，1985年には新潟と東京のみとなった．1991年の統計には数字は出なくなった．

残る。東京とサツマイモを結びつける人はまずはいないだろう。しかし、この大都会にも確かにこの数十年隠れて生きていた。そして統計に数字が出なくなるのは九一年である。当初はお墨付きなしの実力で急速に普及、しかし激増した関東では消滅も早かった。人気は新潟や石川などの雪国で延々数十年持続した。この品種の衰退の原因は一九五五年ころのはじめから浸透してきた食用品種高系一四号への交替である。そうして農林一〇号は忘れ去られた。

一九九五年、中国北京農業大学で開かれたサツマイモ–バレイショのシンポジウムでの二つの報告(2・3)のなかで、農林一〇号に再会した。どちらも数百のサツマイモ品種の病害に対する抵抗性を研究したものである。一つは農林一〇号の三重複合抵抗性である。すなわち黒斑病、つる割れ病、根腐れ病(*1)への抵抗性を合わせもつ唯一の貴重な品種であると指摘している。いま一つは農林一〇号、農林四号がつる割れ病への高度抵抗性をもつ数少ない品種であることを指摘している。日本での農林一〇号の生産の役割は終えた。しかし、今日ではこのように中国への遺伝子の使節となっている。この品種の長所がその子供に伝わり、子供が再び「かんろく」のように彼の地で人々に迎えられることもあろう。

まとめ――農林一〇号がたねから誕生したのは一九三七年、戦時下の一九四二年千葉県で育種を完了したが、非常時の農業生産にはやや収量の低い食用品種は不適当と品種には採用されなかった。しかし、このサツマイモの実力はいつしか認められ、関東、東北、北陸へとひとりでに広まった。戦後の食糧統制解除とともに農林一〇号として登録された。農林一〇号の特徴からこの品種がなぜ広く受け入れられたのかの原因を想像した。誕生から半世紀の一生を概観した。そして今中国の育種ではこの品種の病気に対する並々ならぬ抵抗性が注目されている。

＊1　病名Root rot, *Fusarium solani* f. sp. *batatas* による。根部や地際の茎に感染して患部につる割れ病によく似た壊死症状を起こす。中国では被害が大きい。沖縄一〇〇号は罹病性。この病気は北米からも報告されているが、病状は品種や環境によってかなり異なるとされている。

参考文献

（pp. は当該文献の総ページ数を示す）

第一章　世界を養ってきた作物

1　世界の人口六五億を支える二〇の作物

（1）FAO Production Yearbook (1994). 48 : 61-183.

（2）Harlan, J. R. (1981). Crop Evolution. pp. 138. 名古屋大学農学部、栽培原論、育種学研究室。

2　サツマイモをつくる国

（1）＝1-(1)

（2）International Potato Center (1987). Sweet Potato Research in the People's Republic of China. pp. 73. ACIP/AVRDC/IFPRI study.

（3）International Potato Center (1987). Exploration, Maintenance, and Utilization of Sweet Potato Genetic Resources. pp. 369. Report of the First Sweet Potato Planning Conference 1987, Peru.

（4）Huaman, Z. and F. De la Puente (1988). Development of a sweet potato gene bank at CIP. CIP Circular 16 : 1-7.

（5）Chavez, R., H. Mendosa, and J. Espinosa (1995). Breeding sweetpotato for adaptation to arid and saline soils. CIP Circular 21 : 2-7.

第二章　サツマイモをとりまく野生植物

3　イポモエア属の種多様性

（1）R・ドーキンス（1996）.『遺伝子の川』pp. 238. サイエンスマスターズ1、垂水雄二訳、草思社。

4 サツマイモと野生植物

（1） Austin, D. F. (1978). The *Ipomoea* complex-I. Taxonomy. Bull. Torrey Bot. Club. 105 : 114–129.

（2） Austin, D. F. (1988). The taxonomy, evolution and genetic diversity of sweet potatoes and related wild species. p. 27–59. In : Exploration, Maintenance, and Utilization of Sweet Potato Genetic Resources. Report of the First Sweet Potato Planning Conference 1987. CIP, Peru.

（3） Jarret, R. L., N. Gawel, and A. Whittemore (1992). Phylogenetic relationships of the sweet potato [*Ipomoea batatas* (L.) Lam.]. J. Amer. Soc. Hort. Sci. 117 : 633–637.

（4） Komaki, K., H. N. Regni, K. Katayama, and S. Tamiya (1998). Morphological and RAPD pattern variations in sweet potato and its closely related species. Breeding Science 48 : 281–286.

（5） Kowyama, Y., T. Hattori, A. Morikami, and K. Nakamura (1995). Molecular biological approach to study genetic architecture of the genus *Ipomoea*. p. 89–98. In : Improvement of root and tuber crops in tropical countries of Asia by induced mutations. IAEA-TECDOC-809.

（6） Reyes, L. M. and W. W. Collins (1992). Genetic control of seven enzyme systems in *Ipomoea* species. J. Amer. Soc. Hort. Sci. 117 (6) : 1000–1005.

（7） House, H. D. (1908). The North American species of the genus *Ipomoea*. Ann. N. Y. Acad. Sci. 18 (6), Part II : 181–263.

（8） Diaz, J., F. De la Puente, and D. F. Austin (1991). Barrio Berlin : The ecological niche of *Ipomoea peruviana* (Convolvulaceae) in Peru. Econ. Bot. 45 : 521.

5 二倍体野生植物

（1） Shiotani, I. and T. Kawase (1990). Numerical taxonomic analysis and crossability of diploid *Ipomoea* species related to the sweet potato. Japan. J. Breed. 40 : 159–174.

7　トリフィーダ種の分布

（1）Matuda, E. (1963). El genero *Ipomoea* en Mexico (I). Sobretiro de los Anales del Instituto de Biologoia, Tomo XXXIV, Nos 1 y 2, p. 85-145. Mexico.

（2）Matuda, E. (1964). El genero *Ipomoea* en Mexico (II). *ibid*., Tomo XXXV, Nos 1 y 2, p. 45-76. Mexico.

（3）Matuda, E. (1965). El genero *Ipomoea* en Mexico (III). *ibid*., Tomo XXXVI, Nos 1 y 2, p. 83-106. Mexico.

（4）O'donell, C. A. (1960). Notas sobre convolvulaceas Americanas. Lillora XXX : 39-69.

（5）＝4-(1)

（6）＝4-(2)

（7）小林仁、梅村芳樹（1982).「中南米の地下作物探索導入調査報告書」『熱研資料』No. 59. pp. 101. 熱帯農業研究センター。

8　人間との合唱

（1）飯沼二郎（1970).『風土と歴史』、pp. 214. 岩波新書。

（2）Shiotani, I. (1983). A survey of habitats of *Ipomoea trifida*, a closely related species to sweet potato. Rep. Plant Germ-Plasm Inst., Kyoto Univ. No. 6 : 9-27.

10　相交わらない川

（1）九州農業試験場作物第二部作物第一研究室（1961).『甘藷交配試験成績書』pp. 84. 同上（1962).『甘藷交配試験成績書』pp. 64. 同上（1963).『甘藷交配試験成績書』pp. 124.

（2）Shiotani, I. and T. Kawase (1987). Synthetic hexaploids derived from wild species related to sweet potato. Japan. J. Breed. 37 : 367-376.

第三章　太る根、太らない根

11　二倍体トリフィーダの結藷性

（1）　塩谷格、川瀬恒男（1981）.「サツマイモの起原と分化　1ゲノム構造と栽培化」『育種学最近の進歩』22 : 114-134.

12　地方集団の結藷性遺伝子頻度

（1）　気象庁（1994）.「世界気候表（1961-1990）」『気温、降水量、気象庁観測技術資料』第59号。pp. 212.

（2）　Aleman, P. A. M. and E. Garcia (1974). The climate of Mexico. Chapter 4. In : (eds.) R. A. Bryson and F. K. Hare. World Survey of Climatology, Ⅱ. Climates of North America. Elsevier Scientific Pub. Co.

（3）　Harris, D. R. (1969). Agricultural systems, ecosystems and the origin of agriculture. In : (eds.) P. J. Ucko and G. W. Dimblely. The Domestication and Exploitation of Plants and Animals. London.

13　結藷型のデンプン集積能力

（1）　Nakatani, M. and M. Komeichi (1992). Relationship between starch content and activity of starch synthase and ADP-glucose pyrophosphorylase in tuberous root of sweet potato. Jpn. J. Crop. Sci. 61(3) : 463-468.

14　ジャワ島のトリフィーダ植物

（1）　Hambali, G. G. (1988). Tuberization in diploid *Ipomoea trifida* from Citatah, West Java, Indonesia. p. 469-473. In : (ed.) R. H. Howeler. Proc. 8th Symp. Intern. Soc. Trop. Root Crops. 1988, Bangkok, Thailand.

（2）　Van Ooststroom, S. J. (1940). The Convolvulaceae of Malaysia Ⅲ. Blumea 3 (3) : 481-582.

（3）　Van Ooststroom, S. J. (1953). Convolvulaceae. Flora Malesiana I (4) : 388-512.

第四章　サツマイモの源流をさかのぼる

15　サツマイモの源流

(1) 小関治男（1998）.「ゲノム農学――ゲノム概念の誕生と発展」『サイアス（SCLaS）』98/2/20 : 54-55.
(2) Shiotani, I. (1987). Genomic structure and gene flow in sweet potato and related species. p. 61-73. In : Exploration, Maintenance, and Utilization of Sweet Potato Genetic Resources. Report of the First Sweet Potato Planning Conference 1987. International Potato Center (CIP), Peru.
(3) ＝10-(2)
(4) Shiotani, I. and T. Kawase (1989). Genomic structure of the sweet potato and hexaploids in *Ipomoea trifida* (H. B. K.) Don. Japan. J. Breed. 39 : 57-66.
(5) ＝4-(7)
(6) ＝4-(3)
(7) Ukoskit Kittipat, and P. G. Thompson (1997). Autoploidy vs. allopolyploidy and low-density randomly amplified polymorphic DNA linkage maps of sweetpotato. J. Amer. Soc. Hort. Sci. 122 : 822-828.
(8) Thompson P. G., Liang L. Hong, K. Ukoskit, and Zhiqiang Zhu (1997). Genetic linkage of randomly amplified polymorphic DNA (RAPD) markers in sweetpotato. J. Amer. Soc. Hort. Sci. 122 : 79-82.

17 サツマイモと野生種間の遺伝子交流

(1) ＝15-(4)
(2) Orjeda, G., R. Freyre, and M. Iwanaga (1990). Production of 2n pollen in diploid *Ipomoea trifida*, a putative wild ancestor of sweet potato. J. Hered. 81 : 462-467.
(3) Iwanaga, M. and S. J. Peloquin (1982). Origin and evolution of cultivated tetraploid potatoes *via* 2n gametes. TAG 61 : 161-169.
(4) Watanabe, K., and S. J. Peloquin (1989). Occurrence of 2n pollen and *ps* gene frequencies in cultivated groups and their related wild species in tuber-bearing Solanums. TAG 78 : 329-336.
(5) Jones, A. (1990). Unreduced pollen in a tetraploid relative of sweetpotato. J. Amer. Soc. Hort. Sci. 115 : 512

-516.
(6) 塩谷, 未発表。
(7) Jones, A. (1967). Should Nishiyama's K123 (*Ipomoea trifida*) be designated *I. batatas* ? Econ. Bot., 21 : 163-166.
(8) Austin, D. F. (1977). Hybrid polypoids in *Ipomoea* section Batatas. J. Hered. 68 : 259-260.

第五章　センチュウとサツマイモ

18　ネコブセンチュウ抵抗性の遺伝

(1) Shiotani, I., M. Tokui, K. Noro, and M. Nakamura (1993). Inheritance of resistance to root-knot nematode in diploid *Ipomoea trifida*, a wild relative of sweet potato. p. 99-109. In : The third FAO/IAEA Research Coordination Meeting on "Improvement of Root and Tuber Crops in Tropical Countries of Asia by Induced Mutations." Feb. 22-26, 1993, Kagoshima, Japan.
(2) Cap, G. B., P. A. Poberts, and I. J. Thomason (1993). Inheritance of heat-stable resistance to *Meloidogyne incognita* in *Lycopersicon peruvianum* and its relationship to the *Mi* gene. TAG 85 : 777-783.
(3) Omwega, C. O., I. J. Thomason, and P. A. Roberts (1990). A single dominant gene in common beans conferring resistance to three root-knot nematode species. Phytopathology 80 : 745-748.
(4) Di Vito, M., F. Saccardo, A. Errico, V. Zema and G. Zaccheo (1993). Genetics of resistance to root-knot nematodes (*Meloidogyne* spp.) in *Capsicum chacoense, C. chinense and C. rutescens*. J. Genet. & Breed. 47 : 23-26.
(5) Frey, R. L. and P. D. Dukes (1980). Inheritance of root-knot resistance in the cowpea *Vigna unguiculata*. L. Am. Soc. Hort. Sci. 105 : 671-674.
(6) Slana, L. J. and J. R. Stavely (1981). Identification of the chromosome carrying the factor for resistance to *Meloidogyne incognita* in tobacco. J. Nematol. 13 : 61-66.
(7) Kalosian, I., P. A. Roberts, J. G. Waines and I. J. Thomason (1990). Inheritance of resistance to root-knot

nematodes in *Aegilops squarrosa* L. J. Hered. 81 : 170-172.
(8) Yoshida, M. (1981). Breeding peach rootstocks resistant to root-knot nematode. Bull Fruit Tree Res. Stn. Yatabe, Japan. 8 : 13-30.
(9) Iwanaga, M., P. Jatala, R. Oritz, and E. Guevara (1989). Use of FDR 2n pollen to transfer resistance to root-knot nematodes into cultivated 4x potatoes. J. Am. Hort. Sci. 114 : 1008-1013.
(10) Williams, W. P. and G. L. Windham (1988). Resistance of corn to southern root-knot nematode. Crop Sci. 28 : 495-496.

19 ネコブセンチュウへの防御反応

(1) Rohde, R. A. (1972). Expression of resistance in plants to nematodes. Ann. Review Phytopathology 10 : 233-252.
(2) Castagnone-Sereno, P., E. Wajnberg, M. Bongiovanni, F. Leroy, A. Dalmasso (1994). Genetic variation in *Meloidogyne incognita* virulence against the tomato *Mi* resistance gene : evidence from isofemale line selection studies. TAG 88 : 749-753.

20 サツマイモ栽培と安全指数

(1) 近藤鶴彦、林勇男、穴沢茂、山崎龍男、山本和多留、三枝敏郎（1972).「サツマイモにおけるサツマイモネコブセンチュウ寄生度の品種間差異」『日本線虫研究会誌』1 : 14-17.
(2) 農林省農産園芸局畑作振興課（1971).「いも類の生産・流通に関する資料」。同（1996).「いも類の生産流通に関する資料」。
(3) 日本植物防疫協会（1993).『農薬要覧』pp. 675.
(4) 名果株式会社（1994).「市場統計」（未発表）、名古屋。
(5) 西沢務（1992).「線虫の薬剤防除史と今後の課題」『線虫研究の歩み　日本線虫研究会創立二〇周年記念誌』p. 245

-252. 日本線虫研究会。

21　農林系サツマイモ品種のネコブセンチュウ抵抗性

（1）　=20-(1)

（2）　Shiga, T. and T. Takemata (1981). Breeding for resistance to root-knot nematode of sweet potatoes in Japan. p. 201-213. In : Proc. Third Research Planning Conference on Root-Knot Nematodes, *Meloidogyne* spp. International *Meloidogyne* Project. Region VI, July 20-24, Jakarta, Indonesia.

（3）　坂本敏（1986).「カンショにおける連作障害に対する育種的アプローチ」、日本育種学会編『育種学最近の進歩』27 : 121-130.

（4）　Shiotani, I., H. Esaki, and O. Yamakawa (1995). Differential response to *Meloidogyne incognita* of "Norin" sweetpotato varieties. p. 326-334. In : Proc. 1st Chinese-Japanese Symp. on Sweetpotato and Potato. Aug. 30-Sept. 2, Beijing, Beijing Agricultural University Press. China.

22　熱安定型抵抗性

（1）　Jatala, P. and C. C. Russell (1972). Nature of sweet potato resistance to *Meloidogyne incognita* and the effects of temperature on parasitism. J. Nematology 4 : 1-7.

（2）　=18-(2)

（3）　Omwega, C. O. and P. A. Roberts (1992). Inheritance of resistance to *Meloidogyne* spp. in common bean and the genetic basis of its sensitivity to temperature. TAG 83 : 720-726.

（4）　=21-(4)

（5）　九州農業試験場（1972).「かんしょの品種ならびに系統の特性」『研究資料』43、pp. 205.

（6）　小野田正利（1957）、井浦徳（1957）（分担執筆）「甘藷」pp. 223-248『実用作物品種解説』農業技術協会。

24　二種のセンチュウへの複合抵抗性

（1）菊川誠士、坂井健吉（1969）．「甘しょにおける線虫抵抗性品種の育成方式に関する研究」『九州農業試験場彙報』14 : 365-396.

（2）Fernandez, G. C. and J. C. Miller, Jr. (1985). Estimation of heritability by parent-offspring regression. TAG 70 : 650-654.

（3）Kempthorne, O. (1957). An Introduction to Genetic Statistics. pp. 545. John Wiley & Sons, New York.

（4）Jones, A. and P. D. Dukes (1980). Heritability of sweet potato resistance to root knot caused by *Meloidogyne incognita* and *M. Javanica*. J. Am. Soc. Hort. Sci. 105 : 154-156.

（5）Jones, A., J. M. Schalk, and P. D. Dukes (1979). Heritability estimates for resistances in sweet potato to soil insects. J. Am. Soc. Hort. Sci. 104 : 424-426.

（6）九州農業試験場畑地利用部甘しょ育種研究室（1992-1997）．「遺伝資源の保存・増殖及び特性調査」『かんしょ育種研究年報』第3～8号。

（7）＝21-(3)

25　強病原性ネコブセンチュウ

（1）西沢務（1974）．「抵抗性サツマイモ品種に寄生増殖するサツマイモネコブセンチュウの一系統と系統識別のための二、三の試み」『日本線虫研究会誌』4 : 37-42.

（2）田淵尚一、荒城雅昭、久木村久、中園和年（1986）．「抵抗性打破型サツマイモネコブセンチュウに対するカンショ品種・系統の反応」『九病虫研会報』32 : 179-181.

（3）Triantaphyllou, A. C. (1981). Oogenesis and the chromosomes of the parthenogenetic root-knot nematode *Meloidogyne incognita*. J. Nematology 15 : 95-104.

（4）Fassuliotis, G. (1979). Plant breeding for root-knot nematode resistance. p. 425-453. In : F. Lamberti and C. E. Taylor (eds.) Systematics, Biology and Control. Academic Press, London.

(5) Castagnone-Sereno, P., E. Wajnberg, M. Bongiovanni, F. Leroy, A. Dalmasso (1994). Genetic variation in *Meloidogyne incognita* virulence against the tomato *Mi* resistance gene : Evidence from isofemale line selection studies. TAG 88 : 749-753.

(6) Castagonone-Sereno, P., M. Bongiovanni, and A. Dalmasso (1993). Stable virulence against the tomato resistance *Mi* gene in the parthenogenetic root-knot nematode *Meloidogyne incognita*. Phytopathology 83 : 803-805.

26 ネコブセンチュウと植物の相互関係

(1) Sasser, J. N. (1980). Root-knot nematodes : a global menace to crop production. Plant Disease 64 : 36-41.

(2) =25-(3)

(3) 荒城雅昭 (1992).「ネコブセンチュウの形態分類およびレース研究の現状と問題点」、『線虫研究の歩み　日本線虫研究会創立二〇周年記念誌』p. 29-36. 日本線虫研究会。

(4) Omwega, C. O., I. J. Thomason, P. A. Roberts, and J. G. Waines (1989). Identification of new sources of resistance to root-knot nematodes in *Phaseolus*. Crop Sci. 29 : 1463-1468.

(5) =22-(3)

(6) 岡本好一 (1974).「サツマイモネコブセンチュウの抵抗性打破系統の寄生性と二期幼虫の形態的差異」『日本線虫研究会誌』9 : 16-19.

(7) Shidhu, G. S. and J. M. Webster (1986). Genetics of plant-nematode interaction, In (eds.) B. M. Zuckerman and R. A. Rohde, Plant Parasitic Nematodes, Vol. Ⅲ, p. 61-87, Academic Press, London, New York.

(8) 清水啓、百田洋二 (1992).「シストセンチュウの分類およびレース」『線虫研究の歩み　日本線虫研究会創立二〇周年記念誌』p. 24-28. 日本線虫研究会。

27 シーソーゲーム

（1） Sasser, J. N. and M. F. Kirby (1979). Crop cultivars resistant to root-knot nematodes, *Meloidogyne* species. International *Meloidogyne* Project, pp. 24. Dept. Plant Pathology, North Carolina State University, Laleigh, North Carolina.
（2） 吉田睦浩（1992）.「サツマイモネコブセンチュウ」『線虫研究の歩み　日本線虫研究会創立二〇周年記念誌』p. 133-137. 日本線虫研究会。
（3） 後藤昭（1992）.「東山・北陸の線虫」『線虫研究の歩み　日本線虫研究会創立二〇周年記念誌』p. 313-315. 日本線虫研究会。
（4） 萩谷俊一（1992）.「関東の線虫」『線虫研究の歩み　日本線虫研究会創立二〇周年記念誌』p. 306-309. 日本線虫研究会。
（5） 高倉重義、湯原巌（1992）.「キタネコブセンチュウ」『線虫研究の歩み　日本線虫研究会創立二〇周年記念誌』p. 138-141. 日本線虫研究会。

第六章　土壌病原菌とサツマイモ

28　サツマイモの病気

（1）　＝21 -（3）

29　土壌病原菌への抵抗性の遺伝

（1）　＝21 -（3）
（2） 石川博美、加藤真次郎、志賀敏夫（1984）.「サツマイモつる割れ病に対する抵抗性の遺伝様式」『育種学雑誌』（別冊）34：326-327.
（3） Jones, A. (1969). Quantitative inheritance of fusarium wilt resistance in sweetpotatoes. J. Amer. Soc. Hort. Sci. 94：207-208.
（4） Collins, W. W. (1977). Diallel analysis of sweet potatoes for resistance to fusarium wilt. J. Amer. Soc. Hort.

Sci. 102 : 109-111.
(5) Bruehl, G. W. (1983). Nonspecific genetic resistance to soilborne fungi. Phytopathology 73 : 948-951.
(6) 瓜谷郁三（1975).「植物における感染——病理化学的立場から」（第六章）、天野恒久、植竹久雄、福見秀雄編『ウイルス・細菌とその感染症　岩波講座　現代生物学』11 : 203-250.
(7) Martin, W. J., V. C. Hasling, and E. A. Catalano (1976). Ipomeamarone content in diseased and nondiseased tissues of sweet potatoes infected with different pathogens. Phytopathology 66 : 678-679.
(8) Martin, W. J., V. C. Hasling, E. A. Catalano, and H. P. Dupuy (1978). Effect of sweet potato cultivars and pathogens on ipomeamarone content of diseased tissue. Phytopathology 68 : 963-865.
(9) 小川奎、駒田旦（1986).「非病原性によるサツマイモつる割病に対する全身的な抵抗性の誘発」『日植病報』52 : 15-21.
(10) ＝21-(3)
(11) Moyer, J. W., C. L. Campbell., E. Echandi, and W. W. Collins (1984). Improved methodology for evaluating resistance in sweet potato to *Streptomyces ipomoea*. Phytopathology 74 : 494-497.
(12) Lorbee, J. W. (1960). The biology and control of *Streptomyces ipomoea* on sweet potato. Ph. D. Thesis, University of California, Berkeley. pp. 114.

30　沖縄在来品種の耐病性

(1) 樽本勲、石川博美（1989).「沖縄県離島の在来甘しょの収集、農研センター、一九八八年」『植探報』15 : 47-79.
(2) 樽本勲、竹股知久、湯之上忠（1992).「農業研究センター育成・保存甘藷しょの来歴・特性一覧ならびに指宿市立図書館所蔵甘藷文献目録」『農業研究センター資料』23 : 99-126.
(3) 農業研究センター作物開発部甘しょ研究室（1990).『平成元年度甘しょ育種試験年報』pp. 249.
(4) 農業研究センター作物開発部甘しょ研究室（1992).『平成二・三年度甘しょ育種試験年報』pp. 147, pp. 177.
(5) 農業研究センター作物開発部甘しょ研究室（1995).『平成六年度甘しょ育種試験年報』pp. 107.

（6） 竹股知久、坂井健吉（1975）.「ニュージーランドからの導入かんしょの特性について」『農事試研場報告』2：203-239.
（7） Jingyu Wu (1995). Evaluation of resistance to diseases and pests on sweet potato germplasm. p. 318-325. In : (eds). Q. Liu, and T. Kokubu. Proceedings of the 1st Chinese-Japanese Symposium on Sweetpotato and Potato. Beijing Agricultural University Press, China.
（8） Steinbauer, C. E. (1948). A sweetpotato from Tinian Island highly resistant to fusarium wilt. Proc. Amer. Soc. Hort. Sci. 35 : 304-306.
（9） Clark, C. A. (1988). Principal bacterial and fungal diseases of sweet potato and their control. p. 275-289. In : Exploration, Maintenance, and Utilization of Sweet Potato Genetic Resources. International Potato Center (CIP), Peru.

第七章　サツマイモの花

31　花からできた品種

（1） 農林省農業改良局研究部（1951）.「沖縄に於ける甘藷の育種事業とその業績の概要」『農業改良技術資料』第17号。pp. 126.［井浦徳著］。
（2） 小野田正利（1965）.『さつまいもの改良と品種の動向』pp. 135. 財団法人藷類会館。
（3） Yen, D. E. (1974). The Sweet Potato and Oceania —— An Essay in Ethonobotany. Bernice P. Bishop Museum Bulletin 236. pp. 389. Bishop Museum Press, Honolulu, Hawaii.

32　沖縄交配

（1） 小林仁（1984）.『サツマイモのきた道』pp. 214. 古今書院。
（2） ＝31 -（1）
（3） 寺尾博（1934）.「甘藷の品種における交配不稔群」『農業及び園芸』9：1163-1167.

（4） 井上浩（1991）.「中国へ渡った沖縄一〇〇号」p. 16-20.「沖縄一〇〇号はどのように中国へ入ったか」p. 21-22.『現代中国のサツマイモ事情　川越いも友の会訪中報告書』。

33　窮乏時代のサツマイモ育種

（1）＝31-（1）
（2）＝22-（5）
（3）＝30-（2）

34　護国藷

（1）『三重県農事試験場業務報告』1935, 1936, 1937, 1938, 1939.
（2） 筆者不明（1960）.「甘藷新原種「護国藷」の出現」、（編）進武雄「三重県農業試験場史原稿」分冊Ⅲ：271-275. 三重県農業技術センター。
（3） 農林省農政局（1943）.『甘藷品種図説』。

第八章　在来品種がたどった道

35　伊勢、志摩の在来品種

（1） 三重県農事試験場（1901-1911）.『明治三四年度〜四四年度農事試験報告』。同（1911）.『大正元年度業務功程』。同（1912-1925）.『大正二年度〜一四年度業務報告』。同（1926-1940）.『昭和元年度〜一五年度業務報告』。
（2） 三重県立農業試験場園芸部（1950）.『甘藷馬鈴薯蔬菜果樹試験成績』pp. 11.
（3） 三重県農事試験場（1936）.「甘藷栽培の栞」『三重県農事試験場彙報』116：1-8.

36　サツマイモの在来品種

（1）＝34-（3）

(2) ＝31－(2)
(3) ＝22－(6)
(4) ＝31－(1)
(5) 農林省農林経済部（1957）.「昭和三〇―三一年いも類品種普及統計表」A甘藷（三〇年）面積・戸数、pp. 151.『農林水産統計報告』32-4.
(6) ＝22－(5)
(7) 長谷川正（1938）.「甘藷品種の特性調査成績」『特別報告』第6号、pp. 58. 埼玉県農事試験場、園芸試験場鶴ケ島洪積畑支場。
(8) 井上浩（1997）.「東京の甘藷問屋と川越のキントキ」p. 24-25.『紅赤の一〇〇年』紅赤百年記念誌編集委員会、川越いも友の会（埼玉県川越市）。
(9) 山田尚二（1998）.『さつまいも』かごしま文庫19、pp. 228. 春苑堂、鹿児島。

37 明治のサツマイモ

(1) 農務省（1883）.「甘藷（明治一六年産）、馬鈴薯（明治一五年産）」『明治前期産業発達史資料』1966. 別冊12(V) 第一次年報、下編3：p. 70-76. 明治文献資料刊行会。

38 大正時代の在来品種

(1) ＝36－(7)
(2) Thompson H. C. (1922). Group classification and varietal descriptions of American varieties of sweet potatoes. USDA Bulletin No. 1021. pp. 30.

39 在来品種の喪失

(1) Shiotani, I. (1994). Use of root and tuber crop genetic resources in Japan. p. 23-36. MAFF International

Workshop on Genetic Resources. Tsukuba, Ibaraki, Japan.
（2） 農林水産省農産園芸局畑作振興課（1955-1996）.「いも類の生産・流通に関する資料」。
（3） Simmonds, N. W. (1964). Studies of the tetraploid potatoes. II. Factors in the evolution of the Tuberosum group. J. Linn. Soc. (Bot.) 59 : 43-56.
（4） Harlan, J. R. (1975). Our vanishing genetic resources. Science 188 : 618-621.

40 品種交替期の農村の声
（1） 農業技術協会（1956）.「甘藷の品種改良効果確認方法に関する研究」『技術効果確認方法実態調査報告』3、pp. 124.
（2） 農業技術協会（1957）.「甘藷の品種改良効果確認方法に関する研究」『技術効果確認方法実態調査報告』3、pp. 37.

第九章 一つの品種ができるまで

41 サツマイモの「一〇年サイクル」育種
（1） 九州農業試験場畑地利用部甘しょ育種研究室（1994-1998）.『かんしょ育種研究年報』第5～9号。
（2） 農業研究センター作物開発部甘しょ育種研究室（1994-1998）.『甘しょ育種試験年報』第5～9号。
（3） 九州農業試験場作物第二部作物第一研究室（1967）.『甘しょ育種試験成績書』pp. 191.
（4） 坂井健吉（1999）.『さつまいも』（ものと人間の文化史90）pp. 316. 法政大学出版局。

42 デンプン資源としてのサツマイモ
（1） ＝24－（6）
（2） Gerpacio-Santa-Cruz, M. T. L. and E. Chujoy (1994). Heritability estimates of some root characters in sweet potato. Phil. J. Crop Sci. 2 : 132-134.

(3) ＝22－(5)
(4) 九州農業試験場作物第二部作物第二研究室（1969）.『甘しょ育種試験成績書』pp. 154.
(5) 坂井健吉（1964）.「甘藷育種における変異の拡大と選抜法の改善に関する研究」『九州農業試験場彙報』第9巻第3号。pp. 397.
(6) Hamilton, M. G., P. D. Dukes, A. Jones, and L. M. Schalk (1985). 'HiDry' sweet potato. HortScience 20(5): 954-955.
(7) Li, Changdong, Hanli Zhang, Jianhua Mao, Lizhen Xiao. Qian Li, Fengxiang Peng, and Guiying Zhu (1995). Report on the selection and cultivation of "Yushu No. 7", a new variety of sweet potato with high starch content. p. 140-141. In: (eds.) Q. Liu and T. Kokubu. Proc. the 1st Chinese-Japanese Symposium on Sweetpotato and Potato. Beijing Agricultural University Press, China.

43 ある高デンプン品種の系譜

(1) 樽本勲、片山健二、田宮誠司、石川博美、小巻克巳、加藤真次郎（1996）.「かんしょ品種サツマスターチ」、『農業研究センター研究報告』25: 1-20.
(2) 湯之上忠、広崎昭太（1975）.「甘藷の近交系母本の育成における稔性の選抜効果に関する研究」『九州農業試験場報告』18(1): 1-42.
(3) 吉田智彦（1986）.「カンショの近交係数と収量との関係」『育種学雑誌』36: 409-415.
(4) 鹿児島県農業試験場（1994）.「かんしょ「関東一〇六号」」『奨励品種選定審査会資料』、pp. 11.［関東一〇六号＝サツマスターチ］。
(5) ＝24－(3)

44 サツマイモの不和合性

(1) 小巻克巳、知識敬道、宮崎司（1982）.「かんしょとその近縁野生植物の自家ならびに交配不和合性」、『昭和五七年九州農業試験場年報』p. 18-21.
（2） 九州農業試験場（1997).『指宿試験地のあゆみ――甘しょ交配研究五十年』pp. 80.
（3） 藤瀬一馬（1964).「甘藷品種の開花結実性と自家ならびに交配不和合性に関する研究」、『九州農業試験場彙報』9 (12) : 123-246.
（4） 九州農業試験場作物第二部作物第1研究室（1963).『甘藷交配試験成績書』pp. 124.
（5） 九州農業試験場作物第二部作物第1研究室（1964).『甘藷交配試験成績書』pp. 120.
（6） Kowyama, Y., N. Shimano, and T. Kawase (1980). Genetic analysis of incompatibility in the diploid *Ipomoea* species closely related to the sweet potato. TAG 58 : 149-155.
（7） Kowyana, Y., H. Takahashi, K. Muraoka, T. Tani, K. Hara, and I. Shiotani (1994). Number, frequency & dominance relationships of S-alleles in diploid *Ipomoea trifida*. Heredity 73 (1994) : 275-283.
（8） 坂本敏（1973).「甘しょ品種の来歴と交配不和合性について」『熱帯農業』17 : 71-73.
（9） Nakanishi, T. and M. Kobayashi (1979). Geographic distribution of cross incompatibility group in sweet potato. Incompatibility Newsletter 11 : 72-75.

45 サツマイモのたね

（1） 九州農業試験場畑地利用部遺伝資源利用研究室（1991-93).『甘藷交配試験成績』pp. 126.
（2） 藤瀬一馬（1964).「甘藷品種の開花結実性と自家ならびに交配不和合性に関する研究」『九州農業試験場彙報』9 (2) : 123-246.
（3） 九州農業試験場作物第二部作物第1研究室（指宿）（1963).『かんしょ交配試験成績』pp. 124.
（4） Martin, F. M. and A. Jones (1971). Flowering and fertility changes in six generations of open-pollinated sweetpotatoes. J. Amer. Soc. Hort. Sci. 96 (4) : 493-495.
（5） 村田達郎（1989).「サツマイモの稔実性向上に関する育種的研究」学位論文、pp. 159. 京都大学。
（6） Kaul, M. L. H and T. G. K. Murthy [review] (1985). Mutant genes affecting higher plant meiosis. TAG 70 :

449-466.

第十章　巨大な栄養系

46　巨大な栄養系――高系一四号

（1）ドウエル、ベーリ（1999).「アメリカサツマイモ事情」、『いも類文化学ノート』pp. 40. 川越いも友の会。
（2）会見照美（1965).『早掘り甘しょの栽培法』高知県いも類改良協会。
（3）松本満夫書簡（1993).（高知県農業技術センター、育種バイオテクノロジー科)。
（4）児玉敏夫（1985).「肉質と環境条件（1)」、（編）長谷川浩・杉野守『カンショ研究覚え書き集（1）近畿大学農場報告』4 : 123.
（5）川越初義、梶本明、柿本茂満、井上繁（1976).「食用甘藷「ことぶき一号」選抜育成」『宮崎県総合農業試験場研究報告』10 : 27-31.
（6）梶本明（1985).「宮崎県におけるかんしょ栽培の現状と問題点」『いも類振興情報』5 : 19-22.
（7）伊藤久夫談（一九九三年一二月交信)。
（8）Kukimura, H. (1986). Mutation breeding in root and tuber crops. Gamma Field Symposia. 25 : 109-130. Insitute of Radiation Breeding, NIRA, MAFF.
（9）市和人（1990).「サツマイモウイルスフリー苗の生産力と再感染」『バイオホルティ』4 : 94-96.
（10）市和人（1990).「サツマイモ優良種苗の生産と増殖」『バイオホルティ』4 : 103-108.

47　日本とアメリカのサツマイモ品種

（1）Collins, W. W., D. T. Pope, and D. C. H. Hsi (1979). 'Caromex' sweet potato. HortScience, 14 (5) : 646.
（2）Jones, A. and J. C. Bouwkamp (eds.) 1992. Fifty Years of Cooperative Sweetpotato Research. Southern Cooperatve Series Bulletin, No. 369, pp. 139. U.S.A.

(1) Hsi, D. C. H., J. N. Corgan, L. S. Morrison, and H. B. Cordner (1979). 'Oklamex Red' sweet potato. HortScinece 14 (1) : 79-80.

(2) Scheuerman, R. W., T. P. Hernandez, W. J. Martin, C. Clark, R. Constantin, and H. Hammett (1981). 'Eureka' sweet potato. HortScience 16 (5) : 689.

(3) Collins, W. W. and J. W. Moyer (1982). 'Pope' sweet potato. HortScience 17 (2) : 265.

(4) ＝30-(9)

(5) Jones, A., P. D. Dukes, and F. P. Cuthbert (1975). W-13 and W-178 sweet potato germplasm. HortScience 10 (5) : 533.

(6) Dukes, P. D., A. Jones, F. P. Cuthbert, Jr., and M. G. Hamilton (1978). W-51 root knot resistant sweet potato germplasm. HortScience 13 (2) : 201-202.

(7) Jones, A., P. D. Dukes, J. M. Schalk, M. A. Mullen, M. G. Hamilton, R. A. Baumgardner, D. R. Paterson, and T. E. Boswell (1983). W-71, W-115, W-119, W-125, W-149, and W-154 sweet potato germplasm with multiple insect and disease resistances. HortScience 15 (6) : 835-836.

(8) Jones, A., P. D. Dukes, J. M. Schalk, M. G. Hamilton, M. A. Mullen, R. A. Baumgardner , D. R. Paterson, and T. E. Boswell (1983). 'Resisto' sweet potato. HortScience 18 (2) : 251-252.

(9) Jones, A., P. D. Dukes, J. M. Schalk, M. G. Hamilton, M. A. Mullen, R. A. Baumgardner, D. R. Paterson, and T. E. Boswell (1985). 'Regal' sweet potato. HortScience, 20 (4) : 781-782.

(10) Jones, A., P. D. Dukes, J. M. Schalk, M. G. Hamilton, and R. A. Baumgardner (1987). 'Southern Delite' sweet potato. HortScience, 22 (2) : 329-330.

(11) Jones, A., P. D. Dukes, J. M. Schalk, and M. G. Hamilton (1989). 'Excel' sweet potato. HortScience 24 (1) : 171-172.

(12) Jones, A. (1988). Strategies in sweet potato breeding. Report of the First Sweet Potato p. 193-198. In : Planning

Conference 1987. International Potato Center (CIP). Peru.
(13) 四方俊一 (1980).「カンショにおける任意交配集団の育種的利用に関する研究」『中国農業試験場報告』A28：1-48.
(14) Shiga, T. (1985). Utilization of K_2O/N ratio as selection character in tuber yield of sweet potato. Japan. J. Breed. 35 : 41-49.
(15) L. H. Rolston, C. A. Clark, J. M. Cannon, W. M. Randle, E. G. Riley, P. W. Wilsom, and M. L. Robbins (1987). 'Beauregard' sweet potato. HortScience 22 (6) : 1338-1339.
(16) ＝45-(1)
(17) Collins, W. W. and J. W. Moyer (1982). 'White Delite' sweet potato. HortScience 22 (4) : 679.
(18) Dukes, P. D., A. Jones, and J. M. Schalk (1989). Notice of released to plant breeders of DW-8 a new semi-dwarf sweet potato parental clone. USDA-ARS Official Release Notice.
(19) Iwanaga, M. (1988). Use of wild germplasm for sweet potato breeding. p. 199-210. In : Report of the First Sweet Potato Planning Conference 1987. International Potato Center (CIP).
(20) 後藤和夫 (1951).「甘藷黒斑病研究の趨勢」『農業及園芸』26 (1) : 47-50.

49 ある品種の一生

(1) 農林省蚕糸園芸局畑作振興課 (1955).『甘しょの生産および流通の現状』。同 (1975).『甘しょの生産流通に関する資料』。同 (1985).『甘しょの生産流通に関する資料』。
(2) ＝30-(7)
(3) Nantong Cai, Shanhu Chen, Hua Yu, Yinchang Lin, and Ruiji Feng. (1995). Study on the resistance to *Fusarium oxysporium* in sweet potato varieties in China. p. 335-338. In : (eds.) Q. Liu and T. Kokubu. Proc. the 1st Chinese-Japanese Symposium on Sweet Potato and Potato. Beijing Agricultural University Press. China.

あとがき

かれこれ二〇数年前になる。メキシコでの栽培植物の調査、探索を終えたひととき、夕方の買い物でにぎわう市場近くの街角に立っていた。母親に手を引かれた子が過ぎていったが、その子の片手にはかじりかけの生のサツマイモがあった。そのとき何かが私のなかを走った。何なのかよく分からない。それまで各地で見てきた風景が突然凝縮したのかもしれない。熱でぐったりした子供を抱きながら路上でメロン一つを売る女、木箱にいくばくのサツマイモを置く市場の老人など、人と食べ物のさまざまな風景があった。それとも、戦後は私も腹をすかして生のサツマイモをかじったことがあり、このことが重なったのかもしれない。街角のこの目撃をきっかけに、農作物をもう一度見直してみようと決めた。

サツマイモといえば年輩の人はすぐに戦中、戦後の時代を思い出すであろう。舗装道路も掘り返されていも畑になった。学校のグラウンドの中にもいものつるが押し寄せていた。汽車にはリュックを背負い買い出しに疲れた顔がひしめいていた。しかし、サツマイモも米麦と同じく統制品なので農家が勝手に売ることは禁止されていた。いつもは閑散とした食糧配給所には配給日となると子連れの主婦の長い行列ができた。

サツマイモ食の好き嫌いは別にして、この飢餓の時代を救ったサツマイモについて、私たちはあまりにも無知であった。それがどのような品種だったのか。誰がどこでどのようにしてつくったのか。空腹のときはそんなことを聞く余裕もなかった。いまそうした問いかけをすると、世界に先駆けた日本のサツマイモ育種の足どりをたどることになる。先人たちの多くの努力は「沖縄交配」や「窮乏時代とサツマイモ」のなかで読みとれるであろう。

戦後ララ物資という食糧援助を受けた。当時の日本事情はいまのアフリカ難民と変わらなかったのである。ある日母が配給所から硬く乾燥したあめ色のキューブ状のものを受け取ってきた。食べ方は分からないが、サツマイモであった。アメリカの牛の餌、という噂もあった。いま振り返ると、アメリカでは良品質とするカロチン系のサツマイモの加工品である。「アメリカのサツマイモ品種」ではこの国の育種のなみなみならぬ力強さに触れた。乾燥いもは穀物と野菜の中間的な栄養価をもち糖分もある貯蔵食である。とくに日本独特の干しいもはどの国への援助食糧としても最適とおもう。とくに子供に大歓迎されるであろう。子供のころのララ物資はどんなものであれ、私たちに生涯忘れえぬものとなっている。

まだ多くを書き残した。パプアニューギニアで資源調査に単身従事した高木洋子（国際農林水産研究センター）の厖大な記録、国際遺伝資源調査の一環として行われたK・ラミンオンら（チェンマイ大学）のタイ国の六〇〇以上のサツマイモ品種の記録、フィリピン、ビサヤス農業大学のF・サラダガが苦闘した育種の成果、ペルーの南部で訪れた農家がもつこの作物への深い洞察などである。

本書は専門書の形をとっているが、本意は育種分野の研究者と一般の人たちの媒体となることを目指したものである。部分によってやや専門の方に偏ったきらいもある。高校生、大学で関係分野を専攻する人、農業技術者が身近な作物の一つ一つを見据えるきっかけとなればとおもっている。また日常の野菜を買い物する主婦にもみてもらいたい。

定年後すぐに執筆にとりかかり、第一次原稿を提出したのは平成一二年、つづいて修正・追記などで再提出したのが平成一四年であった。専門的な内容が多く、読者が限られるのではないか、という出版局の懸念もあり出版が危ぶまれた。書き改めるには発想を変えねばならない。そうした柔軟なあたまがない。第三校を読み返すと、その困難さを痛感した。関係者にはずいぶん迷惑をかけたが、出版をあきらめざるを得ないと決めた。

その矢先に第三校の校正済みゲラが届いた。校正は奥田のぞみ氏によるもので、専門分野の部分にも詳細で適切なコメントがついていた。その一つ一つに感謝、勇気づけられた。校正や査読で励まされたのはこれが初めてである。最終校は朱筆で初校のようになった。

学生との共同研究の結果をも紹介した。過ぎし日の奮闘をしのび感謝する。執筆には先輩や同輩からたくさんのご助言や資料提供のご協力をいただいた。おかげで、サツマイモの遍歴はやっとここまでたどりついた。しかしこの作物の流転が止むわけではないし、私の流転も続けたい。法政大学出版局編集部の稲義人氏のご親切や松永辰郎氏の多年のご尽力に負うところが大きい。ここに衷心より謝意を表する。

平成一八年五月

塩谷　格

スクレロティアル疫病（*Sclerotium*）166，316
立枯れ病（*Streptomyces*）157，316
つる割れ病（*Fusarium*）156，162，163，316，332
根腐れ病（*Fusarium*）333
代表的品種の耐病性 159
品種交替期 241
品種
エレガントサマー 311
オキマサリ 310
コガネセンガン 160，255，259，260，269，314
シロセンガン 310
タマユタカ 159，310
農林１号 120，159，165，187，238
農林２号 120，141，159，238
農林10号（カンロク）120，330
フサベニ 310
ベニアズマ 160，168
ベニコマチ 160
ベニハヤト 311
ヘルシーレッド 168，311
FAO 統計 1
藤瀬一馬 282，284，290
不和合性
不和合性の遺伝 284
不和合性品種群 279
不和合群の判定法 281
胞子体型不和合性 286
複合型不和合性 282
自家和合性 282
フンボルト（von Humboldt, A.）40
閉鎖系集団，開放系集団 38
ベーリ・ドウエル（Barry Duell）216
変異係数 233
放任受粉 312
ポープ（Pope, D. T.）318

ま行

マイア（Mayr, E. W.）21
松田英二 40，311
宮崎 司 31，51，82
ミラー（Miller, J.）269，310，312
村田達郎 294
村松幹夫 41，82，88
明治15年の収量調査 221
明治15年の作況 223
メロイドギネ属（*Meloidogyne*）149
サツマイモネコブセンチュウ（*M. incognita*）97，149
ジャワネコブセンチュウ（*javanica*）149
キタネコブセンチュウ（*hapla*）149
アレナリアネコブセンチュウ（*arenaria*）149

や行

山川 理 119
山田いち 215，216
吉田智彦 276
吉田睦浩 149
湯之上 忠 276，293

ら行

リンネ（C. von Linne）21
ロード（Rohde, R. A.）107

わ行

脇屋敷キヨ子 289

ハリガネムシ（コメツキムシの幼虫） 245
アリモドキゾウムシ 328
イモゾウムシ 328
コフキコガネ類 329
コメツキムシ類 328
ハムシ類 329
ヒサゴトビハムシ類 329
突然変異 307
トリアンタフィロー（Triantaphyllou, A. C.） 142

な行
中川 薫 301
中島磯助 208
中谷 誠 74
西沢 務 141
西山市三 33，41，51，83
任意交配集団 63，163，317
準任意交配集団 317
ネコブセンチュウ
寄生生活史 107
二倍体，三倍体系統 142
巨大細胞群 110
多核倍数体細胞 110
有糸分裂型単為生殖 110，142
同祖雌系統 110，119，142
寄生性分化
宿主依存性修飾 148
遺伝子増幅 143
強病原性センチュウ 142
抵抗性遺伝子数 130
染色体型分離 131
数量効果（ドース・エフェクト） 131
ネコブセンチュウ抵抗性
過敏感反応抵抗性 112
侵入抵抗性 108
センチュウ発育不全抵抗性 112
ネクローシス反応 109
トリフィーダの抵抗性の遺伝 98
二遺伝子座モデル 100
ネコブセンチュウへの反応（農林系品種） 118
k-平均分割法 119
感受性品種 119
室内接種試験 119
準複合抵抗性 140
中間型品種 119
抵抗性品種 119
熱安定型抵抗性 126
農林3号，農林5号，農林9号の系譜 129
熱不安定型抵抗性 127
ネコブ―ネグサレ複合抵抗性 140
圃場検定 119
農業研究センター 187，251
農事試験場鴻巣試験地 187
農事試験場九州試験地 187
野国総管 179

は行
ハウス（House, H. D.） 28
長谷川 正 225
ハーラン（Harlan, J. R.） 4，239
ハリス（Harris D. R.） 67
ハリヤー（Hallier, H.） 40
ハンバリ（Hambali, G. G.） 75
広崎昭太 276
非特異的抵抗性 165
病害
イポメアマロン（フィトアレキシン） 165
環境ストレス 168
抵抗性クローンの頻度（沖縄） 171
病原菌
インターナルコルク・ウイルス 316
帯状粗皮症ウイルス 304，308
黒斑病（Ceratocystis） 155，165，332
サツマイモ斑紋ウイルス 316

四十日早生ゾーン　217
七福ー源氏ゾーン　208
太白ー紅赤ゾーン　209，216
不和合群 A の品種　207
不和合群 B の品種　212
不和合群未定の品種　216
在来品種の調査
埼玉県農事試験場調査　225
三重県農事試験場調査　203
主要在来品種
花魁（不和合群 A）　208
川越（不和合群 B）　214
源氏（A）　159，207
潮州（A）　210
四十日（不和合群未定）　217
七福（B）　212，309
相州白（未定）　218
蘇原赤（未定）　217
太白（B）　113，128，159，213
二十日（A）　211
隼人藷（B）　215
紅赤（B）　215
細蔓（B）　214
三保（A）　211
吉田（B）　213
琉球（A）　211
在来品種の喪失　236
坂井健吉　135，171，255，258
坂本　敏　118，140，162，254，282
サッサー（Sasser, J. N.）　145，149
自然三倍体の役割
遺伝子循環系　94
遺伝子プール　94
サツマイモと野生種の遺伝子交流　91
非還元性配偶子　90
志賀敏夫　118，324
四方俊一　51，207，324
直播き適性品種 ナエシラズ　327
始祖品種群　276
ジャレット（Jarret, R. L.）　86
10年サイクル育種　258
サツマイモ常食地帯　187，205
シュタインバウアー（Steinbauer, C. E.）　173，269
ジョーンズ（Jones, A.）　33，137，163，322，327
食味判定　232
食糧源　2
世界を支える20の作物　1

た行
耐乾性　233
大正期の品種特性調査　226
高塚仁左衛門　214
竹股知久　171，330
多国籍家系　277
玉利幸次郎　31，41
田宮誠司　169，272
樽本　勲　169
チェイス（Chase, S. S.）　78
中国の育種前後　15
徐州甘薯研究所　15，172
北京農業大学　15
中国農業試験場　187
中南米栽培植物学術調査　42
虫媒花　37
貯蔵性　318
サツマイモの接ぎ木　254，294
つるぼけ　242
TR 比　228
抵抗性打破レース　142，319
低稔性　290
着果率と稔実率　290
寺尾　博　183
寺村　貞　51
デンプン含量　246
デンプン資源　263
デンプン需要の拡大　270
ドーキンス（Dawkins, R.）　21
土壌害虫抵抗性

片山健二　169，272
川越いも友の会　216
環カリビアン地域　39
乾物率　264
菊川誠士　135
寄生性センチュウ　105（注）
九州農業試験場　187，251
近親交配
　近交係数　274
　近交弱勢　276
久木村　久　307
久保田勇次郎　207，212，309
クラーク（Clark, C. A.）　173，318
系統選抜（栄養系選抜）　219
系統選抜予備試験　254
欠陥遺伝子　295
ゲノム分析
　DNA 多型分析　86
　異質倍数体　54
　イソ酵素多型分析　86
　遺伝構造　81
　小関治男　82
　木原　均　81
　合成 6 倍体（*tiliacea-lacunosa*）　51
　合成 6 倍体（*trifida-trifida*）　83
　サツマイモのゲノム構成　83
　染色体行動　53，82
　相同，非相同ゲノム　53，81
　対合量　82
　同質倍数体　55，87
高系14号の栄養系
　高系14号の派生系統　298
　ことぶき，宮崎紅　304
　坂出金時　301
　高系14号　160，164，297
　土佐紅　300
　鳴門金時　302
　紅さつま　305
　紅高系　306
交雑率　34
高デンプン品種
　サツマスターチ　161，272
　シロサツマ　168
　シロユタカ　142，161，278
　ハイスターチ　161，277
　ミナミユタカ　142，160，313
高デンプン化の挑戦
　アメリカ品種の利用　269
　近交系の利用　267
　高デンプン品種の家系　272
　在来品種の利用　266
　種間雑種の利用　268
神山康夫　285
国際バレイショセンター
　（International Potato Center）　16，
　43
護国藷の選抜
　KS19号　196
　原種育苗地　197
　奨励品種決定試験　197
　デンプン成分育種　198
　実生 2 年目系統　194
児玉敏夫　241，301
小林　仁　43，324
小林正芳　41，83
小巻克己　169，272，282
コリンズ（Collins, W. W.）　163，311
近藤鶴彦　112，118

さ行

斉籐徳治郎　207
栽培地の安全指数　112
　薬剤使用量　116
　クロロピクリン，D-D，臭化メチル
　　116
　県別安全指数　114
　ゴール指数　112
在来品種
　在来品種数　219
　在来品種の分布

市　和人　308
遺伝子プール　252
遺伝子の川　21
　相交わらない川　55
遺伝子浮動効果　179
遺伝率
　WDS 複合体抵抗性　137
　乾物率　264
　ジャワネコブセンチュウ抵抗性　137
　つる割れ病抵抗性　162，163
　デンプン含量　264
　ネグサレセンチュウ抵抗性　137
　ネコブセンチュウ抵抗性　137
　ヒサゴトビハムシ抵抗性　137
イポモエア属（*Ipomoea*）
　一年生・多年生　23
　種多様性の核地域　20
　生殖様式（自殖性，他殖性）　23，32，35
　倍数性　23，31，54
　バタタス（Batatas）群　23
　　ティリアケア（*tiliacea*）　28
　　トリフィーダ（*trifida*）　27，32，40，43
　　　ジャワ島のトリフィーダ植物　75
　　　2 倍体，4 倍体の生態　47
　　　遺伝子浸透度　59
　　　乾燥示数と生育限界地　65
　　　結藷性遺伝子の頻度　62
　　　結藷性の遺伝　58
　　　地方集団　62
　　　デンプン集積能力　73
　　　トリフィーダの分布地　68
　　　人間への随伴植物　45，47
　　　結藷型　57
　　ラモッシシマ（*ramosissima*）　28
　　キナンチフォリア（*cynanchifolia*）29
　　グラキリス（*gracilis*），ソコベニアサガオ　30
　　グランディフォリア（x *grandifolia*）29
　　コルダトトリローバ（*cordatotriloba*）26，32
　　テヌイッシマ（*tenuissima*）　26
　　トリコカルパ（*trichocarpa var. austolaris*）　29
　　トリローバ（*triloba*），ホシアサガオ　26，32
　　ペルヴィアナ（*peruviana*）　30
　　ラクノーサ（*lacunosa*），マメアサガオ　24，32
　　リューカンサ（x *leucantha*）　24
伊藤久夫　306
井上　浩　185
ウストストルム（Ooststroom, S. J. van）　77
瓜谷郁三　165
栄養系（クローン）　297
オースチン（Austin, D. F.）　23，40
オードネル（O'Donell, C. A.）　40
岡本好一　147
沖縄
　サツマイモのたね　175
　サツマイモの花　175
　「花」からできた沖縄在来品種　176
沖縄交配
　アルコール燃料用品種　185
　井浦メモ　186
　育種目標　185
　沖縄100号　185
　交配操作　181
　雑種種子数　183
沖縄県農事試験場　177，186
小野田正利　128，206，330

か行

家系——生きた実験装置　278
可食部乾物重（EDM）　1
梶本　明　304

索　　引

あ行
アメリカの品種
エタノール用品種
ハイドライ（HiDry） 313
スモア（Sumor） 313
自給菜園用品種
ホワイト・デライト
(White Delite) 326
スターチ型
ペリカン・プロセッサー（Pelican Processor） 310，312
貯蔵性卓越品種
ポープ（Pope） 317
テーブル型
ポートリコ（Port Rico） 15，152，309
ナンシーホール（Nancy Hall） 15，309
サザーン・クイーン
(Southern Queen) 310
センテニール（Centennial） 310
ナゲット（Nugget） 310
ネマゴールド（Nemagold） 126，152，310
トライエンフ（Triumph） 315
キャロメックス（Caromex） 311
ジュエル（Jewel） 163，311
ホワイト・スター（White Star） 312
複合抵抗性品種・系統
ユーレカ（Eureka） 316
テニアン（Tinian） 173，311，316
W-シリーズ 152，319
オクラメックス・レッド
(Oklamex Red) 315
エクセル（Excel） 321
サザーン・デライト
(Southern Delite) 321
リーガル（Regal） 321
レジスト（Resisto） 320
ボールガート（Beauregard） 325
半矮性系統（DW-8） 327
荒城雅昭 145
飯沼二郎 44
井浦 徳 128，177，181，192，206
イェン（Yen, D. E.） 178
育種
「沖縄100号～護国」時代 193
「農林１～２号」時代 193
最小種子集団 192
選抜率 187
地方選抜品種 192
育種法
初期種子集団の作成 252
実生１年目の個体選抜 254
実生２年目の系統選抜 254
実生３，４，５年目の系統選抜 255
実生６～９年目の系統選抜 257
育種効果 237
育種の累積効果 261
循環選抜育種 17
単交配 316
分離集団 258
母系統 312
ポリクロス（多交配） 17，311，317
石川博美 162，169，272
異常胚嚢の割合 295
遺存品種 206

著者略歴

塩谷　格（しおたに　いたる）

1932年生．三重大学農学部卒業．京都大学農林生物学博士課程退学．三重大学遺伝資源学教授．農学博士．三重大学名誉教授．九州農業試験場のプロジェクト「野生種利用による甘藷育種」を分担．1972-3年，1981-2年メキシコ，グアテマラで甘藷の祖先野生種を探索・調査．著書は『作物のなかの歴史』法政大学出版局（1977），『甘藷の起源と分化』日本育種学会編（1981）．1987年国際バレイショセンター（CIP）が甘藷育種の発足にあたり企画した第一回計画会議で「甘藷の遺伝構造と野生種間との遺伝子循環系」を発表，1994年農林水産省の国際ワークショップで「わが国のイモ類遺伝資源の利用」を紹介，また2005年嘉手納町主催の野国総管甘藷伝来400年祭フォーラムでは「沖縄の文化遺産，甘藷」を基調講演した．

サツマイモの遍歴
野生種から近代品種まで

2006年 8 月 1 日　初版第 1 刷発行

著　者　©　塩谷　格
発行所　財団法人　法政大学出版局
〒102-0073　東京都千代田区九段北3-2-7
電話03（5214）5540／振替00160-6-95814
印刷／平文社　製本／鈴木製本所

Printed in Japan

ISBN 4-588-30204-3